21世纪高等教育网络工程规划教材

21st Century University Planned Textbooks of Network Engineering

局域网组建、管理与维护

（第2版）

Construction, Management and Maintenance of LAN (2nd Edition)

杨威 杨陟卓 史春秀◎编著

人民邮电出版社

北京

图书在版编目（CIP）数据

局域网组建、管理与维护 / 杨威，杨陟卓编著. --
2版. -- 北京：人民邮电出版社，2016.2（2022.12重印）
21世纪高等教育网络工程规划教材
ISBN 978-7-115-41032-0

Ⅰ. ①局… Ⅱ. ①杨… ②杨… Ⅲ. ①局域网－高等
学校－教材 Ⅳ. ①TP393.1

中国版本图书馆CIP数据核字(2015)第310628号

内 容 提 要

　　本书概要介绍了局域网基本知识，重点介绍局域网布线及数据中心机房设计，高速局域网技术与组网管理，局域网路由与配置管理，无线局域网技术与组网管理，服务器安装与配置管理，服务器存储与集群管理，局域网络安全与配置管理，云计算技术与组网管理，局域网运行维护等内容。本书根据作者多年的局域网组建管理实践，为读者提供多个经典案例。案例有数据中心机房、校园网组建配置、局域网路由配置、局域网策略路由配置、无线校园网组建、IPv4/IPv6校园网、企业服务器集群、IP/FC SAN数据存储、服务器安全配置、局域网边界安全配置、大学混合云组建配置等。这些案例均采用局域网主流技术，包含了局域网组建管理及维护的过程与方法。

　　本书具有结构完整、层次清晰、通俗易懂和实用性强等特点，适合高等院校计算机科学与技术、网络工程、软件工程、电子信息工程、电子信息科学技术、信息管理与信息系统、教育技术学等专业的学生使用，也可供网络工程技术人员和管理人员学习参考。

◆ 编　著　杨　威　杨陟卓　史春秀
　　责任编辑　邹文波
　　责任印制　彭志环

◆ 人民邮电出版社出版发行　　北京市丰台区成寿寺路 11 号
　　邮编　100164　电子邮件　315@ptpress.com.cn
　　网址　http://www.ptpress.com.cn
　　北京九州迅驰传媒文化有限公司印刷

◆ 开本：787×1092　1/16
　　印张：16.75　　　　　　　　　2016 年 2 月第 2 版
　　字数：454 千字　　　　　　　　2022 年 12 月北京第 11 次印刷

定价：42.00元

读者服务热线：(010)81055256　　印装质量热线：(010)81055316
反盗版热线：(010)81055315
广告经营许可证：京东市监广登字 20170147 号

第 2 版前言

本书第 1 版自 2009 年出版以来，多次印刷，深受广大读者的喜爱。为适应局域网组建管理的变化，保持内容的先进性和可操作性，本次修订在第 1 版的基础上，对内容进行了全新组织、充实和完善。本次修订尽可能反映局域网组建管理及维护的新思想、新方法和新技术，以适应读者的需求。具体修订内容如下。

1．充分考虑应用型本科学生的认知特征和学习目标。依据建构主义学习观，组织局域网组建、管理及维护的内容。全书知识连贯，层次结构分明，具有良好的逻辑性。通过"案例学习"和"上机实验"等环节，充分体现了教材的实践性与可操作性。将局域网组建管理、配置管理及运行维护中较难理解的技术和方法，分散在不同的章节介绍，实现了难度分散的编写目的，便于学生理解与掌握。

2．紧扣局域网组建管理及维护的主题，突出教材的实用性和整体性。这些内容包括：局域网布线设计、数据中心机房设计，局域网设备安装、VLAN 配置管理、局域网静态与动态路由配置管理，IPv4/IPv6 局域网配置管理、纯 IPv6 路由配置管理，无线局域网组建管理，服务器安装与配置管理，服务器存储与集群管理，局域网络安全配置管理，云计算技术与组网管理以及局域网运行维护等。这些内容均以案例形式组织在教材中，读者可以直接应用在局域网组建与配置管理的项目之中，或稍加修改用到实际的局域网络工程中。

3．注重局域网组建管理新技术、新方法的介绍。例如，混合云计算技术，局域网虚拟化技术，局域网 VSU 配置管理，云计算体系结构，基于 VMware 的服务器与存储虚拟化，混合云网络组建管理等。这些内容，由浅入深，通过案例说明，便于学生理解与掌握。

4．提供与本书配套的课程教学大纲、PPT 课件、学习案例、网络实验、习题参考答案等电子学习资源包，方便学生更好地使用本书。

总之，本次修订坚持实用技术为主、组网实践为线、侧重主流产品的原则，立足于看得懂、学得会、用得上的策略，由浅入深、循序渐进地介绍了局域网组建理论与技术、局域网管理过程与方法。

本书由山西师范大学网络信息中心杨威教授、数学与计算机学院史春秀副教授和山西大学计算机与信息技术学院杨陟卓博士合作编写。全书共 10 章，其中第 1、2、9 章由杨威编写，第 3~6 章由杨陟卓编写，第 7、8、10 章由史春秀编写。全书由杨威统稿、定稿。

本次修订吸取了许多相关专著和文献的优点，得到了锐捷曹建龙和田佳栋工程师的支持和帮助。在本书出版之际，对给予我们帮助、鼓励和支持的老师，在此一并表示感谢。

编　者

2016 年 1 月

目　录

第1章
局域网基本知识概述

本章简单介绍局域网的概念、发展、功能与特点以及网络体系结构的原理与 OSI 参考模型。按照局域网组建的基本知识要求，重点介绍了 TCP/IP 协议集、网络拓扑结构、IPv4、IPv6 以及局域网的组成结构。通过本章的学习，达到以下目标。

（1）了解局域网的发展，理解局域网的概念、功能与特点，掌握网络系统结构与协议的基本知识，会通过 OSI 参考模型与 TCP/IP 体系结构的对比，分析实际网络体系结构。

（2）理解 IPv4 与 IPv6 的要点与使用规范。熟练掌握 IPv4 子网地址设置与子网掩码设置。掌握 IPv6 地址表示方法与配置方法，理解 IPv4 向 IPv6 过渡的途径与方法。

（3）理解局域网的组成结构，理解对等网络、客户机/服务器网络及浏览器/服务器网络结构的特点与区别，掌握局域网各种结构的使用范围。

1.1 计算机局域网简介

20 世纪 80 年代以来，计算机网络广泛地应用于工业、商业、农业、金融、政府、教育、科技、国防及日常生活的各个领域，成为信息社会最重要的基础设施。

1.1.1 局域网的定义

计算机局域网（Local Area Network，LAN）有多种定义，一般有两种说法：一种说法是体现应用的定义，"以相互共享资源方式连接起来，并且各自有独立功能的计算机系统的集合"；另一种说法是体现物理结构的定义，"在网络协议的控制下，由一台或多台服务器、若干台终端机（PC）、数据传输设备（集线器、交换机、路由器等），以及终端机与服务器间、终端机与终端机间、服务器与服务器间进行通信设备所组成的计算机复合系统"。

国内一些计算机专家对这两种说法的特点进行了综合，将计算机局域网定义为"利用局域网技术（如以太网、令牌环等），把地理上分散的计算机连接在一起，达到相互通信，共享硬件、软件和信息等资源的系统"。

1.1.2 局域网的发展

1969 年，由美国国防部高级研究计划署设计开发，在洛杉矶的加利福尼亚州大学洛杉矶分校、加州大学圣巴巴拉分校、斯坦福大学、犹他州大学 4 所大学的 4 台大型计算机采用分组交换技术，通过专门的接口信号处理机和专门的通信线路相互连接成功，构成 ARPANET，其目的是为了便于这些学校共享教育与科研资源。

ARPANET 的研制成功，为计算机网络技术的研究奠定了基础。与此同时，多机系统、分布处理研究也取得了进展。所有这些研究，为局域网技术演进做好了充分的准备。许多大学和研究所的工作人员都在致力于研究如何在一个比较小的地理范围之内，如一个实验室、办公室或一栋楼房，把一些小型机、个人计算机（Personal Computer，PC）等计算机设备通过通信设施连接起来，以便共享资源，充分发挥这些设备的功能。

1969 年，美国贝尔实验室研究了 Newhall 环型局域网络。1974 年英国剑桥大学计算机研究室研究成功了著名的剑桥环局域网络（Cambridge-Ring）。1976 年美国 Xerox 公司 Palo Alto 研究中心利用夏威夷大学 ALOHA 无线电网络系统原理成功开发了以太网（Ethernet），使之成为第一个共享总线式局域网。以太网的问世是局域网发展史上的一个重要里程碑。

进入 20 世纪 80 年代，计算机局域网的研制工作开始由实验室走向产品化和标准化的阶段。1980 年美国 DEC 公司、Intel 公司和 Xerox 公司联合公布了局域网 DIX 标准（以太网规范），使局域网的典型代表——以太网进入规范阶段。1981 年，美国 IBM 公司推出了它的 IBM PC，它后来成为了微型计算机的工业标准。微型机和大规模集成电路技术至少从两个方面有力地推动了局域网的发展。一是微型机价格低廉，普及性强而且应用广泛；但微型机在开始时的致命缺陷是系统资源不足，急需联网以便共享资源，构成实用的强有力的系统。二是大规模集成电路技术从硬件上实现了局域网的低层协议，局域网产品生产走向规模化，降低了成本，并且提高了系统的可靠性。1984 年 IBM 公司推出它的 IBM PC Network 宽带局域网产品，遵循以太网规范，可以用来连接已经有广泛用户的环型局域网产品。IBM 环网是最具有代表性的典型局域网产品。

1980 年 2 月，IEEE 协会下属的 802 局域网标准委员会宣告成立，并相继提出了若干 802 局域网协议标准，其中绝大部分内容已被国际标准化组织（International Standardization Organization，ISO）正式认可，作为局域网的国际标准。它标志着局域网协议及其标准化工作向前迈进了一大步。从 1980 年至今，802 局域网标准委员会已陆续制定了环网、总线网、令牌总线网、光纤网、宽带网、城域网和无线局域网等多种局域网标准。这些标准的制定，大大地推动了局域网的发展。在局域网技术中，形成了以太网和令牌环网为主的两大体系。在此基础上，一些计算机公司开发了许多高层协议软件。

20 世纪 80 年代中后期到 90 年代，具有较高水平的局域网操作系统（Network Operation System，NOS）也得到了很大发展。对局域网影响较大的操作系统有微软公司的 DOS 3.1、3COM 公司的 3PLUS、Novell 公司的 Netware、微软公司的 Windows NT，UNIX 操作系统也内置了网络功能，支持局域网络。

进入 20 世纪 90 年代，局域网技术主要沿着互连和高速的方向发展。一方面随着计算技术网络化的趋势，出现了多种新的网络计算（Network Count）模式，如 Client/Server、Browser/Server 及云计算（Cloud Computing）等，使局域网朝着应用互联的方向发展。在网络高层协议和操作系统支持下，已实现了 LAN-LAN 互连。LAN-LAN 互连扩大了局域网的应用范围，从某种意义上来说，局域网已不再是"局域"的了。

另一方面，随着网络通信技术光纤化的趋势，出现了多种新的光以太网通信技术（如 10 吉比特以太网），使局域网朝着高速率、大容量的方向发展。网络上传输的信息也不再是文本数据，而是融合语音、数据和视频的多媒体信息。采用以太网技术的局域网传输已经从共享式 10Mbit/s 升级为交换式 100/1000Mbit/s ~ 10Gbit/s，目前已达到 100Gbit/s。

局域网上的计算机也不再只是客户机、服务器，更多的是支持 WiFi 的智能手机和专用服务器，以及由大规模机群组成的虚拟化网络、计算和存储资源。局域网的虚拟化，将用户的计算工作由台式机或便携式设备，迁移至远程位置的服务器集群系统来完成。这种新的网络计算模式，称为云计算（Cloud

Computing）模式。

1.1.3　局域网的功能

计算机局域网不仅使计算机超越了地理位置的限制，而且也增强了计算机自身的功能。计算机局域网的功能因网络规模的大小和设计目的的不同往往差别很大，归纳起来，主要功能有以下几点。

（1）资源共享。计算机网络最具吸引力的功能是用户可以共享网络中的各种硬件和软件资源，使网络中的资源互通有无、分工协作。从而避免了不必要的投资浪费，大大提高了资源的利用率。例如，网络办公中共享文件服务器和打印机。

（2）负载均衡与分布处理。当局域网中某个计算机任务很重时，可以将部分处理任务转移到网络中空闲的计算机上处理，以均衡网络中各个计算机的负载。另外，对复杂问题，可以采用适当的方法将任务分散到不同的计算机上进行分布式处理，充分利用各地的计算机资源进行协同工作。例如，网络办公中的数据库服务器负载过重时（用户请求不能及时响应），可增加数据库服务器的台数（服务器集群架构），将用户请求平均分配给服务器集群，使用户请求得到及时响应，提高工作效率。

（3）信息集散式处理。局域网可以实现客户机与客户机之间、客户机与服务器之间、服务器与服务器之间快速可靠的数据传输，并可根据实际需要对数据进行分散或集中管理。例如，网络办公中按照工作计划流程，将报表处理流转在数台 PC 上（分散作业），报表汇总处理由服务器（集中管理）完成。

（4）综合信息服务。应用 Internet 技术建构的企业网，称为 Intranet。Intranet 可提供数字、语音、图形、图像等各种信息传输，开展电子邮件收发、电子会议、网上办公、网上学习等业务。企业的 Internet 为集团的各种业务信息管理与决策、网络化教育、办公自动化及居家办公的工作方式提供各方面的服务，成为信息社会中协同工作的强有力手段。

1.1.4　局域网的特点

局域网是用户以共享资源及支持协同工作为目的，将计算机、网络传输与信息资源等设备连接在一起的计算机网络。信息资源设备主要包括 Web 服务器、文件服务器、打印服务器、数据库服务器、音视频服务器等；网络传输设施包括通信介质（铜缆、光缆），网卡，集线器，收发器，交换机及路由器等。归纳起来，局域网具有以下几个特点。

（1）局域网覆盖地理范围一般为 0.01～40km。这样的地理范围可以是一个分布在城市中的规模较大集团组织园区，或者是一个园区内的建筑楼群；也可以是一栋楼或一个办公室，或者是两台计算机连在一起的对等局域网。

（2）局域网是内联网，数据传输率高，误码率低。这种内联网是由企业（含政府、学校等）自行建设，内联网采用自建光缆网络，数据传输率一般在 100～1 000Mbit/s 之间，高时可达 10Gbit/s，而误码率却在 10^{-9} 左右，使得局域网具有良好的通信质量。

（3）局域网使用共享信道技术，具有独特的介质访问控制方式。例如，以太网的总线结构和基于 CSMA/CD（Carrier Sense Multiple Access With Collision Detection，载波监听多路访问/冲突检测）的介质访问控制。这是局域网区别于广域网（Wide Area Network，WAN，地理范围大于 100km）最主要的特点。

（4）局域网价格低廉，组建网络与技术升级容易，使用方便。

1.2　OSI 与 TCP/IP

数十年来，计算机局域网飞速发展，已成为一种复杂、多样的大系统。熟悉局域网体系结构与协议，对解决局域网复杂的技术问题具有重要作用。

1.2.1　网络协议与体系结构

1. 网络协议

计算机网络由多个互连节点组成，网络通信时节点之间不断地交换着数据和控制信息。要做到有条不紊地交换数据，每个节点必须遵守一些事先约定好的共同规则。这些为网络数据交换而制定的规则、约定和标准统称为网络协议（Protocol）。

一般地说，网络协议由 3 个要素构成：语法、语义和时序。语法确定通信双方之间"如何讲"，它由逻辑说明构成，确定通信时采用的数据格式、编码、信号电平及应答结构等；语义确定通信双方之间"讲什么"，由通信过程的说明构成，要对发布请求、执行动作及返回应答予以解释，并确定用于协调和差错处理的控制信息；时序则确定事件的顺序及速度匹配、排序等。

2. 体系结构

为了完成计算机间的协同工作，把计算机间互连的功能划分成具有明确定义的层次，规定了同层次进程通信的协议及相邻层之间的接口服务。将这些同层次进程通信的协议及相邻层接口统称为网络体系结构。

一个完善的网络需要一系列网络协议构成一套完备的网络协议族。大多数网络在设计时是将网络划分为若干个相互联系而又各自独立的层次；然后针对每个层次及层次间的关系制定相应的协议，这样可以减少协议设计的复杂性。像这样的计算机网络层次结构模型及各层协议的集合，称为计算机网络体系结构（Network Architecture）。

世界上第一个网络体系结构是 IBM 公司于 1974 年提出的，命名为系统网络体系结构（System Network Architecture，SNA）。在此之后，许多公司纷纷提出了各自的网络体系结构。这些网络体系结构的共同之处在于它们都采用了分层技术，但层次的划分、功能的分配与采用的技术术语均不相同。随着信息技术的发展，各种计算机系统联网和各种计算机网络的互联成为人们迫切需要解决的课题。开放系统互连参考模型（Open System Interconnect Reference Model，OSI/RM）就是在这样一个背景下提出的。

1.2.2　OSI 模型与数据封装

IEEE 802 委员会于 1981 年提出开放系统互连参考模型（OSI/RM）。OSI 定义了异构计算机（硬件结构、软件指令均不同）互连标准的框架结构，并受到计算机和通信行业的极大关注。OSI 的不断发展，得到了国际上的承认，成为其他计算机网络体系结构靠拢的标准，大大推动了计算机网络与通信的发展。

1. IEEE 802 参考模型 OSI

OSI 采用三级抽象，即体系结构、服务定义和协议规格说明。体系结构部分定义 OSI 的层次结构、各层间关系及各层可能提供的服务；服务定义部分详细说明了各层所具备的功能；协议规格部分的各种协议精确定义了每一层在通信中发送控制信息及解释信息的过程。提供各种网络服务功能的计算机网络系统是非常复杂的。根据分而治之的原则，ISO 将整个通信功能划分为 7 个层次，如图 1.1 所示。

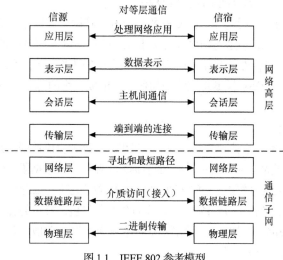

图 1.1 IEEE 802 参考模型

（1）物理层（Physical Layer）。物理层提供的服务包括物理连接、物理服务数据单元顺序化（接收物理实体收到的比特顺序与发送物理实体所发送的比特顺序相同）和数据电路标识。由于物理层提供网络物理连接，所以物理层是建立在物理介质上，提供机械和电气接口。主要包括电缆、物理端口和附属设备，如双绞线、同轴电缆、光缆、接线设备（如集线器、中继器、收发器等）、RJ-45 接口、串行口和并行口等，在网络中都是工作在物理层。

（2）数据链路层（Data Link Layer）。数据链路层是在通信的实体间建立数据链路连接，传送以帧为单位的数据，并采用差错控制、流量控制方法，使有差错的物理线路变成无差错的数据链路。数据链路层协议有 SLIP（串行线路网际协议）、PPP（点到点协议）、HDLC（高级数据链路控制协议）、X.25 和帧中继协议等。电路连接设备，如 Modem（调制解调器）等工作在这个层次上。

（3）网络层（Network Layer）。网络层的主要任务是通过路由算法，为数据包选择最适当的路径。网络层除了路由选择外，还提供阻塞控制与网络互联等功能。网络层的设备是路由器和提供路由功能的交换机。这种路由交换机，称为"第三层交换机"。

（4）传输层（Transport Layer）。传输层的主要任务是向用户提供可靠的端到端（End-to-End）服务，透明地传送报文。传输层向高层屏蔽了下层数据通信的细节，因而是体系结构中最关键的一层。

（5）会话层（Session Layer）。会话层为通信的应用进程建立与组织会话，使应用进程能管理与控制通信进程，从而使网络上的应用灵活、可靠。会话层接收到优先级别高的会话时，可暂时中断优先级低的会话，在进行了更紧急的会话后，再继续被暂时中断的会话。会话层使用校验点，可使通信会话在通信失效时从校验点继续恢复通信。这种能力对于传送大的文件极为重要。

（6）表示层（Presentation Layer）。表示层的作用是为通信双方的应用层实体提供共同的表达手段，使通信双方能正确地理解所传送的信息。表示层的功能主要包括格式转换、数据加密与数据压缩等诸多方面。

（7）应用层（Application Layer）。应用层直接为应用进程提供服务，使应用进程能进入操作系统接口，并提供公共的服务以确保交易（Transaction）的完整性；也能向用户提供如文件传输、电子邮件、Web 网页浏览、远程登录、虚拟终端及目录查询等专用服务。

从总体上看，计算机网络分为两个大的层次：通信子网和网络高层，如图 1.1 所示。通信子网（1 ~

3 层）支持通信接口，提供网络访问；网络高层（4 ~ 7 层）支持端-端通信，提供网络服务。无论怎样分层，较低的层次总是为与它紧邻的上层提供服务的。

OSI 参考模型是理论模型，其优点为：OSI 模型有利于将网络通信作业拆解成较小的、较简单的部分，方便设计与制造；OSI 模型将网络元件标准化，使更多的厂商可以加入开发及技术支持，使各种不同类型的网络硬件与软件彼此互通信息；OSI 模型将网络分层，可以防止某一层改变影响到其他各层，便于故障隔离；OSI 模型将网络通信作业拆解成较小的部分，方便了学习和应用网络解决问题。

2．PDU 与数据封装

在 OSI 参考模型中，对等层协议之间交换的信息单元统称为协议数据单元（Protocol Data Unit, PDU）。传输层及以下各层的 PDU 有各自特定的名称：传输层——数据段（Segment），网络层——分组数据报文（Packet），数据链路层——数据帧（Frame），物理层——二进制比特流（Bit）。

一台计算机要发送数据到另一台计算机，数据首先必须打包，打包的过程称封装。封装就是在数据前面加上特定的协议头部。这如同发送邮件，信不仅要装入写有源地址和目的地址的信封中发送，还要写明是"平信"还是"挂号信"。

OSI 参考模型中每一层都要依靠下一层提供的服务。为了提供服务，下层把上层的 PDU 作为本层的数据封装，然后加入本层的头部（和尾部），头部中含有完成数据传输所需的控制信息。这样，数据自上而下递交的过程实际上就是不断封装的过程；到达目的地后自下而上递交的过程就是不断拆封的过程，如图 1.2 所示。

由此可知，在物理线路上传输的二进制数据，其外面实际上被包封了多层"信封"。但是，某一层只能识别由对等层封装的"信封"，而对于被封装在"信封"内部的数据仅仅是拆封后将其提交给上层，本层不作任何处理。

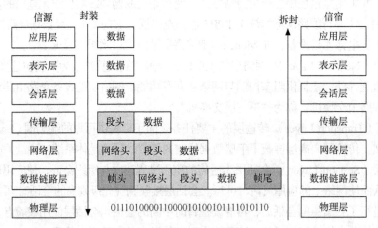

图 1.2　数据多层封装与拆封

1.2.3　TCP/IP 体系结构

OSI 参考模型建立了网络体系结构的理论基础，OSI 具有独立性强、功能简单、适应性强、易于实现和维护等特点，为 TCP/IP 体系结构奠定了工业基础。

1．TCP/IP 协议族

Internet 所遵循的 TCP/IP 是一个协议族，如图 1.3 所示。TCP/IP 协议族中最重要的是传输控制协议（Transmission Control Protocol，TCP）和网际互连协议（Internet Protocol，IP），简称为 TCP/IP。

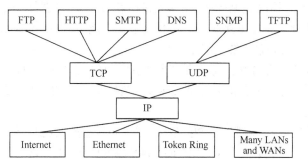

FTP：文件传输协议
HTTP：超文本传输协议
SMTP：简单邮件传输协议
DNS：域名解析服务系统
SNMP：简单网络管理协议
TFTP：一般文件传输协议
TCP：文件传输控制协议
UDP：用户报文协议
IP：网际互连协议

图 1.3　TCP/IP 协议族

TCP/IP 具有如下 4 个特点。

（1）开放的协议标准，可以免费使用，并且独立于特定的计算机硬件与操作系统。

（2）独立于特定的网络硬件，可以运行在局域网、广域网中，适用于网络互连。

（3）统一的网络地址分配方案，使得网络中的每台主机在网中都具有唯一的地址。

（4）标准化的高层协议（FTP、HTTP、SMTP、POP3、DNS 等），如图 1.3 所示，可以提供多种可靠的 Internet 服务。

在 TCP/IP 中，TCP 和 IP 各有分工。TCP 是 IP 的上层协议，TCP 在 IP 之上提供了一个可靠的面向连接的协议。TCP 能保证数据包的传输及正确的传输顺序，并且它可以确认数据包头和包内数据的准确性。IP 为 TCP 和 UDP 协议提供"包传输"功能，建立了一个有效的无连接传输系统。也就是说 IP 包不能保证到达目的地，接收方也不能保证按顺序收到 IP 包，它仅能确认 IP 包头的完整性。最终确认数据包是否到达目的地，还要依靠 TCP。其原因是 TCP 是面向连接的协议。

2. TCP/IP 体系结构及功能

TCP/IP 体系结构分为 4 个层次：网络接口层、IP 层、传输层和应用层。TCP/IP 体系结构与 OSI 参考模型的对应关系以及 TCP/IP 数据封装流程，如图 1.4 所示。

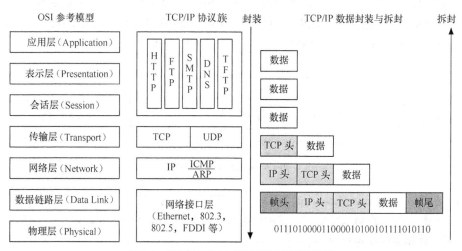

图 1.4　OSI 与 TCP/IP 的对应关系及数据封装

TCP/IP 的网络接口层（Network Interface）对应 OSI 的物理层和数据链路层，TCP/IP 的 IP 层（包括 ICMP、ARP、RARP 等协议）对应 OSI 的网络层，TCP/IP 的传输层（TCP、UDP）对应 OSI 的传

输层，TCP/IP 的应用层（高层协议）对应 OSI 的会话层、表示层及应用层。TCP/IP 各层的功能如下。

（1）网络接口层。该层是整个体系结构的基础部分，负责接收 IP 层的 IP 数据包，通过网络向外发送；或接收、处理网络上的物理帧，抽出 IP 数据包，向 IP 层发送。该层是主机与网络的实际连接层，网络接口层中的比特流传输相当于邮政系统中信件的运送。

（2）网络互连层。网络互连层也称为 IP 层，该层是整个体系结构的核心部分，负责处理 Internet 中计算机之间的通信，向传输层提供统一的数据包。它的主要功能是处理来自传输层的分组发送请求，处理接收的数据包和处理互连的路径。

IP 提供了无连接（不可靠）的数据包传输服务，数据包从一个主机经过多个路由器到达目的主机。如果路由器不能正确传输数据包，或者检测到影响数据包的正确传输的异常状况，路由器就要通知信源主机或路由器采取相应的措施。

（3）传输层。该层是整个体系结构的控制部分，负责应用进程之间的端到端通信。传输层定义了两种协议：传输控制协议（Transfer Control Protocol，TCP）与用户数据报协议（User Datagram Protocol，UDP）。

TCP 是一种可靠的面向连接的协议，允许从一台主机发出的字节流无差错地发往 Internet 上的其他机器。TCP 将应用协议的字节流分成数据段，并将数据段传输给 IP 层打包。在接收端，IP 层将接收的数据包解开，再由 TCP 层将收到的数据段组装成应用协议字节流。TCP 还可处理流量控制，以避免快速发送方向低速接收方发送过多数据包而使接收方无法处理。

UDP 是一种无连接（不可靠）的协议。UDP 不进行分组顺序检查和差错控制，将这些工作交给上一级应用层完成。

（4）应用层。该层是整个体系结构的协议部分，包括了所有的高层协议，并且总是不断有新的协议加入。与 OSI 模型不同的是，在 TCP/IP 模型中没有会话层和表示层。由于在应用中发现，并不是所有的网络服务都需要会话层和表示层的功能，因此，这些功能逐渐被融合到 TCP/IP 中应用层的那些特定的网络服务中。应用层是网络操作者的应用接口，正像发信人将信件放进邮筒一样，网络操作者只需在应用程序中按下发送数据按钮，其余的任务都由应用层以下的各层完成。

3. ICMP 与 ARP 的功能

Internet 控制消息协议（Internet Control Messages Protocol，ICMP）封装在 IP 数据包中，通过 IP 层进行传送。ICMP 为 IP 提供了差错控制、网络拥塞控制、路由控制等功能。最常用的是"目标无法到达（Destination Unreachable）"和"回声（Echo）"消息，如图 1.5 所示。

图 1.5　ICMP 工作示意图

地址解析协议（Address Resolution Protocol，ARP）提供地址转换服务，查找与给定 IP 地址对应主机的物理地址（网卡的 MAC 地址）。与 ARP 功能相反的是 RARP（Reverse ARP），RARP 主要是将主机物理地址转换为对应的 IP 地址。

ARP 采用广播消息的方法来获取网上 IP 地址对应的 MAC 地址，对于使用低层介质访问机制的 IP 地址来说 ARP 非常实用。当一台主机发送数据包时，首先通过 ARP 获取 MAC 地址，并把结果存储在 ARP 缓存的 IP 地址和 MAC 地址表中；该主机下次再发送数据包时，就不用再发送 ARP 请求，只要在

ARP 缓存中查找就可以了。这样，信源与信宿之间避免了多次广播。也就是说，信源与信宿某次数据通信中的第 1 帧是广播（点到多点），第 2 帧即为单播（点到点）。ARP 工作示意图如图 1.6 所示。

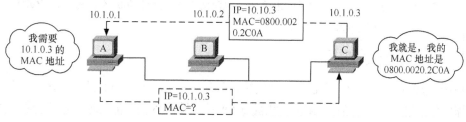

图 1.6 ARP 工作示意图

与 ARP 类似，RARP 也是采用广播消息的方法，决定与 MAC 地址相对应的 IP 地址。RARP 对网络无盘客户机来说，显得尤为重要。因为无盘客户机在系统引导时根本无法知道它自己的 IP 地址，只能通过 RARP 完成自身的 MAC 地址到对应 IP 地址的转换。

1.3 IPv4 地址与域名

在计算机寻址中经常会遇到"名字""地址"和"路由"这 3 个术语，它们之间是有较大区别。名字是用来标识实体的，就像人名一样；而地址是用来指出这个名字（实体）在什么地方，就像人的住址一样；路由是解决如何到达目的地址的问题，就像已经知道了某个人住在什么地方，现在要考虑走什么路线、采用什么交通工具到达目的地最简便。

1.3.1 IPv4 地址

目前，Internet 采用 IPv4，下一代 Internet 采用 IPv6。IP v4 要寻找的"地址"是 32 位长（4 个分段的十进制组成），由网络号（网络 ID）和主机号（主机 ID）两部分构成。按照 IP 规定，Internet 上的地址共有 A、B、C、D、E 五类，各类 IP 地址结构，如图 1.7 所示。由该图可知，常用的 A、B、C 三类地址的网络地址和主机数量及网络规模，如表 1.1 所示。

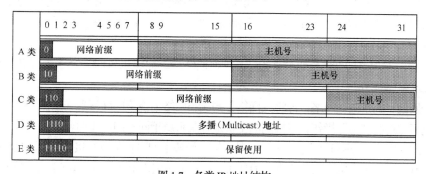

图 1.7 各类 IP 地址结构

表 1.1 IPv4 地址的类别与规模

类 别	第一字节范围	网络地址长度	最大的主机数目	适用的网络规模
A	1～126	1 个字节	16 387 064	大型网络
B	128～191	2 个字节	64 516	中型网络
C	192～223	3 个字节	254	小型网络

A 类地址中的 10.0.0.0 ~ 10.255.255.254，B 类地址中的 172.16.0.0 ~ 172.31.255.254 和 C 类地址中的 192.168.0.0 ~ 192.168.255.254，这三部分网络地址不可用于 Internet，可作为 Intranet 专用地址段。另外，还有 127.0.0.0 ~ 127.255.255.254 这段地址也是属于保留使用的，用于本机环路测试类 IP 地址。例如，测试网卡是否正常，可采用 ping 127.0.0.1。

1.3.2　子网与子网掩码

Internet 规模的急剧增长，促使对 IP 地址的需求激增。由此带来的问题是 IP 地址资源的严重匮乏和"路由表"规模的急速增长。解决办法就是当网络规模较小，即 IP 地址空间没有全部利用时，从主机号部分拿出几位作为子网号。这种在原来 IP 地址结构的基础上增加一级结构的方法称为子网划分。

例如，3 个 LAN 的主机数分别为 20、25、28，均少于 C 类地址允许的主机数。为这 3 个 LAN 申请 3 个 C 类 IP 地址显然有点浪费。可以对 C 类网络地址划分子网，即将主机号部分的前 3 位用于标识子网号：11000000.00001010.00000001.XXXYYYYY（子网号 XXX，新主机号 YYYYY）。例如，192.10.1.0 可以划分出 2^3=8 个子网，如表 1.2 所示。

表 1.2　192.10.1.0 可以划分的 8 个子网

C 类网络地址 （二进制）	子网号 （二进制）	主机号 （二进制）	子网地址 （十进制）	子网掩码 （十进制）
11000000.00001010.00000001	000	00000	192.10.1.0	255.255.255.224
11000000.00001010.00000001	001	00000	192.10.1.32	255.255.255.224
11000000.00001010.00000001	010	00000	192.10.1.64	255.255.255.224
11000000.00001010.00000001	011	00000	192.10.1.96	255.255.255.224
11000000.00001010.00000001	100	00000	192.10.1.128	255.255.255.224
11000000.00001010.00000001	101	00000	192.10.1.160	255.255.255.224
11000000.00001010.00000001	110	00000	192.10.1.192	255.255.255.224
11000000.00001010.00000001	111	00000	192.10.1.224	255.255.255.224

从主机地址中借用二进制位，来表示子网地址的长度是可以改变的。为了指定有多少个二进制位用来表示子网的地址，IP 提供了子网掩码的概念。子网掩码为 32 位，网络号（包括子网号）部分全为"1"，主机号部分全为"0"。子网划分后，可采用子网掩码来分离网络号和主机号。例如，192.10.1.0 划分 8 个子网，网络号 24 位，子网号 3 位，总共 27 位。所以，子网掩码为 11111111.11111111.11111111.11100000，即 255.255.255.224。

A、B、C 三类网络的默认掩码分别为：A 类地址掩码 255.0.0.0，B 类地址掩码 255.255.0.0，C 类地址掩码 255.255.255.0。

划分子网的目的是微化网络，即将大网络分割成小网络，便于网络管理和维护。子网主机地址与子网掩码进行二进制"与"操作，可以判断主机地址是否属于同一网段（两台主机"与"操作的结果相同，则在同一网段；否则不在同一网段）。处于同一网段上的主机可以直接通信，而且广播信息也被封闭在同一网段内。不同网段的主机进行通信时，必须通过路由器才能互相访问。C 类子网的各种掩码所能划分的网段数目和主机数，如表 1.3 所示。

表 1.3　C 类子网划分网段数目表

子　网　数	每个子网内主机数	从原主机所借位数	子网掩码
2	126	1	255.255.255.128
4	62	2	255.255.255.192

子 网 数	每个子网内主机数	从原主机所借位数	子 网 掩 码
8	30	3	255.255.255.224
16	14	4	255.255.255.240
32	6	5	255.255.255.248
64	2	6	255.255.255.252

1.3.3　域名系统

IP 地址是全球通用地址，但对于一般用户来说，IP 地址太抽象，而且它用数字表示，不容易记忆。因此，TCP/IP 为方便人们记忆，设计了一种字符型的计算机命名机制，这就是域名系统（Domain Name System，DNS）。

1. DNS 组成

域名系统的结构是层次型的，如 cn 代表中国的计算机网络，cn 就是一个域。域下面按领域又分子域，子域下面又有子域。在表示域名时，自右到左越来越小，用圆点"."分开。

例如，sxnu.edu.cn 是一个域名，cn 代表中国域；edu 表示网络域 cn 下的一个子域，代表教育界；sxnu 则是 edu 的一个子域，代表山西师范大学。

同样，一个计算机也可以命名，称为主机名。在表示一台计算机时，把主机名放在其所属域名之前，用圆点分隔开，就形成了主机地址，这样便可以在全球范围内区分不同的计算机了。例如，mail.sxnu.edu.cn 表示 sxnu.edu.cn 域内，名为 mail 的计算机。

Internet 通信软件要求在发送和接收数据包时，必须使用数字表示的 IP 地址。因此，一个应用程序在与用字母表示名字的计算机上的应用程序通信之前，必须将名字翻译成 IP 地址。Internet 提供了一种自动将计算机名翻译成 IP 地址的服务，即域名解释服务的功能。

域名系统与 IP 地址有映射关系，采用层次管理。当访问一台计算机时，既可用 IP 地址表示，也可用域名表示。例如，mail.sxnu.edu.cn 与 202.207.160.4 指的是同一台计算机。

域名与 IP 地址的关系如同人的姓名与身份证号码的关系一样。Internet 上有很多负责将主机地址转为 IP 地址的域名服务器（Domain Name Server，DNS），这个服务系统会自动将域名翻译为 IP 地址，或将 IP 地址翻译为域名。

一般情况下，一个域名对应一个 IP 地址，但并不是每个 IP 地址都有一个域名和它对应。对于那些不需要他人访问的计算机只有 IP 地址，没有域名。也有一个 IP 地址对应几个域名的情况。

2. 智能 DNS

普通的 DNS 服务器只负责为用户解析出 IP 记录，而不去判断用户从哪里来，这样会造成所有用户都只能解析到固定的 IP 地址上。面对一个域名对应多个 IP 地址的情况，需要构建智能域名解析系统（Intelligence DNS，IDNS）。IDNS 具有负载均衡、改善外网用户访问门户网站性能的作用。例如，山西师大门户网站的 IP 地址是：202.207.160.3（教育网）和 60.221.248.213（联通）。这两台服务器的域名均为 www.sxnu.edu.cn。IDNS 会判断用户是来自教育网，还是非教育网，然后将离用户最近的 Web 服务器的 IP 返回给用户，使用户就近访问 Web 服务器。局域网双路外连 Internet 拓扑结构，如图 1.8 所示。

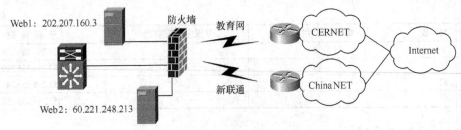

图 1.8　局域网双路外连 Internet 拓扑结构

1.4　IPv6 地址与域名

随着 Internet 技术的迅猛发展和规模的不断扩大，IPv4 已经暴露出了许多问题，而其中最重要的一个问题就是 IP 地址资源的短缺。尽管目前已经采取了一些措施来保护 IPv4 地址资源的合理利用，如非传统网络区域路由和网络地址翻译，但是都不能从根本上解决问题。

1.4.1　IPv6 地址

为了彻底解决 IPv4 存在的问题，IETF 从 1995 年开始就着手研究开发 IPv6。IPv6 具有长达 128 位的地址空间，可以彻底解决 IPv4 地址不足的问题，除此之外，IPv6 还采用了分级地址模式、高效 IP 包头、服务质量、主机地址自动配置、认证和加密等许多技术。

1. IPv6 地址压缩表示

如果 IPv6 地址中的 4 个数字都是零，则零可以被省略。例如，2001:0db8:85a3:0000:1319:8a2e:0370:7344，等价于 2001:0db8:85a3::1319:8a2e:0370:7344。遵从该规则，如果因为省略而出现了两个以上的冒号，则可以压缩为一个，但这种零压缩在地址中只能出现一次。IPv6 地址压缩表示，如表 1.4 所示。

表 1.4　IPv6 地址压缩表示

没有压缩的 IPv6 地址	2001:0db8:0000:0000:0000:0000:142c:57ab
第 1 次压缩的 IPv6 地址	2001:0db8:0000:0000:0000::142c:57ab
第 2 次压缩的 IPv6 地址	2001:0db8:0:0:0:0:142c:57ab
第 3 次压缩的 IPv6 地址	2001:0db8:0::0:142c:57ab
第 4 次压缩的 IPv6 地址	2001:0db8::142c:57ab

表 1.4 中的 IPv6 地址表示均为合法地址，并且它们是等价的。但 2001::25de::cade 是非法的，因为这样会搞不清楚每个压缩中有几个全零的分组。IPv6 地址前导的零可以省略，这样，2001:0db8:02de:0e13 等价于 2001:db8:2de:e13。

2. IPv4 地址转化为 IPv6 地址

如果 IPv6 地址实际上是 IPv4 的地址，IPv6 后 32 位可用十进制数表示。例如，ffff:192.168.100.2 等价于::ffff:c0a8:6402；但不等价于::192.168.100.2 和::c0a8:6402。ffff: 192.168.100.2 格式是 IPv4 映像地址，不建议使用。::192.168.100.2 格式表示 IPv4 一致地址。IPv4 地址可以很容易地转化为 IPv6 地址格式。例如，IPv4 的一个地址为 202.207.175.6（十六进制为 0xCACFAF06），它可以被转化为 0000:0000:0000:0000:0000:0000:CACF: AF06 或者:: CACF:AF06。同时，还可使用混合符号

（IPv4-compatible address），地址为:: 202.207.175.6。

3. IPv6 地址分类及前缀表示

IPv6 地址有单播（Unicast Address）、多播（Multicast Address）、任意播（Any cast）等类型。在每种地址中，又有一种或者多种类别地址，如单播有本地链路地址、本地站点地址、可聚合全球地址、回环地址和未指定地址；任意播有本地链路地址、本地站点地址和可聚合全球地址；多播有制定地址和请求节点地址。单播地址标识了一个单独的 IPv6 接口。一个节点可以具有多个 IPv6 网络接口，每个接口必须具有一个与之相关的单播地址。

（1）本地链路地址。在一个节点上启用 IPv6 协议栈，当启动时，节点的每个接口自动配置一个本地链路地址，前缀为 FE80::/10。

（2）本地站点。本地站点地址与 RFC 1918 所定义的私有 IPv4 地址空间类似，本地站点地址不能在全球 IPv6 Internet 上路由，前缀为 FEC0::/10。

（3）可聚合全球单播地址。Internet 编号分配机构（Internet Assigned Numbers Authority，IANA）分配 IPv6 寻址空间中的一个 IPv6 地址前缀作为可聚合全球单播地址。全球可聚合地址前缀为 2001::/16，是最常用的 IPv6 地址。地址前缀为 2002::/16，表示 IPv6 to IPv4 地址，用于 IPv6 to IPv4 自动构造隧道技术的地址。

（4）IPv4 兼容地址。与 IPv4 兼容的 IPv6 地址是由过渡机制使用的特殊单播 IPv6 地址，目的是在主机和路由器上自动创建 IPv4 隧道，即在 IPv4 网络上传送 IPv6 数据包。

（5）回环地址。单播地址 0:0:0:0:0:0:0:1 称为回环地址，节点用它来向自身发送 IPv6 包。回环地址前缀为::1/128，不能分配给任何物理接口。回环地址相当于 IPv4 中的 localhost（127.0.0.1），ping localhost 可得到该地址。

（6）不确定地址。单播地址 0:0:0:0:0:0:0:0 称为不确定地址，它不能分配给任何节点。地址前缀为::/128，只能作为尚未获得正式地址的主机源地址，不能作为目的地址，不能分配给真实的网络接口。

（7）多播指定地址。RFC2373 在多播范围内为 IPv6 的操作定义和保留了几个 IPv6 地址，这些保留的地址称为多播指定地址。

（8）请求节点地址。对于节点或路由器的接口上配置的每个单播和任意播地址，都自动启动一个对应的被请求节点地址。被请求节点地址受限于本地链路。

4. IPv6 地址配置

IPv6 支持无状态和有状态两种地址自动配置的方式。IPv6 无状态地址自动配置方式是获得地址的关键，可以自动将 IP 地址分配给用户，即计算机连接到 IPv6 网络便可自动设置地址。这样，用户无需花精力进行地址设置，可减轻网络管理员的负担。

IPv6 有两种自动设置地址的功能，一种是和 IPv4 自动设定功能一样的名为"全状态自动设定"功能，另一种是"无状态自动设定"功能。在 IPv4 中，动态主机配置协议（DHCP）实现了主机 IP 地址及其相关配置的自动设置。DHCP 服务器拥有一个 IP 地址池，主机从 DHCP 服务器租借 IP 地址，并获得默认网关、DNS 服务器 IP 等配置信息。IPv6 继承了 IPv4 的这种自动配置服务，称其为全状态自动配置（Stateful Autoconfiguration）。

在无状态自动配置（Stateless Autoconfiguration）过程中，主机将它的网卡 MAC 地址附加在链接本地地址前缀 FE80::/10 之后，产生一个链路本地单点传送地址。接着主机向该地址发出一个被称为邻居发现（Neighbor Discovery）的请求，以验证地址的唯一性。如果请求没有得到响应，则表明主机自我设置的链路本地单点传送地址是唯一的。否则，主机将使用一个随机产生的接口 ID 组成一个新的链路本地单点传送地址。然后，以该地址为源地址，主机向本地链路中所有路由器多点传送一个被称为路由器请求（Router Solicitation）的配置信息。路由器以包含一个可聚集全球单点传送地址前缀（2001::/16）和其他相关配置信息的路由公告响应该请求。主机用它从路由器得到的全球地址前缀（2001::/16）加上自己的接口 ID，自动配置全球地址，然后即可与 Internet 中的其他主机通信了。

5. IPv4 向 IPv6 的过渡

虽然 IPv6 比 IPv4 具有明显的先进性，但是要想在短时间内将 Internet 和各个企业网络中的所有系统全部从 IPv4 升级到 IPv6 是不可能的。IPv6 与 IPv4 系统在 Internet 中长期共存是不可避免的现实。因此，实现由 IPv4 向 IPv6 的平稳过渡是导入 IPv6 的基本前提。确保过渡期间 IPv4 网络与 IPv6 网络互通是至关重要的。目前，从 IPv4 过渡到 IPv6 的方法有三种：兼容 IPv4 的 IPv6 地址、双 IP 协议栈和基于 IPv4 隧道的 IPv6。

（1）兼容 IPv4 的 IPv6 地址是一种特殊的 IPv6 单点广播地址。一个 IPv6 节点与一个 IPv4 节点可以使用这种地址在 IPv4 网络中通信。这种地址是由 96 个 0 位加上 32 位 IPv4 地址组成的。例如，某主机的 IPv4 地址是 202.207.175.11，那么兼容 IPv4 的 IPv6 地址就是 0:0:0:0:0:0:CACF:AF0B（CACF 是 202.207 的十六进制表示，AF0B 是 175.11 的十六进制表示）。

（2）双 IP 协议栈是在一个系统（如一个主机或一个路由器）中同时使用 IPv4 和 IPv6 两个协议栈，如图 1.9 中的 IPv4 网的两台边界路由器 R。这类系统既拥有 IPv4 地址，也拥有 IPv6 地址，因而可以收发 IPv4 和 IPv6 两种 IP 数据包。

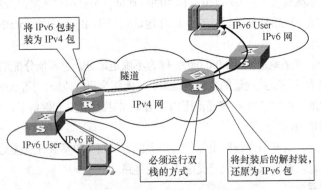

图 1.9　基于 IPv4 隧道的 IPv6 技术

（3）与双 IP 协议栈相比，基于 IPv4 隧道的 IPv6 是一种更为复杂的技术。它是将整个 IPv6 数据包封装在 IPv4 数据包中，由此实现在当前 IPv4 网络中的 IPv6 源节点与 IPv6 目的节点之间的 IP 通信，如图 1.9 所示。

基于 IPv4 隧道的 IPv6 实现过程分为"封装、解封和隧道管理"3 个步骤。封装是指由隧道起始点创建一个 IPv4 数据包头，将 IPv6 数据包装入一个新的 IPv4 数据包中。解封是指由隧道终节点移去 IPv4 包头，还原原始的 IPv6 数据包。隧道管理是指由隧道起始点维护隧道的配置信息，如隧道支持的最大传输单元（MTU）的尺寸等。

IPv4 隧道有 4 种方案：路由器对路由器、主机对路由器、主机对主机、路由器对主机。当然，IPv6 并非十全十美、一劳永逸，不可能解决所有问题，IPv6 只能在发展中不断完善。IPv4 向 IPv6 过渡不可能在一夜之间发生，过渡需要时间和成本。但从长远看，IPv6 有利于互联网的持续和长久发展。

1.4.2　IPv6 域名系统

IPv6 的域名解析（DNS）与 IPv4 的 DNS 在体系结构上是一致的，都采用树状结构的域名空间。IPv4 协议与 IPv6 协议的不同，并不意味着需要独立的 IPv4 DNS 体系和 IPv6 DNS 体系。相反的是，DNS 的体系和域名空间必须是一致的，即，IPv4 和 IPv6 共同拥有统一的域名空间。在 IPv4 到 IPv6 的过渡阶段，域名可以同时对应于多个 IPv4 和 IPv6 的地址。以后，随着 IPv6 网络的普及，IPv6 地址将逐渐取代 IPv4 地址。

1. IPv6 域名正向解析

IPv6 可聚合全局单播地址是在全局范围内使用的地址，必须进行层次划分及地址聚合。IPv6 全局单播地址的分配方式是：顶级地址聚合机构 TLA（大的 ISP 或地址管理机构）获得大块地址，负责给次级地址聚合机构 NLA（中小规模 ISP）分配地址；NLA 给站点级地址聚合机构 SLA（子网）和网络用户分配地址。IPv6 地址的层次性在 DNS 中通过地址链技术可以得到很好的支持。下面从 DNS 正向和反向地址解析分析 IPv6 域名解析。

正向解析是从域名获得 IP 地址的过程。IPv6 域名正向解析有两种资源记录，即 AAAA 和 A6 记录。其中，AAAA 较早提出，它是对 IPv4 协议 A 记录的简单扩展。由于 IP 地址由 32 位扩展到 128 位，扩大了 4 倍，因此资源记录也由 1 个 A 扩展成 4 个 A。但 AAAA 用来表示域名和 IPv6 地址的对应关系并不支持地址的层次性。

A6 是在 RFC2874<5>中提出的。A6 将一个 IPv6 地址与多个 A6 记录建立联系，每个 A6 记录只包含 IPv6 地址的一部分，这些部分组合后形成一个完整的 IPv6 地址。IPv6 域名记录示例如图 1.10 所示。A6 记录支持一些 AAAA 所不具备的新特性，如地址聚合、地址更改等。

```
        IN    NS    ns1.xxx.com.cn.
        IN    NS    ns2.xxx.com.cn.
ns1     IN    A     218.26.174.2
ftp     IN    CNAME www
www     IN    A6    64    2001:db8:2de::e13    subnet2.yyy.com.cn.
www     IN    A6    64    2001:db8:2de::e13    subnet2.zzz.com.cn.
ns2     IN    A6    64    2001:db8:2de::e12    subnet2.yyy.com.cn.
ns2     IN    A6    64    2001:db8:2de::e12    subnet2.zzz.com.cn.
```

图 1.10　IPv6 域名记录示例

这种 A6 记录方式根据 TLA、NLA 和 SLA 的分配层次把 128 位的 IPv6 地址分解成为若干级的地址前缀和地址后缀，构成了一个地址链。每个地址前缀和地址后缀都是地址链上的一环，一个完整的地址链就组成一个 IPv6 地址。这种思想符合 IPv6 地址的层次结构，从而支持地址聚合。当用户改变 ISP 时，要随 ISP 改变而改变其拥有的 IPv6 地址。手工修改用户子网中所有在 DNS 中注册的地址，是一件非常烦琐的事情。而在用 A6 记录表示的地址链中，只要改变地址前缀对应的 ISP 名字即可，可以大大减少 DNS 中资源记录的修改，并且在地址分配层次中越靠近底层，所需要的改动越少。

2. IPv6 域名反向解析

反向解析是从 IP 地址获得域名的过程。IPv6 反向解析与 IPv4 的 PTR 一样，但地址表示形式有两种。一种是用 "." 分隔的半字节十六进制数字格式（Nibble Format），低位地址在前，高位地址在后，域后缀是 "IP7.INT."。另一种是二进制串（Bit-string）格式，以 "\[" 开头，十六进制地址（无分隔符，高位在前，低位在后）居中，地址后加 "]"，域后缀是 "IP7.ARPA."。

半字节十六进制数字格式与 AAAA 对应，是对 IPv4 的简单扩展。二进制串格式与 A6 记录对应，地址也像 A6 一样，可以分成多级地址链表示，每一级的授权用 DNAME 记录。和 A6 一样，二进制串格式也支持地址层次特性。

　　总之，以地址链形式表示的 IPv6 地址体现了地址的层次性，支持地址聚合和地址更改。一次完整的地址解析分成多个步骤进行，需要按照地址的分配层次关系到不同的 DNS 服务器进行查询。所有的查询都成功才能得到完整的解析结果。这势必会延长解析时间，出错的机会也会增加。因此，需要进一步改进 DNS 地址链性能，提高域名解析速度，才能为用户提供理想的域名解析服务。

　　3. 支持 IPv4 与 IPv6 地址转换的 DNS

　　作为 Internet 基础架构的 DNS 服务，在 IPv4 到 IPv6 的过渡过程中，要支持网络协议升级和转换。IPv4 和 IPv6 的 DNS 记录格式有所不同，为了实现 IPv4 网络和 IPv6 网络之间的 DNS 查询和响应，可以采用 DNS 应用层网关（DNS Application Level Gateway，DNS-ALG）结合地址转换及协议转换（Network Address Translation and Protocol Translation，NAT-PT）的方法。NAT-PT 转换器位于 IPv4 和 IPv6 两个网络交界处，在 NAT-PT 上运行 DNS-ALG 程序，则 NAT-PT 在 IPv4 和 IPv6 网络之间起到了一个地址转换作用。其转换原理图如图 1.11 所示。

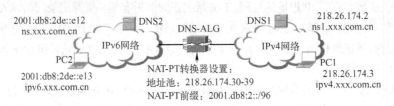

图 1.11　IPv4/IPv6 地址转换原理图

　　IPv4 的地址域名映射使用 A 记录，IPv6 使用 AAAA 或 A6 记录。IPv4 网络节点 PC1 发送到 IPv6 网络节点 PC2 的 DNS 查询请求是 A 记录，DNS-ALG 将 A 改写成 AAAA，并发送给 IPv6 网络中的 DNS2 服务器。当 DNS2 服务器的应答到达 DNS-ALG 时，DNS-ALG 修改应答，把 AAAA 改为 A；将 PC2 的 IPv6 地址（2001:db8:2de::e12）改成 DNS-ALG 地址池中的 IPv4 转换地址（218.27.174.30），再将这个 IPv4 转换地址（218.27.174.30）和 IPv6 地址之间的映射关系通知 NAT-PT，并把这个 IPv4 转换地址（218.27.174.30）作为解析结果返回 IPv4 网络节点 PC1。IPv4 网络节点 PC1 以 218.27.174.30 地址作为目的地址与实际的 IPv6 网络节点 PC2 通过 NAT-PT 通信。

　　对于只认识 IPv6 地址的 PC2 来说，PC1 的地址就是 2001:db8:2::218.27.174.3，NAT-PT 转换器看到这个地址，就知道可以转换成 IPv4 地址 218.27.174.3。

1.5　网络拓扑与过程模型

　　局域网中各通信设备（如集线器、交换机等）相互连接的形式，称为网络拓扑结构。局域网中客户机与服务器相互连接的方法，称为网络过程模型。拓扑结构确定了局域网协议属性、网络规模及健壮性。过程模型确定了网络计算方式、服务规模及敏捷性。

1.5.1　局域网拓扑结构

　　局域网拓扑结构主要有总线形、星形、环形、树形、扩展星形和网形多种拓扑结构，如图 1.12 所示。每种网络拓扑结构各有优缺点和适用范围。

　　（1）总线形拓扑结构。采用共享传输线路作为介质，所有的站点都通过相应的硬件接口直接连到干线电缆，即总线上，如图 1.12(a)所示。

　　最初的以太局域网，采用总线形拓扑结构。其优点是结构简单、电缆长度短、易于布线、造价低、易于扩充等。增加新站点时，可在总线的任一点将其接入，如需增加总线长度，可用中继器或集线器扩展一个附加段。总线形拓扑的主要缺点是故障诊断和隔离困难、计算机通信易产生冲突、局域网规模较小。20 世纪 90 年代中期，这种共享传输线路的局域网已被星形、树形或扩展星形拓扑结构的局域网取代。

　　（2）星形结构。星形结构是指各网络节点以星形方式连接成网。网络有中央节点，其他节点（客户机、服务器）都与中央节点直接相连，如图 1.12(b)所示。

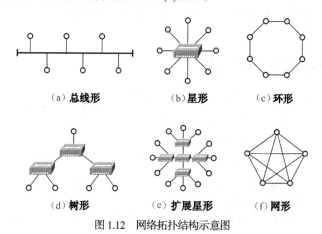

(a) **总线形**　　(b) **星形**　　(c) **环形**

(d) **树形**　　(e) **扩展星形**　　(f) **网形**

图 1.12　网络拓扑结构示意图

　　该结构以中央节点为中心，又称为集中式网络。单个节点的故障只影响一个节点，不会影响全网，容易检测和隔离故障，重新配置网络也十分方便。星形拓扑的主要缺点是对中心节点的可靠性和冗余度要求很高，一旦中心节点发生故障，则全网不能工作。星形拓扑结构广泛应用于占地面积较小的小型企业，企业 PC 机数量 <255 台，每台 PC 机距离中心节点 <90m 的局域网。

　　（3）环形结构。所有节点彼此串行连接，构成一个回路或称环路，这种连接形式称为环形拓扑，如图 1.12(c)所示。在环形拓扑网络中，数据是单方向被传输的，两个节点之间仅有唯一的通路，大大简化了路径选择的控制。其缺点是环路是封闭的，扩充不方便。当环路中站点过多时，会影响数据传输效率，使网络响应时间变长。早期，环形拓扑结构适宜工厂自动化测控等应用领域。

　　（4）树形结构。树形结构是分级的集中控制式网络，如图 1.12(d)所示。与星形相比，它的通信线路总长度（所有节点连接介质的总和）短，成本较低，节点易于扩充。但除了叶节点及其相连的线路外，任一节点或其相连的线路故障都会使系统受到影响。树形拓扑结构广泛应用于占地面积较大的小型企业，连网 PC 机距离中心节点 >90m 的局域网。

　　（5）扩展星形。在网状拓扑结构中有一级中央（核心）节点，还有二级中央（汇聚）节点。客户机、服务器与中央节点不直接相连，汇聚节点上连核心节点下连接入节点，这种结构以多中央节点为中心，因此称为扩展星形网络，如图 1.12(e)所示。它除具有单星形结构的特点外，最大的特点就是适合组建大中型局域网，扩大了局域网的地理范围。

　　（6）网形结构。所有站点彼此连接，任一节点到其他节点均有两条以上的路径，构成一个网状链路，这种连接形式称为网形拓扑，如图 1.12(f)所示。在网形结构的网络中，数据传输路径选择的控制复杂，也就是为数据包寻找最佳路经（路由）的控制软件复杂。由于任一节点到其他节点均有两条路经，即便有一条路经发生故障，也不会中断网络通信，所以网形结构具有很高的可靠性。另外，网形拓扑需要大量传输链路，费用很高。网形拓扑结构适宜大中型、大型局域网的主网构建等高可用网络领域。

1.5.2 对等网模型

对等网络也称点对点（Peer-to-Peer）网络。在对等式网中，没有专用服务器，每一个 PC 既是客户机，又是服务器。支持通信的 PC 机操作系统构建点对点网络，如 Window XP/7 等。

对等网主要用于某些办公室组网，该网不和任何网连接，一般只适用于几台 PC 机互连的网络。对等网络资源不能集中管理，网络安全管理要由资源提供者自己承担。对等网络比较简单，除了共享文件外，还可以共享打印机。也就是说，对等网络上的打印机可被网络上的任一节点使用，如同使用本地打印机一样方便。

1.5.3 客户机/服务器模型

客户机/服务器（Client/Server，C/S）是一种分布式计算网络。在这种结构中，其中一台或几台较大的计算机集中进行共享数据库的管理和存取，称为服务器（Server）。而将其他的应用处理工作分散到网络中客户机（Client）上去做，构成分布式的处理系统。服务器控制管理数据的能力已由文件管理方式上升为数据库管理方式，因此，C/S

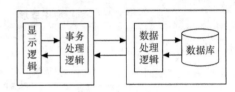

图 1.13 Client/Server 数据库系统结构

网络模型的服务器也称为数据库服务器。Client/Server 数据库系统的结构，如图 1.13 所示。

C/S 网络模型是数据库技术与局域网技术融合的结果。C/S 网络模型注重数据库的读写操作、数据安全、数据备份与还原，以及事务处理并发控制及管理。它只将事务处理的数据（不是整个文件）通过网络传送到客户机，有效减轻网络传输负载，提高了网络带宽利用率。

1.5.4 浏览器/服务器模型

浏览器/服务器（Browser/Server，B/S）网络模型一般可分为表示层（Presentation）、功能层（Business Logic）、数据层（Data Service）3 个相对独立的单元，如图 1.14 所示。

图 1.14 Browser/Server 网络模型结构

（1）表示层。由 Web 浏览器组成，包含系统的显示逻辑，位于客户端。它的任务是由 Web 浏览器向网络上的某个 Web 服务器提出服务请求，Web 服务器（匿名方式或用户身份认证方式）采用 HTTP 把所需的主页传送给客户端，客户机接受传来的主页文件，并把它显示在 Web 浏览器上。

（2）功能层。由具有应用程序扩展功能的 Web 服务器组成，包含系统的事务处理逻辑，位于 Web 服务器端。它的任务是接受用户的请求，首先需要执行相应的扩展应用程序与数据库进行连接，通过 SQL 等方式向数据库服务器提出数据处理申请，而后台数据库服务器将数据处理的结果提交给 Web 服务器，再由 Web 服务器传送回客户端。

（3）数据层。由数据库服务器组成，包含系统的数据处理逻辑，位于数据库服务器端。它的任务是接受 Web 服务器对数据库操纵的请求，实现对数据库查询、修改、更新等功能，把运行结果提交给 Web 服务器。

仔细分析不难看出，三层的 B/S 网络模型是将二层 C/S 网络模型的事务处理逻辑模块从客户机的任务中分离出来，由单独组成的一层来负担其任务。这样客户机的压力大大减轻了，把负荷均衡地分配给了 Web 服务器，于是由原来的两层的 C/S 结构转变成三层的 B/S 结构。

B/S 网络模型不仅把客户机从沉重的负担和不断对其提高的性能要求中解放出来，也把技术维护人员从繁重的维护升级工作中解脱出来。由于客户机把事务处理逻辑部分给了功能服务器，使客户机一下子"苗条"了许多，不再负责处理复杂计算和数据访问等关键事务，只负责显示部分，所以维护人员不再为程序的维护工作奔波于每个客户机之间，而把主要精力放在功能服务器上程序更新工作。B/S 模型的层与层之间相互独立，任何一层的改变不影响其他层的功能。从根本上改变了传统的 C/S 模型的缺陷，是应用体系架构的一次飞跃。

虽然，B/S 网络模型具有较多优点，但也存在一些不足。例如，服务器端的事物处理逻辑采用脚本语言（如 VB script、Java Script）编程，程序运行是解释执行，其安全性和处理用户请求的响应速度较差。因而，B/S 模型升级为 B/F/S 模型。

1.5.5 浏览器/前置机/服务器模型

在 B/S 模型基础上，应用分布式互联网应用结构（Distributed Internet Applications Architecture，DNA）技术，将服务器端的事物处理逻辑抽象为中间件，处理各种复杂的商务逻辑计算和演算规则。这种进行事务逻辑服务的中间层就是应用前置机，这样就将 3 层结构扩展为 4 层结构，即 Browser/Frontend/Server 模型，简称 B/F/S，如图 1.15 所示。

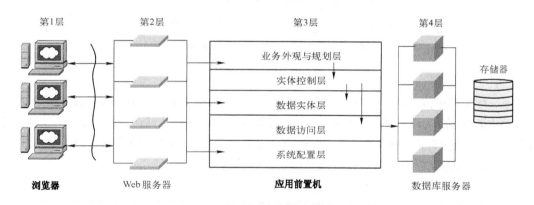

图 1.15　Browser/ Frontend /Server 网络模型结构

B/F/S 模型的主要功能和业务逻辑在应用前置机层进行处理。应用前置机（图 1.15 中的箭头表示使用关系）又划分成 5 个层次：系统配置层（提供对应用程序系统的配置）、数据访问层（提供对数据库的访问）、数据实体层（数据的表示方式）、实体控制层（数据的存取方式）、业务外观（业务逻辑的组织方式）与规则层（业务服务的提供方式）。

Windows DNA 的技术思想使应用开发有了明确的分工。一部分人员专注于事务逻辑层中间件的开发和测试工作；另一部分人员根据业务逻辑的需要选择和使用中间件。使用中间件提供的统一对外接口时，无需了解其功能实现的内部细节，只需以精炼的 ASP（Active Server Pages）脚本语言把组件集成到页面之中即可，从而有效降低了开发难度，加快了开发进度。业务逻辑处理都是由中间件完成的，减轻了 ASP 脚本的计算负担。ASP 页面也就变得清晰、易读，便于调试，更不会出现开发活动因研发人员的中途变动而使整个工作搁浅的局面。中间件可采用 Java、C++和 C#等多种语言工具实现，其处理事务逻辑的能力十分强大。

在 B/F/S 体系架构中，应用前置机使用中间件可以共享与数据库的连接，使数据库不再和每个活动 Web 客户机保持连接，而是若干个 Web 客户机通过共享中间件和数据库连接，降低了数据库响应 Web 请求的负担，有效提高了系统的计算性能。数据库不直接与 Web 客户机关联，有效提高了数据的安全性。

1.5.6 云计算模型

云计算是一种新兴的商业计算模型，它将计算任务分布在大量计算机构成的虚拟化资源池上，这种虚拟化资源池称为"云"。这种"云"通常为一些大型服务器集群，包括计算服务器、存储服务器和宽带资源等。云计算将所有的计算资源集中起来，并由软件实现自动管理，无需人为参与。这使得应用提供者无需为烦琐的细节而烦恼，能够更加专注于自己的业务，根据需要为用户提供各种计算力、存储空间和软件服务等，如图 1.16 所示。

图 1.16　云计算概念模型

从云计算的服务形式看，云计算分为"公共云、私有云、混合云"三类。公共云是由互联网服务提供商建构的，如 Google、百度、腾讯等为用户提供的信息检索、个人站点、及时沟通、信息服务等。私有云是由企业（含企业网、校园网、政务网等）建构的、面向内部用户服务的服务器集群。混合云是由企业自建或租用外部资源池为公众提供服务的服务器集群。

习题与思考

1．关于计算机局域网的定义，一般有几种说法？各种说法强调的特征是什么？

2．依据网络协议，联想自己与他人协作，为了履行各自的职责，是否要制定一个"协作约定"。请举例说明网络协议的作用。

3．画图比较 OSI 参考模型与 TCP/IP 体系结构的异同，说明它们之间层次的对应关系。

4．观察身边的计算机网、电话网和有线电视网的物理拓扑结构，说明 3 种网络各采用何种拓扑结构，试比较其优缺点。

5．有 3 个 LAN，主机数量分别为 38、46、56，均少于 C 类地址允许的主机数。为这 3 个 LAN

申请 3 个 C 类 IP 地址显然有点浪费。请对 C 类网络 202.207.175.0 划分子网，并确定子网掩码。

6. 试比较 IPv4 与 IPv6 地址结构，并将 IPv4 地址 211.105.192.175 转换为 IPv6 地址。

7. 局域网有几种拓扑结构？各种拓扑结构的特征有哪些？

8. 局域网组建有几种过程模型？各种过程模型的特征有哪些？

第2章
局域网组建基础工作

本章概要介绍局域网需求分析内容与方法，以及局域网设计内容与方法。重点介绍网络结构化布线内容及施工、线缆安装与测试方法，以及绿色节能与安全的数据中心机房设计内容与技术实现方法。通过本章的学习，达到以下目标。

（1）了解局域网需求分析过程，理解局域网需求分析内容与方法，掌握局域网需求调查文档的编写内容，以及企业网方案设计内容。

（2）了解网络布线过程，理解网络结构化布线内容与方法、掌握非屏蔽双绞线安装与测试方法。会按照中小型局域网需求，设计网络布线解决方案。

（3）了解局域网设计过程和网络安全部署要点，理解局域网物理结构与逻辑结构，能够按照局域网组建规模，初步确定符合用户需求的局域网组成结构。

（4）了解机房 TIA-942 标准及供配电级别，理解绿色节能与安全机房设计要求，掌握机房供配电与节能方法。能够按照局域网项目要求，设计数据中心机房解决方案。

2.1 局域网需求分析

需求分析是从软件工程学和管理信息系统引入的概念，是任何一个局域网项目开始的第一个环节，也是关系一个局域网项目成功与否的关键。本节以企业网项目为例，说明局域网组建需求分析的方法。

2.1.1 需求分析的思想

从事网络系统集成的技术人员都清楚，网络产品与技术发展非常快，通常同一档次网络产品的功能和性能在提升的同时，产品的价格却在下调。因此，局域网设备选型要突出实用、好用、够用的原则，不可能也没必要实现所谓"一步到位"。局域网组建应采用成熟可靠的技术和设备，使有限的网络项目资金尽可能快地产生应用效益。如果用户方遭受网络项目长期拖累，迟迟看不到网络应用的效果，网络集成商的利润自然也就降到了一个较低的水平，甚至到了赔钱的地步。一旦网络集成商不盈利，用户的利益自然难以保证。应当清楚，反复分析尽管不可能立即得出结果，但需求分析却是网络项目的一个重要组成部分。

因此，要把网络需求调研与分析作为网络项目中至关重要的步骤来完成。如果网络需求分析做得透，网络设计方案就会赢得用户方青睐；网络结构设计得好，网络系统实施就相对容易得多。反之，如果没有对用户网络需求进行充分的调研，不能与用户方达成共识，那么随意需求就会贯穿整个网络项目的始终，并破坏网络项目的计划和预算。

需求调研与分析阶段主要完成用户组网调查，了解用户网络建设的需求，或用户对原有网络升级改造的要求。需求调研与分析包括企业网络综合布线、通信平台、服务器、网络操作系统、网络应用系统，以及网络管理维护和安全等方面的综合分析，为下一步制定适合用户需求的网络解决方案打好基础。

2.1.2　项目经理的职责

一个局域网项目的确立是建立在各种各样的需求之上的，这种需求来自用户的实际需求及用户自身发展的需要。用户对网络组建拥有不同知识层面的理解和要求，项目经理（负责人）对用户需求的理解程度，在很大程度上决定了局域网项目的成败。

如何了解、分析、明确用户需求，并且能够准确、清晰地以文档的形式表达出来，提供给项目实施的每个成员，保证实施过程按照用户需求的正确方向进行，是每个项目经理需要面对的问题。

需求分析活动是一个和用户交流，正确引导用户将自己的实际需求用较为适当的技术语言进行表达（或者由相关技术人员帮助表达），以明确项目目标的过程。这个过程中包含了对局域网基本功能模块的确立和项目实施计划。因此，项目经理、项目成员，以及用户的参与是非常必要的。项目经理在需求分析中的职责有如下 5 个方面。

（1）负责组织相关技术人员与用户一起进行需求分析。

（2）组织项目技术骨干或者全部成员与用户讨论，编写"企业网方案设计书（初稿）"。

（3）组织项目有关人员反复讨论和修改"企业网方案设计书（初稿）"，确定"企业网方案设计书"的正式文档。

（4）如果用户有这方面的能力或者用户提出要求，项目经理也可以指派项目成员参与，由用户编写和确定"企业网方案设计书（初稿）"。

（5）如果项目比较大，最好能够有网络集成公司经理或者经理授权的人员参与"企业网方案设计书"的确定过程。

2.1.3　需求调查文档记录

在整个需求分析的过程中，按照一定的规范编写需求分析的相关文档，不但可以帮助项目成员将需求分析结果更加明确化，也为以后企业网升级、扩展做了文本形式的备忘。同时，为网络集成商承担类似项目提供有益的借鉴和范例，是网络集成商在网络项目实施中积累的符合自身特点的经验财富。

需求分析中需要编写的文档主要是"企业网方案设计书"，这是整个需求分析的结果性文档，也是企业网设计与实施过程中，项目成员主要依据的文档。为了更加清楚地描述"企业网方案设计书"，往往还需要编写"用户调查报告"和"市场调研报告"来辅助说明。各种文档最好有一定的规范和固定格式，以便增加文档的可读性，方便阅读、快速理解文档内容。

2.1.4　用户调查内容

在需求分析的过程中，往往有很多不明确的用户需求。这时，项目负责人需要调查用户的实际情况，明确用户需求。一个比较理想化的用户调查活动需要用户的充分配合，而且还有可能需要对调查对象进行必要的培训。所以，调查计划的安排，如时间、地点、参加人员、调查内容等，都需要项目经理和用户的共同认可。调查的形式可以是向用户发放需求调查表，召开需求调查座谈会或现场调研。用户调查的主要内容如下。

（1）网络当前功能需求及日后的功能需求。

（2）用户对网络性能（如访问速度、平滑升级）的要求和可靠性的要求。

（3）用户现有的网络设备和计算机的数量，准备增加的计算机数量。

（4）网络（数据）中心机房的位置和实际运行环境，机房供电与制冷需求。

（5）综合布线信息点的数量和安装位置。

（6）综合布线设备间、配线间的数量和安装位置。

（7）网络应用系统种类、数量及对服务器的需求，服务器和存储系统配置与数量。

（8）网络系统的功能及用户可投入的资金分配。

（9）网络安全性、可管理性及对可维护性的要求。

（10）项目完成时间及进度（可以根据合同确定）。

（11）明确项目完成后的维护责任。

调查结束以后，需要编写"用户调查报告"，该报告的要点如下。

（1）调查概要说明。包括网络项目名称、用户单位、参与调查人员、调查开始和终止的时间、调查工作的安排。

（2）调查内容说明。包括用户基本情况，用户主要业务，信息化建设现状，网络当前和日后的功能需求、性能需求、可靠性需求和实际运行环境，用户对新建网络系统的期望等。

（3）调查资料汇编。将调查得到的资料分类汇总，如调查问卷、会议记录等。

2.1.5　市场调研内容

通过市场调研活动，认真分析相似网络的性能和运行情况，可以帮助项目经理更加清楚地构划出企业网的大体架构和模样。在总结同类网络系统优势和缺点的同时，网络系统集成人员可以博采众长，构建出更加优秀的、符合用户需求的企业网技术解决方案。

在企业网组建过程中，由于用户时间、经费及网络集成商的能力所限，市场调研覆盖的范围有一定的局限性。在调研市场中同类网络系统时，应尽可能多地调研比较有特点和优秀的同类网络系统，了解同类网络系统的使用环境与用户的差异点、类似点。市场调研的重点应该放在主要竞争对手的产品或类似网络系统的有关信息上。

（1）市场调研内容。市场中同类网络产品的确定，网络的使用范围和访问人群，网络系统的功能设计（网络拓扑结构，网络多层交换，准入准出控制策略，网络安全与维护措施，服务器配置及集群架构，网络特色功能，性能情况等）。简单评价所调研的网络情况。调研的目的是明确同类网络产品的使用情况，以引导用户需求。

（2）市场调研报告。对市场同类产品或系统调研结束后，所撰写的"市场调研报告"主要包括以下要点。

① 概要说明。包括调研计划、网络项目名称、调研单位及参与调研者、调研开始与终止时间。

② 内容说明。包括调研的同类网络系统名称、网络系统集成解决方案、网络集成商、网络应用相关说明、系统开发背景、主要使用对象、功能描述和评价等。

③ 被调研网络系统可借鉴的功能设计。包括网络总体架构、服务器配置、网络安全、网络管理、网络功能等描述、网络高可用性论证、性能需求和可借鉴的原因等。

④ 被调研网络系统不可借鉴的功能设计，包括网络总体架构、服务器配置、网络设备功能描述、性能需求和不可借鉴的原因等。

⑤ 分析同类网络系统和主要竞争对手产品，或已完成的网络集成项目的弱点和缺陷，以及本公司在网络集成方面的优势。

⑥ 资料汇编。将调研得到的资料进行分类汇总。

2.1.6　企业网设计内容

在网络集成商和用户签订的合同书的约束下，通过较为具体的用户调查和市场调研活动，借鉴调查分析得出的"用户调查报告"和"市场调研报告"，项目经理应对整个需求分析活动进行认真的总结，将前期分析不明确的需求逐一清晰化，并输出一份详细的总结性文档，即"企业网方案设计书（最终版）"，作为日后项目实施过程中的依据。"企业网方案设计书"包含以下内容。

（1）网络总体架构（网络拓扑结构、标注主要设备及作用，以及设备之间连接方式等）。

（2）网络系统功能和各组成部分的细节功能。

（3）网络运行的软/硬件环境（交换机、路由器、安全设备、服务器、操作系统等）。

（4）网络系统性能定义，确定网络维护的要求。

（5）网络系统的软件和硬件接口与配置清单。

（6）确定网络系统运行环境的要求（机房，设备间、配线间，光缆、电缆敷设，供配电，制冷与节能，电气保护，接地和防雷击等）。

（7）网络资源系统的数量、高可用性，服务器配置及集群架构。

（8）网络管理及维护的总体功能和各组成部分的细节功能。

（9）网络安全与可靠的总体功能和各组成部分的细节功能。

（10）网络测试与验收指标。

（11）项目的完成时间及进度（根据合同确定）。

（12）明确项目完成后的维护责任。

网络需求规格说明是分析任务的最终产物，通过建立完整的网络描述、详细的功能和行为描述、性能需求和设计约束的说明、合适的验收标准，给出对目标网络工程的各种需求。简化的网络需求规格说明框架，如表 2.1 所示。

当然，一次成功的需求分析不仅需要项目经理、团队成员和用户的共同努力，还和网络集成公司的总体能力水平密切相关。需要说明的是，以上所述的需求分析活动是建立在较为理想的基础上的。由于各类用户的业务情况的不同，网络集成商可根据用户的业务情况有选择地借鉴、吸收和利用。根据网络集成商的情况，系统地规范此类文档并做好保存和收集，对网络集成商进行其他网络项目的建设，以及网络集成商自身实力的增强都会有很大帮助。

表 2.1　网络需求规格说明的框架

1. 引言　　1.1 整体描述　　1.2 网络工程项目约束
2. 网络描述　　2.1 网络内容表示　2.2 网络拓扑结构　2.3 网络层次表示　ⅰ 核心　ⅱ 汇聚　ⅲ 接入
3. 功能描述　　3.1 功能划分　3.2 功能描述　ⅰ 处理说明　ⅱ 限制局限　ⅲ 性能需求 　　　　ⅳ 设计约束　ⅴ 支撑图　3.3 管理描述　ⅰ 管理规格说明　ⅱ 设计约束
4. 行为描述　　4.1 系统安全、稳定状态　　4.2 事件和响应
5. 检验标准　　5.1.性能范围　　5.2 测试种类　　5.3 期望的网络响应　　5.4 特殊的考虑
6. 参考文献
7. 附录

2.2 局域网综合布线

局域网运行环境建设是网络项目的基础工作，该工作包括网络综合布线（铜线、光缆），网络设备供配电、过压与过流保护，以及接地与干扰屏蔽等。

2.2.1 布线系统结构

网络综合布线是网络的信道系统，是以网络连通为目的敷设的数字信息通道。综合布线的代表产品是建筑物布线系统（Premises Distribution System，PDS），也称综合布线系统。

综合布线系统一般采用模块化设计和物理分层星形拓扑结构，传输语音、数据、图像及各类控制信号。综合布线是具有开放特性的布线系统，该系统一般包括工作区子系统、水平区子系统、管理子系统、垂直干线子系统、建筑群子系统、设备间子系统等，如图 2.1 所示。

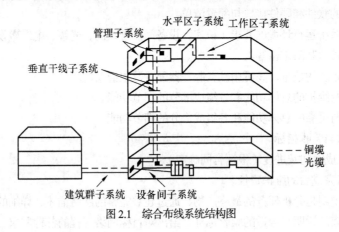

图 2.1 综合布线系统结构图

综合布线系统使用标准的双绞铜线或光纤传输介质，支持高速率的数据传输。它包括一系列专用的接插件和交接硬件，使用户可以把设备连到标准的语音/数据信息插座上，使安装、维护、升级和扩展都非常方便并节省费用。楼宇之间和楼宇内就是利用这种布线特点来满足不断变化的需求，同时帮助管理者简便、廉价、无损地进行任何变动，尽可能地减少用户长期用于建筑物的花费。一个综合布线系统的使用寿命要求是 10 年以上。

2.2.2 工作区和水平布线

ISO11801 建议的水平布线标准，如图 2.2 所示。工作区子系统又称为服务区子系统，它是由 RJ-45 插座和其所连接的设备（终端或工作站）组成。传输介质一般选用超五类非屏蔽双绞线（UTP），从 RJ-45 插座到其所连接的设备的 UTP 线的长度一般为 3m。

水平布线子系统是整个布线系统的一部分，它是从 RJ-45 插座开始到管理子系统的配线柜，结构一般是星形。传输介质一般选用超五类非屏蔽双绞线（UTP），从 RJ-45 插座开始到管理子系统的配线柜的 UTP 线的长度≤90m。

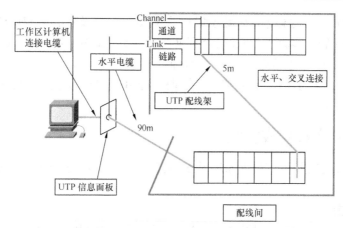

图 2.2　ISO11801 工作区和水平布线示意图

2.2.3　垂直干线子系统

垂直干线子系统又称为干线子系统，它是整个建筑物综合布线系统的一部分。它提供建筑物的垂直电缆，是负责连接管理子系统到设备间子系统的系统，一般都选用光缆或大对数的超五类非屏蔽双绞线。超五类非屏蔽双绞线传输距离≤90m。

光缆采用多模 50/125μm 或 62.5/125μm 等两种规格。布线距离要求：100Base-SX（850 nm）短波模块在 50/125μm 或 62.5/125μm 的光缆上的传输距离≤300m，100Base-FX（1 310nm）长波模块在 50/125μm 或 62.5/125μm 的光缆上的传输距离≤2 km。1000Base-SX（850nm）短波模块在 50/125μm 介质上的传输距离≤550m，在 62.5/125μm 介质上的传输距离≤270m。1000Base-LX（1310nm）长波模块在 50/125μm 介质上的传输距离≤550m，在 62.5/125μm 介质上的传输距离≤550m。

2.2.4　设备间与管理子系统

设备间子系统也称设备子系统。EIA/TIA569 标准规定了设备间的设备布线。它是布线系统最主要的管理区域，所有楼层的数据信息都由电缆或光缆传送至此。通常，此系统安装在计算机网络和数据中心的主机房内。设备间是在每一幢大楼的适当地点设置进线设备，进行网络管理及管理人员值班的场所。设备间子系统应由综合布线系统的建筑物进线设备、电话、数据、计算机等各种主机设备及其保安配线设备等组成。

管理子系统放置网络布线系统设备，包括水平和主干布线系统的机械、电气终端。管理子系统设置在楼层分配线设备的房间内。管理子系统应由交接间的配线设备，输入/输出设备等组成，也可应用于设备间子系统中。

2.2.5　建筑群子系统

建筑群子系统提供外部建筑物与大楼内布线的连接点。EIA/TIA569 标准规定了网络接口的物理规格，实现建筑群之间的连接。该连接包括各个建筑楼宇间的语音、数据、视频监控等业务的综合布线，主要由建筑楼宇之间的线缆（光缆、铜线等）和配线设备组成。

建筑群子系统是综合布线系统的骨干部分，它支持楼宇之间通信所需的硬件，其中包括导线电缆、光缆以及防止电缆上的脉冲电压进入建筑物的电气保护装置。

在建筑群子系统中，为了能进行远距离通信（大于100m），以及防止雷击对网络设备造成的损坏，一般采用多模或单模光缆。多模光缆敷设距离同垂直子系统，1000Base-LX（1 310 nm）模块在单模光缆（8.3/125μm、9/125μm）上的传输距离≤10 000m。

室外敷设光缆，一般有3种情况：架空、直埋和地下管道，或者是这3种的任何组合，具体情况应根据现场的环境来决定。

2.2.6　非屏蔽双绞线安装

非屏蔽双绞线安装工作的重点是铜线敷设方法与技术工艺，以及按照 EIA/TIA-568A/B 标准制作 UTP 跳线和信息插座。

1. UTP 铜线安装

（1）桥架制作合理，保证合适的线缆弯曲半径。上下左右绕过其他线槽时，转弯坡度要平缓，重点注意两端线缆下垂直受力后是否还能在不压损线缆的前提下盖上盖板。

（2）放线过程中主要是注意对拉力的控制，对于带卷轴包装的线缆，建议两头至少各安排一名工人，把卷轴套在自制的拉线杆上，放线端的工人先从卷轴箱内预拉出一部分线缆，供合作者在管线另一端抽取，预拉出的线不能过多，避免多根线在场地上缠结环绕。

（3）拉线工序结束后，两端留出的冗余线缆要整理和保护好，盘线时要顺着原来的旋转方向，线圈直径不要太小，有可能的话用废线头固定在桥架、吊顶上或纸箱内，做好标注，提醒其他人员勿动勿踩。

（4）在整理、绑扎、安置线缆时，冗余线缆不要太长，不要让线缆叠加受力，线圈顺势盘整，固定扎绳不要勒得过紧。

（5）在整个施工期间，工艺流程及时通报，各工种负责人做好沟通，发现问题马上通知用户方，在其他后续工种开始前及时完成本工种任务。

（6）如果安装的是非屏蔽双绞线，对接地要求不高，可在与机柜相连的主线槽处接地。

（7）线槽规格的确定：线槽的横截面积留 40%的富余量以备扩充，超 5 类双绞线的横截面积为 0.3cm^2。

（8）线槽安装时，应注意与强电线槽的隔离。布线系统应避免与强电线路在无屏蔽、距离小于20cm 情况下平行走 3m 以上。如果无法避免，该段线槽需采取屏蔽隔离措施。进入家具的电缆管线由最近的吊顶线槽沿隔墙下到地面，并从地面线槽埋管到家具隔断下。

（9）管槽过渡、接口不应该有毛刺，线槽过渡要平滑。

（10）线管超过两个弯头必须留分线盒。

（11）墙装底盒安装应该距地面30cm 以上，并与其他底盒保持等高、平行。

（12）线管采用镀锌薄壁钢管或 PVC 管。

（13）光缆敷设需要有钢绞线、挂钩、胀塞、螺丝、拉板等附件。

（14）光缆架空要有保护措施（尤其是横跨电力线时），防止施工人员的意外伤害。

（15）楼内布线需要穿墙、穿楼板时，操作电锤或电钻要有保护措施。

2. UTP 连接器与跳线

（1）UTP 连接器。为了便于网络互连，EIA/TIA-568A 标准对 UTP 信息插座推荐使用 RJ-45 插头和插座。接头制作有 T568A（白绿、绿，白橙、橙，蓝、白蓝，白棕、棕）和 T568B（白橙、橙，白绿、绿，蓝、白蓝，白棕、棕）两种方式。T568A/568B 针脚和线对连接，如图 2.3 所示。RJ（Registered

Jack）表示已注册插座。T568A 与 T568B 只是在蓝、橙、绿、棕 4 对线中第 2 对橙对和第 3 对绿对作了位置交换。

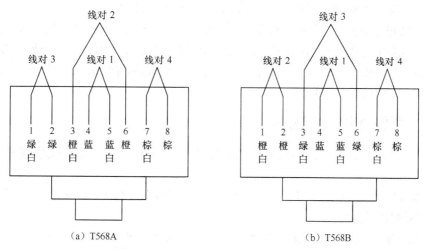

（a）T568A　　　　　　　　　　　　　（b）T568B

图 2.3　T568A/568B 针脚和线对连接示意图

（2）跳线。跳线分为工作区连接电缆、设备间设备线和配线架跳线。水平电缆 UTP 和工作区电缆的最大长度，如表 2.2 所示。

表 2.2　水平电缆 UTP 和工作区电缆的最大长度

水平电缆长度/m	最长工作区电缆/m	水平 UTP 两端设备线以及跳线/m	端到端 UTP 总长度/m
90	3	9	99
85	7	14	99
80	11	18	98
75	15	22	97
70	20	27	97

（3）1Gbit/s 铜线。T568A 和 T568B 定义的 1Gbit/s 铜线也分直通线和交叉线。1Gbit/s 直通线与 100Mbit/s 直通线没有差别，区别是 100Mbit/s 采用 4 芯双绞线（1-2,3-6）传输，1Gbit/s 采用 8 芯双绞线（1-2、3-6、4-5、7-8）传输。1Gbit/s 交叉线与 100Mbit/s 交叉线制作不同，组成的绕对是 1-3、2-6、3-1、4-7、5-8、6-2、7-4、8-5。超 5 类（5e）及以上类型铜线支持 1Gbit/s 传输。

2.2.7　屏蔽双绞线安装

根据屏蔽方式的不同，屏蔽双绞线分为两类，即 STP（Shielded Twisted-Pair）和 FTP（Foil Twisted-Pair）。STP 是指 8 芯中的每芯线都有各自屏蔽层的屏蔽双绞线，FTP 是指 8 芯整体屏蔽的屏蔽双绞线。屏蔽双绞线的外层由铝箔包裹，以减小辐射，但并不能完全消除辐射。屏蔽双绞线价格相对较高，安装时要比非屏蔽双绞线电缆困难。必须采用支持屏蔽功能的特殊连接器和相应的安装技术。

屏蔽布线系统必须是从终点到终点的连续的屏蔽路径。如 AMP NETCONNECT 屏蔽布线系统从工作区域的信息插座、双绞线、配线架、RJ45 跳线，组成了从终点到终点的连续的屏蔽路径。屏蔽路径结构示意图，如图 2.4 所示。

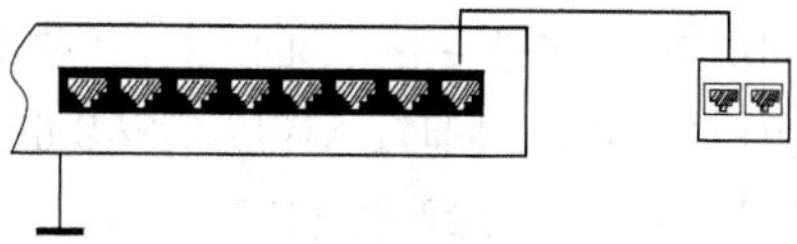

图 2.4　屏蔽路径结构示意图

屏蔽布线系统所有设施应选择同一品牌的产品。屏蔽线缆安装时，充分考虑屏蔽接地的连续性，使传输铜缆及其连接点完全置于屏蔽层的包覆之中。在水平子系统 FTP 连接的两端，RJ45 屏蔽接口的屏蔽金属壳与 RJ45 接头的金属包覆套采用紧密嵌套接合，确保跳线和接口完全充分地接触。如 AMP 的 4 对 FTP 线有锡箔屏蔽包覆层，屏蔽层内有一条接地线，这条接地线对于降低接地电阻，并保持一个低的接地电阻有重要作用。

为了使安装好的屏蔽布线系统接地良好，屏蔽布线安装工艺要求屏蔽层的续接密实、连续。一个完全紧密的接地系统会提高屏蔽系统的整体性能，降低接地电阻，并使其一直保持低于 1Ω 的电阻值。每个屏蔽配线架独立接地，每个配线架只有一个接地点，尽量缩短屏蔽线的开剥长度，保持双绞线转弯时有大于线径 8 倍的弯曲半径。

2.2.8　双绞线测试与标准

综合布线完工后，必须对整个布线系统进行全面测试，所有测试程序均要遵循国际标准 TIA/EIA TSB-67。

双绞线系统的测试内容包括：双绞线端接线图测试、线缆长度测试、衰减测试、近端串扰测试。

1. 双绞线端接线测试

UTP 信息插座的连接，可按几种标准来实现，即 4 对双绞线可按 586A、586B 等标准实现连接。一条跳线的一端做成 568A，另一端做成 586B，则此跳线是交叉线，可用于交换机（普通口）之间的级连。跳线两端线序（色标）全反，则此跳线是全反线，用于网络设备（交换机、路由器）的控制口（Console）和计算机的串口（RS-232C）连接，通过计算机的"超级终端"程序，安装与调试网络通信设备。

UTP 水平布线可采用 EIA/TIA586A、EIA/TIA586B 标准连接，通常采用 EIA/TIA586B 标准。测试仪器一般可选用 FLUKE DSP 2000，其中一端为测试仪的主机，另一端为测试仪的终端。测试结果要求所有网络信息点连接的正确性要保证 100%，即要保证所有信息点无短路、开路、线对绕接、线对反接等端接错误。

2. 线缆长度测试与标准

（1）基本链路（Basic Link）。基本链路包括从配线间的配线架敷设至用户房间的信息模块水平布线的长度。测试长度不能超过 94m（含两个 2m 测试跳线）。

（2）信道（Channel Link）。信道包括从配线间的配线架敷设至用户房间的信息模块水平布线的长度，加上用户房间的信息模块连接至计算机跳线的长度。测试长度不能超过 99m（含 3 条 3m 跳线）。

3. 衰减测试与标准

衰减是信号在传输介质上进行传输的过程中所产生的损耗。对 5 类、5e 类和 6 类线及相关产品，从 1.0～100MHz 的测试，测试温度为 20～30℃，信息点到配线室距离不超过 90m，使用 FLUKE DTX 1800 缆线测试仪。Channels Link 中水平 UTP 长度 = 90m + 10m，包括设备跳线、快接式跳线或卡接式跳线。Basic Link 中水平 UTP 长度 = 90m+4m，包括测试仪跳线。

4. 近端串扰测试与标准

近端串扰（NEXT）是指在一条链路中从一对线对至另一对线对的信号耦合，也就是说当一条线对发送信号时在另一条相邻的线对收到的信号。近端串扰本身对终接点（跳接架、信息插座）处的非双绞金属线很敏感；同时，对粗劣的安装也非常敏感。NEXT 是决定链路传输能力的最重要的参数，在施工中的工艺问题也会产生 NEXT，如在终接点处打开绞合的线长度至多不能超过 13mm（对 5 类线而言），或 25mm（对 4 类线而言）等。NEXT 与长度没有比例关系，事实上 NEXT 与链路的长度相对独立。

5. UTP 5 类线测试不合格的原因

综合布线 UTP5 类电缆电气性能测试内容与测试不合格产生的原因，如表 2.3 所示。

表 2.3　测试项目不合格产生的原因

测量结果	可能产生的原因
NEXT 不合格	电缆与接插件卡接不良，或电缆线对扭绞不良，或外部噪声源影响，或接插件性能不良，或没有达到 5 类产品技术指标
衰减不合格	布线系统水平电缆超过规定长度，或现场高温影响，或电缆与接插件卡接不良，或接插件性能不良，或没达到 5 类产品技术指标
布线图不合格	线对交叉，或终接处边线对非扭绞长度超过要求，或线对串音，或终接处及芯线断线，或终接处及芯线短路
长度不合格	测试仪表传播时延（NVP）调整不准确，或布线系统电缆超过规定长度，或电缆断线，或电缆短路

2.2.9　光缆测试与标准

由于光缆系统的实施过程中涉及光缆的敷设，光缆的弯曲半径，光纤的熔接、跳线，加上设计方法及物理布线结构的不同，导致两个网络设备间的光缆路径上光信号的传输衰减有很大不同。对于光缆链路的测试，如果按两芯光缆进行环回测试，对于所测得的指标应换算成单芯光缆链路的指标来验收。

1. 光缆链路测试方法

（1）测试前应对所有的光连接器进行清洗，并将测试接收器校准至 0 位。

（2）测试包括对整个光纤链路（包括光纤和连接器）的衰减进行测试。对光纤链路进行反射测量以确定链路长度及故障点位置。

（3）测试时在两端对光缆逐芯进行测试，在一端对两芯光缆进行环回测试。

（4）光缆链路系统指标应符合设计要求，所有测试结果应有记录，并纳入文档管理。

（5）光缆布线链路在规定的传输窗口测量出的最大光衰减（介入损耗）应不超过表 2.4 中的规定，该指标已包括链路接头与连接插座的衰减在内。

（6）光缆布线链路的任一接口测出的光回波损耗大于表 2.5 给出的值。

表 2.4　光缆布线链路的衰减

布　　线	链路长度/m	单模光缆衰减/dB		多模光缆衰减/dB	
		1310nm	1550nm	850nm	1300nm
水平	100	2.2	2.2	2.5	2.2
建筑物主干	500	2.7	2.7	3.9	2.6
建筑物主干	1500	3.6	3.6	7.4	3.6

表 2.5　最小光回波损耗

类　　别	单 模 光 缆		多 模 光 缆	
波长	1310nm	1550nm	850nm	1300nm
光回波损耗	26dB	26dB	20dB	20dB

2. 光缆芯线终接要求

（1）采用光纤连接盒对光纤进行连接、保护，在连接盒中光纤的弯曲半径应符合安装工艺要求。光纤熔接处应加以保护和固定，使用连接器以便于光纤的跳接。

（2）光纤连接盒面板应有标志。光纤连接损耗值，应符合表 2.6 中的规定。

表 2.6　光纤连接损耗

连接类别	多模光纤连接损耗/dB		单模光纤连接损耗/dB	
	平　均　值	最　大　值	平　均　值	最　大　值
熔　接	0.15	0.3	0.15	0.3

2.3　局域网设计方法

局域网组建是以实用、好用、够用为目标，综合设计方法、网络技术及产品的多个研究层面。其中设计方法是依据用户网络功能与性能、组网环境与规模、可用资金及条件等，规划网络物理拓扑、层次结构及有线无线一体化结构，制定网络安全保障措施等。

2.3.1　网络物理拓扑结构

通常，局域网构建采用以太网交换技术。以太网的逻辑拓扑是总线结构，以太网交换机之间的连接，可称为物理拓扑。这种物理拓扑按照网络规模的大小，可分为扩展星形、树形及网形结构。

确定网络的物理拓扑结构是网络整体方案设计的基础。中小型、小型网络一般可采用扩展单星形结构，如图 2.5 所示。大中型网络，考虑到链路传输的可靠性，可采用双星形结构（核心层与汇聚层双链路冗余连接），如图 2.6 所示。物理拓扑结构的选择往往和地理环境分布、传输介质与距离、网络传输可靠性等因素紧密相关。在确定网络物理拓扑结构时，应考虑的主要因素有以下几点。

（1）地理环境。不同的地理环境需要设计不同的网络物理拓扑，不同网络物理拓扑设计施工安装的费用也不同。一般情况下，网络物理拓扑最好选用星形或树形结构，减少单点故障，便于网络通信设备的管理和维护。

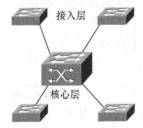

图 2.5　单星形拓扑图

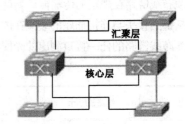

图 2.6　双星形拓扑图

（2）传输介质与距离。网络设计时，要考虑到传输介质、距离的远近和可用于网络通信平台的经费投入。网络拓扑结构的确定要在传输介质、通信距离、可投入经费三者之间权衡。从网络带宽、距离和防雷击等方面考虑，建筑楼之间互联应采用多模或单模光纤。

（3）可靠性。网络设备损坏、光缆被挖断、连接器松动等，这类故障是有可能发生的，网络拓扑结构设计应避免因个别节点损坏而影响整个网络的正常运行。若资金允许，大中型网络拓扑结构，最好采用双星形或多星形网状连接，如图 2.6 所示。

2.3.2　网络层次结构

以往网络常采用典型的三层结构：核心层+汇聚层+接入层。随着核心层设备向高密度、大容量发展及光通信成本的降低，现在网络结构采用高效的扁平结构：核心层+接入层。

1. 典型的三层结构

规模较大的局域网采用三层架构，如图 2.7 所示。主干网称为核心层，主要连接全局共享服务器、建筑楼宇的配线间设备。连接信息点的"毛细血管"线路及网络设备称为接入层。根据需要在中间设置汇聚层，汇聚层上连核心层、下连接入层。核心和汇聚采用三层（支持路由）交换机，接入采用二层交换机。核心层与汇聚层双链路冗余连接，有效提升了网络的高可用性。

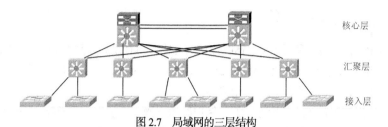

图 2.7　局域网的三层结构

分层设计有助于规划和分配主干带宽，有利于数据传输流畅。若全局网络对某个部门数据访问的需求很少，则部门业务服务器即可放在汇聚层，这样局部的信息流量传输不会波及全网。部门内的数据尽可能在本部门局域网内传输，可以减轻主干信道的压力和确保数据不被非法监听。

汇聚层的存在与否，取决于网络规模的大小。当建筑楼内信息点较多（如大于 22 或 46 个节点，常用交换机有 24 口和 48 口的两种配置）并超出一台交换机的端口数量，即需要设置汇聚交换机。交换机间采用级连方式，将一组接入交换机上连

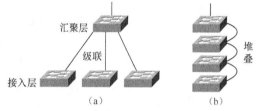

图 2.8　汇聚层和接入层的两种模式

到一台背板带宽和性能较高的汇聚交换机上，再由汇聚交换机上连到主干网的核心交换机，如图 2.8(a) 所示。如果建筑楼内用户较多，也可采用多台交换机堆叠方式扩充端口数量，如图 2.8(b) 所示。

接入层直连工作区的 UTP 连接点，通过此连接点将网络终端设备（PC 等）接入网络。汇聚层采用级连还是堆叠，要看网络终端点的分布情况。如果网络终端点分布均在以交换机为中心的 50m 半径内，且终端点数已超过一台或两台交换机的容量，则应采用交换机堆叠结构。堆叠能够有充足的带宽保证，适宜汇聚（楼宇内）网络终端密集的情况，交换机级连则适用于楼宇内，扩展网络终端连接的范围。

2. 高效的扁平结构

扁平化是现代管理学中频繁出现的一个新词。扁平化是指摒弃层级结构组织形式，促进快速决策的管理思想。当网络规模（信息资源、网络终端）扩大时，原来的有效办法是增加汇聚层次，而现在的有效办法是增加核心层交换幅度。即数据通过核心层高效交换与传输，改善用户机访问服务器的性能。当汇聚层次减少而核心交换幅度增加时，金字塔状的网络层次结构，就被"压缩"成扁平状的层次结构，如图 2.9 所示。

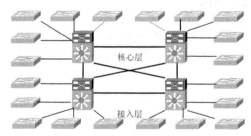

图 2.9　局域网的扁平结构

网络结构扁平化，通过扩展核心节点、压缩汇聚节点，接入层直连核心层的技术措施，减少了网络物理和逻辑连接级数，提高了网络服务响应时间。扁平化结构中的核心层交换机需要配置高性能、

大容量、高密度的以太网光接口（如1Gbit/s），连接接入层交换机。通常，网络规模较大时，核心层有多台设备，采用双链路冗余连接，有效提升了网络的高可用性。

2.3.3　有线无线一体化

局域网分为两类，一类是采用光缆、铜线连接的网络，即有线局域网（LAN）；另一类是采用无线通信技术连接的网络，即无线局域网（Wireless Local Area Network，WLAN）。无线局域网通过无线的方式连接，从而使网络的构建和终端的移动更加灵活。

无线局域网适用于很难布线的地方，如受保护的建筑物、机场等，或者经常需要变动布线结构的地方，如展览馆、体育场、学校阶梯教室、报告厅、阅览室等。若干台无线设备通过某个或数个无线接入点（Access Point，AP）互连，再通过接入交换机即可连接到有线网络，实现了有线无线一体化，如图2.10所示。

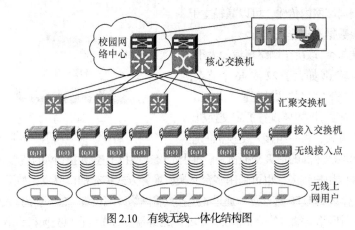

图2.10　有线无线一体化结构图

无线局域网支持几十米到十几千米的区域，对于城市范围的网络接入也能适用，可以对任何角落提供 11/22/54/108Mbit/s 的网络接入，如中国移动、联通和电信为用户提供的无线城市网络（即城市WLAN）服务。用户使用支持 WiFi（Wireless Fidelity，无线保真）的终端（手机、平板计算机）可随时随地上网。

目前，家庭使用智能手机+WiFi上网，已成为一种常态。家庭敷设一条连接互连网的UTP线缆，支持 WiFi 的桌面路由器与该 UTP 连接，桌面路由器设置上网帐号连接互联网。智能手机、笔记本计算机、平板计算机均可通过 WiFi 随时上网了。

2.3.4　网络安全管理措施

自从有了网络，其安全一直是人们关注的热点问题。尽管没有绝对安全的网络，但是，在网络方案设计之初就重视安全问题，制定网络安全规范，网络安全管理就有了一定的保障。网络设计时考虑不全面，消极地将网络安全措施寄托在网络管理阶段，这种"亡羊补牢"的思想是很危险的。因此，在规划与设计网络方案时，应考虑以下安全问题。

（1）网络安全的前期防范。强调对信息系统全面地进行安全保护。网络系统是一个复杂的计算机信息系统，它本身在物理、操作和管理上的种种漏洞构成了系统的安全脆弱性，尤其是多用户网络系统自身的复杂性、资源共享性，使单纯的安全技术在威胁及损害面前"无能为力"。攻击者使用的是"最易渗透性"，在系统中最薄弱的位置进行攻击。因此，充分、全面、完整地对系统的安全漏洞和安全威胁进行分析、评估和检测（包括模拟攻击），是网络安全系统设计的必要前提。

（2）网络安全的在线保护。强调安全防护、监测和应急恢复，要求在网络发生被攻击、破坏的情况下，尽可能快地恢复网络信息系统的服务，减少损失。所以，网络安全系统应该包括三种机制：安全防护机制、安全监测机制和安全恢复机制。安全防护机制根据具体系统存在的各种安全漏洞和安全威胁采取的相应防护措施，避免非法攻击。安全监测机制用来监测系统运行，及时发现和制止对系统进行的各种攻击。安全恢复机制用于在安全防护机制失效的情况下，进行应急处理，尽量及时恢复信息，减少攻击的破坏程度。

（3）网络安全的有效性与实用性。网络安全应以不影响系统的正常运行和合法用户的操作活动为前提。网络中的信息安全和信息应用是一对矛盾。一方面，为健全和弥补系统缺陷的漏洞，会采取多种技术手段和管理措施；另一方面，势必给系统的运行和用户使用造成负担和麻烦，这就是说，"越安全就意味着使用越不方便"。尤其是网络实时性要求很高的业务，不能容忍安全连接和安全处理造成的时延。网络安全采用分布式监控、集中式管理，可以有效地保护系统的安全。

（4）网络安全的等级划分与管理。良好的网络安全系统必然是分为不同级别的，包括对信息保密程度的分级（绝密、机密、秘密和普通），对用户操作权限的分级（面向个人及群组），对网络安全程度的分级（安全子网和安全区域），以及对系统结构（应用层、网络层、数据链路层等）的安全策略。针对不同级别的安全对象，提供全面的、可选的安全算法和安全体制，以满足网络中不同层次的各种实际需求。

网络总体规划设计时要考虑安全设计，避免因考虑不周，出了问题之后"拆东墙补西墙"的做法，避免造成经济上的巨大损失，避免对国家、集体和个人造成无法挽回的损失。要安全策略到设备、安全责任到个人、安全机制贯穿整个网络系统，才能切实保障网络的安全性。

2.4　数据中心机房

数据中心机房建设是一项复杂的系统工程。它综合了网络布线、机房制冷、设备供电、接地保护、环保节能、防火防水、动力及环境监控等多种技术，是网络系统运行的重要基础。机房工程既要严格遵循国家标准，又要根据机房环境和技术条件进行综合最优设计。

2.4.1　设计思想

随着网络信息资源快速增长，数据中心规模及能耗也日趋增大。因此，绿色节能与安全是新一代数据中心建设亟待解决的首要问题。

许多专家学者认为，一个好的数据中心不是改造出来的，而是规划出来的。这种理念表达了两层意思：第一，数据中心在建设之初的规划就已经限定了机房布局和可扩展性，很难通过改造进行根本性的调整。第二，数据中心建设规划既要满足用户的网络规模，又要适应绿色节能的发展趋势。依据这两点，数据中心规划与建设主要包括 5 个方面。

（1）机房整体布局。机房设备整体布局合理、整洁美观及符合节能环保要求。要按照机房现有的设备数量及未来 5 年预估增加的设备数量，估算机房的使用面积需求（机柜数量）、用电量、空调制冷量及环境管理等基础设施。

（2）机房建筑节能。要依据设备环境要求和机房设计标准，控制机房区域的环境温度和湿度。机房应设置在阴面，防止日光辐射。外墙采用隔热材料，使机房外的热空气尽可能少得进入机房内。

（3）机房设备节能。数据中心要尽可能降低IT设备能耗、减少设备占地空间，提高机房制冷效率。例如，施耐德公司提出了水平送风的行级制冷，可以有效解决高密度机柜散热问题。施耐德、华为、台达等公司均有机房整体节能的技术产品和方案。

（4）机房设施安全。科学、合理、规范地部署机房电气连接、网络连接、安全接地等设施，保障数据中心机房支撑系统接地更安全，电气连接和布线更可靠，内部环境空气污染、噪声污染、电磁干扰和辐射污染等更低。

（5）数据安全。建立网络安全保障体系，支持数据安全管理，保障数据完全可信与可用、完整备份与恢复。

由此可以看出，新一代数据中心建设除了涵盖设备节能、省地、安全等"显性"因素之外，还涵盖了数据安全，机房无污染、无干扰等"隐性"因素。

2.4.2 TIA-942标准

数据中心电信基础设施标准TIA-942于2005年4月批准并发布。该标准讨论了企业级数据中心在空间布局和布线管理等方面的有关问题，为数据中心的规划和建设提出了设计规范，提出了数据中心的设备用电、网络布线、安全接地、防火保护、建筑结构布局等方面的技术规范及要求。TIA-942标准中，依据机房整体重要性，将数据中心分为4个等级（Tier），如表2.7所示。

表2.7　数据中心国际标准TIA-942

等级	一级（Tier1）	二级（Tier2）	三级(Tier3)	四级（Tier4）
线路冗余	1电源+1布线	1电源+1布线	2电源+1布线（1套系统工作）	2电源+2布线（2套系统同时工作）
允许宕机时间	28.8小时/年	22小时/年	1.6小时/年	0.4小时/年
可靠（用）性	99.67%	99.749%	99.982%	99.995%
电源	UPS	UPS+发电机	UPS+发电机	UPS+发电机
备用部件	N	$N+1$	$N+1$	$2(N+1)$
系统冗余	没有	没有	空调+电源	全部冗余 system+system

从表2.7可以看出，Tier1是最基本配置，电源采用不间断电源（Uninterruptible Power System，UPS），供电系统与网络传输均为1套。Tier2是在Tier1基础上增加了发电机，Tier3是在Tier2基础上配置了双路供电系统。Tier4是最昂贵的配置，电源与布线均为双路配置，并且2套系统同时工作。除此之外，机房还要采用生物识别技术门禁系统，配备气体灭火系统，多个备用布线管槽，网络主干冗余等。

一般企业（含学校）的数据中心，可按照Tier 1或Tier2的标准建设；面向公众服务的电子政务、电子商务、电子金融以及数据通信服务商等的数据中心，可按照Tier 3或Tier4标准建设。当然，数据中心可按照数字业务的重要程度确定级别标准，还要根据数据中心的规模、可投入的资金确定合适的级别标准。

该标准约定了数据中心的布线方式与数据中心的规模、功能、性质等因素的相关性。合理地设计构造数据中心的布线拓扑结构，是新一代数据中心建设设计有别于传统设计的重要特征，也是为达到适用、灵活、安全、规范的机房工程建设要求的有效技术措施之一。

2.4.3　机房布线

在综合布线系统中，数据中心机房布线是整个工程的主要组成部分。数据中心机房布线安装质量的好坏，直接影响网络系统的可靠运行以及数据的高可信性与高可用性。

1. 布线方式

机房布线直接影响数据传输的性能，一般要求采用 6 类及以上 UTP 铜线及光纤，UTP 布线距离尽量短，布线整齐，排列有序。机房布线按照机房设备（服务器、存储系统、网络通信与安全设备等）规模，可分为地板布线和桥架布线。

（1）地板布线。该布线方式适用于小规模数据中心（机柜数量≤5，未来 5 年不增加）的布线，它充分利用了防静电地板下的空间。但要注意地板下漏水、鼠害和散热。地板下敷设的强电线槽、弱电线槽分离，采用金属材质，防止电磁干扰数据传输。

（2）桥架布线。该布线方式适用于中小规模（机柜数量≥6，未来 5 年增加更多机柜），目前比较流行。此方式中桥架分为电源布线桥架（金属材质）、通信布线桥架。在每个机柜上方开凿相应的穿线孔（包括线槽）。当然也要注意天花板漏水、鼠害和散热。

（3）混合布线。该布线方式综合了以上两种的优点，目前非常流行。此方式利用地板下的空间实施电源布线，采用桥架进行通信布线。该方式既使强电与弱电隔离，又降低了成本。在每个机柜上方、下方开凿相应的穿线孔。地板下的强电线槽最好采用金属材质，也要注意地板和天花板漏水、鼠害和散热。

2. 布线内容

布线内容包括电源布线、弱电布线和接地布线。其中电源布线和弱电布线均放在金属布线槽内，具体的金属布线槽尺寸可根据线缆量的多少确定，并考虑一定的发展余地（一般为 100 mm×50 mm 或 50 mm×50 mm）。电源线槽和弱电线槽之间的距离应至少保持 5 cm，相互之间不能穿越，以防止电磁干扰。

（1）电源布线。在新机房装修进行电源布线时，应根据整个机房的布局和 UPS 的容量来安排。在规划中的每个机柜和设备附近，安排相应的电源插座。插座的容量应根据接入设备的功率来确定，并留有一定的冗余，一般为 10 A 或 15 A。电源的线径应根据电源插座的容量确定，并留有一定的余量。

（2）弱电布线。弱电布线按照服务器与网络通信设备间的接口，确定线缆类别。服务器均为板载 1Gbit/s 网卡，宜采用 6 类（或 7 类）UTP 机制网线，UTP 线缆敷设在桥架内，桥架到每个机柜、设备连接点均有线缆出口。网络设备互联宜采用光纤（单模、多模），以减小传输时延。考虑方便管理，各种线缆要设置标签，并分门别类地用尼龙编织带捆扎好。

（3）接地布线。网络机房内部署了服务器、核心交换机、防火墙及网络管理设备，这些设备对接地有着严格的要求。接地是消除公共阻抗，防止电容耦合干扰，保护设备和人员的安全，保证计算机系统稳定可靠运行的重要措施。在机房地板下应布置信号接地用的铜排，以供机房内设备接地需要，铜排再以专线方式连接机房的弱电信号接地系统。

2.4.4　机房供配电

数据中心有各种服务器系统，意外掉电或电压波动会导致服务器系统发生故障如系统配置文件损坏、数据库记录丢失、操作系统无法启动、硬盘故障等问题。好的解决办法是采用结构化供配电及配置大功率 UPS，保护服务器和存储系统。

1. 结构化供配电

通常，机房交流电源频率为 50Hz，电压为 380V/220V，相数为三相五线制（380V）/单相三线制（220V）。机房电源变动范围：电压变动；-5%～+5%；周波变化-0.2～+0.2Hz，机房采用一类供电，建立不停电供电系统。依据 Tier1 或 Tier2 标准和机房的电源情况，允许供电电源变动的范围为 B 级，如表 2.8 所示。

表2.8　供电电源质量分级

项目\级别	A 级	B 级	C 级
稳态电压偏移范围/（%）	±2	±5	+7～-13
稳态频率偏移范围/Hz	±0.2	±0.5	±1
电压波形畸变率/（%）	3～5	5～8	8～10
允许断电持续时间/ms	0～4	4～200	200～1500

在机房内设置电源输入配电柜和输出配电柜。通常，输入配电柜配置 3 个空气开关（空开），其中 1 个为进线总空开，1 个连接 UPS，1 个连接制冷机等。输出配电按照机柜数量与功耗的用电设备配置空开的数量。将 UPS 电源输出端与每个空开的金线端连接，铜电缆一端与空开出线端连接，铜电缆一端与机柜的电源分配单元（Power Distribution Unit，PDU）连接。采用这种结构化供配电的好处是，设备运行中一旦发生故障需要断电维护，即可断开相连的空开，而不影响其他设备正常运行。

2. UPS 结构与分类

目前，UPS 通常分为工频机结构 UPS 和高频机结构 UPS 两种。工频机结构 UPS 和高频机结构 UPS 是按其设计电路工作频率来区分的。工频机结构 UPS 是以传统的模拟电路原理设计，由可控硅整流器（SCR）、绝缘栅双极型晶体管（IGBT）逆变器、旁路和工频升压隔离变压器组成。因其整流器和变压器工作频率均为工频 50Hz，顾名思义名为工频 UPS。

高频机结构 UPS 通常由 IGBT 高频整流器、电池变换器、逆变器和旁路组成。IGBT 可以通过加在门极的驱动来控制其开通与关断，IGBT 整流器开关频率通常在几 kHz 到几十 kHz，甚至高达上百 kHz，远远高于工频机，因此称为高频 UPS。

隔离变压器是工频机与高频机在组成上的主要区别。目前，数据中心供电系统除了注重可靠性、可用性以外，节能减排（降低电能消耗与降低二氧化碳排放）也是数据中心设备面临的重大问题。为 IT 设备提供不间断电源的供电系统，其自身供电效率的高低也部分决定了数据中心能耗的高低。

从性能和节能方面来讲，传统的 UPS 系统中由于采用工频逆变器，逆变效率不高，并配有工频变压器，体积庞大笨重、能耗高、成本高，已逐渐不适应节能减排的需求。这种采用全 IGBT 高频机结构的 UPS 历经 10 多年的发展，具有模块化结构、尺寸小、重量轻、易扩容、运行效率高、噪声低、性价比高等特点，技术和产品趋于成熟。随着半导体技术的日益发展，高频 UPS 在技术和市场方面的优势将会越来越明显。

3. UPS 的工作原理

UPS 是一种含有储能装置、以逆变器为主要组成部分的恒压、恒频的电源设备。它主要的功能就是，当市电输入正常时，会将电流稳压后供应给负载使用；当市电中断时，会及时向用电设备提供电能，使设备仍能持续工作一段时间，以便处理好未完成的工作。

从技术的角度上来讲，UPS 可以分为三类：后备式（又称离线式）、在线式和在线互动式。一般说来，在不同的市电环境下，UPS 分别有两种工作状态：①当市电供电正常时，由市电通过 UPS 给负载供电，此时 UPS 主要负责对市电进行滤波、稳压和稳频调整，以便向负载提供更为稳定的电流，同时通过充电器把电能转变为化学能储存在电池中。②当市电供应意外中断时，UPS 会在瞬时切换到电池供电模式，这时它通过逆变器把化学能转变为交流电提供给负载，从而保证对负载提供不间断的电力供应。除此之外，UPS 还有一种旁路工作状态，就是在刚开机或机器发生故障时，可以把输入电流经高频滤波后直接输出，以保证能为负载提供正常供电。

4. 使用 UPS 应注意的问题

安装与使用 UPS 电源，要注意以下几点。

（1）UPS 主机。依据机房所需功率确定 UPS 选型（节能选用高频机）。列出所有需要保护的用电设备，别忘了显示器、终端、外挂硬盘。对于整体设备的功率则以其额定数为基准。把所有设备的功率值汇总，将汇总值加上 20% ~ 30% 的扩充容量，以备系统升级时用。

将各个负载的额定容量累加求出总容量，对瞬间激活耗电量大的负载，如激光打印机，需另以瞬间激活时的耗电量计算，避免所有设备同时激活造成超载情形，一旦市电中断则 UPS 也无法持续供电。负载总耗电量不得大于 UPS 输出端功率，否则就是超载。

通常计算机负载在开机时会产生超出平常多倍的大冲击电流，超过了 UPS 的峰值功率因数提供的能量。因此，选择 UPS 容量时需要考虑负载波动及冲击余量，适当增大 UPS 容量，以抵御负载的波动。

（2）配置电池。电池供电时间主要受负载大小、电池容量、环境温度、电池放电截止电压等因素影响。根据延时能力，确定所需电池的容量大小，用安时（A·h）值来表示，以给定电流安培数时放电的时间（h）数来计算。蓄电池数量=（UPS 电源功率×延时时间）/（电池直流电压×电池安时数）。需要注意的是，UPS 系统的电池是按组配置的，每组电池数量可依据主机技术参数和电池技术参数确定。

例如：某企业数据中心服务器、核心交换机、防火墙等设备用电总功率≤15.78 kW，选用 20 kVA的高频 UPS 主机（输出功率因数≥0.8）。假设长延时间 4h，需配置 12 V/100A 电池 64 块。每组电池16 块串联相接，总电压为 12 V×16 =192 VDC。4 组电池与 20 kVA 的高频 UPS 主机并联连接。

（3）UPS 正确安装与启停。安装 UPS 时，应严格遵守厂家产品说明书中的有关规定，保证 UPS所接市电的火线、零线顺序符合要求。如果将火线与零线的顺序接反，那么在从市电状态向逆变状态转换时易造成 UPS 的损坏。不要频繁地关闭和开启 UPS 电源。一般要在关闭 UPS 电源 2min 后才能再次开启，否则，UPS 电源可能处于"启动失败"的状态，即 UPS 电源处于既无市电输出、又无逆变器输出的状态。

（4）蓄电池的使用与维护。蓄电池应当正立安装放置，不要倾斜，电池组中每个电池间的端子连接要牢固。电池安装后，一定要进行一次较长时间的初充电，初充电的电流大小应符合说明书中的要求。在使用中要注意，不要让电池过度放电或发生短路。UPS 应尽可能安装在清洁、阴凉、通风和干燥的地方，尽量避免受到阳光、加热器等辐射热源的影响。

对于长期闲置不用的 UPS 电源，应每隔一个月为电池充电一次，时间保持在 10 ~ 20h。如果市电供电一直正常，不妨每隔一个月人为停电一次，让 UPS 电源在逆变状态下工作 5 ~ 10min，以便保持蓄电池的良好充放电特性。此外，蓄电池都有自放电的特性，因此需定期进行充放电维护。

5. 电源避雷

考虑到电源负荷电流容量较大，为了安全起见及使用和维护方便，数据通信电源系统的多级防雷，原则上均选用串联型电源避雷器。在安装电源避雷器时，要求避雷器的接地端与接地网之间的连接距离尽可能越近越好。如果避雷器接地线拉得过长，将导致避雷器上的限制电压（被保护线与地之间的残压）过高，可能使避雷器难以起到应有的保护作用。

因此，避雷器的正确安装以及接地系统的良好与否，将直接关系到避雷器防雷的效果和质量。避雷器安装的基本要求：电源避雷器的连接引线，必须有足够粗，并尽可能短；引线应采用截面积不小于 25 mm² 的多股铜导线；如果引线长度超过 1 m 时，应加大引线的截面积；引线应紧凑并排或绑扎布放；电源避雷器的接地线应为截面积不小于 15～25mm² 的多股铜导线，并尽可能就近可靠入地。

2.4.5　机房节能

所有电子设备都会产生热量。为了避免设备温度升高至无法接受的程度，必须将这些热量扩散掉。网络机房内的大多数电子设备是通过空气冷却的。为了确定制冷系统的容量，必须了解封闭空间内设备的发热量，以及其他常见热源所产生的热量。

1. 机房热源计算

一个系统的总发热量等于它所有组件的发热量之和。整个系统包括 IT 设备及其他（如 UPS、配电系统、空调装置、照明设施和人员等）。可以根据简单的测算标准，确定各项的发热量。UPS 和配电系统的发热量由两部分组成：一部分是 UPS 自身损耗电能产生的热量，另一部分是与负载功率成正比的电能消耗产生的热量。照明设施和人员所产生的热量也可以使用标准值进行估算。针对某企业数据中心服务器、核心交换机、防火墙等设备用电总功率≤15.78 kW，采用简单规则进行估算网络机房散热量，如表 2.9 所示。机房使用面积 80m²，机房工作人员 5 人；按照表 2.9 分项计算，各项发热量合计为 19.07 kW。

这样所得的结果与精细分析的结果相差不大。这种快速估算法可以使不具备任何专业知识或未经过专业培训的人员胜任这一工作。

表 2.9　网络机房散热量计算数据表（表中热量和功率单位为 W，面积单位为 m²）

项　目	所需数据	散热量计算	散热量小计
IT 设备	IT 设备总负载功率	机房内所有用电设备总负载功率	15.78 kW
带电池的 UPS	电源系统额定功率	（0.04×电源系统额定值）+（0.06×IT 设备总负载功率）	1.75 kW
配电系统	电源系统额定功率	（0.02×电源系统额定值）+（0.02×IT 设备总负载功率）	0.72 kW
照明设施	灯的瓦数和数量	0.04×8	0.32 kW
人员	最大人员数	0.10×5（最大人员数）	0.50 kW
合计		各项发热量合计	19.07 kW

上述分析并没有考虑周围环境中的热源，如透过窗口照射进来的阳光和从墙外传导进来的热量。许多小型网络机房没有暴露在室外的墙或窗户，这时不考虑上述热源的假设是正确的。但是，对于墙或屋顶暴露在室外的大型网络而言，额外的热量会进入网络（数据中心）机房，空调系统产生的冷气必须将这些热量抵消，使机房温度维持在 IT 设备正常运行的环境温度下（如 25℃）。

2. 空调设备选型

一般来说，1PH 家用空调的制冷量大致为 2 000 kcal，换算成国际单位应乘以 1.162，即 1 PH 的制冷量为 2 000 kcal×1.162 = 2.324kW。这里的 W 表示制冷量。一般情况下，2.2～2.6 kW 称为 1 PH，3.2～3.6 kW 称为 1.5 PH，4.5～5.1 kW 称为 2 PH。

一台 5PH 空调的制冷量为 2 000×5×1.162 = 11.62kW。家用空调在应用时，60%多的功率是在制冷，剩下 30%多的功率是在除湿。5 PH 空调的制冷功率约为 6.97 kW。

如果考虑节能，可选用精密空调。例如，爱默生 DME12MCP1 单冷室内机的制冷量为 12.5kW（24℃，50%rh）。该机制冷功率约为 5.32kW（室内机 5.1+室外机 0.22），采用高效的制冷系统设计，节能运行，比普通舒适性（家用）空调节省 20%～30% 的能耗，具有恒温恒湿功能，大风量小焓差设计，满足专业机房需要。

3. 机房冷热风区规划

对上述理论举个例子，服务器群、存储系统等设备，安装在 4 个标准服务器机柜内，核心交换机、路由器、防火墙、光通信设施等安装在 2 个标准交换机机柜内。所有 IT 设备靠近空调"面对面"均衡部署在 6 个机柜内。考虑到 IT 设备扩展，预留 6 个机柜位置。为了提高制冷系统效率，12 个机柜摆放，采用机柜前门对前门（间距 1.5m）的方式，如图 2.11 所示。

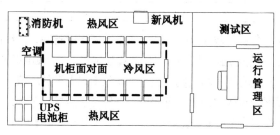

图 2.11　机房设备部署位置图

在机房内形成热风区和冷风区，热风区空间大于冷风区 2 倍以上。冷热分区采用玻璃墙隔离，使得冷、热空气能够正常流通，不形成混流。部署水平送风型的精密空调（制冷能耗≤IT，设备能耗 50%），采用按需调配制冷方案，设定冷风区 25℃，尽量缩短空调制冷风道，将冷风直接吹向服务器、存储器及网络设备前面板。将冷热通道和适应性调节结合起来，以达到节能的目的。

如果数据中心机房位于有空调设备的封闭空间内，则其他热源造成的影响可忽略不计。如果数据中心机房有较大面积的墙或屋顶暴露在室外，则需要估算出最大热量负荷，然后将该值统计到前一部分中确定的整个系统的发热量中。

4. 电源使用效率计算

机房节能是指在额定的用电功率下，使用技术手段，尽可能降低电能消耗及减少二氧化碳排放。The Green Grid（绿色网格）组织，定义了两种测量数据中心能耗指标的方法。第一种，电源使用效率 PUE=数据中心总输入功率÷IT 负载功率。PUE 是一个比率，基准是 2，越接近 1 表明能效水平越好。第二种，数据中心基础架构效率 DCiE=（IT 设备负载功率÷数据中心总输入功率）×100，DCiE 是一个百分比值，数值越大越好。目前，PUE 已经成为国际上比较通行的数据中心电力使用效率衡量指标。

上述例子中数据中心 IT 设备消耗电能大约 15.78kW，UPS 电源及人员产生的热量约 3.29kW，额定制冷量 12.5kW 精密空调耗电能 5.32kW（室内机 5.1+室外机 0.22）。机房总输入功率=15.78+3.29+5.32=24.39kW，则 PUE=24.39÷15.78≈1.55。该数据中心采用缩短空调制冷风道，将冷风直接吹向机柜前方（水平送风），使用玻璃隔断隔离冷热风区（图 2.11 中的虚线框内 25℃），减低了机房制冷量的需求，使机房整体功耗减低了 30% 以上。

2.4.6　机房接地保护

机房布线电缆和相关连接硬件接地是提高网站系统可靠性、抑制噪声、保障安全的重要技术措施。因此，设计人员、施工人员在进行机房布线设计施工前，都必须对所有设备，特别是电气系统设备的接地要求进行认真研究，弄清接地要求及各类地线之间的关系。如果接地系统处理不当，将会影响网络设备的稳定性，引起故障，甚至会烧毁网络设备，危害操作人员生命安全。机房和设备接地，按不同作用分为直流工作接地、交流工作接地、安全保护接地、防雷保护接地、防静电接地及屏蔽接地等。

交流工作接地、安全保护接地、直流工作接地、防雷接地 4 种接地之间的距离应大于 25 m，尤其要使防雷装置与其他接地体之间保持足够的安全距离。接地系统是以接地电流易于流动为目标，同时也可以降低电位变化引起的干扰，故接地电阻越小越好。一般，交流工作接地、安全保护接地和防雷接地的电阻值≤4Ω，直流工作接地的电阻值≤1Ω。接地导线截面积可参考表 2.10 确定。

表 2.10　接地导线选择表

楼层配线设备至大楼总接地体的距离	30 m	100 m
信息点的数量（个）	75	>75,450
选用绝缘铜导线的截面/mm²	6 ~ 16	16 ~ 50

根据国家规范的要求，在建筑楼入口区、高层建筑的楼层设备间、配线间都应设置接地装置。网络布线引入电缆的屏蔽层必须连接到建筑楼入口区的接地装置上，干线电缆的屏蔽层应采用大于 4mm² 的多股铜线，连接到设备间或配线间的接地装置上，而且干线电缆的屏蔽层必须保持连续。设备间、配线间的接地应采用多股铜线与接地母线进行焊接，然后再引至接地装置。非屏蔽电缆应敷设于金属管或金属线槽内，金属槽应连接可靠，保持电气连通，并引至接地干线上。同时，服务器、交换机、配线架等设备接地应采用并联方式与接地装置相连，不能串联连接。同类型接地连接点要连成一体，通过引下线与接地体可靠连接。

接地体是指埋在土壤中起散流作用的导体，接地体应采用直径大于 50 mm 的镀锌钢管，壁厚大于 3.5 mm，或镀锌角钢不小于 50mm×50mm×5mm；或镀锌扁钢不小于 40mm×4mm。应将多根接地体连接成地网，地网的布置应优先采用环型地网，引下线（机房引出的地线）应连接在环型地网的四周，这样有利于雷电流的散流和内部电位的均衡。

垂直接地体一般长为 1.5 ~ 2.5m，埋深 1m，地极间隔 5m。水平接地体应埋深 1m，其向建筑物外引出的长度一般不大于 50m。框架结构的建筑应采用建筑物基础钢筋做防雷接地体，但接地电阻要小于 4Ω。

总之，机房接地保护对网站系统的安全、可靠运行起着重要作用。只有精心设计，精心施工，才能使电气保护系统满足规范要求和设备要求，保证机房系统正常工作。

习题与思考

1. 局域网需求分析的要点有哪些？

2. 局域网项目经理的职责有哪些？

3. 进行局域网组建需求分析时，向用户调查的内容是什么？

4. 如何撰写局域网组建需求描述书？

5. 画图表示网络物理拓扑结构和层次划分。

6. 什么是结构化综合布线？综合布线系统由哪几部分组成？

7. 按照 T568A/568B 标准如何制作平行跳线、交叉跳线及全反跳线？

8. 简述双绞线测试内容与标准。UTP 5 类线测试不合格产生的原因有哪些？

9. 简述数据中心国际标准 TIA-942 等级划分与主要技术标准。

10. 调查数据（网络）中心机房，简述机房弱电、强电布线方式与特点。

11. 调查数据（网络）中心机房，简述机房 IT 设备部署情况，按照节能技术要求，说明被调查的机房是否符合节能要求，若不符合，说明节能改造技术路线。

网 络 实 训

1. 网络组建需求分析

（1）实验目的。走访企业网（含校园网、政务网等），了解企业网组建需求分析与方案设计方法。

（2）实验资源、工具和准备工作。小组成员 3~5 人携带笔记本、书写笔、智能手机等工具，熟悉 2.1 节内容，熟悉调研方法，梳理深入企业、学校等单位需要调研的内容。

（3）实验内容。了解用户网络功能与技术需求，设计一个简单的网络解决方案或网络需求规格说明文档。

（4）实验步骤。① 学生分组，每个小组设置项目经理 1 人，由项目经理负责组内成员的分工。② 企业网（含校园网、政务网等）建设调研。③ 按照需求分析方法，小组成员要承担自己的职责，集思广益，完成任务。④ 提交小组成果，开展自评、互评，进行总结交流。

2. UTP RJ-45 头的制作

（1）实验目的。了解 T568A/568B 标准，会制作平行跳线、交叉跳线。

（2）实验资源、工具和准备工作。按小组配备 UTP RJ-45 头的制作工具若干把，2m UTP 5 类双绞线若干条，RJ-45 头若干个，UTP 通断测试仪若干个。

（3）实验内容。按照 EIA/TIA-568A 商业建筑物通信布线标准，参考图 2.3 和表 2.2 制作 568A/B 标准的平行跳线 1 条、交叉跳线 1 条。利用 UTP 通断测试仪，测量制作好的跳线。

（4）实验步骤。① 制作平行跳线、交叉跳线，利用 UTP 通断测试仪跳线。② 写出实验报告。

第3章
高速局域网技术与组网管理

本章简要介绍以太网的发展过程，以太网的通信原理，集线器、收发器及网卡的功能与使用。重点介绍 1Gbit/s、10Gbit/s 高速以太网技术，交换机的基本配置与使用，交换机的 VLAN 配置与路由，以及交换机的性能与连接技术。通过校园网案例，说明需求分析、网络整体架构与主要设备的安装调试过程。通过本章学习，达到以下目标。

（1）了解以太网的发展过程，理解以太网的通信原理、交换机的原理。了解 10Gbit/s 以太网技术、理解多层交换技术、VLAN 间的信息传递，以及交换机的性能与连接技术。

（2）掌握 IEEE 802.3 规范与介质标准、以太网卡的功能结构、100Mbit/s 和 1Gbit/s 技术、VLAN 虚拟局域网的设计。掌握以太网卡的安装与调试、交换机的安装与调试。

（3）掌握交换机的连接技术、基于 IEEE 802.1q 协议的多层网络组建技术。掌握交换机配置 VLAN，不同 VALN 之间的路由配置技术。

（4）熟悉高速局域网技术与主流产品，能够依据用户组网需求，设计整体解决方案。

3.1　以太网技术概述

以太网技术于 1983 年正式成为 IEEE 802.3 标准，经过多年的技术创新与工程实践，以太网已成为高速局域网的主流技术。同时，在城域网市场也占有一席之地。

3.1.1　以太网技术标准及发展

有线以太网技术由施乐公司（Xerox）于 1973 年提出并实现，当时的传输速率达到 2.98Mbit/s。之后在施乐、Digital 和 Intel 公司的共同努力下，于 1980 年推出了 10Mbit/s DIX 以太网标准。1983 年，以太网技术（802.3）、令牌总线（802.4）、令牌环（802.5）共同成为局域网领域的 3 大标准。在此之后，以太网技术及应用获得了长足发展，全双工以太网、百兆、千兆及万兆以太网技术相继出现。

1995 年，IEEE 正式通过了 802.3u 快速以太网标准，以太网技术实现了第一次飞跃，传输速率的提升反过来又极大程度地促进了应用的发展，用户对网络容量的需求也得到了进一步激发。20 世纪 90 年代以太网得到了前所未有的规模应用，大部分新建和改造的网络都采用了这一技术。百兆到桌面成为局域网的新潮流，进而又带动了以太网的进一步发展。1998 年 802.3z 吉比特（千兆）以太网标准正式发布，2002 年 IEEE 通过了 802.3ae 10 吉比特（万兆）以太网标准。IEEE 802.3（有线）规范和通信介质标准，如表 3.1 所示。

表 3.1　IEEE 802.3 有线规范和通信介质标准

分　类	802.3 规范	通 信 介 质	介 质 标 准	传 输 距 离	物 理 拓 扑
传统以太网	802.3	同轴粗电缆	10 Base-5	500m	总线
	802.3a	同轴细电缆	10 Base-2	180m	
	802.3i	3 类双绞线	10 Base-T	100m	星形
	802.3j	MMF 光缆	10 Base-F	2 000m	点到点
快速以太网（FE）	802.3u	5 类双绞线	100 Base-T	100m	星形
		MMF/SMF 光纤	100 Base-F	2 000m	点到点
吉比特以太网（GE）	802.3ab	超 5 类双绞线	1 000 Base-T	100m	星形
	802.3z	850nm 短波光缆	1 000 BaseS-X	550m	
		1 310nm 长波光缆	1 000 Base-LX/LH	3 000m	
10 吉比特以太网（TE）	802.3ae	850nm 短波光缆	10G Base-S	300m	多星形
		1 310nm 长波光缆	10G Base-L	10km	
		1 550nm 长波光缆	10G BaseE	40km	

为什么以太网技术能够在当初并列的 3 大标准中脱颖而出，最终成为局域网的主流技术，并在城域网甚至广域网范围获得进一步应用。梳理以太网的发展历程和技术特点，可以发现以太网的发展主要得益于以下原因。

（1）开放标准，获得众多服务提供商的支持。DIX 在首次公布以太网规范时没有添加任何版权限制，Xerox 公司甚至放弃了专利和商标权利，其想法是让以太网技术能够获得大量应用，进而生产以太网产品。IEEE 组织也成立了专门的研究小组，广泛吸纳科研院所、厂商、个人会员参与研究讨论。这些举动得到了众多服务提供商的支持，使以太网很容易地融入到新产品中。

（2）结构简单，管理方便，价格低廉。由于没有采用访问优先控制技术，因而简化了访问控制的算法，简化了网络的管理难度，并降低了部署的成本，进而获得广泛应用。

（3）持续技术改进，满足用户不断增长的需求。在以太网的发展过程中，传输介质由同轴电缆（粗、细），演进为双绞线与光纤；组网模式由共享以太网，演进为交换以太网；数据传输率由 10Mbit/s、100Mbit/s，演进为 1Gbit/s 及 10Gbit/s。技术持续地改进，极大地满足了用户需求和各种应用场合。

（4）网络平滑升级，保护用户投资。以太网的改进始终保持向前兼容，使用户能够实现无缝升级。网络系统升级时，原有的设备可与新增设备集成为网络系统，不需要额外投资更多的交换机设备，同时也不影响原先的业务部署和应用。

3.1.2　以太网介质访问控制技术

最初的 802.3 标准，定义了总线拓扑结构的同轴电缆网络，每个终端发送的数据帧在共享介质上广播，采用载波监听多路访问/冲突检测（Carrier Sense Multiple Access With Collision Detection，CSMA/CD）技术作为介质访问控制技术。

1. IEEE 802.3 数据帧结构

IEEE 802.3 的数据帧结构，如图 3.1 所示。该图中"长度或类型"的值小于"0600H"，表示帧长度，该帧是 IEEE 802.3 帧；"长度或类型"的值大于"0600H"，表示上层协议类型，该帧是以太网帧。以太网包括头部、数据、填充和尾部，最短帧长 64 字节。帧长小于 64 字节时，要用 0 填充至 64 字节。这是以太网实施 CSMA/CD 的必要条件。以太网最大帧长 1 518 字节，去掉固定长度 18 字节的头部，数据帧最大长度为 1 500 字节。若数据帧长于 1 500 字节，则要对该数据进行分段，使每个数据段的长度≤1 500 字节。

字节数： 7	1	6	6	2	46~1 500	4
前导符	帧开始界定符	目的物理地址	源物理地址	长度或类型	数据和填充	CRC
1 或 0 交替	10101011		最短 64 字节，最长 1 500 字节			

图 3.1　IEEE 802.3 数据帧结构

2. CSMA/CD 工作原理

CSMA 分为非坚持 CSMA、1-坚持 CSMA 和 P-坚持 CSMA 3 种类型。非坚持 CSMA 的特点是在发送帧前不连续侦听信道。1-坚持 CSMA 从不让信道空闲的角度出发，终端在发送前坚持连续侦听，一旦侦听到信道空闲，就以概率为 100%（即 1）的原则发送。P-坚持 CSMA 是对 1-坚持 CSMA 的改进，即 P 在 0~1 范围内选值，以此概率发送帧，以概率（1-P）推迟一段时间后再开始侦听，其目的是为了减少发送时的碰撞概率。

这三种类型的 CSMA，都避免了与正在发送帧的碰撞。但是，当帧在发送期间发生了碰撞仍在发送时，则碰撞将持续一个帧的时间，致使信道的利用率降低。

CSMA/CD 改进了 CSMA 的缺点。CSMA/CD 的帧发送流程，如图 3.2 所示。数据终端不仅在发送前侦听有无其他终端使用信道，而且在发送中也进行侦听，侦听自己发送的帧是否和其他终端发送的帧发生了碰撞。通过侦听，如果信道中有碰撞存在，则该终端就停止发送帧，从而避免碰撞持续发生，提高了信道的利用率。这种边发送边侦听的方法，就是碰撞检测（Collision Detection，CD），这种检测是由网卡电路的冲突检测单元完成的。

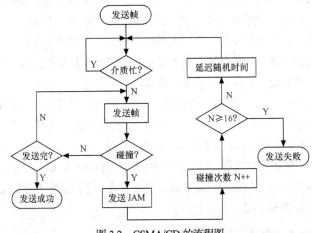

图 3.2　CSMA/CD 的流程图

终端发送数据帧的步骤如下。

（1）侦听介质状态，如果介质空闲，则发送数据帧，否则进行步骤（2）。

（2）如果介质忙，则继续侦听，一旦发现介质空闲，则立即进行发送。

（3）如果在帧发送过程中检测到碰撞，则停止发送数据帧，并随即发送短暂的干扰信号（JAM），以保证让总线上所有的终端都知道该帧是一个"碎片"帧，如图 3.3 所示。

（4）发送了 JAM 信号后，根据二进制指数退避算法，等待一段随机时间，再重新尝试发送（即返回步骤（1））。

（5）如果在帧发送过程中一直没有检测到碰撞，则发送成功。

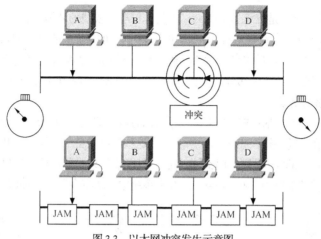

图 3.3　以太网冲突发生示意图

终端接收数据帧的步骤如下。

（1）监听到总线上的数据帧后，接收该数据帧。

（2）收完数据帧后，首先判断数据帧是否为碎片。如果是碎片则丢弃，并继续监听。

（3）如果不是碎片帧，则判断接收到的数据帧的目的地址与本机的以太网 MAC 地址是否符合。若不符合，则丢弃接收到的帧，并继续监听。

（4）接收完帧后，判断数据帧的校验值是否正确。若校验值不正确，即说明传输中数据帧已发生错误，丢弃该数据帧，并进行错误处理，继续监听。

（5）数据帧接收成功，根据数据帧格式进行数据帧的处理，同时继续监听总线。

3.1.3　快速以太网技术

以太网技术中，快速以太网（Fast Ethernet）是一个里程碑，是局域网主流技术。快速以太网是基于 10 Base-T 和 10 Base-F 技术发展的传输率达到 100Mbit/s 的局域网。帧结构、介质访问控制方式完全沿袭了 IEEE 802.3 的基本标准。

1. 快速以太网体系结构

从 OSI 层次来看，100Mbit/s 以太网与 10Mbit/s 以太网一样，仍包括数据链路层和物理层，如图 3.4 所示。从 IEEE 802 标准来看，它具有 MAC 子层和物理层（包括传输介质）的功能。1995 年正式作为 IEEE 802.3 标准的补充，即 IEEE 802.3u 标准公布于世。

在统一的 MAC 子层下面，有 4 种 100Mbit/s 以太网的物理层，如图 3.5 所示。每种物理层连接不同的介质来满足不同的布线环境。同样，4 种不同的物理层中也可以再分成编码/译码和收发器两个功能模块。显然，4 种编码/译码功能模块不全相同，收发器的功能也不完全一样。

OSI	...	IEEE 802
数据链路层	...	LLC 子层
		MAC 子层
物理层	...	物理信令子层
		传输介质
	...	

图 3.4　快速以太网体系结构

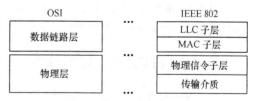

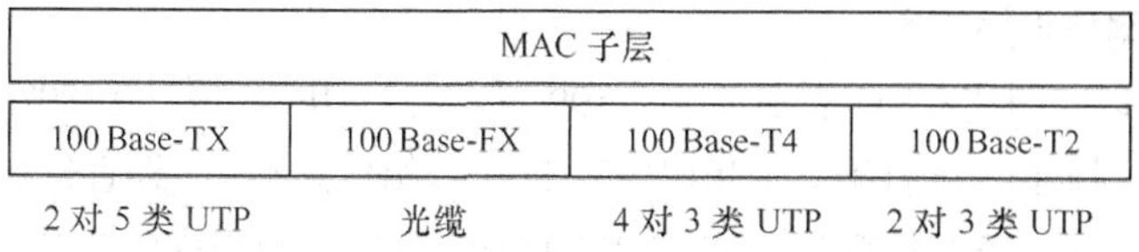

MAC 子层			
100 Base-TX	100 Base-FX	100 Base-T4	100 Base-T2
2 对 5 类 UTP	光缆	4 对 3 类 UTP	2 对 3 类 UTP

图 3.5　4 种不同的 100Mbit/s 以太网物理层

可以理解，100 Base-TX 是继承了 10 Base-T5 类非屏蔽双绞线的环境，在传输介质不变的情况下，从 10 Base-T 设备更换成 100 Base-TX 的设备，即可形成一个 100Mbit/s 的以太网系统。同样 100 Base-FX 是继承了 10 Base-FL 的多模光纤的布线环境，直接可以升级成 100Mbit/s 光纤以太网系统。对于较旧的一些只采用 3 类非屏蔽双绞线的布线环境，则可采用 100 Base-T4 和 100 Base-T2 来适应。

2. 快速以太网络的组成

简单的快速以太网元素包括：PC 网卡（外置或内置收发器）、收发器（外置）与收发器电缆和光缆、集线器、双绞线及光缆介质，如图 3.6 所示。在这些组网设备中，网卡是数据链路层设备，其他均为物理层设备。本系统的收发器称为光纤收发器，收发器与集线器连接的端口为 UTP/RJ-45，采用光缆连接的两个收发器的端口为 100 Base-FX。在本系统中，所有介质上均传输 100Mbit/s 的信息。

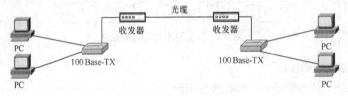

图 3.6　简单快速以太网组成

3. 自动协商

随着快速以太网技术、产品和应用的急剧发展，在使用 UTP 介质的环境中，网卡和集线器的 RJ-45 端口上可支持多种工作模式，如 100 Base-TX、100 Base-T2 或 100 Base-T4，或 10 Base-T，还可能是全双工模式。因此，当两个设备端口间进行连接时，为了达到逻辑上的互通，可以人工进行工作模式配置。在新一代产品中，引入了端口间自动协商，可免于人工配置。当端口间进行自动协商后，就可获得一致的工作模式。例如，如果双方都具有 100 Base-T 和 1000 Base-TX 工作模式，则自动协商后，按共同的高优先级工作模式进行自动配置，最后端口间确定按 1000 Base-TX 工作模式进行工作。

4. 10M/100M/1000Mbit/s 自适应

为了与原来 100 Base-T 系统共存，并使 10 Base-T 系统平滑地过渡到快速以太网环境中，在新的快速以太网环境中，不仅继承了原有的以太网技术，而且最大限度地保护了用户原来的投资。端口间 10Mbit/s、100Mbit/s 与 1000Mbit/s 传输率的自动匹配功能，或称为 10Mbit/s、100Mbit/s、1000Mbit/s 自适应功能，显然能满足设备平滑升级的要求。

例如，当一个原有的 100 Base-T 系统准备过渡或升级到 1000 Base-T 系统，需要将 PC 的 100Mbit/s 网卡换成 1000Mbit/s 网卡，同时将 100 Base-T 交换机更换成 1000 Base-T 交换机。当然，1000 Base-T 交换机的端口必须具有自动协商功能才能达到过渡的目的。

3.1.4　吉比特以太网技术

吉比特以太网与快速以太网很相似，只是传输和访问速度更快，为系统扩展带宽提供有效保障。吉比特以太网在作为骨干网络时，能够在不降低性能的前提下支持更多的网络分段和网络终端。

1. 吉比特以太网技术的产生

为了实现吉比特以太网技术和产品的开发，1996 年 3 月，IEEE 成立了 802.3z 工作组，负责研究吉比特以太网技术并制定相应的标准。在 IEEE 802.3z 工作组成立不久，即宣告成立吉比特以太网联盟（Gigabit Ethernet Alliance，CEA）。GEA 是个开放的论坛，其成立的宗旨在于促进吉比特以太网技术发展过程中的工业合作。

吉比特以太网是 10M/100Mbit/s 以太网的自然"进化",它不仅使系统增加了带宽,而且还提高了通信服务质量,这一切都是在低开销的条件下实现的。吉比特以太网既能够汇集下层交换机,提供超高速交换路径;又能将主服务器资源与各分支设备连接,以解决现存的快速以太网转发的瓶颈问题。网络主干上有了吉比特以太网交换机的支持,可以把原来的 100 Base-T 系统设备迁移到低层,这样主干上实现了无阻塞,低层又能分享到更多的带宽。

2. 吉比特以太网体系结构

吉比特以太网体系结构和功能描述,如图 3.7 所示。整个结构类似于 IEEE 802.3 标准所描述的体系结构,包括 MAC 子层和物理(PHY)层两部分内容。MAC 子层中实现了 CSMA/CD 介质访问控制方式和全双工/半双工的处理方式,其帧的格式和长度也与 802.3 标准所规定的一致。

吉比特以太网的 PHY 层中包括了编码/译码、收发器和介质 3 个主要模块,还包括了 MAC 子层与PHY 层连接的逻辑"与媒体无关的接口",体现了 802.3z 与 802.3 标准的区别。收发器模块包括长波光缆激光传输器、短波光缆激光传输器、短屏蔽铜缆,以及非屏蔽铜缆收发器 4 种类型。不同类型的收发器模块分别对应于所驱动的传输介质,传输介质包括单模光缆和多模光缆,以及屏蔽铜缆和非屏蔽铜缆。对应不同类型的收发器模块,802.3z 标准还规定了两类编码/译码器:8B/10B 和专门用于 5 类UTP 的编码/译码方案。光缆介质的吉比特以太网支持半双工链路和全双工链路,铜缆介质的吉比特以太网只支持半双工链路。

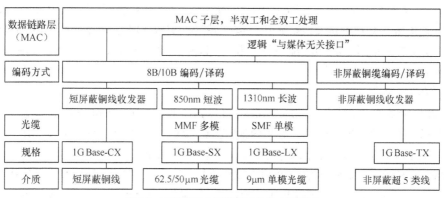

图 3.7　吉比特以太网体系结构和功能描述

3. 支持多种介质规格

吉比特以太网 PHY 层上包括了众多功能模块,其中包括两类编码/译码方案,3 种收发器方案,使用了 3 类介质,支持全双工或半双工。综合各种 PHY 层上的功能,可将它们归纳成两种实现技术,即1000 Base-X 和 1000 Base-T。在同一个 MAC 子层下面的 PHY 层中包括了 1000 Base-X(8B/10 B 编码方式)和 1000 Base-T(非屏蔽铜线编码方式)两种技术。1000 Base-X 中又包括了 1000 Base-LX、1000 Base-SX 及 1000 Base-CX,它们分别对应着相应的编码/译码技术、收发器和传输介质。1000 Base-T 的物理层功能与 1000 Base-X 差别较大,有其相应的编码/译码技术、收发器及传输介质。

4. 1000 Base-X

1000 Base-X 是吉比特以太网技术中易实现的方案,虽然包括了 1000 Base-CX、1000 Base-LX 和1000 Base-SX,但其 PHY 层中的编码/译码均采用了 8B/10B 编码/译码方案。对于收发器部分,三者差别较大。原因在于所对应的传输介质,以及在介质上所采用的信号源方案不一致而导致不同的收发器方案。

（1）1000 Base-CX。1000 Base-CX 是使用铜缆的两种吉比特以太网技术之一，另一种是 1000 Base-T。1000 Base-CX 的介质是一种短距离屏蔽铜缆，最长距离达 25m，这种屏蔽电缆不是符合 ISO11801 标准的 STP，而是一种特殊规格高质量平衡双绞线对的带屏蔽的铜缆。连接这种电缆的端口上配置 9 芯 D 型连接器。在 9 芯 D 型连接器中只用了 1、5、6、9 四芯，1 与 6 用于一根双绞线；5 与 9 用于另一根双绞线。双绞线的特性阻抗为 150Ω。

1000 Base-CX 的短距离铜缆适用于交换机间的短距离连接，特别适用于吉比特主干交换机与主服务器的短距离连接。这种连接往往就在机房的配线架柜上，以跳线方式连接即可，不必使用长距离的铜缆或使用光缆。

（2）1000 Base-LX。1000 Base-LX 是一种收发器上使用长波激光（LWL）作为信号源的介质技术，这种收发器上配置了激光波长为 1 270～1 355nm（一般为 1 310nm）的光缆激光传输器，它可以驱动多模光缆，也可驱动单模光缆。使用的光缆规格有 62.5μm 的多模光缆、50μm 的多模光缆和 9μm 的单模光缆。

（3）1000 Base-SX。1000 Base-SX 是一种在收发器上使用短波激光（SWL）作为信号源的介质技术，这种收发器上配置了激光波长为 770～860nm（一般为 850nm）的光缆激光传输器。它不支持单模光缆，仅支持多模光缆，包括 62.5μm 的多模光缆和 50μm 的多模光缆两种。

5. 1000 Base-T

1000 Base-T 是一种使用超 5 类 UTP 的吉比特以太网技术，最长的介质距离与 1000 Base-TX 一样也是 100m。这种在超 5 类 UTP 上距离为 100m 的技术从 100Mbit/s 传输率升级到 1Gbit/s，对用户来说可以在原来使用超 5 类 UTP 的布线系统中，传输的带宽可升级 10 倍。但是要实现这样的技术，不能采用 1000 Base-X 所使用的 8B/10B 编码/译码方案，以及信号驱动电路，代之以专门的更先进的编码/译码方案和特殊的驱动电路方案。

6. 帧扩展技术

吉比特以太网在半双工模式下，受 CSMA/CD 的约束，产生了碰撞槽和碰撞域的概念。数据帧传输时，要在发送帧的同时能检测到介质上发生的碰撞现象，即要求发送帧限定最小长度。在一定的传输率下，最小帧长度与碰撞域的地理范围成正比关系。若最小帧长度越长，则半双工模式的网络系统跨距越大。在 10Mbit/s 传输率情况下，802.3 标准中定义最小帧长度为 64 字节，即 512 位数字信号长度。

100Mbit/s 以太网与 10Mbit/s 以太网不同的是，碰撞域范围大大缩小。快速以太网使用光缆半双工模式在无中继器情况下跨距只有 412m，即在最小帧长度不变情况下，碰撞域范围随着介质传输率的增加会缩小。当传输率达到吉比特时，同样的最小帧长度标准，则半双工模式下的网络系统跨距要缩小到无法实用的地步。为此，在吉比特以太网上采用了帧的扩展技术，目的是为了在半双工模式下扩展碰撞域，达到增长跨距的目的。

帧扩展技术是在不改变 802.3 标准所规定的最小帧长度情况下提出的一种解决办法，该办法将帧一直扩展到 512 字节（即 4 096 位），如图 3.8 所示。若形成的帧小于 512 字节，则在发送时要在帧的后面添上扩展位，达到 512 字节发送到介质上去。扩展位是一种非"0""1"的数值符号。若形成的帧已大于或等于 512 字节，则发送时不必添加扩展位。

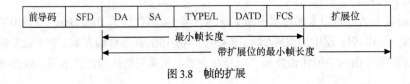

图 3.8　帧的扩展

这种解决办法使得在介质上传输的帧长度最短不会小于 512 字节，在半双工模式下大大扩展了碰撞域，介质的跨距可延伸得较长。由于全双工模式不受 CSMA/CD 约束，无碰撞域概念，因此，全双工模式在介质上的帧没有必要扩展到 512 字节。

7. 帧突发技术

以上所讨论的帧扩展技术，在吉比特半双工模式下获得了比较大的地理跨距，使吉比特以太网组网得到了较理想的工程可用性。但这种技术如果处在大量短帧传输的环境中，就会造成系统带宽的浪费，大大降低了半双工模式下的传输性能。要解决传输性能下降的问题，802.3z 标准中定义了一种"帧突发（Frame Bursting）"技术。

帧突发在吉比特以太网上是一种可选功能，它使一个主机（特别是服务器）一次能连续发送多个帧，如图 3.9 所示。当一个主机需要发送很多短帧时，该主机先试图发送第一帧，该帧可能是附加了扩展位的帧。一旦第一个帧发送成功，则具有帧突发功能的该主机就能够继续发送其他帧，直到帧突发的总长度达到 1 500 字节为止。为了使得在帧突发过程中，介质始终处在"忙状态"，必须在帧间的间隙时间中，发送站发送非"0""1"数值符号，以避免其他终端在帧间隙时间中占领介质而中断本站的帧突发过程。

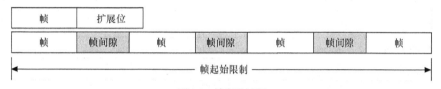

图 3.9　帧突发过程

帧突发过程中只有第一个帧在试图发出时可能会遇到信道忙或产生碰撞，在第一个帧以后的成组帧的发送过程中不会产生碰撞。以"帧起始限制（Frame Start Limit）"参数控制成组帧的发送的长度，该长度不能超过 1 500 字节。如果第一个帧恰恰是一个最长帧，即 1518 字节，则标准规定帧突发过程的总长度限制在 3 000 字节范围内。

显然，只有半双工模式才可能选择帧突发过程，以弥补大量发送短帧时系统效率急剧降低。当采用全双工模式时，就不存在帧突发的选择问题。

3.1.5　10 吉比特以太网技术

1999 年年底成立了 IEEE 802.3ae 工作组进行 10Gbit/s 以太网技术的研究，并于 2002 年正式发布 IEEE 802.3ae 10 吉比特以太网标准。10Gbit/s 以太网不仅再度扩展了以太网的带宽和传输距离，更重要的是从局域网领域演进到城域网领域。

1. 10Gbit/s 以太网技术标准的体系结构

10Gbit/s 以太网定义在 IEEE 802.3ae 协议中，其数据传输速率达到每秒百亿比特。在当今广泛应用的以太网技术中，10Gbit/s 以太网提供了与各种以太网标准相似的有利特点，同时又具有鲜明的技术特点和优势。802.3ae 10Gbit/s 以太网技术标准的体系结构，如图 3.10 所示。

（1）物理层。在物理层，802.3ae 大体分为两种类型，一种为与传统以太网连接速率为 10Gbit/s 的局域网物理层，另一种为连接 SDH/SONET（同步光纤网络）速率为 9.58464Gbit/s 的广域网物理层。每种物理层分别可使用 10G Base-S（850nm 短波）、10G Base-L（1 310nm 长波）、10G Base-E（1 550nm 长波）3 种规格，最大传输距离分别为 300m、10km 和 40km。另外，局域网物理层还包括一种可以使用 DWDM（密集型光波复用）技术的"10G Base-LX4"规格。广域网物理层与 SONET OC-192（光学载波—9.953 Gbit/s）帧结构的融合，可与 OC-192 电路、SONET/SDH 设备一起运行，保护传统基础投资，使运营商能够在不同地区通过城域网提供端到端的以太网。

（2）传输介质层。802.3ae 目前支持 9μm 单模、50μm 多模和 62.5μm 多模 3 种光缆，对电接口的支持规范 10G Base-CX4 目前正在讨论之中，尚未形成标准。

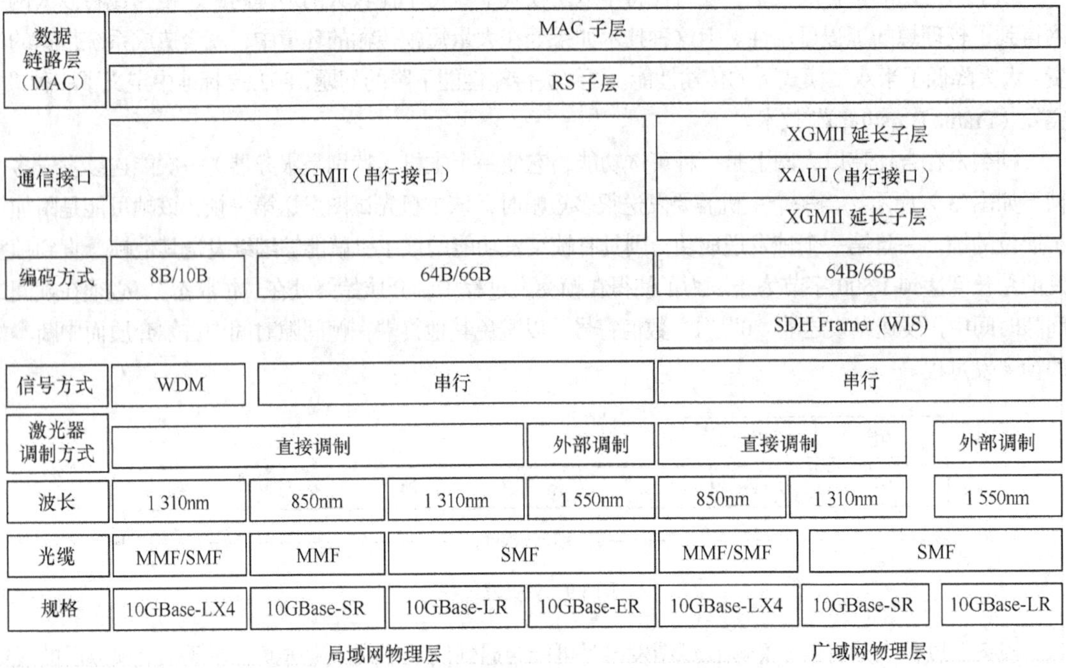

数据链路层（MAC）
MAC 子层
RS 子层
通信接口
XGMII（串行接口）
XGMII 延长子层
XAUI（串行接口）
XGMII 延长子层
编码方式
8B/10B
64B/66B
64B/66B
SDH Framer (WIS)
信号方式
WDM
串行
串行
激光器调制方式
直接调制
外部调制
直接调制
外部调制
波长
1 310nm
850nm
1 310nm
1 550nm
850nm
1 310nm
1 550nm
光缆
MMF/SMF
MMF
SMF
MMF/SMF
SMF
规格
10GBase-LX4
10GBase-SR
10GBase-LR
10GBase-ER
10GBase-LX4
10GBase-SR
10GBase-LR
局域网物理层
广域网物理层

图 3.10 802.3ae 10 吉比特以太网技术标准的体系结构

（3）数据链路层。10Gbit/s 以太网使用 IEEE 802.3 以太网介质访问控制协议（MAC）、IEEE 802.3 以太网帧格式，以及 IEEE 802.3 最小帧长（64 字节）和最大帧长（1 518 字节）。支持多层星形连接、点到点连接及其组合，充分兼容已有应用，降低了升级风险。802.3ae 不支持自协商，仅支持全双工方式，只能使用光纤技术，不需要带有冲突检测的载波侦听多路访问协议（CSMA/CD）。因此，802.3ae 可简化故障定位，并提供广域网物理层接口。

2. 10Gbit/s 以太网的应用场合

随着 1Gbit/s 到桌面的日益普及，10Gbit/s 以太网技术将会在汇聚层和骨干层广泛应用。从目前网络现状而言，10Gbit/s 以太网最先应用的场合包括教育行业、数据中心出口和城域网骨干。

（1）校园网应用。随着高校多介质网络教学、数字图书馆等应用的展开，高校校园网将成为 10Gbit/s 以太网的重要应用场合，如图 3.11 所示。利用 10Gbit/s 高速链路构建校园网的骨干链路和各分校区与本部之间的连接，可实现端到端的以太网访问，进而提高传输效率，有效地保证远程多介质教学、数字图书馆等业务的开展。

一校区
二校区
Servers
1GE(MMF)
10GE(SMF)
小于 40km
1GE(MMF)
Servers

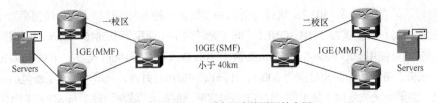

图 3.11 10Gbit/s 以太网在校园网的应用

（2）数据中心应用。通常，数据中心部署了服务器集群和存储系统（如 FC-SAN），这些设备均采用吉比特链路连接网络，汇聚这些设备的上行带宽将成为业务瓶颈，使用 10Gbit/s 以太网高速链路可为数据中心出口提供充分的带宽保障，如图 3.12 所示。

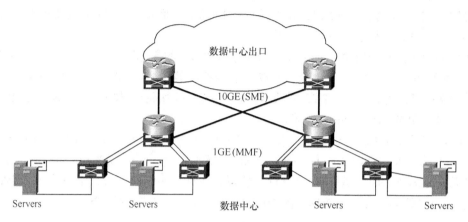

图 3.12　10Gbit/s 以太网在数据中心的应用

（3）城域网应用。随着城域网建设的不断深入，多种信息业务（如流介质视频应用、多介质互动游戏）纷纷出现。这些音视频流对城域网的带宽提出了更高的要求，而传统的同步数字系列（Synchronous Digital Hierarchy，SDH）、密集波分复用（DWDM）技术作为网络骨干，存在着网络结构复杂、难于维护、建设成本高等问题。

采用 10Gbit/s 以太网作为城域网骨干，可以省略骨干网设备的 POS（Packet Over SONET/ SDH，是 SONET/SDH 上的分组）或者 ATM 链路。一方面可以端到端使用链路层的 VLAN 信息以及优先级信息，另一方面可以省略在数据设备上的多次链路层封装、解封装及可能存在的数据包分片，以简化网络设备。在城域网骨干层部署 10Gbit/s 以太网可大大地简化网络结构、降低成本和便于维护。通过端到端的以太网连接，建设低成本、高性能和具有丰富业务支持能力的城域网，是驱动 10Gbit/s 以太网标准建立和发展的重要方面。

10Gbit/s 以太网在城域网中的应用主要有如下两个方面。

① 直接采用 10Gbit/s 以太网取代原来传输链路，作为城域网骨干。

② 通过 10Gbit/s 以太网粗波分复用（CWDM）接口或 WAN 接口与城域网的传输设备相连接，充分利用已有的 SDH 或 DWDM 骨干传输资源。

目前，城域网的问题不是缺少带宽，而是如何将城域网建设成为可管理、可运营并且可赢利的网络。所以，10Gbit/s 以太网技术的应用将取决于宽带业务的开展。只有广泛开展宽带业务，如视频组播、高清晰度电视、实时游戏等，才能促使 10Gbit/s 以太网技术的广泛应用，推动网络健康有序发展。

3.1.6　以太无源光网络技术

以太无源光网络（Ethernet Passive Optical Network, EPON）技术由 IEEE802.3EFM 工作组进行标准化。2004 年 6 月，IEEE802.3EFM 工作组发布了 EPON 标准（IEEE802.3ah）。在该标准中将以太网和 PON 技术相结合，在无源光网络体系架构的基础上，定义了一种新的、应用于 EPON 系统的物理层（主要是光接口）规范和扩展的以太网数据链路层协议，以实现在点到多点的 PON 中以太网帧的时分复用（Time Division Multiplex，TDM）接入。此外，EPON 还定义了一种运行、维护和管理机制，以实现必要的运行管理和维护功能。

EPON 是一种新型的光纤接入网技术，它采用点到多点结构、无源光纤传输，在以太网之上提供多种业务。它在物理层采用了 PON 技术，在链路层使用以太网协议，利用 PON 的拓扑结构实现了以太网的接入。因此，它综合了 PON 技术和以太网技术的优点：低成本、高带宽，扩展性强，灵活快速的服务重组，与现有以太网的兼容性，以及方便的管理等。

EPON 可以无缝连接已有的数据接入网，并能提供低成本的高速数据用户线。由于采用无源器件，EPON 设备适于在各种环境下灵活组网，实现语音、数据、视频等业务接入。减少了线路和外部设备故障率，提高了系统可靠性，节省了维护成本，是一种极具潜力的接入技术。一个典型的 EPON 系统由 OLT、ONU、POS 组成，如图 3.13 所示。

OLT 放在中心机房（Central Office，CO）。ONU 放在网络接口单元（Network Interface Unit，NIU）附近或与其合为一体。POS（Passive Optical Splitter，无源光纤分支器）分光器，是一个连接 OLT 和 ONU 的无源设备。它的功能是将输入（下行）光学信号分发给多个输出端口，使多个用户能够共用一条光纤，从而共享带宽；在上行方向，将多个 ONU 光学信号时分复用到一条光纤中。

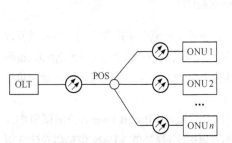

图 3.13　EPON 系统组成结构

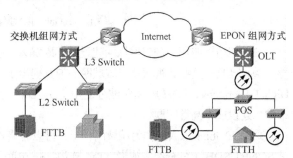

图 3.14　EPON 与传统的交换机组网对比

EPON 与传统的交换机组网的主要区别，如图 3.14 所示。传统交换机组网，仅支持点到点，带宽独占，可使用带宽不高，需要有源交换机实现汇聚。EPON 组网，支持点到多点，带宽共享吉比特，通过无源分光器实现分路连接用户终端。另外，在 PON 的传输机制上，通过新增加的 MAC 控制，如动态带宽分配（DBA）来控制和优化各 ONU 与 OLT 之间突发性数据通信。在物理层，EPON 使用 1000 Base 的以太网；在数据链路层，EPON 采用成熟的全双工以太网技术和 TDM 技术。由于 ONU 在自己的时隙内发送数据包，因此没有冲突，不需要 CSMA/CD，从而可以充分利用带宽。

3.2　常用的局域网设备

按照 OSI 参考模型，以太局域网设备分为物理层、数据链路层和网络层三类。物理层设备有集线器、收发器，数据链路层设备有网卡、二层交换机，网络层设备有路由（三层）交换机、路由器等设备。通常，路由器作为局域网与外部网互连的边界设备。

3.2.1　集线器组成与功能

集线器是一种共享总线的通信设备，就像一个星形结构的多端口转发器，每个端口都具有发送和接收数据的能力。当某个端口收到连在该端口上的主机发来的数据时，就转发至其他端口。在数据转发之前，每个端口都对它进行再生、整形，并重新定时。

集线器有 3 种规格：10Mbit/s 集线器、100Mbit/s 集线器、10/100Mbit/s 集线器。集线器可以互相串联，形成多级星形结构，但相隔最远的两个主机受最大传输延时的限制，因此只能串联几级。当连接的主机数过多时，总线负载很重，冲突将频频发生，导致网络利用率下降或网络故障（网络不通）。

集线器工作在 OSI 模型的物理层，不能隔离冲突，相当于一个多端口的中继器。集线器的冲突域上诸终端通信量的总和应小于总线上无冲突地全速通信时通信量的 1/3。10 Mbit/s 的以太网上各终端的总通信需求应当不大于 3 Mbit/s，100 Mbit/s 以太网上各终端的总通信需求应当不大于 30 Mbit/s。

3.2.2　收发器组成与功能

收发器是一种在数据传输中实现信号转换或介质转换的设备。例如，将 10Mbit/s 同轴电缆转接为 10Mbit/s UTP 电缆的收发器，将 100Mbit/s UTP 转接为 100Mbit/s 多模光缆，将 1 000Mbit/s 超 5 类 UTP 转换为 1 000Mbit/s 多模或单模光缆。该设备工作在 OSI 模型的物理层，不能隔离冲突。

高速以太网和光通信技术的持续演进，极大地促进了光收发器的发展。目前，比较流行的有 100Mbit/s、1 000Mbit/s 和 100/1 000Mbit/s 自适应以太网光纤收发器。

光收发器一般采用高性能芯片，高品质光收发一体模块。性能稳定，适应性强，与常用网络设备均能正常连接使用。适用于建筑楼宇局域网之间的光缆连接，也可用于用户网络与通信服务商的宽带网络连接。

例如，1 000Mbit/s 的光收发器配置 1 个 UTP-RJ45 电口和 1 个 SC 光口，实现双绞线和光纤之间的千兆以太网光电信号转换。符合 1000Base-T 和 1000Base-SX/LX 标准。电口为 100/1 000Mbit/s 自适应模式，能自适应直通线/交叉线连接方式，电口支持全双工/半双工模式，双绞线最长 100m。光口为 1 000Mbit/s 全双工模式，支持 62.5/125μm 多模光纤（850nm）224m、50/125μm 多模光纤（850nm）550m、9/125μm 单模光纤（1310nm）10km。

3.2.3　网卡组成与功能

以太网卡（NIC）是计算机局域网中最重要的连接设备，计算机通过网卡连接网络。局域网中网卡的工作是双重的：一方面负责接收网络上传过来的数据帧，解帧后通过与主板相连的总线将数据传输给计算机；另一方面将相连计算机上的数据封帧后送入网络。

全双工以太网卡的结构，如图 3.15 所示。Transmit 是数据发送端，Receive 是数据接收端，还有冲突检测电路（Collision Detection）、自环电路和全双工以太网控制器。

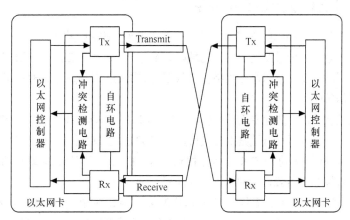

图 3.15　全双工以太网卡功能结构

以太网卡工作在 OSI 模型的数据链路层。为了实现与不同传输介质的连接，网卡有 AUI 接口（粗缆接口）、BNC 接口（细缆接口）、RJ-45 接口（五类双绞线）和双口网卡（RJ-45 和 BNC 接口）等类型。目前，市面流行的是 RJ-45 接口的 10/100/1000Mbit/s 自适应网卡。也有 RJ-45 接口 1/10Gbit/s 光纤网卡，多数用于高性能的服务器和专业级的多媒体图形工作站。此外，笔记本计算机网卡有 RJ-45 接口的 10/100Mbit/s，还有 11/54Mbit/s 的无线网卡。

如今，网卡与计算机主板集成，不需要安装。计算机操作系统初次启动时，设置 TCP/IP 属性，即可测试网卡是否能工作。可采用 ping 命令来测试网卡的连通性，ping 127.0.0.1（自环地址），能连通则表明网卡没问题。

3.2.4　交换机组成与功能

交换机工作在 OSI 模型的数据链路层，是一种交换式集线器，也称二层交换机。交换机采用局域网交换技术（LAN Switching），使局域网共享传输介质引发的冲突域减小，每个终端能独享与其直连交换机的端口带宽，从而改善了网络通信性能。

交换机是软硬件—体化专用计算机，主要由 CPU、存储器、I/O 接口等部件组成。不同系列和型号的交换机，CPU 也不尽相同。交换机的 CPU 负责执行处理数据帧转发和维护交换地址。交换机多采用 32 位的 CPU，配置固定网络端口及 1U 机架设备。

交换机的存储器有 4 种类型：只读内存（ROM）、随机存取内存（RAM）、非易失性 RAM（NVRAM）和闪存（Flash RAM）。其中闪存（Flash RAM）是用于外存储的电子盘。

ROM 保存着交换机操作系统的基本部分，负责交换机的引导、诊断等。ROM 通常做在一个或多个芯片上，插接在交换机的主机板上。RAM 的作用是支持操作系统运行、建立交换地址表与缓存，以及保存与运行活动配置文件。NVRAM 的主要作用是保存交换机启动时读入的启动配置脚本。这种配置脚本称为"备份的系统配置程序"。闪存的主要用途是保存操作系统的扩展部分（相当于计算机的硬盘），支持交换机的正常工作。闪存通常做成内存条的形式，插接在主机板的 SIMM 插槽上。

交换机接口主要是以太网接口，用于将交换机连接到网络，如 10/100/1 000Mbit/s 自适应电口、1 000Mbit/s 光口。除此外，交换机还有 Console 口，该端口为异步端口，主要连接终端或支持终端仿真程序的计算机，在本地配置交换机，不支持硬件流控制，可通过 PC 的"超级终端"界面对交换机进行配置，其配置包括运行配置、启动配置。两者均以 ASCII 文本格式表示，所以用户能够很方便地阅读与操作。

3.2.5　路由交换机组成与功能

路由交换机工作在 OSI 模型的网络层，是—种支持包转发的交换式集线器，也称三层交换机。二层和三层交换机是局域网中最重要的设备，局域网基本上是由若干台二层和三层交换机互连组成。路由交换机采用静态、动态路由技术微化网络，将数据链路层的广播域减小，避免了广播风暴的产生，大大改善了网络通信效能。

路由交换机也是软硬件—体化专用计算机，主要由 CPU、存储器、I/O 接口和多层交换（Multilayer Switching，MLS）等部件组成。低端路由交换机多采用 32 位的 CPU，1U 机架设备提供固定和插卡网络端口。高端交换机采用 64 位的 CPU，采用机箱架构，机箱内可以插入多端口的二层交换板、第三层交换板，以及流量控制、负载均衡和防火墙功能板。

多层交换（MLS）为交换机提供了基于芯片的第三层高性能交换。MLS 采用专用集成电路（Application Specific Integrated Circuit，ASIC）交换部件，完成子网间的 IP 包交换，可以大大减轻路由器（软件路由）在处理数据包时所造成的过高时间延迟。

多层交换技术支持多种协议（如 IP/IPX），并使由路由器软件完成的帧转发和重写功能，通过交换机的 ASIC 芯片完成。MLS 将传统路由器的包交换功能迁移到第三层交换机上，其条件是要求交换的路径必须存在。MLS 主要由以下 3 个部分组成。

（1）多层路由处理器（MLS-RP）。MLS-RP 相当于网络中的路由器，负责处理每个数据流的第一个数据包，协助 MLS 交换引擎（MLS-SE）在第三层的内容可寻址存储器（Content Addressable Memory，CAM）中建立捷径条目（Shortcut Entry）。MLS-RP 可以是一个外部的路由器，也可以由三层交换机的路由交换模块（RSM）来实现。

（2）多层交换的交换引擎（MLS-SE）。负责处理转发和重写数据包功能的交换实体。

（3）多层交换协议（MLSP）。MLSP 是一个协议，通过多层路由处理器（MLS-RP）对多层交换引擎进行初始化。

路由交换机利用 ASIC 芯片进行"一次路由，多次交换"处理数据包，速度相当快，可以达到 48 ～ 576Mbit/s 甚至 1 000Mbit/s。

3.3　交换机技术与组网

3.3.1　交换机的网桥技术

局域网帧交换是通过数据链路层的网桥技术实现的，交换是指数据帧（Frame）转发的过程。局域网交换机任意两端口均可组成网桥，通信时执行两个基本的操作：一是交换数据帧，将从网桥一端收到的数据帧转发至网桥的另一端，二是构造和维护交换 MAC 地址表。

1. 网桥工作原理

网桥（Bridge）工作在数据链路层，根据 MAC 地址（物理地址）进行数据帧接收、地址过滤与数据帧转发，以实现多个网段之间的数据帧交换，如图 3.16 所示。网桥工作过程如下。

（1）接收。接收数据帧，对数据帧拆封，找出帧中的目的 MAC 地址。

（2）转发。如果该帧的目的 MAC 地址不在网桥的缓冲区内，则重新封装该数据帧，直接将该帧转发至网桥的另一个端口。该过程也称为数据帧广播。因此，网桥扩大了广播域。

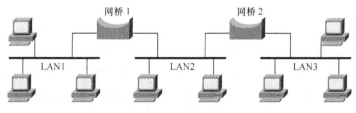

图 3.16　网桥工作示意图

（3）过滤。如果该帧的目的 MAC 地址在网桥的缓冲区内，则直接将该数据帧传输到目的 MAC 地址的 PC。同时，不将该帧向网桥的另一个端口转发。这个过程称为数据帧过滤。因此，网桥缩小（或隔离）了冲突域。

2. 交换机的帧交换过程

以太网交换机通信时，任意两个端口均可组成一个网桥。如果数据帧的目的 MAC 地址是广播地址（地址位全 1 的地址），则向交换机所有端口转发（除数据帧来的端口）；如果数据帧的目的地址是单播地址（地址位由0、1组成），但这个地址不在交换机的地址表中，那么也会向所有的端口转发（除数据帧来的端口）；如果数据帧的目的地址在交换机的地址表中，则根据地址表转发到相应的端口；如果数据帧的目的地址与数据帧的源地址在一个网段上，它就会丢弃这个数据帧，转发也就不会发生。下面以图3.17为例，说明数据帧转发过程。

（1）当主机D发送广播帧时，交换机从E3端口接收到目的地址为ffff.ffff.ffff（广播地址）的数据帧，则向E0、E1、E2和E4端口转发该数据帧。

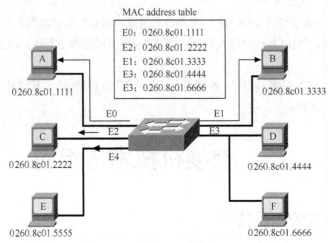

图3.17　交换机中数据帧交换过程示意图

（2）当主机D与主机E通信时，交换机从E3端口接收到目的地址为0260.8c01.5555的数据帧，查找地址表后发现0260.8c01.5555并不在表中，因此，交换机仍然向E0、E1、E2和E4端口转发该数据帧。

（3）当主机D与主机F通信时，交换机从E3端口接收到目的地址为0260.8c01.6666的数据帧，查找地址表后发现0260.8c01.6666也位于E3端口，即与源地址处于同一网桥端口，所以交换机不会转发该数据帧，而是直接丢弃（过滤）。

当主机D与主机A通信时，交换机从E3端口接收到目的地址为0260.8c01.1111的数据帧，查找地址表后发现0260.8c01.1111位于E0端口，所以，交换机将数据帧转发至E0端口，这样主机A即可收到该数据帧。

（4）如果在主机D与主机A通信的同时，主机B也正在向主机C发送数据，交换机同样会把主机B发送的数据帧转发到连接主机C的E2端口。这时E1和E2之间，以及E3和E0之间，通过交换机内部的硬件交换电路，建立了两条链路，这两条链路上的数据通信互不影响，网络不会产生冲突。所以，主机D和主机A之间的通信独享一条链路，主机C和主机B之间也独享一条链路。而这样的链路仅在通信双方有需求时才会建立，一旦数据传输完毕，相应的链路也随之拆除。这就是交换机主要的特点。

从以上交换机数据帧通信过程中，可以看到数据帧的转发都是基于交换机内的MAC地址表。由此表明建立和维护MAC地址表是网桥隔离冲突域的重要功能，也是交换机进行数据帧通信的基础。

3. 构造与维护交换地址表

交换机的交换地址表中，一条表项主要由一个主机MAC地址和该地址对应的交换机端口号组成。整个地址表的生成采用动态自学习方法，即当交换机收到一个数据帧以后，将数据帧的源MAC地址和输入端口号记录在交换地址表中。如 Cisco 交换机将交换地址表放置在内容可寻址存储器（Content Addressable Memory，CAM）中，称为 CAM 表。

当然，在存放交换地址表项之前，交换机首先要查找地址表中是否已经存在该源 MAC 地址的匹配表项，仅当匹配表项不存在时才能存储该表项。每一条地址表项都有一个时间标记，用来指示该表项存储的时间周期。地址表项每次被使用或者被查找时，表项的时间标记就会被更新。如果在一定的时间范围内地址表项仍然没有被引用，它就会从地址表中被移走。因此，交换地址表中所维护的是有效和精确的主机 MAC 地址与交换机端口对应信息。

3.3.2　交换机的交换技术

交换机在对数据帧交换时，可选择不同的模式来满足通信需求。目前，交换机一般使用存储转发、快速转发和自由分段 3 种交换技术，如图 3.18 所示。

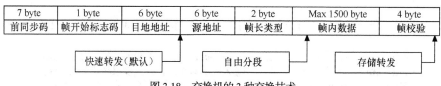

7 byte	1 byte	6 byte	6 byte	2 byte	Max 1500 byte	4 byte
前同步码	帧开始标志码	目地地址	源地址	帧长类型	帧内数据	帧校验

图 3.18　交换机的 3 种交换技术

1. 存储转发

存储转发（Store-and-Forward）是指交换机接收完整个数据帧，并在 CRC 校验通过之后，才能进行转发操作。如果 CRC 校验失败，即数据帧有错，交换机会丢弃此帧。这种模式保证了数据帧的无差错传输，当然其代价是增加了传输延迟，而且传输延迟随数据帧的长度增加而增加。

2. 快速转发

快速转发（Fast Forward）是指交换机在接收数据帧时，一旦检测到目的 MAC 地址就立即进行转发操作。由于数据帧在进行转发时，并不是一个完整的帧，因此，数据帧将不经过校验、纠错而直接转发。造成错误的数据帧仍然被转发到网络上，从而浪费了网络的带宽。这种模式优势是数据传输延迟低，但其代价是无法对数据帧进行校验和纠错。

3. 自由分段

自由分段（Fragment-Free）是交换机接收数据帧时，一旦检测到该数据帧不是冲突碎片（Collision Fragment）就进行转发操作。冲突碎片是因为网络冲突而受损的数据帧碎片，其特征是长度小于 64 字节。冲突碎片并不是有效的数据帧，应该被丢弃。因此，交换机的自由分段模式实际上是一旦数据帧已接收的部分超过 64 字节，就开始进行转发处理。这种模式的性能介于存储转发模式和快速转发模式之间。

从图 3.18 可看出，在进行数据帧转发操作之前，不同的交换模式所接收数据帧的长度不同，由此决定了相应的传输延迟性能。接收数据帧的长度越短，交换机的交换延迟就越小，交换效率就越高，但相应的错误检测也就越少。

3.3.3　交换机基本配置与连接

交换机品牌很多，如 Cisco、Juniper、华为、锐捷、H3C 等，其配置基本一样。只要熟悉了某一品牌交换机的配置方法，其他品牌交换机按照配置手册即可完成配置。这里以 Cisco（或锐捷）交换机为例，说明交换机基本配置。

交换机基本配置包括主机名、密码、以太网接口、管理地址及保存配置。交换机安装配置可通过 PC 的超级终端进行，用反转线（两端RJ-45 接头线序相反）将 PC 串口（如COM1）和交换机 Console 口连接，反转线一端接在交换机的 Console 口，另一端通过 DB9-RJ45 转接头连接在 PC 的串口，如图 3.19 所示。

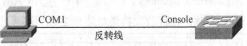

图 3.19　交换机配置连接

（1）设置主机名。PC "超级终端" 与交换机建立连接后，操作界面出现交换机普通用户操作提示符 ">"，输入 "enable" 按回车键后，进入特权用户提示符 "#"，即可设置主机名，如图 3.20 所示。

```
Switch> enable                          ;输入enable，进入特权用户模式
Switch# conf terminal                   输入conf terminal，进入全局配置模式
Switch(config)# hostname  SW1           ;输入hostname，设置交换机名为：SW1
```

图 3.20　设置交换机名的命令行操作

（2）配置密码。全局配置模式可设置普通用户口令和特权用户口令，如图 3.21 所示。

```
SW1(config)# enable secret  ciscoA      ;输入enable secret，设置特权用户口令：ciscoA
SW1(config)# line vty 0 15              ;输入line vty 0 15，进入虚拟终端登录配置模式
SW1(config-line)# possword  ciscoB      ;输入possword，设置普通用户口令：ciscoB
SW1(config-line)# login local           输入login local，设置本地（telnet）登录
```

图 3.21　设置用户登录密码

（3）接口基本配置。交换机出厂（默认）时，它的以太网接口是开启的。使用时，交换机的以太网接口可配置双工通信模式、速率等，如图 3.22 所示。

```
SW1(config)#  interface f0/1            ;输入 interface f0/1，设置f0/1口设置模式
SW1(config-if)# duplex {full | half | auto}   ;duplex设置接口的通信模式{双工|半双工|自动}
SW1(config-if)# speed {10 |100 | 1000 |auto}  ;speed设置接口通信速率，可选数值或自动
```

图 3.22　接口通信模式和速率设置

（4）管理地址配置。交换机运行时可通过 Telnet 登录，进行配置管理。这时，交换机需要配置一个 IP 地址，以便能通过 PC 进行 Telnet。通常，交换机管理地址是在 VLAN（虚拟子网接口上配置的，如图 3.23 所示。设置默认网关 IP 地址，可使不同 VLAN 的 PC 也能 Telnet 登录该交换机，进行运行管理。

```
SW1(config)# int vlan 1                 ;设置vlan 1接口(vlan 1为管理vlan)
SW1(config-if)# ip address 192.168.0.11 255.255.255.128  ;设置管理IP地址和子网掩码
SW1(config-if)# ip default-gateway 192.168.0.1  ;设置网关IP地址：192.168.1.1
SW1(config-if)# no shutdown             ;激活管理接口地址
```

图 3.23　管理地址与网关地址配置

（5）保存配置。以上配置操作完成后，需要将配置程序保存在 NVRAM。在特权用户模式下，使用 "wr" 命令或 "copy running-config startup-config" 命令将配置程序保存。

（6）交换机连接。两台交换机连接时，采用连接线缆分别连接两台设备的对应端口。例如，Cisco 交换机级连用交叉线（UTP 线缆的 RJ-45 头分别采用 568A、568B 标准制作），锐捷交换机级连用平行线或交叉线均可。两台交换机的管理 IP 地址设置为同一 VLAN 的子网地址，如图 3.24 所示。

图 3.24　交换机连接

按照以上操作步骤，设置 SW2 的主机名、密码、接口通信模式和速率，以及管理地址等内容。SW2 的 F0/1 接口通信模式与速率要同 SW1 的 F0/1 接口通信模式与速率一致，如均设置为全双工、100Mbit/s。

3.4　虚拟局域网路由与组网

交换机工作在 OSI 模型的第二层，通过数据帧交换实现了通信。交换机互连扩大了局域网规模，同时也扩大了广播域。广播域的扩大极易发生广播风暴，由此造成网络拥塞或瘫痪。因此，交换机提供了虚拟局域网（VLAN）和第三层交换功能。VLAN 技术能够控制第二层广播域的大小，减少或避免广播风暴发生。第三层交换可实现不同 VLAN 子网之间的数据通信，扩大了局域网的规模和覆盖范围。

3.4.1　虚拟局域网技术

虚拟局域网是在交换局域网的基础上，采用 VLAN 协议（802.1Q）实现的逻辑网络。逻辑网络依靠 Trunk 技术和帧标记协议，按照用户需求设置 VLAN，将具有同类业务的用户组成逻辑子网，可以提高业务域内用户通信的安全性。

1. Trunk 与帧标记协议

Trunk 是一种封装技术，它是一条点到点的链路，链路两端可以是交换机，也可以是交换机和路由器。它基于端口汇聚（Trunk）功能，允许交换机与交换机、交换机与路由器之间通过一个、两个或多个端口并行连接，使设备间级连具有更高带宽、更大吞吐量。

Trunk 技术可以使一条物理链路传输多个 VLAN 的数据。一个大中型企业网或校园网的多层架构（核心/汇聚/接入）是通过交换机相互连接实现的。例如，VLAN2 数据在两台交换机的 Trunk 链路上进行传输前，会加上一个帧标记，表明该数据是 VLAN2 的；到了对方交换机，交换机会将该标记去掉，只发送到属于 VLAN2 的端口上。

常见的帧标记协议有 ISL 和 802.1Q。ISL 是在原来的帧上重新加了一个帧头，并重新生成了帧校验序列（FCS）。ISL 是 Cisco 特有的技术，只能用于 Cisco 交换机的连接。802.1Q 是在原有的帧的源 MAC 地址字段后插入标记字段，同时利用新的 FCS 字段代替了原有的 FCS 字段。802.1Q 是国际标准，所有数据通信设备厂商均支持该标准。

2. VLAN 通信模式

VLAN 的终端（如 PC）必须直连在具有 VLAN 功能的交换机端口上，交换机支持 802.1Q 协议。VLAN 建立主要有 3 种模式：基于端口的 VLAN、基于 MAC 地址的 VLAN 和基于 IP 地址的 VLAN。常用的是基于端口的 VLAN。

（1）基于端口的 VLAN。该模式是将交换机中的若干个端口定义为一个 VLAN，同一个 VLAN 中的终端处于同一个网段，不同 VLAN 之间通信需要依赖第三层（路由）交换。这种 VLAN 的优点是部署简单方便，不足之处是灵活性不好。例如，当一个网络终点从一个端口移动到另一个端口，如果这两个端口不属于同一个 VLAN，则用户必须对该终端的 IP 地址重新配置，使其加入到另一 VLAN 子网中；或将另一端口修改成原连接端口的 VLAN 号；否则，该终端无法进行网络通信。

（2）基于 MAC 地址的 VLAN。该模式中，交换机对终端的 MAC 地址和交换机端口进行跟踪。在新终端入网时根据需要将其划归至某一个 VLAN，该终端在网络中可以自由移动。由于其 MAC 地址保持不变，因此，该终端所在的 VLAN 保持不变。这种 VLAN 的优点是灵活性较好，不足之处是部署工作量较大，需要获取 PC 网卡的 MAC 地址，并将该 MAC 地址在所有交换机上进行配置，以确定该终端属于哪一个 VLAN。

（3）基于 IP 地址的 VLAN。该模式中，新终端在入网时无需进行太多配置。交换机根据各终端 IP 地址自动将其划分成不同的 VLAN。该模式的智能化程度最高，实现起来也最复杂。

3. VLAN 的设计

采用支持 802.1Q 协议的交换机，可以很方便地实现虚拟局域网。一般情况下，企业网采用基于交换机端口的 VLAN，通过多层交换技术（VLAN 干道 Truck），实现企业网 VLAN 划分与管理。

一种典型的 VLAN 拓扑，如图 3.25 所示。其中核心交换机 SR1 连接 3 台服务器和 3 台接入交换机（SW1，SW2，SW3），接入交换机连接 PC，在物理上构成一个局域网。按照企业业务类别（如销售、财务、生产管理等）分成 3 个工作组，按照端口划分 VLAN，可设置 VLAN10、VLAN20、VLAN30 3 个逻辑子网。考虑到服务器的安全，可为服务器单独设置一个虚拟网 VLAN5。每个逻辑子网是一个广播域，在数据链路层被隔离，子网之间的通信需要第三层交换（IP 路由）实现。SR1 交换机是具有第三层交换功能的交换机，可实现不同 VLAN 间的第三层通信。

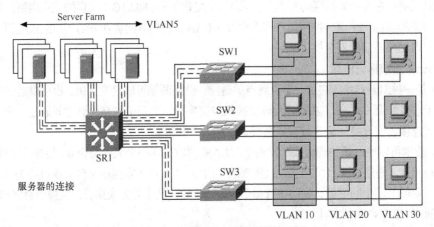

图 3.25　VLAN 划分与服务器连接示例

4. VLAN 的优点

归纳起来，VLAN 具有以下优点。

（1）控制广播风暴。网络管理必须解决因大量广播信息造成的带宽消耗问题。VLAN 作为一种网络逻辑分段技术，可将广播风暴限制在一个 VLAN 内部，避免影响其他网段。由 VLAN 成员所发送的数据帧仅在 VLAN 内的成员之间传送，而不是向网上的其他终端发送。这样可减少主干网的流量，改善网络传输效能。

（2）增强网络的安全性。共享式 LAN 上的广播必然会产生安全性问题，因为网络上的所有用户都能监测到流经的业务，用户只要插入任一活动端口就可访问网段上的广播包。采用 VLAN 提供的安全机制，可以限制特定用户的访问，控制广播组的大小和位置，甚至锁定网络成员的 MAC 地址，这样，就限制了未经安全许可的用户和网络成员对网络的使用。

（3）增强网络管理。使用 VLAN 管理程序可对整个网络进行集中管理，能够更容易地实现网络的管理性。用户可以根据业务需要快速组建和调整 VLAN。当链路拥挤时，利用管理程序能够重新分配业务。管理程序还能够提供有关工作组的业务量、广播行为以及统计特性等的详尽报告。对于网络管理员来说，所有这些网络配置和管理工作都是透明的。VLAN 变动时，用户无需了解网络的接线情况和协议是如何重新设置的。

3.4.2　基于 VLAN 的多层交换

基于 VLAN 的多层交换，是在局域网的多台交换机中选取一台或几台交换机作为中心（即 Server），采用 VTP（VLAN Trunk Protocol）建立、修改和删除 VLAN。VLAN 信息通过 Trunk 链路自动扩散到局域网中级连的交换机（即 Client），使交换机保持相同的 VLAN 信息。

1. VTP 技术

VTP 提供了一种在交换机管理 VLAN 的方法。VTP 被组织成管理域（VTP Domain），相同域中的交换机共享 VLAN。根据交换机在 VTP 域中的作用不同，VTP 可分为以下 3 种模式。

（1）服务器（Server）模式。VTP 服务器能创建、修改和删除 VLAN，同时变更后的 VLAN 信息会通告给域中的其他交换机。默认情况下，交换机是服务器模式。每个 VTP 域必须至少有一台交换机是服务器模式，域中的 VTP 服务器可以有多台。

（2）客户机（Client）模式。VTP 客户机不允许创建、修改和删除 VLAN，但它会监听来自其他交换机的 VTP 通告，并更改自己的 VLAN 信息。接收到的 VTP 信息也会在 Trunk 链路上向其他交换机转发，因此，这种交换机还能充当 VTP 中继。

（3）透明（Transparence）模式。这种模式的交换机不参与 VTP，可在该模式的交换机上创建、修改和删除 VLAN。更改的 VLAN 不会通告给其他交换机，也不会接受其他交换机通告的 VLAN 而更改自己的 VLAN。但该模式的交换机会通过 Trunk 链路转发接收到的 VTP 通告，充当了 VTP 中继的角色，因此，将该模式称为透明模式。

2. VLAN 间的信息传递

交换机必须有一种方式来了解 VLAN 的成员关系，即哪一个客户机属于哪一个虚拟网。否则，虚拟网就只能局限在单台交换机的应用环境里。为了使多个 VLAN 能够部署在多台交换机级连的环境中，交换机采用了基于 VLAN 的信息传递技术。

（1）交换机列表支持方式（Table Maintenance）。在这种方式下，当客户机第一次在网络上广播其存在时，交换机就在自己内置的地址列表中将客户机的 MAC 地址或交换机的端口号与所属虚拟网一一对应起来，并不断地向其他交换机广播。如果客户机的虚拟网成员身份改变了，交换机中的地址列表将由网络管理员在控制台上手动修改。随着网络规模的扩充，大量用来升级交换机地址列表的广播信息将导致主干网的拥塞。因此，这种方式在实际应用中不太普及。

（2）帧标签方式（Frame Tagging）。帧标签是一种流行的 VLAN 技术，帧标签是在每个数据帧头位置插入一个标签，以标注该数据帧属于哪个 VLAN。目前，多数品牌的交换机均采用帧标签方式，因而在 VLAN 部署中，信息传递采用了帧标签方式。这种方式也存在两个问题：其一，若不同品牌交换机的标签长度不一样，则它们之间不能互连（事实上，国内外主流品牌均采用了 802.1Q 标准，这样，不同品牌交换机之间可以互联互通）；其二，数据帧加上标签后使交换机处理数据帧的负担加重了。

（3）时分复用（Time Division Multiplexing，TDM）方式。TDM 在 VLAN 上的实现方式与它在广域网上的实现方式非常类似。在这里，每个 VLAN 都将拥有自己的网络通路。这样，在一定程度上避免了以上两种方式所遇到的问题。但另一方面，属于某一个 VLAN 的时间片断只能被该 VLAN 的成员使用，所以仍然有很多带宽被浪费了。

3.4.3　VLAN 间路由配置

交换机设置 VLAN 后，不同 VLAN 的客户机在数据链路层就无法通信了。不同 VLAN 间的通信需要在网络层（第三层）进行，如路由器的单臂路由，或者路由交换机的第三层交换等。路由交换机的第三层交换采用 ASIC 芯片，局域网路由效能的性价比较高。

1. 单臂路由配置

低端路由器的以太网接口较少（一般配置 2～4 个），使用路由器为不同 VLAN 提供通信，当 VLAN 个数较多时，路由器的以太网接口无法直连多个 VLAN 的交换机。因此，提出了单臂路由解决方案。路由器只需一个以太网接口和交换机连接，交换机的这个接口设置为 Trunk 接口。在路由器上建立多个子接口（物理接口上的逻辑接口）和不同的 VLAN 连接。单臂路由网络拓扑如图 3.26 所示。R1 表示路由器，如锐捷 RSR20-14E。S1 表示二层交换机，如锐捷 RG-S2628G-E。R1 和 S1 的连接是 VLAN 间路由的 Trunk（干道）。

图 3.26　单臂路由网络拓扑

假设，PC1 给 PC2 发送数据，当交换机 F0/2 口收到 PC1 发来的数据帧后，由于 F0/2 和 F0/3 的 VLAN 号不同，交换机通过 Trunk 接口将 PC1 的数据发给路由器。路由器收到 PC 的数据后，将该数据的 VLAN2 的标签去掉，重新用 VLAN3 的标签封装发往 PC2 的数据，通过 Trunk 链路将数据发送到交换机的 Trunk 接口。交换机收到该数据帧，去掉 VLAN3 标签，发给 PC2，从而实现了 VLAN 间的通信。具体操作步骤如下。

（1）在 S1 上建立 VALN。PC1 以"超级终端"方式进入交换机的全局配置模式，建立 VLAN2，将 F0/2 口设置为 VLAN2，如图 3.27 所示。可按照图 3.27 所示的操作建立 VLAN3，并将 F0/3 口设置为 VLAN3。

S1(config)# vlan 2	;建立vlan 2
S1(config-vlan)# name vlan2	;设置vlan 的名字为：vlan2
S1(config-vlan)# exit	;退出
S1(config)# int f0/2	;进入f0/2接口配置
S1(config-if)# switchport mode access	;设置f0/2接口为连接PC机的接口
S1(config-if)# switchport access vlan2	;设置f0/2接口为vlan2的接口

图 3.27　交换机建立 VLAN2 及端口设置

（2）在 S1 上建立连接路由器 R1 的 Trunk。确定 F0/1 口为 Trunk，在全局配置模式下，设置 F0/1 为 Trunk，并采用 802.1Q 协议封装，如图 3.28 所示。

S1(config)# int f0/1	;进入f0/1接口配置
S1(config-if)# switchport mode trunk	;设置f0/1接口为连接通信设备的接口
S1(config-if)# switchport trunk encap dot1q	;用802.1Q封装f0/1接口

图 3.28　交换机建立 Trunk 接口

（3）在 R1 上建立连接交换机 S1 的 Trunk 子接口。PC1 以"超级终端"方式进入路由器的全局配置模式，确定 F0/0 为连接 S1 的物理接口。在 F0/0 口上分别建立子接口 F0/0.1 和 F0/0.2，对子接口用

802.1Q 封装，并设置 VLAN2 和 VLAN3 的路由网关地址，激活物理端口，如图 3.29 所示。

```
R1(config)# int f 0/0.1                                 ;进入f0/0.1子接口配置
R1(config-subif)# encapture dot1q                        ;用802.1Q封装f0/0.1接口
R1(config-subif)# ip address 192.168.2.1 255.255.255.0   ;设置vlan2的网关
R1(config)# int f0/0.2                                   ;进入f0/0.2子接口配置
R1(config-subif)# encapture dot1q                        ;用802.1Q封装f0/0.2接口
R1(config-subif)# ip address 192.168.3.1 255.255.255.0   ;设置vlan3的网关
R1(config)# int  f0/0                                    ;进入f0/0接口配置
R1(config-if)# no shutdown                               ;激活f0/0接口
```

图 3.29　路由器建立 Trunk 子接口

（4）在 PC1 和 PC2 上配置 IP 地址和网关。PC1 的网关为 192.168.2.1，PC2 的网关为 192.168.3.1。测试 PC1 和 PC2 的通信。

2. 第三层交换配置

第三层交换网络拓扑，如图 3.30 所示。SR1 表示三层交换机，如锐捷 RG-S3760E-24。S1 表示二层交换机，如锐捷 RG-S2628G-E。SR1 和 S1 的连接是 VLAN 间路由的 Trunk（干道）。连接在 S1 上的 PC1 和 PC2 分别属于 VLAN2 和 VLAN3，PC1 和 PC2 要进行通信需要通过 SR1 提供路由。

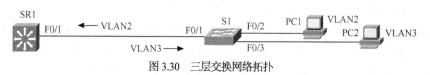

图 3.30　三层交换网络拓扑

具体操作步骤如下。

（1）在 S1 上划分 VALN。操作方法与图 3.27 相同。

（2）在 S1 上建立连接 SR1 的 Trunk。操作方法与图 3.28 相同。

（3）配置三层交换机 SR1。PC1 以"超级终端"方式进入 SR1 的全局配置模式，确定 F0/1 为连接 S1 的 Trunk 接口。对该接口用 802.1Q 封装，并设置 VLAN2 和 VLAN3 的路由网关地址，激活 VLAN 接口，激活 IP 路由，如图 3.31 所示。

```
SR1(config)# vlan 2                                     ;建立vlan 2
SR1(config-vlan)# name vlan2                            ;设置vlan 的名字为：vlan2
SR1(config-vlan)# exit                                  ;退出
//按照以上命令，建立vlan 3//
SR1(config)# int f0/1                                   ;进入f0/1接口配置
S1(config-if)# switchport mode trunk                    ;设置f0/1接口为连接交换机的接口
S1(config-if)# switchport trunk encap dot1q             ;用802.1Q封装f0/1接口
SR1(config)# int vlan 2                                 ;进入vlan2配置
SR1(config-if)# ip address 192.168.2.1 255.255.255.0    ;设置vlan2的网关
SR1(config-if)# no shutdown                             ;激活vlan 2
SR1(config)# int vlan 3                                 ;进入vlan3配置
SR1(config-if)# ip address 192.168.3.1 255.255.255.0    ;设置vlan3的网关
SR1(config-if)# no shutdown                             ;激活f0/0接口
SR1(config-if)# exit                                    ;退出
SR1(config)# ip routing                                 ;激活IP路由（开启三层交换）
SR1(config)# exit                                       ;退出
SR1)# wr                                                ;保存配置文件config
```

图 3.31　三层交换机提供 VLAN 间路由的配置

（4）检查 SR1 上的 IP 路由表。在 SR1 的特权模式下，输入"show ip route"命令，该命令的结果如图 3.32 所示。第三层交换机和路由器一样也有 IP 路由表。

```
SR1# show ip route                              ;执行检查 ip 路由表的命令
//此处省略//
C    192.168.2.0 is directly connected,Vlan2     ;C表示直连路由网络
C    192.168.2.0 is directly connected,Vlan2
```

图 3.32　检查三层交换机上的 IP 路由表

（5）在 PC1 和 PC2 上配置 IP 地址和网关。PC1 的网关为 192.168.2.1，PC2 的网关为 192.168.3.1。测试 PC1 和 PC2 的通信。

3.4.4　交换机性能与连接技术

以太网交换机按照组成结构，可分为固定端口交换机和模块化交换机。通常，一个局域网有多台交换机，固定端口交换机作为接入交换机连接终端 PC，模块化交换机作为汇聚、核心交换机连接接入交换机。局域网组建需考虑交换机的性能、交换机链路冗余、交换机级连带宽与瓶颈等问题。

1.　交换机性能指标

描述交换机性能的指标较多，如交换容量（Gbit/s）、背板带宽（Gbit/s）、吞吐率或包转发率（Mpps）等。这些指标中，最重要是 Mpps（Million Packet Per Second，每秒百万包数）。Mpps 的衡量标准是以单位时间内发送 64byte 的数据包（最小包）的个数作为计算基准的。吉比特以太网包转发率 =1 000 000 000bps/8bit/（64+8+12）byte=1 488 095pps。该算式中的"64+8+12"表示当以太网帧为 64byte 时，需考虑 8byte 的帧头和 12byte 的帧间隙的固定开销。所以，一个线速的吉比特以太网端口在转发 64byte 包时的包转发率为 1.488Mpps。快速以太网的线速端口包转发率是吉比特以太网的十分之一，为 148.8kpps。10 吉比特以太网的线速端口包转发率是吉比特以太网的十倍，为 14.88Mpps。转发率越高，表明交换机的交换性能越强。交换机选型，就是要看该产品每秒能转发多少个数据包。

交换容量（转发能力）表示交换引擎的转发性能。一般二层转发能力用 bit/s 表示，三层转发能力用 pps 表示。根据包转发率计算公式，交换机转发带宽=包转发速率×8×（64+8+12）=包转发速率×672（Mbit/s）。例如，一台最多可以提供 64 个吉比特端口的交换机，其满配置交换容量应达到 64×1.488×672=63.995 904Gbit/s。

背板带宽是交换机接口处理器或接口卡和数据总线间所能吞吐的最大数据量。一台交换机的背板带宽越高，所能处理数据的能力就越强，同时成本也会增加。按照背板带宽选择交换机应从两个方面来考虑：第一，所有端口速率乘以端口数量之和的 2 倍小于背板带宽，可实现全双工无阻塞交换，表明交换机具有发挥最大数据交换性能的条件；第二，满配置吞吐量（Mpps）=满配置吉比特端口数×1.488Mpps，其中 1 个吉比特端口在包长为 64 字节时的理论吞吐量为 1.488Mpps。一般是两者都满足的交换机才是合格的交换机。

例如，一台最多可以提供 64 个吉比特端口的交换机，其满配置吞吐量应达到 64×1.488Mpps = 95.2Mpps，才能够确保在所有端口均线速工作时，提供无阻塞的包交换。如果一台交换机最多能够提供 176 个吉比特端口，而宣称的吞吐量为不到 261.8Mpps（176 × 1.488Mpps = 261.8 Mpps），则有理由认为该交换机采用的是有阻塞的结构设计。

2.　交换机连接技术

（1）冗余连接。众所周知，以太网逻辑结构是总线，不允许出现环路。为了提高通信链路的可靠性，工程中常采用冗余连接，由此形成了环路。交换机在冗余连接的环路中，任何时刻只允许有一条链路工作（主链路），另一条链路处于备份状态。能够担此重任的协议就是生成树（Spanning Tree）。生成树协议可以在交换机之间实现冗余连接又避免出现环路，如图 3.33 所示。当然，这要求交换机支

持 Spanning Tree 协议。

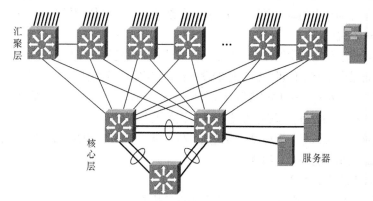

图 3.33　交换机的冗余连接示意图

以太网交换机是多端口的透明桥接设备，交换机存在桥接设备固有的"拓扑环"（Topology Loops）问题。当某个网段的数据帧通过某个桥接设备传输到另一个网段，而返回的数据帧通过另一个桥接设备返回源地址时，这个现象就叫做"拓扑环"。一般，交换机采用生成树（扩展树）协议 802.1Q 让网络中的每一个桥接设备相互知道，自动防止拓扑环的生成。交换机通过将检测到的"拓扑环"中的某个端口断开，达到消除"拓扑环"的目的，维护网络中拓扑树的完整性。在网络设计中，"拓扑环"常被推荐用于关键数据链路的冗余备份。支持 802.1Q 协议的交换机可用于冗余连接网络中的重点通信设备。在图 3.33 中，核心层交换机与汇聚层交换机彼此间均有两条连接线路，以确保网络通信的高可靠性。

（2）链路聚合。为了解决交换机级连之间的带宽瓶颈，可采用链路聚合技术，如图 3.33 所示的核心层交换机彼此间的两条线路（圆圈标注部分，表示链路聚合）。FEC（Fast Ethernet Channel）、GEC（Gigabit Ethernet Channel）、ALB（Advanced Load Balancing）和 Port Trunking 技术，可以允许每条冗余连接链路实现负载分担。其中 FEC、GEC 和 ALB 技术是用来实现交换机与交换机（服务器）之间的连接（Switch to Switch）。通过 Port Trunking 的冗余连接，交换机之间可以实现 2 倍或 4 倍线速带宽的连接。

（3）堆叠。提供堆叠接口的交换机之间可以通过专用的堆叠线缆连接起来。通常，堆叠的带宽是交换机端口速率的几十倍。例如，一台 100Mbit/s 交换机，堆叠后两台交换机之间的带宽可以达到几百兆甚至上千兆。

多台交换机的堆叠是靠一个提供背板总线带宽的多口堆叠母模块与单口堆叠子模块相连实现的，并插入不同的交换机实现交换机的堆叠。

（4）上连。交换机可以通过上连端口实现与骨干交换机的连接。例如，一台具有 24 个 10/100Mbit/s 端口和 1 个 1Gbit/s 端口的交换机，就可以通过 1Gbit/s 端口与吉比特主干交换机实现 1 000Mbit/s 速率的连接。

3.4.5　局域网交换机选型

局域网交换机选型要遵循相关基本原则以及一些特点。交换机配置与性能要符合网络组建实际需求，切忌"大马拉小车"或"小马拉大车"的情况发生。

1. 交换机选型的基本原则

交换机选型的基本原则如下。

（1）品牌选择。局域网设备尽可能选取同一品牌的产品，这样，用户可从网络设备的性能参数、技术支持、价格等方面获得利益。通常，应选择产品线齐全、技术力量雄厚、产品市场占有率高的品牌，如华为、H3C、锐捷等。

（2）扩展性考虑。网络层次结构中，主干网（如核心交换机等）设备选择应预留一定的能力，以便于将来扩展，低端设备够用即可。因为低端设备更新较快，易于淘汰。

（3）"量体裁衣"策略。根据网络实际带宽性能需求、端口类型和端口密度选型。如果是旧网改造项目，应尽可能保留可用设备，减少在资金投入方面的浪费。

（4）性价比高、质量可靠。网络设备应选用性价比高、质量可靠的产品。要考虑网络建设费用的投入产出应达到最大值，为用户节约资金。

2. 核心交换机的选型要求

核心网络骨干交换机是宽带网的核心，应具备以下特点。

（1）高性能、高速率。二层交换最好能达到线速交换，即交换机背板带宽≥所有端口带宽的总和。如果网络规模较大（联网机器的数量超过 250 台），或联网机器台数较少，但处于安全考虑，需要划分虚拟网。这两种情况均需要配置 VLAN，要求第三层（路由）交换能够适配 VLAN 之间数据包流畅转发要求。

（2）便于升级和扩展。具体来说，250～500 个信息点以上的网络，适宜采用模块化（插槽式机箱）交换机；500 个信息点以上的网络，交换机还必须能够支持高密度端口和大吞吐量扩展卡；250 个信息点以下的网络，为降低成本，应选择具有可堆叠能力的固定配置交换机作为核心交换机。

（3）高可用性。应根据经费许可，选择冗余设计的设备，如双交换引擎（负责第三层包转发）、双电源、双风扇等；要求设备扩展卡支持热插拔，易于更换维护。

（4）强大的网络控制能力，提供 QoS（服务质量）和网络安全，支持 RADIUS、TACACS+等认证机制（RADIUS 认证机制第 8 章介绍）。

（5）良好的可管理性，支持通用网管协议，如 SNMP、RMON、RMON2 等。

3. 汇聚层和接入层交换机的选型要求

通常，大型、大中型企业网采用三层架构，汇聚层交换机应考虑支持路由功能。如果局域网覆盖范围比较集中、规模较小或适中，企业网可采用扁平架构，网络中只有核心层和接入层交换机，接入层采用二层交换机。汇聚/接入交换机均为可堆叠/扩充式固定端口交换机。这种固定端口交换机在大中型网络中用来构成多层次的结构灵活的汇聚和接入网络，在中小型网络中也可能用来构成网络骨干交换（支持路由）设备。除此外，还具备下列要求。

（1）灵活性。提供多种固定端口数量，可堆叠、易扩展，支持多级别网络管理。

（2）高性能。作为大中型网络的二级交换设备，应支持 1/10Gbit/s 高速上连（最好支持链路聚合 FEC/GEC），以及同级设备堆叠。当然还要注意与核心交换机品牌的一致性。如果用作小型网络的中心交换机，要求具有较高背板带宽和三层交换能力。

（3）在满足技术性能要求的基础上，最好价格便宜、使用方便、即插即用、配置简单。

（4）具备网络安全接入控制能力（IEEE 802.1x）及端到端的 QoS（服务质量）。

（5）跨地区企业，通过互联网远程连接分支部门的路由交换机，要支持虚拟专网 VPN 标准协议。

3.5　校园网组建案例

3.5.1　校园网需求分析

某学院有楼宇 16 栋，分布在 550 亩校区内。教学楼、办公楼、科技楼、实验楼和图书楼按单元房间计算，住宅按住户计算，数据点约有 3000 个。校园网具有多用户并发访问资源及多媒体传输的需求，网络核心设备要考虑负载均衡和主干网高带宽传输能力。

为了抑制广播风暴，提高信息传输性能，均衡网络数据流量，需要采用 VLAN 技术。学校按业务职能划分 VLAN，教学、行政、后勤及各系等业务部门约需 21 个 VLAN，公共机房约需 6 个 VLAN，图书馆约需 4 个 VLAN，教工住宅楼约需 10 个 VLAN。这样，VLAN 约需 41 个。

校园网是各种应用的统一通信平台，该平台的可用性要达到 99.9%。在这种需求下，主干设备应有一定的冗余度，这种冗余度不只是设备级的，也应该考虑物理线路、数据链路层和网络层的容错能力，需要保证主干网络具有很高的稳定性和可靠性。

3.5.2　校园网设备选型

核心交换机选型重点考虑该设备的交换容量、包转发率、模块插槽数量、传输质量控制、IPv4/IPv6 双栈协议、网络虚拟化，以及安全、可靠及可管理等多种性能。校园网 3000 个数据终端同时在线，要求核心交换机的包转发率不低于 446.4Mpps（0.148Mpps×3000）、交换容量不低于 300Gbit/s（446.4×0.672Gbit/s）。

核心交换机管理引擎支持第二层到第三层无阻塞交换，支持高密度 10GE、1GE 以太网端口。锐捷 RG-S8607 交换机提供 2 个管理引擎插槽（交换引擎冗余）和 5 个业务插槽。，交换容量 12Tbit/s，包转发速率 3600 Mpps，支持高密度的千兆/万兆端口线速转发。RG-S7805E 提供 2 个管理引擎插槽（交换引擎冗余）和 2 个业务插槽。交换容量 4.8Tbit/s，包转发速率 1440 Mpps，支持高密度的千兆/万兆端口线速转发。

3.5.3　校园网拓扑结构

校园网整体架构采用万兆核心、千兆汇聚、百兆到桌面的扩展星形结构。校园数据中心机房作为校园网核心层，连接校园教学、行政、实验、科技、图书及公寓等楼宇，构成校园主干网，如图 3.34 所示。

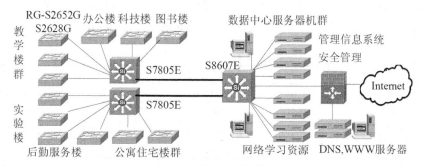

图 3.34　校园网拓扑结构

校园网核心交换机选用 1 台 S8607E 和 2 台 S7805E，2 台 S7805E 各连接 50%的建筑楼群，S8607E 连接服务器群。这种部署将接入层终端与服务器逻辑隔离，增强了服务器的稳定性和安全性，同时 S7805E 均衡连接接入层，实现均衡负载及逻辑隔离故障，保障了校园网传输的稳定性和可靠性。S7805E 配置 M7800-02XS24SFP/8GT 光口万兆/千兆卡，以及 1000 Base-SX/LX 千兆和 10GBase-SR-XFP 万兆 光模块。S8607E 配置 M8600-48GT/4SFP-EC 千兆卡和 M8600-02XFP 光口万兆卡，以及 10GBase-SR-XFP 光模块。S8607E 与 S7805E 采用万兆光口连接。

教学、行政、实验、科技、图书及公寓等楼宇配置 RG-S2652G/S2628G 二层交换机。S2628G 和 S2652G 有 24/48 个 100/1000Mbit/s 电口及 4 个 SFP 的 1Gbit/s 光口。楼宇间距离 <550m，配置 1000 Base-SX 光模块；楼宇间距离 >550m，配置 1000 Base-LX 光模块。S2652G 和 S2628G 的千兆光口模块型号和 S7805E 配置的 Mini-GBIC-SX 模块及 Mini-GBIC-LX 模块数量要一致，即核心层与汇聚层的千兆多模、单模连接要一一对应。

3.5.4　网络互连与 VLAN 设置

网络组建是实施核心层、汇聚层和接入层等交换机安装与互连配置的过程，包括校园网地址与互连地址分配，VLAN 划分与地址分配，三层交换机互连路由配置、VALN 设置与 VLAN 间路由配置，二层交换机 VLAN 设置，以及交换机互连调试等。

1. 核心层互连及地址分配

由设计方案可知，该校园网规模较小，采用 3 台三层核心交换机将校园网逻辑分割成用户计算机接入区和服务器机群区。核心层互连及地址分配，如表 3.2 所示。连接服务器的 S8607E 和连接用户计算机的 S7805E（2 台）通过万兆光口互连，要将互连端口设为路由接口（No Switchport），并在该端口设置互连 IP 地址，三台核心交换机之间采用静态路由协议互连。

表 3.2　校园网核心层互连及地址分配

M8606 万兆接口	端口地址	服务器与网管地址空间	S7805E 万兆接口	端口地址	用户计算机地址空间
2/0 端口	172.16.1.1/30	172.16.2.1~172.16.2.255	第 1 台 1/0 端口	172.16.1.2/30	172.16.4.1~172.16.16.255
2/1 端口	172.16.1.5/30	172.16.3.1~172.16.3.255	第 2 台 1/0 端口	172.16.1.6/30	172.16.17.1~172.16.29.255

2. VLAN 划分与地址分配

校园网被核心层交换机分成 3 个区域，采用基于端口的 VLAN 划分子网，每个 VLAN 为一个子网。按照网络安全及缩小广播域的要求，每个子网约定 64 个地址或 128 个地址，其子网掩码为 255.255.255.192 或 255.255.255.128。考虑到服务器的安全，可将服务器机群和网络管理分别设置为不同 VLAN。S8607E 和 S7805E 的 VLAN 划分及地址分配，如表 3.3 所示。S8607E 设置 3 个 VLAN，命名为 Vlan1，Vlan10，Vlan20；第 1 台 S7805E 设置 20 个 VLAN，命名为 Vlan30，Vlan40，…，Vlan220；第 2 台 S7805E 设置 20 个 VLAN，命名为 Vlan230，Vlan240，…，Vlan420。

表 3.3　S8607E 与 S7805E 的 VLAN 划分与地址分配

设备	部　门	VLAN	VLAN 网关	子网地址范围	子网掩码
S8607E	网络管理	1	172.16.2.1	172.16.2.1～255	255.255.255.0
	服务器群 1	10	172.16.3.1	172.16.3.1～126	255.255.255.128
	服务器群 2	20	172.16.3.129	172.16.3.130～254	255.255.255.128
S7805E-1	学校机关	30	172.16.4.1	172.16.4.1～126	255.255.255.128
	教务处	40	172.16.4.129	172.16.4.130～254	255.255.255.128

续表

设备	部门	VLAN	VLAN 网关	子网地址范围	子网掩码
S7805E-1	学生处	60	172.16.5.1	172.16.5.1～126	255.255.255.128
	科技处	70	172.16.5.129	172.16.5.130～254	255.255.255.128
	资产处	80	172.16.6.1	172.16.6.1～126	255.255.255.128
	数学系	90	172.16.6.129	172.16.6.130～254	255.255.255.128
	物理系	100	172.16.7.1	172.16.7.1～126	255.255.255.128
S7805E -2	……				

3.5.5　核心层交换机互连配置

按照部门（机关处室、教学单位）和业务（服务器、机房、电子阅览室等）分类，核心层 S8607E 和两台 S7805E 共设置 43 个 VLAN。核心层通过 M8600E-CM 与 M7800E-CM 实现 VLAN 网间路由转发。交换机安装配置分为用户、特权和全局配置三种模式，交换机互连的 Trunk 端口封装默认是 802.1Q。

1. S8607E 配置

采用全反 UTP 跳线连接交换机（控制口）和 PC（RS-232 端口），启动 PC 的"超级终端"程序，同时给交换机加电。待交换机自检完成后，进入"SETUP"菜单，按菜单提示输入：输入交换机的名称、IP 地址、子网掩码、网关、VLAN 数据库、路由端口、静态（缺省）路由协议等参数。或采用交换机的命令行参数配置方式，进入全局配置模式配置管理 IP 等参数。下面给出 M8600E-CM 管理引擎的脚本和路由模块的脚本。

（1）设置交换机的名称。

```
hostname S8607E-L3                          ;设置交换机的名称
```

（2）设置 M8600-02XFP 的 10Gbit/s 光纤端口为路由端口。

```
interface 10GigabitEthernet2/0             ;在全局配置模式下，进入端口 10GE2/0 配置状态
no switchport                              ;将 10GE2/0 端口变成第三层路由端口
    ip address 172.16.1.1 255.255.255.252  ;设置 10GE2/0 的网关 IP 地址,该端口与第一台 S7805E
的 10GE1/0 端口的路由模式连接，对端的网关 IP 为 172.16.1.2
no shutdown                                ;激活端口
interface 10GigabitEthernet2/1             ;在全局配置模式下，进入端口 10GE2/1 配置状态
no switchport                              ;将 10GE2/0 端口变成第三层路由端口
ip address 172.16.1.5 255.255.255.252      ;设置 10GE2/0 的网关 IP 地址,该端口与第二台 S7805E
的 10GE1/0 端口采用路由模式连接，对端的网关 IP 为 172.16.1.6
no shutdown                                ;激活端口
```

（3）建立 VLAN 数据库与设置 VLAN 网关 IP 地址。在全局配置模式（Config）下，使用"vlan 1"命令设置 VLAN1，使用"name vlan1"命令设置 VLAN 1 的名称。重复该命令，所有 VLAN 设置完成。

```
interface vlan1                            ;在全局配置模式，进入 VLAN1 配置状态
description default                        ;说明 VLAN1 为缺省 VLAN
ip address 172.16.2.1 255.255.255.0        ;设置 VLAN1 的网关 IP 地址
no shutdown                                ;激活 VLAN1
interface vlan10                           ;在全局配置模式，选择 VLAN10
description vlan10                          ;说明 VLAN10 的名称
```

```
ip address 172.16.3.1 255.255.255.128        ;设置 VLAN10 的网关 IP 地址
no shutdown                                  ;激活 VLAN10
```

按照 VLAN10 的设置命令，设置 VLAN20。

（4）设置连接服务器的端口为 access 模式。每个 Access Port 只能属于一个 VLAN，它只传输属于这个 VLAN 的数据帧。

```
interface GigabitEthernet 3/1      ;在全局配置模式，进入进入千兆电口（3 槽/1 口）配置状态
switchport mode access             ;设置该端口为 Access 模式
switchport access vlan 10"         ;设置该端口归属 Vlan 10
```

按照以上命令，依次将连接服务器的端口设置在 Vlan 10 和 Vlan 20。

（5）设置静态路由协议分别与两台 S7805E 连接。

```
ip route 172.16.4.0 0.0.0.255 172.16.1.2    ;指向第 1 台 S7805E 的 172.16.4.0 子网的静态路由，
0.0.0.255 是反掩码，涵盖 172.16.4.0 和 172.16.4.129 两个子网
ip route 172.16.5.0 0.0.0.255 172.16.1.2    ;指向第 1 台 S7805E 的 172.16.5.0 子网的静态路由
......
ip route 172.16.16.0 0.0.0.255 172.16.1.2   ;指向第 1 台 S7805E 的 172.16.16.0 子网的静态路由
ip route 172.16.17.0 0.0.0.255 172.16.1.6   ;指向第 2 台 S7805E 的 172.16.17.0 子网的静态路由
ip route 172.16.18.0 0.0.0.255 172.16.1.6   ;指向第 2 台 S7805E 的 172.16.18.0 子网的静态路由
......
ip route 172.16.29.0 0.0.0.255 172.16.1.6   ;指向第 2 台 S7805E 的 172.16.29.0 子网的静态路由
```

按照上述操作依次设置指向学校机关、职能处室、系部所等单位子网的静态路由。

（6）设置默认路由协议与防火墙建立连接，通过防火墙连接外网。

```
ip default-gateway 172.16.2.1            ;设置该交换机的默认网关 IP 地址
ip classless                             ;设置无类路由，即子网地址采用可变长掩码
ip route 0.0.0.0 0.0.0.0 212.206.174.14  ;设置该交换机的默认路由，212.206.174.14 是防火墙
                                          以太网口 GE0/0 地址
```

2. S7805E 配置

采用全反 UTP 跳线连接交换机（控制口）和 PC（RS-232 端口），启动 PC 的"超级终端"程序，同时给交换机加电。待交换机自检完成后，进入"SETUP"菜单，按菜单提示输入：输入交换机的名称、IP 地址、子网掩码、网关、VLAN 数据库、路由端口、缺省路由协议等参数。或采用交换机的命令行参数配置方式，进入全局配置模式配置管理 IP 等参数。

下面给出第一台 S7805E 的 M7800E-CM 管理引擎的脚本和路由模块的脚本。

（1）设置交换机的名称。

```
hostname S7805E-1                        ;设置交换机的名称
```

（2）设置 M7800-02XS24SFP/8GT 的 10Gbit/s 光纤端口为路由端口。

```
interface 10GigabitEthernet1/0           ;在全局配置模式下，进入端口 10GE1/0 配置状态
no switchport                            ;将 10GE1/0 端口变成第三层路由端口
ip address 172.16.1.2 255.255.255.252    ;设置 10GE1/0 的网关 IP 地址，该端口与 S8607E 的
10GE2/0 端口的路由模式连接，对端的网关 IP 为 172.16.1.1
no shutdown                              ;激活端口
```

（3）建立 VLAN 数据库与设置 VLAN 网关 IP 地址。

```
interface vlan1                           ;在全局配置模式，进入 VLAN1 配置状态
description default                       ;说明 VLAN1 为缺省 VLAN
ip address 172.16.2.2 255.255.255.0       ;设置 VLAN1 的网关 IP 地址，该地址为网管地址
no shutdown                               ;激活 VLAN1
interface vlan30                          ;在全局配置模式，选择 VLAN10
description vlan30                         ;说明 VLAN10 的名称
ip address 172.16.4.1 255.255.255.128     ;设置 VLAN10 的网关 IP 地址
no shutdown                               ;激活 VLAN10
```

按照 VLAN30 的设置命令，设置 VLAN40~VLAN220。

（4）设置连接接入交换机的千兆光端口为 Trunk 模式。

```
interface GigabitEthernet 3/0             ;在全局配置模式下，进入端口 1GE3/0 配置状态
switchport mode trunk                     ;设置该端口为 VLAN 的干道
switchport trunk allowed vlan all         ;设置 Trunk 口许可所有 VLAN 通过
……
```

按照以上命令，依次将连接接入交换机的端口 1GE4/0~1GE27/0 设置为 Trunk 模式，该端口允许所有 VLAN 通过。

（5）设置缺省路由协议连接 S8607E。

```
ip default-gateway 172.16.2.2             ;设置该交换机的默认网关 IP 地址
ip classless                              ;设置无类路由，即子网地址采用可变长掩码
ip route 0.0.0.0 0.0.0.0 172.16.1.1       ;设置该交换机的缺省路由，指向 172.16.1.1
```

按照第 1 台 S7805E 的配置步骤，配置第 2 台 S7805E。其中 VLAN 参照 3.5.4 节中的 "VLAN 划分与地址分配" 设置 VLAN 号和子网网关地址，与 S8607E 的路由连接参考表 3.3 中的子网地址分配。

3.5.6 接入层交换机互连配置

该大学校园网接入层设备为 RG-S2652G/S2628G 二层交换机，部署在多个建筑楼宇。按照设计方案，S2652G、2628G 配置 2~4 个 SFP 千兆光模块上连 S7805E。采用全反 UTP 跳线连接交换机（控制口）和 PC（RS-232 端口），启动 PC 的 "超级终端" 程序，同时给交换机加电。待交换机自检完成后，进入 "SETUP" 菜单，按菜单提示输入：输入交换机的名称、IP 地址、子网掩码、网关等参数。或采用交换机的命令行参数配置方式，进入全局配置模式配置管理 IP 等参数。接入交换机互连配置步骤如下。

（1）设置交换机的名称。如 hostname S2652-1。

（2）设置管理 IP 地址。Trunk 端口默认是 VLAN1，设置 VLAN1 的 IP 地址，该地址与对应三层交换机 S7805E 的 VLAN1 的 IP（子网网关）是同一子网。在全局配置模式，使用 "interface vlan 1" 命令，进入 VLAN 1 配置状态；使用 "ip address 172.16.2.3 255.255.255.0" 命令，设置 VLAN 1 的 IP 地址。

（3）建立 VLAN 数据库。在全局配置模式（config）下，使用 "vlan 30" 命令设置 VLAN 30，使用 "name vlan30" 命令设置 VLAN 30 的名称。重复该命令，按照该交换机各个 10/100Mbit/s 电口归属的 VLAN，设置 VLAN 的名称。

（4）设置千兆光口为 Trunk 模式。在全局配置模式下，使用 "interface GigabitEthernet 0/1" 命令进入千兆光口（0 槽/1 口）配置状态，使用 "switchport mode trunk" 命令设置该端口为 VLAN 的干道；使用 "switchport trunk allowed vlan all" 命令设置 Trunk 接口许可所有 VLAN 通过。

（5）设置 10/100Mbit/s 端口为 Access 模式。在全局配置模式下，使用 "interface FastbitEthernet 0/1" 命令进入百兆电口（0 槽/1 口）配置状态，使用 "switchport mode access" 命令设置该端口为 Access 模式；使用 "switchport access vlan 30" 命令设置该端口归属 VLAN 30。按照这两个命令，依次将连接 PC 的端口设置在约定的 VLAN。

（6）检测交换机的连通性，用 ping 命令检测各个 VLAN 的网关 IP 是否通，若不通则返回以上各步检查配置参数，直至连通为止。

习题与思考

1. 什么是 CSMA/CD？画图表示 CSMA/CD 的工作流程。

2. 高速以太网技术有哪几种？每种主要的技术特征有哪些？

3. A 学校 3 年前建构 2 个网络机房，每个机房采用 3 台 24 口集线器连接 PC 62 台。当学生在机房利用"网上邻居"相互传输文件时，机房网络通信经常发生故障（速率很低、延时过长，甚至不通）。请问引起故障的原因是什么？应如何减少故障发生？

4. A 学校随着学生人数的增加，需要增加 2 个网络机房，每个机房安装 PC 62 台。同时，建构校园网。教学办公计算机有 26 台，教师备课、制作课件的计算机有 30 台，学校网络中心有服务器 5 台、工作计算机 5 台。请画出该校网络系统拓扑结构，并对拓扑图的网络元素进行简要说明。

5. 针对第 2 章课程设计内容，给出完整的企业网解决方案。方案中包括网络设备选型（二层、三层交换机，光连接模块），网络拓扑结构，VLAN 划分、子网地址分配等。

网 络 实 训

1. 集线器和交换机的性能测试

（1）实训目的。了解交换机的工作原理与工作模式，会运用交换机组建交换式网络。

（2）实训资源、工具和准备工作。安装与配置好的 PC（Windows XP）2～4 台；制作好的 UTP 网络连接线（双端均有 RJ-45 头）若干条，交换机 1～2 台，普通集线器 1～2 台。

（3）实训内容。安装与配置 PC（Windows XP）网卡，将 PC 分别与集线器和交换机端口连接；利用网络邻居，在两台 PC 之间传输大量的文件，观测集线器和交换机的工作（冲突）指示灯的变化状态。

（4）实训步骤。

① 按照实训内容，进行网络组建实训；② 写出实训报告。

2. 局域网的组建

（1）实训目的。了解基于 VLAN 的局域网组建的技术和方法，会运用交换机（二层、三层交换机）组建多层交换网络。

（2）实训资源、工具和准备工作。安装与配置好的 PC（Windows XP）2～4 台；制作好的 UTP 网络连接线（双端均有 RJ-45 头）若干条，锐捷二层交换机 S2628G 2～4 台，锐捷三层交换机 S3760E 1

台。可按照图 3.30 网络拓扑组网。

（3）实训内容。安装与配置 Windows XP 网卡，将 PC 与二层交换机端口连接；安装与配置二层交换机的 VLAN，将二层交换机连接 PC 的端口设置 VLAN ID；安装与配置三层交换机的 VLAN，将三层交换机与二层交换机连接，分别在相连交换机的端口设置 VTP 干道协议 802.1Q，并将端口设置为 Trunk 模式。在 PC 用 ping 命令测试 VLAN 间的连通性。

（4）实训步骤。参考图 3.31、图 3.32 命令操作示例，进行网络组建实训，写出实训报告。

① 按照拓扑图，用 UTP 线缆连接交换机；将 PC 机的串口（如 COM1）和交换机 Console 口采用反转线（两端 RJ-45 接头线序相反）连接。

② 交换机基本配置，包括主机名、密码、以太网接口、管理地址及保存配置。

③ 安装与配置三层交换机的 VLAN，三层交换机 VLAN 间路由的配置。

④ 安装与配置二层交换机的 VLAN，将二层交换机连接 PC 机的端口设置 VLAN ID。

⑤ 三层交换机与二层交换机连接，分别在相连交换机的端口设置 VTP 干道协议 802.1Q，并将端口设置为 Trunk 模式。

⑥ 在 PC 用 ping 命令测试 VLAN 间的连通性。

第4章
局域网路由与配置管理

本章简要介绍了路由器的组成、路由协议、路由器的安装与配置准备等基本知识。通过案例，重点介绍了 IPv4 静态路由协议的配置与应用，IPv4 OSFP 动态路由协议的配置与应用，Windows IPv6 静态路由协议的配置与应用，以及路由器 IPv6 静态路由与动态路由协议的配置与应用。通过本章学习，达到以下目标。

（1）了解边界路由器和路由交换机的作用。理解路由器的组成、路由协议、路由器的安装与配置准备等基本知识。

（2）掌握路由器的 IPv4 静态路由协议配置，基本掌握路由交换机 IPv4 OSFP 动态路由协议配置。能够在大中型局域网互连中，熟练使用路由器和路由交换机组网。

（3）基本掌握 Windows IPv6 静态路由配置，路由器的 IPv6 静态、RIPng 和 OSPF v3 动态路由配置，能够使用支持 IPv6 的 Windows 主机和路由器构建 IPv6 实验网络。

4.1 局域网路由技术概述

局域网路由有两方面的需求，一方面是通过路由器将局域网与广域网连接，使用户能够共享 Internet 的资源；另一方面是通过路由器将局域网内部的若干个子网互连，构成一个可管可控的园区网络。该网络能够有效阻止广播风暴，改善数据通信效能。

4.1.1 路由器组成与功能

通常所说的路由器包括两种，一种是专用路由器，另一种是三层交换机（路由交换机）。它们的硬件基本相同，均包括 CPU、内存、Boot ROM 和 Flash RAM 及各种接口。路由器（路由交换机）软件包括操作系统和配置文件。

1. 硬件组成

（1）处理器。路由器的处理器（CPU）和通用计算机一样，是路由器的控制和运算部件。不同系列和型号路由器，CPU 也不相同。CPU 负责执行数据包转发所需的工作，如维护路由表和确定数据包转发的路由出口等。低端路由器多采用 32 位的微处理器技术。

（2）存储器。所有计算机（通用、专用）都安装有存储器。路由器是一种专用计算机，采用了四种类型的存储器：只读存储器（ROM）、闪存器（Flash RAM）、随机读写存储器（RAM）、非易失性读写存储器（NVRAM，机器断电后数据不丢失），如图 4.1 所示。

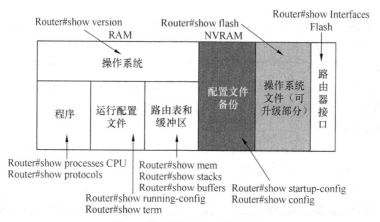

图 4.1　路由器的内存分类和用途

ROM 保存着路由器操作系统（如 Cisco 的 IOS，锐捷的 RGNOS 等）的基本部分，负责路由器的引导、诊断等。ROM 中的操作系统是路由器开机启动程序，该程序执行后，使路由器进入加载操作系统扩展部分的工作状态。ROM 通常做在一个或多个芯片上，插接在路由器的主机板上。

闪存 Flash RAM 是电擦除的可编程芯片 EEPOM，俗称电子盘（计算机的 U 盘）。其用途是保存路由器操作系统的扩展部分，维持路由器操作系统的升级。路由器完整的操作系统由 ROM+Flash RAM 中程序组成，ROM 程序启动后，将 Flash RAM 中程序加载到 RAM 中执行，该程序运行后，路由器进入正常工作状态。闪存可以插在主机板的单边接触内存模组（Single In-line Memory Module，SIMM）上，也可以做成一张 PC 机内存卡（Personal Computer Memory Card International Association，PCMCIA）卡，安插在路由器的主板上。

RAM 存储器是程序运行的基础。路由器的 RAM 是操作系统运行、路由程序运行、执行路由配置文件、建立静态或动态路由表，以及缓存地址表、转发数据包到指定接口的存储器。

NVRAM 存储器保存路由配置文件（也称脚本程序），该文件是"备份的路由配置程序"。路由器启动时要从 NVRAM 存储器读入路由配置文件，按照该文件创建路由转发的工作环境。

（3）路由器接口。路由器接口主要有局域网接口和广域网接口。路由器的型号不同，接口数目和类型也不一样。局域网接口即以太网接口，低端路由器配置百兆或千兆 UTP 接口。中高端路由器配置千兆或万兆光接口。广域网接口主要有高速同步串口（可连接 DDN、帧中继（Frame Relay）、X.25、E1、V.35 等），同步/异步串口（可用软件将端口设置为同步或异步工作方式，连接 PSTN 等）。

除了以上两类接口外，路由还有两个异步配置接口。一个是 AUX 端口，用于远程配置，需要通过 Modem 与电话线连接。支持硬件流控制（Hardware Flow Control）。另一个是 Console 端口，用于本地配置路由器。需要连接计算机的串口，通过计算机的仿真终端进行操作。Console 端口不支持硬件流控制。

2. 配置文件

没有路由配置文件的路由器是不能用于网络互连互通的。也就说使用路由器的第一步是给路由创建配置文件。建立配置文件的直接方法是通过 Console 端口对路由器进行配置操作。路由器的配置包括运行配置、启动配置。两者均以 ASCII 文本格式表示，路由器使用人员能够方便地阅读与操作。

运行配置有时也称做"活动配置（Running Config）"，驻留于 RAM，包含了目前在路由器中"活动"的路由及数据转发配置命令。配置 Running Config 时，相当于更改路由器的运行配置。启动配置

（Startup Config）驻留在 NVRAM 中，包含了希望在路由器启动时执行的配置命令。启动完成后，启动配置中的命令就变成了"运行配置"。

有时也把启动配置称做"备份配置"。当修改并认可了运行配置后，通常应将运行配置备份到 NVRAM 里，每一次 Running Config 改动后都要备份为 Startup Config，以便路由器下次启动时调用。备份操作是在特权用户下，输入"WR"回车即可。

3. 工作原理与功能

路由器为了将数据包从一个数据链路传递到另一个数据链路，使用了路径选择和包交换功能。路由器将它的一个接口上接收的数据包，传递到它的另一个接口上，完成包交换。路由器通过路径选择，为转发的数据包选择最恰当的接口。当主机上的一个应用程序需要将数据包送到另一个目标网络时，数据链路的帧在路由器的一个接口上接收，网络层检查数据包头，解析目标网络地址，然后查询路由表，找到目标网络对应的接口。接着数据包又被封装到数据链路帧中，送往被选定的接口，按顺序存储并向路径的下一跳传递。这个过程在路由器之间交换数据包时发生。在路由器直接和包含目的主机的网络相连时，数据包又被封装到目标网络的数据链路帧格式中，并被送往目标主机。

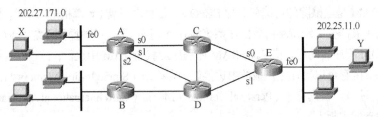

图 4.2　路由器工作原理示意图

路由器的工作原理，如图 4.2 所示。假设，该图中的 X 主机访问 Y 主机，X 主机直连路由器 A，Y 主机直连路由器 E。从该图路由器连接拓扑可知，从 A 到 E 有 5 条路径，即 A→C→E，A→D→E，A→B→D→E，A→B→D→C→E，A→D→C→E。当 X 访问 Y 的（请求）数据包到达 A 时，A 进行最佳路径（如路经短、时间短）选择和包交换（A 的 fe0 端口接收数据包，将该数据包转发到 s0 端口），将该数据包通过选定的路径（如 A→C→E）传输到 E，由 E 通过 fe0 端口直连的网络转发给 Y。

4.1.2　路由器协议与作用

路由器协议工作在网络层，协议分为静态路由协议和动态路由协议。路由协议的作用是建立及维护路由表，为每个 IP 数据包提供转发路径，该路径为一跳路由器接口的地址。

1. 静态路由协议

通常，一个局域网与广域网连接，需要采用静态路由（Static Route）协议。也就是说，局域网和广域网的点到点连接，需要在广域网边界路由器设置静态路由协议，在局域网边界路由器设置缺省路由协议，如图 4.3 所示。该图中的存根网络（Stub Network）代表局域网，与存根网络连接的网络代表广域网。存根网络与广域网只有一条路径，采用静态路由（Static Route）协议。存根网络到广域网目标不定，采用默认路由协议。静态路由、默认路由协议是由命令设置的固定路由表信息，该路由表信息不需要刷新。这样，链路带宽可以全部用于 IP 或 IPX 数据包传输。

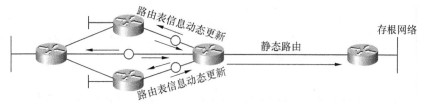

图 4.3 静态路由和动态路由示意图

静态路由命令为：ip route 目标网络   目标网络掩码   下一跳网关

默认路由命令为：ip route 0.0.0.0 0.0.0.0 下一跳网关

假设图 4.3 中的存根网络路由器连接远程网络的地址为 202.207.121.2，远程网络路由器连接存根网络的地址为 202.207.121.1，则静态路由命令和默认路由命令如下。

静态路由命令：ip route 202.207.175.0 255.255.255.0 202.207.121.2

默认路由命令：ip route 0.0.0.0 0.0.0.0 202.207.121.1 1

默认路由命令中的 0.0.0.0 0.0.0.0 表示目标网络任意，202.207.121.1 是下一跳路由器相连端口的 IP 地址。最后的 1 表示从该路由器到下一个直接相连的路由器只有一跳，该 1 可以省略。

2. 动态路由协议

动态路由协议主要包含路由信息协议（Routing Information Protocol，RIP/RIP v2）、开放路径最短优先协议（Open Shortest Path First，OSPF）、内部网关路由协议（Interior Gateway Routing Protocol，IGRP）和边界网关协议（Border Gateway Protocol），如 BGP4 等。

RIP/RIP v2、OSPF 和 IGRP 均为内部网关路由协议，用在自治系统内部路由器之间的交换网络可达性消息传递。RIP/RIP v2 是距离向量路由协议，一般用于企业内部小规模网络。OSPF 和 IGRP 是链路状态协议，采用带宽、负载、延迟、可靠性等作为选择路由的权值，一般用于大规模企业网或数据通信服务网络。这些网络多采用若干台路由器网状连接，如图 4.3 所示。在动态路由支持下，各个路由器的路由表信息是动态更新的（Routing Update）。这些路由信息相互宣告，也要占用一定的链路带宽。

3. 自治系统与边界网关协议

一个自治系统（Autonomous System，AS）就是处于一个管理机构控制之下的路由器和网络群组。它可以是一个路由器直接连接到一个局域网上，同时也连到广域网（Internet）上。它可以是一个由企业骨干网互连的多个局域网。一个自治系统是一个路由选择域（Routing Domain），会分配一个全局唯一的 16 位号码，该号码称为自治系统号（ASN）。在一个自治系统中的所有路由器必须相互连接，运行相同的路由协议，同时分配同一个自治系统编号。自治系统之间的链接使用外部路由协议，如边界网关协议（Border Gateway Protocol，BGP）。

BGP4 协议基于距离向量，是当前自治系统间路由协议的唯一选择。通常 BGP 交换大量网络可达性消息，是若干个 IP 自治系统互连的重要协议。路由协议运行需要高可靠、高稳定、健壮性及安全性的路由信息环境。

4. 被路由协议

路由协议（类似公交车）是为被路由协议（类似车上的乘客）提供服务的，被路由协议主要有 IP、IPX 等。图 4.4 中 X 为信源，Y 为信宿。X 对信息封装由高层到低层送往路由器 A，A 接收后通过低三层的解帧、解包，打包、封帧将信息送往路由器 B，B 和 C 上进行与 A 相同的操作。当 Y 收到 X 发出的数据帧后，立即进行数据包的解封装操作。在 X 和 Y 通信的过程中，A、B、C 三台路由器均提供对上层功能的支持服务。

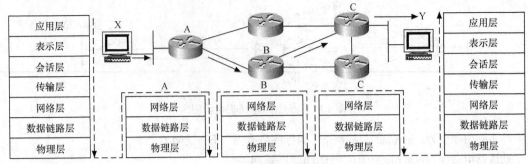

图 4.4　网络协议操作示意图

5. 路由器的安全性

路由器是互联网的交通枢纽，也是网络互连的关键设备，其安全性要求很高。路由器的安全性分两方面，一方面是路由器本身的安全，另一方面是数据的安全。服务器的安全漏洞会导致该服务器无法访问，路由器的安全漏洞会导致整个网络不可访问。

路由器的安全漏洞可能存在管理上和技术上的原因。在管理上，对路由器口令简单设置、路由协议授权管理不当，以及路由的错误配置，都可能导致路由器工作出现问题。路由器技术上的安全漏洞可能存在恶意攻击，如窃听、流量分析、假冒、重发、拒绝服务、资源非授权访问、干扰和病毒等攻击，或软件漏洞、操作系统漏洞、TCP/IP 协议漏洞等。路由器传输数据的安全可以由接入路由器提供 IPSec 安全通道来保证安全。

4.1.3　局域网路由设备选型

局域网互连要根据网络规模大小、网络传输性能和用户资金情况，确定路由器品牌和数量。然后，再根据路由器性价比等因素，确定路由器产品的基本性能要求。

1. 路由器类型

通常，用于局域网互连的路由器可归结为两种。一种是作为局域网的边界路由器（如图 4.2 中的存根网络），采用点到点的数据链路实现局域网和广域网（远程网络）的连接。边界路由器需要配置连接广域网的接口（如高速同步串口）和连接局域网的以太网接口。例如，Cisco 2821 提供 2 个 10/100/1000Mbit/s 路由以太网接口，4 个接口卡插槽；锐捷 RSR20-04E 提供 3 个 10/100/1000Mbit/s 路由以太接口（其中 2 个为光电复用口），4 个 SIC 广域网/语音模块插槽等。

另一种是用于集团内部若干个局域网（子网）互连的路由器。这种路由器是具有三层交换功能的交换机，称为路由交换机或三层交换机（见本书 3.2.5 节内容）。依据园区网规模大小，路由交换机可以是点到点、也可以是一点到多点、或是冗余连接等。

路由交换机有两种结构。一种是机箱+模块的结构，如 Cisco 的 Catalyst 4506-E（6 个插槽）、锐捷 RG-S8607E（6 个插槽）。另一种是固定端口结构，如 H3C 的 3560 和锐捷 S3760E 等。路由交换机支持 IPv4/IPv6 双协议栈静态、动态路由。

2. 路由器选型

路由器品牌众多，如 Cisco、H3C、华为、锐捷等，各个品牌路由器的性能基本相同。局域网路由器选型应考虑的因素，如表 4.1 所示。

表 4.1　路由设备选型考虑的因素

考虑的因素	说　明
实际需求	首要原则就是考虑实际需要，一方面必须满足使用需要，另一方面不要盲目追求品牌、新功能等。只要路由器的功能、稳定性、可靠性满足实际需求就可以
可扩展性	要考虑到近期内（3～5 年）网络扩展，所以选用边界路由器、路由交换机时，必须考虑一定的扩展余地。如增加网络光接口、电接口的数量等
性能因素	高性能 IP 路由包括静态路由、动态路由、控制数据流向的策略路由、负载均衡，以及 IPv4/IPv6 双协议栈等。在价格限定下，重点考察路由器的 IP 数据包转发性能
价格因素	用户组网，在综合考虑以上因素以后，最关心的是价格。在满足实际使用需求下，用户希望选用价格低一些的产品，以降低费用
服务支持	路由器是一种高科技产品，售前、售后支持和服务是非常重要的因素。必须要选择能绝对保证服务质量的厂家产品
品牌因素	选择路由器不可避免会受品牌因素的影响。因为名牌产品技术支持过硬，产品线齐全（高、中、低配置），产品质量认证体系完备，产品性能稳定

　　总之，购买路由器时应该根据实际情况综合考虑以上因素，尽量购买性价比高的产品。路由器、路由交换机考虑最多的问题是稳定性、安全性与可靠性。

4.1.4　路由器安装与配置准备

　　路由器使用时要进行加电自检，自检通过后可进行配置。下面从路由器启动过程、配置途径、操作模式及使用注意事项等方面，说明路由器安装与配置的准备工作。

1. 路由器启动过程

　　（1）加电之后，ROM 运行加电自检程序（POST），检查路由器的处理器、接口及内存等硬件设备。

　　（2）执行路由器中的启动程序（Bootstrap），加载操作系统，如锐捷的 RGNOS。路由器的操作系统可以从 Flash RAM 中装入内存，也可从 TFTP 服务器装入内存。

　　（3）操作系统加载完成后，从 NVRAM 中将配置文件读入内存，按照配置文件中的命令完成路由器配置工作。若 NVRAM 找不到配置文件，也可从 TFTP 服务器读入内存。

　　（4）配置文件生效后，激活有关接口、协议和网络参数。

　　（5）若找不到配置文件时，路由器进入配置模式（Setup）。

2. 路由器的配置途径

可通过以下几种途径对 Cisco（或锐捷）路由器进行配置，如图 4.5 所示。

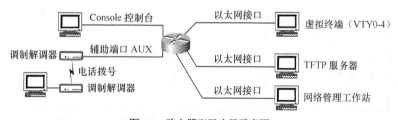

图 4.5　路由器配置途径示意图

　　（1）Console 控制台。将 PC 的串口直接通过全反（Rollover）线与路由器控制接口 Console 相连，在 PC 上运行终端仿真软件，与路由器进行通信，完成路由器的配置。

　　（2）辅助端口 AUX。在路由器端将 Modem 与路由器辅助端口 AUX 相连，Modem 连接电话线，远程用户采用电话拨号（Dial-in）进行路由器的配置。

　　（3）虚拟终端（VTY 0-4）。如果路由器已有一些基本配置，至少有一个端口有效（如 Ethernet），此时可通过运行 Telnet 程序的计算机作为路由器的虚拟终端与路由器建立通信，完成路由器的配置。

（4）网络管理工作站。路由器可通过运行网络管理软件的工作站配置，如锐捷的 RG-SNC 智能网络指挥官、HP 的 OpenView 等网络管理软件。

（5）TFTP（Trivial File Transfer Protocol）服务器。TFTP 是一个 TCP/IP 简单文件传输协议，可将配置文件从路由器传送到 TFTP 服务器上，也可将配置文件从 TFTP 服务器传送到路由器上。TFTP 不需要用户名和口令，使用非常简单。

3. 路由器的三种模式

（1）用户模式（User Exec）。用户模式是路由器启动时的默认模式，提供有限的路由器访问权限，允许执行一些非设置性的操作，如查看路由器的配置参数，测试路由器的连通性等，但不能对路由器配置做任何改动。该模式下的提示符（Prompt）为 ">"。输入 "Show interface" 命令可查看路由器接口信息。

（2）特权模式（Privileged Exec）。特权模式也称为使能（Enable）模式，可对路由器进行更多的操作，使用的命令集比用户模式多，可对路由器进行更高级的测试，如使用 debug 命令。在用户模式下输入 "Enable"，按提示输入特权口令可进入特权模式。提示符为 "#"，输入 "Show running config" 命令，可查看路由器的运行配置文件。

（3）配置模式（Global Configuration）。配置模式是路由器的最高操作模式，可以设置路由器上运行的硬件和软件的相关参数，配置各接口和路由协议，设置用户和访问密码等。在特权模式 "#" 提示符下输入 config 命令，可进入配置模式。

4. 路由器使用注意事项

路由器在实际使用中，除了正确安装设置外，还应注意以下事项。

（1）保障工作环境。路由器出厂时，在厂商的说明书中已经规定了路由器正常运转的环境指标，使用过程中要尽量符合厂商提出的环境指标，否则将不利于路由器的正常运行，甚至有可能会损坏路由器。一般需注意用电安全，如额定功率、输入电压、电源频率等，还要注意路由器工作温度、相对湿度等。

（2）注意接地保护。如果没有相应的接地保护措施，就容易遭受雷击等自然灾害。

（3）避免热插拔。在路由器加电以后，不要进行带电插拔的操作，因为这样的操作很容易造成电路损坏。即使有的厂家采取了一定的措施，但是仍需小心，以免损坏路由器。

（4）避免撞击、震荡。路由器受到撞击和震荡时，有可能造成路由器的部件松动，或者直接造成硬件损坏。因此，安装时最好把路由器固定在机架上，这样不仅可以避免路由器受到撞击、震荡，还可以使线缆不易脱落，确保路由器正常通信。

（5）注意安全防范。在路由器配置好以后，要设置好管理口令，并注意保密，不要让管理员以外的其他人随便接近路由器，更不要让别人对路由器进行配置。

4.2 边界路由器配置管理

路由器配置管理（Configuration Management, CM）是通过技术手段对基于路由的网络互连过程进行控制、规范的一系列措施。配置管理的目标是记录路由器互连接口及路由协议设置过程，确保网络组建人员在网络互连生命周期中各个阶段都能得到精确的路由配置。

4.2.1　路由器接口配置

局域网连接广域网（如 Internet）是采用 E1（欧洲的 30 路脉码调制 PCM 简称 E1，速率是 2.048Mbit/s）接口或以太网接口，将局域网边界（出口）路由器与数据通信服务商 ISP（Internet 服务提供者）的接入路由器连接在一起，实现网络互连互通。

1. 边界路由器组网拓扑

通常，局域网与广域网互连拓扑，如图 4.6 所示。假设 ISP 接入路由器和局域网出口路由器互联子网地址是 214.26.121.0 ～ 214.26.121.3，局域网地址是 214.27.100.0 ～ 219.27.100.255。边界路由器需要配置局域网 LAN 接口、广域网 WAN 接口，激活 IP 路由协议，配置路由协议，配置链路连接协议（如 HDLC 或 PPP）。下面以 Cisco 2821 或 RSR20-04E 为例（Cisco 与锐捷配置命令相同），介绍局域网与 Internet 连接配置。

接入交换机　核心交换机　218.27.100.1　　218.26.121.2　218.26.121.1

图 4.6　边界路由器组网拓扑

2. LAN 接口配置

LAN 接口是路由器与局域网的连接点，每个 LAN 接口与一个子网相连。配置 LAN 接口就是将 LAN 接口子网地址范围内的一个 IP 地址分配给 LAN 接口。配置方法如下。

（1）在特权模式下输入"config t"命令，按回车键，路由器进入配置模式。

（2）在配置模式下输入要配置的接口名，如"interface fastethernet 0/0"，按回车键，提示符变为 config-if。

（3）输入"ip address"加 IP 地址和子网掩码，按回车键完成。如图 4.5 中 LAN 接口地址描述，该命令为 ip address 214.27.100.1 255.255.255.128。

（4）激活接口。使用"no shutdown"命令，该命令生效后 LAN 接口处于活动状态。

（5）配置完成后，按 Ctrl+Z 组合键退出配置，回到特权模式。可用"show ip interface f0/0"命令查看配置参数。

（6）输入 wr 命令，保存当前配置的参数。

3. WAN 接口配置

WAN 接口的配置方法和 LAN 接口一样，以串口 1 为例，配置步骤如下。

（1）在特权模式下，输入 config t 命令，按回车键进入配置模式。

（2）输入所要要配置的 WAN 接口，如串口 0，命令格式为 interface serial 0/0，按回车键，进入 config-if 模式。

（3）输入"ip address"加 IP 地址和子网掩码，按回车键完成。该命令为 ip address 214.26.121.2 255.255.255.252。

（4）激活接口。使用 no shutdown 命令，该命令生效后 WAN 接口处于活动状态。

（5）按 Ctrl+Z 组合键结束接口配置，返回特权模式。可用"show interface s0/0"命令来查看串口配置。

（6）输入 wr 命令，保存当前配置的参数。

4.2.2　配置链路连接与路由协议

局域网边界路由器到ISP路由器采用点到点链路连接，如图4.5所示。点到点链路连接协议有HDLC和PPP，可按照双边路由器默认的链路连接协议确定其中一种。除此外，要实现局域网与广域网双向通信，还要配置静态（含默认）路由协议和激活IP路由。

1. HDLC协议与设置

高级数据链路控制规程（High Level Data Link Control，HDLC）是点到点同步串行电路的帧封装格式，该格式与以太网帧格式不同。在HDLC数据帧里没有源MAC地址和目的MAC地址。Cisco对HDLC进行了专门化，Cisco的HDLC与标准的HDLC不兼容。如果串行链路两端都是Cisco设备，使用HDLC封装帧没有问题。否则，应使用PPP封装帧。HDLC不支持验证，缺少安全性连接，只能用于可信（熟人）环境。Cisco路由器串口默认是HDLC封装帧，使用encapsulation hdlc命令。

路由器与同步电路，如E1或DDN专线连接时，路由器使用同步口（s0/0、s1/0等）和V.35接口连接E1或DDN Modem。具体配置步骤如下。

（1）在特权模式下输入config t命令进入配置模式。

（2）配置连接的WAN接口。如interface serial 0/0，进入config-if模式。

（3）HDLC协议封装。输入encapsulation hdlc，按回车键。

（4）设置带宽。输入bandwidth 带宽，如bandwidth 2048。

2. PPP协议与设置

点对点协议（Peer-Peer Protocol，PPP）支持在各种物理类型的点到点串行线路上，传输上层协议报文。PPP有很多丰富的可选特性，如支持多协议、提供可选的身份认证服务、能够以各种方式压缩数据、支持动态地址协商、支持多链路捆绑等。这些丰富的选项增强了PPP的功能。同时，不论是异步拨号线路，还是路由器之间的同步链路均可使用。因此，应用十分广泛。PPP协议设置步骤与HDLC一样，唯一不同的是PPP封装：encapsulation ppp。

PPP认证有两种协议，一种是密码验证协议（Password Authentication Protocol，PAP）验证，另一种是询问握手验证协议（Challenge Handshake Authentication Protocol，CHAP）验证。PAP利用两次握手的简单方法进行认证，用户名和口令是明码传输，不安全。在PPP链路建立后，源节点在链路上不停地发送用户名和口令，直到对方给出应答。

CHAP采用3次握手周期性地验证源节点的身份。CHAP不允许连接发起方在没有收到询问消息的情况下进行验证，这样，使链路连接更为安全。CHAP每次使用不同的询问消息，每个消息都是不可预测的唯一值。CHAP可防止再次攻击，安全性比PAP高。

PPP是业界标准，所有品牌路由均支持PPP，不同品牌路由器互连首选PPP协议。通常，路由器互连均为可信连接，身份认证（PAP或CHAP）服务也就不需要了。

3. IPv4路由协议配置

局域网的边界路由器属于存根网络，该路由器到ISP连接只有一条链路，需要配置默认路由协议。ISP的接入路由器，需要配置静态路由协议。

（1）默认路由配置。命令为ip route 0.0.0.0 0.0.0.0 214.26.121.1 1。

（2）静态路由配置。命令为ip route 214.27.100.0 255.255.255.0 214.26.121.2。

（3）激活IP路由。命令为ip routing。该命令生效后，路由协议处于活动状态。

4.3　OSPF 路由配置管理

局域网规模扩大后，采用 VLAN 技术无法精细管理网络性能，采用静态路由加大了配置管理的工作量。一种好的方案是采用多台路由交换机组网，利用动态路由协议 OSPF 简化网络互连配置管理，同时满足网络互连弹性缩放以及数据流畅性传输的要求。

4.3.1　OSPF 协议概述

开放最短路径优先（OSPF）是一个内部网关协议（IGP），用在单一自治系统（AS）内决策路由。OSPF 是目前内部网关协议中使用最为广泛、性能最优的一个协议。最短路径优先（SPF）算法是 OSPF 的基础，SPF 是 Dijkstra 发明的，也称为 Dijkstra 算法。OSPF 路由器采用 SPF 可独立计算到达任意目的地的最佳路径。

（1）OSPF 的特点。可适应大规模的网，路由变化收敛速度快，无路由自环，支持变长子网掩码（VLSM），支持等值路由，支持区域划分，提供路由分级管理，支持验证，支持以多播地址发送协议报文。

（2）OSPF 网络类型。广播多路访问型（BMA）、非广播多路访问型（NBMA）、点到点型（Point to Point）和点到多点型（Point to Multi Point）。

广播多路访问型网络，如以太网、Token Ring 和 FDDI 等。为减小多路访问网络中的 OSPF 流量，OSPF 会选择一个指定路由器（DR）和一个备份指定路由器（BDR）。当多路访问网络发生变化时，DR 负责更新其他所有 OSPF 路由器。BDR 会监控 DR 的状态，并在当前 DR 发生故障时接替其角色。DR、BDR 有它们自己的多播地址 224.0.0.6，DR、BDR 的选举是以路由器接口为基础的。

非广播多路访问型网络，如 X.25、Frame Relay 和 ATM 等，不具备广播的能力，BDR 和 DR 邻接关系要人工指定。OSPF 包采用 unicast 的方式。

点到点网络（如 E1 线路、DDN 专线）是连接单独的一对路由器的网络，有效邻居总是可以形成邻接关系。点到多点网络是 NBMA 网络的一个特殊配置，可以看成是点到点链路的集合。在这样的网络上不选举 DR 和 BDR。

（3）OSPF 基本命令。OSPF 通过路由器之间通告网络接口的状态来建立链路状态数据库，生成最短路径树，每个 OSPF 路由器使用这些最短路径构造路由表。OSPF 基本命令设置，如表 4.2 所示。

表 4.2　OSPF 基本命令设置

任　务	命　令
指定使用 OSPF 协议	router ospf *process-id*
配置路由器 ID	router-id *area-id*
指定与该路由器相连的网络	network *address wildcard-mask* area *area-id*

OSPF 路由进程 *process-id* 指定范围在 1～65 535，多个 OSPF 进程可以在同一个路由器上配置，但最好不这样做。多个 OSPF 进程需要多个 OSPF 数据库的副本，必须运行多个最短路径算法的副本。*process-id* 只在路由器内部起作用，不同路由器的 *process-id* 可以不同。

高版本的路由器操作系统中，*wildcard-mask* 可以是网络掩码，也可以是子网掩码的反码。网络区域 ID *area-id* 可以是 0～4 294 967 295 内的十进制数，也可以是带有 IP 地址格式的 x.x.x.x。当网络区域 ID 为 0 或 0.0.0.0 时为主干域。不同网络区域的路由器通过主干域获取路由信息。

4.3.2 OSPF 网络的配置管理

一种常见的路由交换机组网结构，如图 4.7 所示。该图中的 RW1~RW5 组成单区域（Area 0）OSPF 网络。局域网核心交换机为 RG-S7805E 吉比特路由交换机，汇聚层为 4 台 RG-S3760E 吉比特路由交换机。RG-S7805E 和 RG-S3760E 采用单模千兆光口连接。

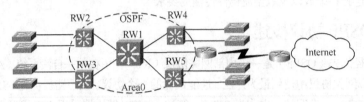

图 4.7　路由交换机互连拓扑结构

1. DR 与 BDR 选举

多台路由交换机组成了 BMA 网络。在该网络中选举一个 DR，每个路由器都与 DR 建立邻接关系。同时选出一个 BDR，在 DR 失效时 BDR 担负起 DR 的职责，所有其他路由器都与 DR 和 BDR 建立邻接关系。

图 4.7 中的 RW1~RW5，最先启动的被选举成 DR。如果 RW1~RW5 中任意两个同时启动，或者重新选举，则看接口优先级（范围 0~255），优先级最高的被选举成 DR。默认情况下，多路访问网络接口优先级为 1。点到点网络接口优先级为 0。修改接口优先级的命令是"ip ospf priority"，如果接口优先级被设置为 0，则该接口不参加 DR 选举。如果启动时间和优先级相同，路由器 ID 号最高的被选举成 DR。

DR 选举是非抢占的，除非人为地重新选举。重新选举 DR 的方法有两种：一是路由器重新启动；二是执行"clear ip ospf process"命令。

2. 配置 OSPF 网络

（1）IP 地址分配。RW1~RW5 配置 192.164.10.0~192.164.50.0 子网络，子网掩码为 255.255.255.0。IP 地址分配如表 4.3 所示。

表 4.3　IP 地址分配

序 号	IP 地址范围	所属设备
1	192.164.10.0~192.164.10.255	RW1~RW5，OSPF 网络
2	192.164.20.0~192.164.20.255	RW2 接入网络
3	192.164.30.0~192.164.30.255	RW3 接入网络
4	192.164.40.0~192.164.40.255	RW4 接入网络
5	192.164.50.0~192.164.50.255	RW5 接入网络

（2）路由交换机配置。

RW1:

```
router ospf 100                              ; 设置 OSPF 路由进程 ID
router-id 192.164.10.0                       ; 设置路由器 ID
network 192.164.10.0 255.255.255.0 area 0    ; 通告网络及网络所在区域
auto-cost reference-bandwidth 1000           ; 修改参考带宽，确保参考标准相同
```

RW2:

```
router ospf 100                                        ；设置 OSPF 路由进程 ID
router-id 192.164.20.0                                 ；设置路由器 ID
network 192.164.10.0 255.255.255.0 area 0              ；通告网络及网络所在区域
network 192.164.20.0 255.255.255.0 area 0
auto-cost reference-bandwidth 1000
```

RW3:

```
router ospf 100                                        ；设置 OSPF 路由进程 ID
router-id 192.164.30.0                                 ；设置路由器 ID
network 192.164.10.0 255.255.255.0 area 0              ；通告网络及网络所在区域
network 192.164.30.0 255.255.255.0 area 0
auto-cost reference-bandwidth 1000
```

RW4:

```
router ospf 100                                        ；设置 OSPF 路由进程 ID
router-id 192.164.40.0                                 ；设置路由器 ID
network 192.164.10.0 255.255.255.0 area 0              ；通告网络及网络所在区域
network 192.164.40.0 255.255.255.0 area 0
auto-cost reference-bandwidth 1000
```

RW5:

```
Interface GigabitEthernet 0/0
router ospf 100                                        ；设置 OSPF 路由进程 ID
router-id 192.164.50.0                                 ；设置路由器 ID
network 192.164.10.0 255.255.255.0 area 0              ；通告网络及网络所在区域
network 192.164.50.0 255.255.255.0 area 0
auto-cost reference-bandwidth 1000
```

（3）网络调试。使用"show ip ospf neighbor"命令，可显示该路由器邻居的基本信息。若在 RW1 的特权命令模式下，输入"show ip ospf neighbor"，其结果表示在广播多路访问网络中，RW1 是 DR，RW2 是 BDR，RW3 ~ RW5 是 DROTHER。

使用"show ip ospf interface"命令，可显示路由接口信息及邻居、邻接关系状态。使用"show ip ospf adj"命令，显示 OSPF 邻接关系创建或中断的过程。

4.3.3　OSPF 网络的默认路由

局域网用户访问 Internet，需要在 OSPF 网络中设置默认路由。使用"default-information originate"命令，可在 OSPF 网络设置默认路由。在图 4.7 中，通过 RW1 连接边界路由器，边界路由器连接 ISP 的路由器，提供访问 Internet 的路由。RW1 配置访问外网的默认路由是在 RW1 配置 OSPF 的基础上增加默认路由语句。

```
interface GigabitEthernet 6/1                          ；交换机第 6 插槽接口板的第 1 接口
no switch                                              ；设置接口为路由模式
ip address 192.164.1.2 255.255.255.252                 ；设置连接边界路由器的地址
ip route 0.0.0.0 0.0.0.0 192.164.1.1  1                ；设置默认路由指向路由器接口
router ospf 100                                        ；设置 OSPF 进程 ID
router-id 192.164.10.0                                 ；设置路由器 ID
```

```
network 192.164.1.0 255.255.255.252 area 0        ; 通告网络及网络所在区域
network 192.164.10.0 255.255.255.0 area 0
default-information originate always               ; 向 OSPF 区域注入一条默认路由
```

"default-information originate" 命令后面可以加可选 "always" 参数。如果不使用该参数，路由器 RW2 上必须存在一条默认路由，否则该命令无效。若使用该参数，无论路由器上是否存在默认路由，路由器都会向 OSPF 区域注入一条默认路由。也就是会向 RW1、RW3、RW4、RW5、RW6 注入一条默认路由。路由器配置好后，使用 "show ip route" 命令可查看路由表。通过路由表信息，可看到在 OSPF 区域注入的默认路由。

在边界路由器也要设置指向内网的静态路由、地址转换协议和指向外网的默认路由。

```
interface GigabitEthernet 0/0
ip address 192.164.1.2 255.255.255.252            ; 设置连接 RW1 的地址
ip route 192.164.0.0 255.255.0.0 192.164.1.2 1    ; 设置静态路由
interface GigabitEthernet 0/1
ip address 214.26.121.2 255.255.255.252           ; 设置连接 ISP 地址 214.26.121.2
ip route 0.0.0.0 0.0.0.0 214.26.121.1 1           ; 设置连接 Internet 的默认路由
```

局域网采用内网地址 192.164.0.0，该地址不能直接访问 Internet。在边界路由器需要配置地址转换协议 NAT，方可使用户访问 Internet。

当然，也可将边界路由器包含在图 4.7 所示的 OSPF 区域内，就不需要在 OSPF 网络中设置默认路由。边界路由器需要配置 OSPF 网络参数，设置指向 ISP 路由器的默认路由。

```
router ospf 100                                   ; 设置 OSPF 进程 ID
router-id 192.164.10.0                            ; 设置路由器 ID
network 192.164.10.0 255.255.255.0 area 0         ; 通告网络及网络所在区域
```

4.4 策略路由配置管理

静态（含默认）和动态路由协议是根据数据包的目标地址，为数据包寻找一条到达目标主机或网络的最佳路径。如今，园区局域网和广域网（如 Internet）互连出口已从 1 个增加为 2 个或多个。局域网增加出口后，需要根据数据包的源地址确定出口路径。能够按照源地址及相关属性对数据包进行转发的技术称为策略路由协议。

4.4.1 策略路由与策略路由映射图

策略路由是一种支持数据包按照既定规则路由及转发的技术。策略路由不仅能够根据目标地址来选择数据包转发路径，而且能够根据源 IP 地址、数据包大小、协议类型及应用来选择数据包转发路径。路由器执行策略路由是通过 "路由映射图" 对数据包按照约定规则进行路由与转发。

路由映射图（Route Map）决定了一个数据包的下一跳转发路由设备的端口地址。配置策略路由，必须要指定策略路由使用的 Route Map。如果 Route Map 不存在，则要创建 Route Map。一个 Route Map 由很多条策略组成，策略按序号大小排列，每个策略都定义了一个或多个匹配规则和对应操作。路由设备的接口配置策略路由后，将对该接口接收到的所有数据包进行检查，不符合 Route Map 任何策略的数据包，将按照基于目标地址的路由进行转发处理。符合 Route Map 中某个策略的数据包，即按照该策略中定义的操作进行处理。

Route Map 命令中最重要是 "match" 和 "set"。match 语句用来定义匹配条件，语句在路由器输入端口对数据包进行检测。常用的匹配条件包括 IP 地址、接口、度量值、数据包长度等。set 语句定义对符合匹配条件的语句采取的行为。常用的策略路由命令如表 4.4 所示。

表 4.4 常用的策略路由命令

命 令	描 述
set ip next-hop	定义策略路由下一跳
set ip default next-hop	定义策略路由默认下一跳，用于路由表中没有到数据包目标地址路由条目时
set interface	定义策略路由出口
set default interface	定义策略路由默认出口
set tos	设置报文 IP 头中的 tos
set preference	设置报文 IP 头中的优先级
match ip address	设置过滤规则
match length	匹配报文长度
route-map	定义路由映像图

4.4.2 基于源 IP 地址的策略路由

数据传输中，若路由器是依据数据包的源 IP 地址为数据包提供下一跳转发路径的，则称为基于源 IP 地址的策略路由。这种策略路由，可根据客户机 IP 地址的不同，为数据包提供不同的网络出口，如图 4.8 所示。

图 4.8 基于源 IP 地址的策略路由拓扑图

在路由器 R1 的 FE0 接口应用源 IP 地址的策略路由（假设策略路由名为 RULE1），从主机 A 来的数据包设置下一跳地址为 176.16.12.1；从主机 B 来的数据包设置下一跳地址为 176.16.21.1；所有其他的数据包正常（按目标地址）转发。R1、R2 和 R3 运行 OSPF 协议。

（1）配置路由器 R1。使用 access-list id {deny|permit} {src src-wildcard|host src |any | interface idx} 命令，建立一个访问控制列表（ACL），用于过滤 IP 数据包。命令中的 id 表示 ACL 的序号，deny 表示拒绝数据包通过，permit 表示允许数据包通过，src 表示源地址，src-wildcard 表示源地址通配符，host src 表示主机 IP，any 表示任意地址，interface idx 表示输入匹配接口。

```
R1(config)#access-list 1 permit 176.16.1.11          ;设置主机 A 允许访问列表
R1(config)#access-list 2 permit 176.16.1.12          ;设置主机 B 允许访问列表
R1(config)#route-map RULE1 permit 10                  ;设置主机 A 的策略路由序号为 10
R1(config-route-map)#match ip address 1               ;设置匹配地址 access-list 1
R1(config-route-map)#set ip next-hop 176.16.12.1      ;设置数据包的下一跳地址
R1(config)#route-map RULE1 permit 20                  ;设置主机 B 的策略路由序号为 20
```

```
R1(config-route-map)#match ip address 2
R1(config-route-map)#set ip next-hop 176.16.21.1
R1(config)# interface fe0/0
R1(config-if)#ip address 176.16.1.1 255.255.255.0
R1(config-if)#ip policy route-map RULE1                    ;在FE0/0接口启用策略路由
R1(config)# interface s0/0
R1(config-if)#ip address 176.16.12.2 255.255.255.0
R1(config)# interface s1/0
R1(config-if)#ip address 176.16.21.2 255.255.255.0
R1(config)#router ospf 100
R1(config-router)#network 176.16.1.0 255.255.255.0
R1(config-router)#network 176.16.12.0 255.255.255.0
R1(config-router)#network 176.16.21.0 255.255.255.0
```

（2）配置路由器 R2 和 R3 的 OSPF。

```
R2(config)# interface s0/0
R2(config-if)#ip address 176.16.12.1 255.255.255.0
R2(config)#router ospf 100
R2(config-router)#network 176.16.12.0 255.255.255.0
R3(config)# interface s0/0
R3(config-if)#ip address 176.16.21.1 255.255.255.0
R3(config)#router ospf 100
R3(config-router)#network 176.16.21.0 255.255.255.0
```

（3）策略路由测试。依据路由器 R1 配置的策略路由，主机 A 只能 ping 通 R2 的 S0/0 接口，主机 B 只能 ping 通 R3 的 S1/0 接口。主机 C 的数据包到达 R1 的 FE0/0 接口不匹配策略路由，数据包正常转发，所以主机 C 可 ping 通 R2 的 S0/0 口和 R3 的 S1/0 口。使用"show ip policy"命令，可显示在哪些接口上应用了哪些策略。

4.4.3 配置 VLAN 接口的策略路由

目前，大学校园网一般有两个网络出口，一个为 CERNET（中国计算机教育科研网）出口，另一个为 ChinaNET（由电信、联通、移动等数据通信服务商提供）出口，如图 4.9 所示。RS1 选用 RG-S8607E 路由交换机，RS1 需要配置目标 IP 地址路由和源 IP 地址策略路由，以便用户能够按照 IP 地址类别选择访问 Internet 的出口。

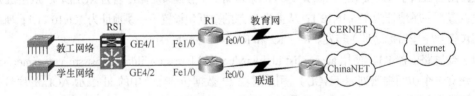

图 4.9　校园网双出口网络拓扑图

（1）VLAN 划分与地址分配。假设教工网络 IP 地址范围是 202.207.171.0 ~ 202.207.175.255，学生公共机房 IP 地址范围是 176.16.10.0 ~ 176.16.50.255。校园网采用基于端口的 VLAN。VLAN 的 IP 地址按子网分配，一个 VLAN 为一个子网。按照网络安全及缩小广播域的要求，每个子网约定 64 个地址或 128 个地址，其子网掩码为 255.255.255.192 或 255.255.255.128。教工 VALN 子网范围是 Vlan10，Vlan20，…，Vlan100，学生机房 VLAN 子网范围是 Vlan300，Vlan310，…，Vlan390。VLAN 子网 IP 地址及设备接口 IP 地址分配，如表 4.5 所示。

表 4.5 VLAN 子网与设备地址分配

VLAN	VLAN 网关	VLAN 出口	边界设备互连 IP	VLAN 出口下一跳
1	202.207.171.1	RS1-GE4/1	176.16.1.2～176.16.1.1	教育网 176.16.1.1
10	202.207.171.129	RS1-GE4/1	176.16.1.2～176.16.1.1	教育网 176.16.1.1
20	202.207.172.1	RS1-GE4/1	176.16.1.2～176.16.1.1	教育网 176.16.1.1
……	……	……	……	……
300	176.16.10.1	RS1-GE4/2	176.16.1.4～176.16.1.3	联通 176.16.1.3
310	176.16.10.129	RS1-GE4/2	176.16.1.4～176.16.1.3	联通 176.16.1.3
……	……	……	……	……

RS1 建立 VLAN 数据库 Vlan1，Vlan10，…，V390。RS1 和二层交换机互连的吉比特光口设置为 Trunk 模式，允许园区网中所有 VLAN 通行。RS1 启用 VLAN 间路由功能，同时启用了基于源地址的策略路由。教工 VLAN 的下一跳指向连接教育网路由器 R1 的 fe0 地址 176.16.1.1，学生 VLAN 的下一跳指向连接联通路由器 R2 的 fe0 地址 176.16.1.3。

（2）配置 VLAN 出口控制列表。使用 ip access-list { standard | extended } { id | name }命令，设置 VLAN 访问控制列表（ACL）。命令中的 standard 表示标准列表，extended 表示扩展列表，id | name 表示列表编号或名称。使用[sn] { permit |deny } {src src-wildcard | host src | any | interface idx}命令设置 VLAN 访问控制列表的子网 IP 地址范围。命令中的 sn 表示 ACL 表项序号，permit 表示允许，deny 表示拒绝，src 表示源地址，src-wildcard 表示源地址通配符。

```
RS1(config)#ip access-list standard 1              ;设置教工连接外网的ACL
RS1(config- std-nacl)#10 permit 202.207.171.0 0.0.0.128
RS1(config- std-nacl)#20 permit 202.207.171.128 0.0.0.128
RS1(config- std-nacl)#30 permit 202.207.172.0 0.0.0.128
……

RS1(config)#ip access-list standard 2              ;设置学生连接外网的ACL
RS1(config- std-nacl)#10 permit 176.16.10.0 0.0.0.128
RS1(config- std-nacl)#20 permit 176.16.10.128 0.0.0.128
RS1(config- std-nacl)#30 permit 176.16.11.0 0.0.0.128
……
```

（3）配置策略路由。

```
RS1(config)#route-map net22 permit 10              ;设置出口策略路由序号为10
RS1(config-route-map)#match ip address 1           ;匹配访问列表中的地址
RS1(config-route-map)#set ip next-hop 176.16.1.1   ;设置数据包的下一跳地址
RS1(config)#route-map net22 permit 20
RS1(config-route-map)#match ip address 2           ;匹配访问列表中的地址
RS1(config-route-map)#set ip next-hop 176.16.1.3   ;设置数据包的下一跳地址
```

（4）应用策略路由。设置 VLAN 子网网关 IP，在 VLAN 接口应用策略路由。

```
RS1(config)#interface VLAN 1                        ;设置VLAN1的网关IP和策略路由
RS1(config-if)# ip address 202.207.171.1 255.255.255.128
RS1(config-if)# ip policy route-map net22
RS1(config)# interface VLAN 10
RS1(config-if)# ip address 202.207.171.129 255.255.255.128
RS1(config-if)# ip policy route-map net22
……
RS1(config)# interface VLAN 300
```

```
RS1(config-if)# ip address 202.207.10.1 255.255.255.128
RS1(config-if)# ip policy route-map net22
RS1(config)# interface VLAN 310
RS1(config-if)# ip address 202.207.10.129 255.255.255.128
RS1(config-if)# ip policy route-map net22
......
```

4.5　IPv6 路由配置管理

IPv4 以简单、灵活和开放特性，成功地造就了 Internet。但 IPv4 地址有限已难以支持 Internet 进一步扩张和新业务发展。IPv6 能够解决 IPv4 存在的许多问题，如地址缺乏、服务质量保证等。全球许多组织均建立了 IPv4/IPv6 网络和纯 IPv6 网络。局域网组建正逐步由 IPv4 向 IPv6 过渡。

4.5.1　Windows 的 IPv6 操作命令

目前，支持 IPv6 的 Windows 系统有 Windows XP、Windows Server 2003/2008 family、Windows CE、Windows Vista、Windows 7 Windows Server 2012 family 等。Windows XP 和 Windows Server 2003 需手工安装 IPv6，核心协议支持好。Windows 7 和 Windows Server 2008/2012 的 IPv6 协议默认安装，IPv6 功能全面。

Windows 系统配置 IPv6 的方法有两种：IPv6 命令和 netsh 命令。可以用命令查询和配置 IPv6 的接口、地址、高速缓存和路由。下面以 Windows XP 为例，说明 Windows 操作系统常用的 IPv6 命令操作方法。

（1）安装 IPv6 协议栈。在"命令提示符"视窗的命令行下，输入"IPv6 install"命令，回车后出现"Installing..."提示，表示系统正在安装 IPv6 协议栈。随后出现"Succeeded"，表示 IPv6 协议栈安装完成。查看"本地连接"属性视窗，出现了"Microsoft TCP/IP 版本 6"的网络连接项目。

（2）卸载 IPv6 协议栈。在"命令提示符"视窗的命令行下，输入"IPv6 uninstall"命令，回车后出现"Uninstalling..."提示，表示系统正在卸载 IPv6 协议栈。随后出现"A reboot is required to complete this action."，表示重新启动才能完成卸载 IPv6 协议栈。

（3）IPv6 [-v] rt。查看路由表。参数：[-v]查看路由表中的系统路由。不加参数，只能查看手动添加的路由。例如，"IPv6 -v rt"查看路由表中的所有路由（手动路由和系统路由）。路由表包括系统自动生成的路由（系统路由）表项和用户手动添加的路由（手动路由）表项。

在 Windows Server 2003 中，微软采用 netsh 命令取代了 IPv6 命令。对于 IPv6 命令，netsh 命令系列都有与之一一对应的命令行。当然，Windows XP 也可以使用 netsh 命令设置 IPv6 和网络地址。例如，C:\>Netsh interface ipv6 install 命令功能和"IPv6 install"命令功能相同。也可以在"网络配置"窗口中的"TCP/IP 属性"项中增加 IPv6 和地址。

4.5.2　静态与默认路由配置管理

一种用于实验的 IPv6 路由器连接拓扑，如图 4.10 所示。该图中的 R1 的 Lo0 接口连接子网"fec0:aaaa::1/64"，R1 的 Lo1 接口连接子网"fec0:bbbb::1/64"，R2 的 Lo0 接口连接子网"fec0:dddd::2/64"。R1 的 s0/0 接口配置"fec0:cccc::1/64"，R2 的 s0/0 接口配置"fec0:cccc::2/64"，以实现 R1 和 R2 连接。采用 Cisco 2801 路由器或锐捷 RSR20-04E 路由器。

图 4.10　IPv6 静态路由实验拓扑

IPv6 静态路由配置与调试命令如下。

（1）R1 路由器的 IPv6 配置。

R1(config)#ipv6 unicast-routing	; 启用 IPv6 流量转发
R1(config)#interface loopback0	; 进入 loopback0 接口
R1(config-if)#ipv6 address fec0:aaaa::1/64	; 配置 IPv6 地址
R1(config)# interface loopback1	; 进入 loopback1 接口
R1(config-if)#ipv6 address fec0:bbbb::1/64	; 配置 IPv6 地址
R1(config)# interface serial0/0/0	; 进入 serial0/0/0 接口
R1(config-if)#ipv6 address fec0:cccc::1/64	; 配置 IPv6 地址
R1(config-if)#no shutdown	; 激活 serial0/0/0 接口
R1(config)#ipv6 route fec0:dddd::/64 serial0/0/0	; 配置 IPv6 静态路由

（2）R2 路由器 IPv6 配置。

R2(config)#ipv6 unicast-routing	; 启用 IPv6 流量转发
R2(config)#interface loopback0	; 进入 loopback0 接口
R2(config-if)#ipv6 address fec0:dddd::2/64	; 配置 IPv6 地址
R2(config)# interface serial0/0/0	; 进入 serial0/0/0 接口
R2(config-if)#ipv6 address fec0:cccc::2/64	; 配置 IPv6 地址
R2(config-if)#no shutdown	; 激活 serial0/0/0 接口
R2(config)#ipv6 route ::/0 serial0/0/0	; 配置 IPv6 默认路由

（3）实验调试命令。使用 "show ipv6 interface" 命令，可查看 IPv6 的接口信息。例如，show ipv6 interface serial0/0/0，可查看 serial0/0/0 接口的 IPv6 信息。

使用 "show ipv6 route" 命令，可查看 IPv6 路由表。在 R1 上使用该命令，可看到路由器 R1 上有一条 IPv6 静态路由 "S fec0:dddd::/64[1/0]　via::, serial0/0/0"。在 R2 上使用该命令，可看到路由器 R2 上有一条 IPv6 默认路由 "S ::/0[1/0]　via::, serial0/0/0"。

使用 ping 命令，可检查 IPv6 网络的连通性。例如，ping ipv6 fec0:aaaa::1，检查 R1 路由器的 loopback0 接口状态；若结果中出现 "!!!!!"，则表明该接口是通的。

4.5.3　动态路由 RIPng 的配置管理

IPv6 动态路由 RIPng 实验网络拓扑，如图 4.11 所示。该实验网由 4 台 Cisco 2801 或 4 台锐捷 RSR20-04E 路由器组成。R1 和 R2 子网地址为 fec0:12::1/64，R2 和 R3 子网地址为 fec0:23::1/64，R3 和 R4 子网地址为 fec0:34::1/64。R1 的 Lo0 接口连接子网 fec0:1111::1/64，R4 的 Lo0 接口连接子网 Lo0:fec0:4444::1/64。R1～R4 互连采用 IPv6 的 RIPng 协议，具体配置如下。

图 4.11　IPv6 的动态路由 RIPng 实验网络拓扑

（1）配置路由器 R1。

```
R1(config)#ipv6 unicast-routing          ；启用 IPv6 流量转发
R1(config)#ipv6 router rip cisco         ；启用 IPv6 RIPng 进程
R1(config-rtr)#split-horizon             ；启用水平分割
R1(config-rtr)#poison-reverse            ；启用毒化反转
R1(config)# interface loopback0
R1(config-if)#ipv6 address fec0:1111::1/64
R1(config-if)#ipv6 rip cisco enable      ；在接口上启用 RIPng
R1(config)# interface serial0/0/0
R1(config-if)#ipv6 address fec0:12::1/64
R1(config-if)#ipv6 rip cisco enable
R1(config-if)#ipv6 rip cisco default-information originate    ；向 IPv6 RIPng 区域注入一
```
条默认路由（::/0）。另外，ipv6 rip cisco default-information only 命令也可以向 IPv6 RIPng 区域注入一条
默认路由，但是该命令只从该接口发送默认的 IPv6 路由，而该接口其他的 IPv6 的 RIPng 路由都被抑制了。
```
R1(config-if)# no shutdown
R1(config)#ipv6 route ::/0 loopback0     ；配置默认路由
```

（2）配置路由器 R2。

```
R2(config)#ipv6 unicast-routing          ；启用 IPv6 流量转发
R2(config)#ipv6 router rip cisco         ；启用 IPv6 RIPng 进程
R2(config-rtr)#split-horizon             ；启用水平分割
R2(config-rtr)#poison-reverse            ；启用毒化反转
R2(config)# interface serial0/0/0
R2(config-if)#ipv6 address fec0:12::2/64
R2(config-if)#ipv6 rip cisco enable
R2(config-if)#clock rate 128000
R2(config-if)# no shutdown
R2(config)# interface serial0/0/1
R2(config-if)#ipv6 address fec0:23::2/64
R2(config-if)#ipv6 rip cisco enable
R2(config-if)#clock rate 128000
R2(config-if)# no shutdown
```

（3）配置路由器 R3。

```
R3(config)#ipv6 unicast-routing          ；启用 IPv6 流量转发
R3(config)#ipv6 router rip cisco         ；启用 IPv6 RIPng 进程
R3(config-rtr)#split-horizon             ；启用水平分割
R3(config-rtr)#poison-reverse            ；启用毒化反转
R3(config)# interface serial0/0/0
R3(config-if)#ipv6 address fec0:34::3/64
R3(config-if)#ipv6 rip cisco enable
R3(config-if)#clock rate 128000
R3(config-if)# no shutdown
R3(config)# interface serial0/0/1
R3(config-if)#ipv6 address fec0:23::3/64
R3(config-if)#ipv6 rip cisco enable
R3(config-if)#clock rate 128000
R3(config-if)# no shutdown
```

（4）配置路由器 R4。

```
R4(config)#ipv6 unicast-routing          ；启用 IPv6 流量转发
```

```
R4(config)#ipv6 router rip cisco              ;启用 IPv6 RIPng 进程
R4(config-rtr)#split-horizon                  ;启用水平分割
R4(config-rtr)#poison-reverse                 ;启用毒化反转
R4(config)# interface loopback0
R4(config-if)#ipv6 address fec0:4444::1/64
R4(config-if)#ipv6 rip cisco enable
R4(config)# interface serial0/0/0
R4(config-if)#ipv6 address fec0:34::4/64
R4(config-if)#ipv6 rip cisco enable
R4(config-if)#clock rate 128000
R4(config-if)# no shutdown
```

（5）实验调试命令。在 R2 上使用"show ipv6 route"命令，可检查动态路由信息。例如，"R::/0[120/2] via FE80::C800:AFF:FE90:0，serial0/0/0"，"R fec0:1111::/64 [120/2] via FE80::C800:AFF:FE90:0，serial0/0/0"，"R fec0:34::/64[120/2] via FE80::C802:AFF:FE90:0,serial0/0/1"，"R fec0:4444::/64 [120/2] via FE80::C802:AFF:FE90:0, serial0/0/1"。

从这些动态路由信息可看出，R1 确实向 IPv6 RIPng 网络注入了一条 IPv6 的默认路由，同时收到 3 条 IPv6 RIPng 路由。所有 IPv6 RIPng 路由的下一跳地址均为邻居路由器接口的"link-local"地址。使用"show ipv6 rip next-hops"命令可查看 RIPng 的下一跳地址。

使用"show ipv6 protocols"命令，可查看是否启动 Cisco IPv6 RIPng 进程，同时在 serial0/0/0 和 serial0/0/1 接口上启用 RIPng。

使用"show ipv6 rip database"命令，可查看 RIPng 数据库信息。使用"debug ipv6 rip"命令，可查看 RIPng 更新。

4.5.4　动态路由 OSPF v3 的配置管理

IPv6 动态路由 OSPF v3 实验网络拓扑，如图 4.12 所示。该实验网由 4 台 Cisco 2801 组成，R1 和 R2 组成 Area1，子网地址为 fec0:12::1/64；R2 和 R3 组成 Area0，子网地址为 fec0:23::1/64；R3 和 R4 组成 Area2，子网地址为 fec0:34::1/64。R1 的 g0/0 接口连接子网 fec0:1111::1/64，R4 的 s0/0/0 接口连接数据通信服务器商的路由器（Interner）。R1 ~ R4 互连采用 IPv6 的 OSPF v3 协议，具体配置如下。

图 4.12　IPv6 OSPFv3 实验网络拓扑

（1）配置路由器 R1。

```
R1(config)#ipv6 unicast-routing              ;启用 IPv6 流量转发
R1(config)#ipv6 router ospf 100              ;设置 IPv6 OSPF v3 进程
R1(config-rtr)#router-id 1.1.1.1             ;设置路由器 ID
R1(config)# interface serial0/0/0
R1(config-if)#ipv6 address fec0:12::1/64
R1(config-if)#ipv6 ospf 100 area 1          ;在接口上启用 OSPF v3，宣告所在区域
R1(config-if)#no shutdown
R1(config)# interface GigabitEthernet0/0
R1(config-if)#ipv6 address fec0:1111::1/64
```

```
R1(config-if)#ipv6 ospf 100 area 1          ; 在接口上启用 OSPF v3，宣告所在区域
R1(config-if)#no shutdown
```

（2）配置路由器 R2。

```
R2(config)#ipv6 unicast-routing             ; 启用 IPv6 流量转发
R2(config)#ipv6 router ospf 100             ; 设置 IPv6 OSPF v3 进程
R2(config-rtr)#router-id 2.2.2.2            ; 设置路由器 ID
R2(config)# interface serial0/0/0
R2(config-if)#ipv6 address fec0:12::2/64
R2(config-if)#ipv6 ospf 100 area 1          ; 在接口上启用 OSPF v3，宣告所在区域
R2(config-if)#clock rate 128000
R2(config-if)#no shutdown
R2(config)# interface serial0/0/1
R2(config-if)#ipv6 address fec0:23::1/64
R2(config-if)#ipv6 ospf 100 area 0          ; 在接口上启用 OSPF v3，宣告所在区域
R2(config-if)#clock rate 128000
R2(config-if)#no shutdown
```

（3）配置路由器 R3。

```
R3(config)#ipv6 unicast-routing             ; 启用 IPv6 流量转发
R3(config)#ipv6 router ospf 100             ; 设置 IPv6 OSPF v3 进程
R3(config-rtr)#router-id 3.3.3.3            ; 设置路由器 ID
R3(config)# interface serial0/0/0
R3(config-if)#ipv6 address fec0:34::1/64
R3(config-if)#ipv6 ospf 100 area 1          ; 在接口上启用 OSPF v3，宣告所在区域
R3(config-if)#clock rate 128000
R3(config-if)#no shutdown
R3(config)# interface serial0/0/1
R3(config-if)#ipv6 address fec0:23::2/64
R3(config-if)#ipv6 ospf 100 area 0          ; 在接口上启用 OSPF v3，宣告所在区域
R3(config-if)#clock rate 128000
R3(config-if)#no shutdown
```

（4）配置路由器 R4。

```
R4(config)#ipv6 unicast-routing             ; 启用 IPv6 流量转发
R4(config)#ipv6 router ospf 100             ; 设置 IPv6 OSPF v3 进程
R4(config-rtr)#router-id 4.4.4.4            ; 设置路由器 ID
R4(config-rtr)#default-information originate metric 30 metric-type 2    ; 向 IPv6 OSPF v3
网络注入一条默认路由（::/0）
R4(config)# interface serial0/0/0
R4(config-if)#ipv6 address fec0:34::2/64
R4(config-if)#ipv6 ospf 100 area 2          ; 在接口上启用 OSPF v3，宣告所在区域
R4(config-if)#no shutdown
R4(config)#ipv6 route ::/0 serial0/0/1      ; 配置默认路由
```

（5）实验调试命令。使用"show ipv6 route"命令，可查看 OSPF v3 的外部路由代码（OE1 或 OE2）、区间路由代码（OI）、区域内路由代码（O）。例如，在 R1 上操作该命令，可看到"OE2 ::/0[110/30],tag 1 via FE80::C802:AFF:FE90:0, serial0/0/0"；"OI fec0:34::/64[110/192] via FE80::C802:AFF:FE90:0, serial0/0/0"；"OI fec0:23::/64[110/192] via FE80::C802:AFF:FE90:0, serial0/0/0"。

使用"show ip protocols"命令，可查看 OSPF v3 网络进程。使用"show ipv6 ospf database"命令，

可查看 OSPF v3 网络拓扑结构数据库。使用 "show ipv6 ospf neighbor" 命令，可查看路由的邻居。使用 "show ipv6 ospf interface" 命令，可查看 OSPF v3 路由器接口基本信息，包括路由器 ID、网络类型、计时器的值及邻居的数量等信息。

4.6　IPv4/IPv6 校园网组建案例

第二代中国教育和科研计算机网（CERNET2）是中国下一代互联网示范工程（CNGI）最大的核心网，是采用纯 IPv6 技术的下一代互联网主干网。近年来，许多高校部署了 IPv4/IPv6 双栈校园网及纯 IPv6 网络，开展了 IPv6 应用研究。

4.6.1　IPv4/IPv6 校园网设计

某大学校园网规模不断扩大，原有的 IPv4 地址已远远不够使用，加上部分专业人员需要 IPv6 网络环境开展应用研究，因此，该大学又提出了部署 IPv6 网络的需求，即在 IPv4 校园网上部署 IPv4/IPv6 网络，并建立一个纯 IPv6 网络。IPv6 网络提供 WWW、DNS 等服务，允许 IPv4 用户访问 IPv6 网络及 CERNET2。

锐捷 S8607E 和 S7805E 路由交换机支持多种 IPv4 向 IPv6 的过渡技术，如双栈、手工隧道、ISATAP、6to4 隧道等。利用这些过渡技术，可实现 IPv4 网络到 IPv6 网络的过渡。S8607E 和 S7805E 支持多种 IPv6 的路由技术，如静态路由、等价路由、策略路由、OSPFV3、RIPng、IS-ISv6 等路由技术，满足较大规模 IPv6 网络部署的需求。

按照校园 IPv/IPv6 及纯 IPv6 的功能需求，采用 S8607E 组成 IPv4/IPv6 双栈网络的核心层，采用 S7805E 组成纯 IPv6 网络的核心层。IPv4/IPv6 双栈网络覆盖教学区，是通过改造原有的 IPv4 校园网，在核心层、汇聚层交换机设置双栈 IP 实现的。纯 IPv6 网络利用校园网空闲光缆，将部分教学楼新安装的二层交换机与网络中心新安装的 S7805E 三层交换机连接组成，如图 4.13 所示。

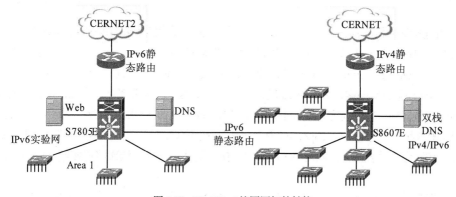

图 4.13　IPv4/IPv6 校园网拓扑结构

S8607E 划分 VLAN，每个 VLAN 设置 IPv4 网关地址和 IPv6 网关地址，连接双栈用户。双栈用户一方面通过原 IPv4 路由，可连接 CERNET；另一方面通过 S8607E 到 S7805E 的 IPv6 路由，连接 CERNET2。纯 IPv6 网络覆盖部分教学区，S7805E 设置 IPv6 地址与路由，连接 IPv6 用户。纯 IPv6 用户计算机通过 IPv6 专线，可直接访问 IPv6 网络资源。

IPv4/IPv6 校园网系统集成主要包括纯 IPv6 实验局域网集成，IPv4 校园网升级为 IPv4/IPv6 双栈校园网集成，双栈校园网和纯 IPv6 实验网互连配置，以及纯 IPv6 的 DNS 服务器和双栈 DNS 服务器配置。

4.6.2　纯 IPv6 网络配置管理

该大学纯 IPv6 实验（局域）网规模较小，采用扁平层次（核心层、接入层）结构，如图 4.13 所示。核心交换机 S7805E 的配置为：IPv6 的 VLAN 和 IPv6 地址，与 S8607E 互连路由和地址，与上层 IPv6（CERNET2 的省级节点高校）互连路由和地址。

1. 核心交换机 S7805E 的配置

该大学向 CERNET2 申请、获取的 IPv6 是 2001:250:C05::/48，即地址范围为 2001:250:C05: 0:0:0:0:0 ～ 2001:250:C05:ffff:ffff:ffff:ffff:ffff。纯 IPv6 实验网地址为 2001:250: c05::1000/120，2001:250:c05::1100/120，2001:250:c05::1200/120……每个子网有 256 个地址。

IPv6 实验网划分多个 VLAN 子网。VALN1（默认设置）网关地址 = 2001:250:c05::1001/，VALN10 网关地址 = 2001:250:c05::1101/120，VLAN20 网关地址 = 2001:250:c05::1201/120，VLAN30 网关地址 = 2001:250:c05::13001/120……S7805E 命名为 "S7805E"，其配置步骤如下。

（1）建立 VLAN 数据库。在全局配置模式（Config）下，使用 "vlan 1" 命令设置 VLAN 1，使用 "name vlan1" 命令设置 VLAN 1 的名称。重复该命令，所有 VLAN 设置完成。

（2）设置 VLAN 网关 IPv6 地址。

```
S7805E (config)# interface VLAN 1                              ; 进入 VALN 1 配置
S7805E (config-if)# ipv6 address 2001:250:c05::1001/120        ; 设置 VLAN1 网关地址
S7805E (config-if)# ipv6 enable                                ; 激活 IPv6
S7805E (config-if)# description Network-device                 ; 描述 VALN1 的用途
S7805E (config)# interface VLAN 10                             ; 进入 VALN 10 配置
S7805E (config-if)# ipv6 address 2001:250:c05::1101/120        ; 设置 VLAN10 网关地址
S7805E (config-if)# ipv6 enable                                ; 激活 IPv6
S7805E (config-if)# description Network-Server                 ; 描述 VALN10 的用途
......
```

（3）设置连接交换机的吉比特光口为 Trunk 模式。在全局配置模式下，使用 "interface GigabitEthernet 2/2" 命令进入吉比特光口（2 槽/2 口）配置状态，使用 "switchport mode trunk" 命令设置该端口为 VLAN 的干道；使用 "switchport trunk allowed vlan all" 命令设置 Trunk 口许可所有 VLAN 通过。

（4）设置连接服务器的端口为 Access 模式。每个 Access Port 只能属于一个 VLAN，它只传输属于这个 VLAN 的数据帧。在全局配置模式下，使用 "interface GigabitEthernet 3/1" 命令进入吉比特电口（3 槽/1 口）配置状态，使用 "switchport mode access" 命令设置该端口为 Access 模式；使用 "switchport access vlan 10" 命令设置该端口归属 VLAN 10。按照这两个命令，依次将连接服务器的端口设置在 VLAN 10。

（5）设置连接 IPv4/IPv6 网络端口和路由。S7805E 的吉比特光口 2/1 设置为路由模式（no switchport），该端口配置连接 S8607E 的 IPv6 地址为 2001:250:c05::6001/120。IPv6 网到 IPv4/IPv6 双栈网的静态路由地址为 2001:205:C05::6000/102。具体配置如下。

```
S7805E(config)# interface GigabitEthernet 2/1
S7805E(config-if)# no switchport
S7805E(config-if)# ipv6 address 2001:250:c05::6001/120
S7805E(config-if)# ipv6 enable
```

```
S7805E(config-if)# ipv6 route 2001:205:C05::6000/102 GigabitEthernet 2/1
S7805E(config-if)# description Link to S8607E G2/1
```

（6）设置连接 IPv6 外网端口和路由。S7805E 的吉比特光口 2/2 设置为路由模式（no switchport），该端口配置连接 IPv6 外网的地址为 2001:250:c05::fff2/120。IPv6 网到 IPv6 外网的默认路由地址为::/0。具体配置如下。

```
S7805E(config)# interface GigabitEthernet 2/2
S7805E(config-if)# no switchport
S7805E(config-if)# ipv6 address 2001:250:c05::ffff2/120        ; 设置端口 IPv6 地址
S7805E(config-if)# ipv6 enable
S7805E(config-if)# ipv6 route ::/0 2001:250:c05::fff1/120      ; 设置默认路由
S7805E(config-if)# description Link to IPv6 外网
```

2. 二层交换机设置

纯 IPv6 网络接入设备为 S2328G，部署在建筑楼宇。S2328G 配置一个 SFP 吉比特模块，上连 S7805E。S2328G 安装配置方法和 Cisco 交换机基本一样，不同的是 Trunk 端口封装默认是 802.1Q。二层交换机设置步骤如下。

（1）设置管理 IP 地址。Trunk 端口默认是 VLAN1，设置 VLAN1 的 IP 地址，该地址与对应三层交换机 VLAN1 的 IP（子网网关）是同一子网。在全局配置模式，使用 "interface Vlan1" 命令，进入 VLAN1 配置状态；使用 "ipv6 address 2001:250:c05::1002/120" 命令，设置 VLAN1 的 IP 地址。

（2）建立 VLAN 数据库。在全局配置模式（Config）下，使用 "vlan 10" 命令设置 VLAN 10，使用 "name vlan10" 命令设置 VLAN 10 的名称。重复该命令，将所有 VLAN 设置完成。

（3）设置吉比特光口为 Trunk 模式。在全局配置模式下，使用 "interface GigabitEthernet 0/1" 命令进入吉比特光口（0 槽/1 口）配置状态，使用 "switchport mode trunk" 命令设置该端口为 VLAN 的干道；使用 "switchport trunk allowed vlan all" 命令设置 Trunk 口许可所有 VLAN 通过。

（4）设置 10/100Mbit/s 端口为 Access 模式。在全局配置模式下，使用 "interface FastbitEthernet 0/1" 命令进入 100Mbit/s 电口（0 槽/1 口）配置状态，使用 "switchport mode access" 命令设置该端口为 Access 模式；使用 "switchport access vlan 10" 命令设置该端口归属 VLAN 10。按照这两个命令，依次将连接 PC 的端口设置在约定的 VLAN。

（5）检测交换机的连通性，用 ping 命令检测各个 VLAN 的网关 IP，若不通则返回以上各步检查配置参数，直至连通为止。

3. IPv6 域名解析 DNS

为了提高 DNS 服务的稳定性，常采用 RedHat Linux AS 5.0 或 Centos Linux 5.4 系统建立 DNS 服务器。在 Linux 上配置 DNS，先要安装 Bind。Bind（Berkeley Internet Name Domain）是一款开放源码的 DNS 服务器软件，由美国加州大学 Berkeley 分校开发和维护，它是目前世界上使用最为广泛的 DNS 服务器软件。

（1）有两种方式安装 Bind，一种是直接安装 rpm 包，另一种是系统安装时，选择 DNS 组件自动安装。安装完成后在/ect 目录下生成 network 和 ifcfg-eth 文件。

```
# /etc/sysconfig/network                          /#网络配置文件
  NETWORKING_IPv6=yes
  IPv6_DEFAULTGW=2001:250:c05::1001/120           /#设置 IPv6 的网关
# /etc/sysconfig/network-scripts/ifcfg-eth0       /#网卡的配置文件
  DEVICE=eth0
  BOOTPROTO=static
```

```
ONBOOT=yes
TYPE=Ethernet
IPv6INIT=yes
IPv6DDR=2001:250:c05::1002/120                                    /#设置网卡地址
```

（2）配置 named.conf 文件。DNS 的主配置文件 named.conf 所在的路径及内容如下。

```
# /var/named/chroot/etc/named.conf
options {
  directory "/var/named";                              /#指定域名解析等文件的存放目录
  dump-file "/var/named/data/named_stats.txt"
  listen-on {};                                        /#支持 IPv6 的地址解析请求
  listen-on-v6 { 2001:250:c05::1003/120;}};
  forward first;              /#指定前向 DNS，当本机无法解析的域名，就会被转发至前向 DNS 进行解析
  forwarders { 2001:250:c01:1::2;}; };            /#前向 DNS 的(假设)地址 2001:250:c01:1::2
  /#以下是配置文件中需要重点关心的部分
zone "sxnu6.edu.cn" IN {                                /#设定 sxnu6.edu.cn 域
  type master;                                          /#指明该域主要由本机解析
  file "sxnu6.edu.cn";                                  /#指定其解析文件为 sxnu6.edu.cn
  allow-update { none;}; };
```

（3）配置 DNS 正向解析。DNS 正向域名转换数据文件"sxnu6.edu.cn"的路径为：#/var/named/chroot/var/named/sxnu6.edu.cn.，该文件内容如下。

```
$TTL  86400
@ IN SOA      sxnu6.edu.cn. root.sxnu6.edu.cn. (
          42        ;serial
          3H        ;refresh
          15M       ;retry
          1W        ;expiry
          1D)       ;minimum
          IN NS sxnu6.edu.cn.
www       IN  AAAA      2001:250:c05::1003/120
          IN  A6 0      2001:250:c05::1003/120
ns        IN  AAAA      2001:250:c05::1002/120
          IN  A6 0      2001:250:c05::1002/120
```

SOA 是主服务器一定要设置的命令，通常写在第一行。最前面的符号"@"代表目前所管辖的域。"IN"代表地址类别，这里就是固定使用"IN"。填入域名服务器，记住由于 DNS 数据文件的特殊格式规定，在最后一定要加上"."。填入 sxnu6.edu.cn。

（4）配置 DNS 反向解析。DNS 反向域名转换数据文件"sxnu6.edu.cn.prt"的路径为：#/var/named/chroot/var/named/sxnu6.edu.cn.prt.，该文件内容如下。

```
$ORIGIN .
$TTL 86400      ; 1 day
0.0.0.0.0.0.0.0.0.0.0.0.0.0.0.0.5.0.c.0.0.5.2.0.1.0.0.2.ip6.arpa IN SOA sxnu6.edu.cn.
root.sxnu6.edu.cn. (
                        200712117      ; serial
                        28800          ;refresh (8 hours)
                        14400          ;retry (4 hours)
                        3600000        ;expire (5 weeks 6 days 16 hours)
                        86400          ;minimum (1 day)
                        )
              NS        sxnu6.edu.cn.
```

```
$ORIGIN 0.0.0.0.0.0.0.0.0.0.0.0.0.0.0.0.0.5.0.c.0.0.5.2.0.1.0.0.2.ip6.arpa.
1002          PTR     ns.
1003          PTR     www.
```

到此 DNS 服务器已基本配置完了，接下来应测试 DNS 的配置。在 Windows 环境下，最简单的方法是：ping ns. sxnu6.edu.cn。该命令执行后，出现"Pinging ns.sxnu.edu.cn [2001:250:c05::1002]with 32 bytes of data"，说明 Ipv6 域名解析成功。

4.6.3　双栈校园网设备配置管理

该大学双栈校园网规模较大，采用典型的 3 层（核心层、汇聚层、接入层）结构。双栈校园网的实现，需要在核心交换机 S8607E 配置连接汇聚换机 S3760E 的互连地址及动态路由；S8607E 配置与纯 IPv6 核心交换机 S7805E 互连的地址及默认路由，如图 4.13 所示。

1. 核心交换机 S8607E 配置

从 2001:250:C05::/48 中选取 2001:250: c05::6000/102 作为双栈校园网的 IPv6 地址，即 2001:250:c05::6000/120，2001:250:c05::6100/120，……，2001:250:c05::6f00/120（共 16 个 IPv6 子网，每个子网 256 个地址，对应于 IPv4 的 16 个 C 类地址）。16 个 C 类 IPv4 地址范围为 202.207.160.0 ～ 202.207.175.255。

双栈校园网划分多个 VLAN 子网。VALN1（默认）网关 IPv4 =202.207.160.1，IPv6=2001: 250:c05::6201/120；VALN10 网关 IPv4 =202.207.161.1，IPv6=2001:250:c05::6101/120；VLAN20 网关 IPv4 =202.207.162.1， IPv6=2001:250:c05::6201/120 ； VLAN30 网关 IPv4 =202.207.163.1， IPv6=2001:250:c05::6301/120……S8607E 命名为"S8607E"，其配置步骤如下。

（1）建立 VLAN 数据库。在全局配置模式（Config）下，使用"vlan 1"命令设置 VLAN1，使用"name vlan1"命令设置 VLAN 1 的名称。重复该命令，将所有 VLAN 设置完成。

（2）设置 VLAN 子网 IPv4/IPv6 网关地址。

```
S8607E(config)# interface VLAN 1                         ; 进入 VALN 1 配置
S8607E(config-if)# ip address 202.207.160.1/24           ; 设置 IPv4 地址
S8607E(config-if)# ipv6 address 2001:250:c05::6001/120   ; 设置 IPv6 地址
S8607E(config-if)# ipv6 enable                           ; 激活 IPv6
S8607E(config-if)# description Network-Device&Server     ; 描述 VALN1 的用途
S8607E(config)# interface VLAN 10                        ; 进入 VALN 10 配置
S8607E(config-if)# ip address 202.207.161.1/24
S8607E(config-if)# ipv6 address 2001:250:c05::6101/120   ; 设置 IPv6 地址
S8607E(config-if)# ipv6 enable                           ; 激活 IPv6
S8607E(config-if)# description Network-User              ; 描述 VALN10 的用途
......
```

（3）设置连接交换机的吉比特光口为 Trunk 模式。在全局配置模式下，使用"interface GigabitEthernet 2/2"命令进入吉比特光口（2 槽/2 口）配置状态，使用"switchport mode trunk"命令设置该端口为 VLAN 的干道；使用"switchport trunk allowed vlan all"命令设置 Trunk 口许可所有 VLAN 通过。

（4）设置连接服务器的端口为 Access 模式。每个 Access Port 只能属于一个 VLAN，它只传输属于这个 VLAN 的数据帧。在全局配置模式下，使用"interface GigabitEthernet 3/1"命令进入吉比特电口（3 槽/1 口）配置状态，使用"switchport mode Access"命令设置该端口为 Access 模式；使用"switchport access vlan 10"命令设置该端口归属 VLAN 10。按照这两个命令，依次将连接服务器的端口设置在

VLAN 10。

（5）设置连接纯 IPv6 的网络端口和路由。S8607E 的吉比特光口 3/1 设置为路由模式（no switchport），该端口配置连接 S7805E 的 IPv6 地址为 2001:250:c05::6002/120。IPv4/IPv6 双栈网到纯 IPv6 网的默认路由地址为::/0。具体配置如下。

```
S8607E(config)# interface GigabitEthernet 3/1
S8607E(config-if)# no switchport
S8607E(config-if)# ipv6 address 2001:250:c05::6002/120        ; 设置端口 IPv6 地址
S8607E(config-if)# ipv6 enable
S8607E(config-if)# ipv6 route ::/0 2001:250:c05::6001/120     ; 设置默认路由
S8607E(config-if)# description Link to S7805E G2/1
```

（6）设置连接 IPv4 的网络端口和路由。S8607E 的吉比特光口 3/2 设置为路由模式（no switchport），该端口配置连接 IPv4 外网的地址为 202.207.132.2/30。IPv4/IPv6 双栈网到 IPv4 外网的默认路由地址为 0.0.0.0 0.0.0.0。具体配置如下。

```
S8607E(config)# interface GigabitEthernet 3/2
S8607E(config-if)# no switchport
S8607E(config-if)# address 202.207.132.2 255.255.255.252      ; 设置端口 IPv4 地址
S8607E(config-if)# ip route 0.0.0.0 0.0.0.0 202.207.132.2     ; 设置默认路由
S8607E(config-if)# description Link to IPv4 外网
```

2. 二层交换机设置

IPv4/IPv6 双栈校园网接入设备为 S2628G，部署在建筑楼宇。S2628G 配置一个 SFP 吉比特模块，上连 S8607E。S2628G 安装配置方法和 Cisco 交换机基本一样，不同的是 Trunk 端口封装默认是 802.1Q。多台 S2328/S2128 命名采用顺序号形式，如 S2628-1，S2628-2，……。二层交换机设置步骤如下。

（1）设置管理 IP 地址。Trunk 端口默认是 VLAN1，设置 VLAN1 的 IP 地址，该地址与对应三层交换机 VLAN1 的 IP（子网网关）是同一子网。在全局配置模式，使用 "interface vlan1" 命令，进入 VLAN1 配置状态；配置 IPv4 地址和 IPv6 地址。

```
S2628-1(config)# interface VLAN 1                           ; 交换机名 S2628-1，进入
VLAN1 配置
S2628-1(config-if)# ip address 202.207.160.51 255.255.255.0  ; 设置 IPv4 地址
S2628-1(config-if)# ipv6 address 2001:250:c05::6033/120      ; 设置 IPv6 地址
```

（2）建立 VLAN 数据库。在全局配置模式（Config）下，使用 "vlan 10" 命令设置 VLAN 10，使用 "name vlan10" 命令设置 VLAN 10 的名称。重复该命令，将所有 VLAN 设置完成。

（3）设置吉比特光口为 Trunk 模式。在全局配置模式下，使用 "interface GigabitEthernet 0/1" 命令进入吉比特光口（0 槽/1 口）配置状态，使用 "switchport mode trunk" 命令设置该端口为 VLAN 的干道；使用 "switchport trunk allowed vlan all" 命令设置 Trunk 口许可所有 VLAN 通过。

（4）设置 10/100Mbit/s 端口为 Access 模式。在全局配置模式下，使用 "interface FastbitEthernet 0/1" 命令进入 100Mbit/s 电口（0 槽/1 口）配置状态，使用 "switchport mode access" 命令设置该端口为 Access 模式；使用 "switchport access vlan 10" 命令设置该端口归属 VLAN 10。按照这两个命令，依次将连接 PC 的端口设置在约定的 VLAN。

（5）检测交换机的连通性，用 ping 命令检测各个 VLAN 的网关 IP，若不通则返回以上各步检查配置参数，直至连通为止。

习题与思考

1. 画图描述路由器的组成，说明路由器与 PC 有何区别。

2. 常用的路由协议有哪些？它们与被路由协议的关系如何？

3. 局域网边界路由器的作用是什么？路由交换机的作用是什么？

4. 某大学校园网计划升级改造。校园网 PC 增加到 2000 台，网络出口升级为 100Mbit/s 连接 Internet。2000 台网络终端分布在 10 个楼宇，本次网络改造目的是限制不明数据流（不规则 VLAN 数据）对网络的冲击，提高网络通信稳定性。请设计技术解决方案。

5. 某大学计划建立 IPv6 实验平台。该 IPv6 网有支持 IPv4/IPv6 的 Windows 主机 10 台，路由器 2 台。该实验网要支持 IPv4 与 IPv6 通信。请设计技术解决方案。

网 络 实 训

1. 按照图 4.6 所示的网络拓扑，组成实验网络（路由器选用 2 台 Cisco 2821 或 2 台 RSR20 -04E，1 台模拟 IPS 的路由器，1 台模拟内网边界路由器）。参照 4.2 节内容配置 IPv4 静态路由、缺省协议，使用网络终端 PC，测试边界路由网络的连通性。

2. 按照图 4.7 和表 4.3 描述的案例，组成 OSPF 实验网拓扑（路由交换机可选 5 台 RG-S3760E-24，该交换机支持 OSPF，1 台为核心节点，4 台为汇聚节点）。参照 4.3.1～4.3.3 节内容，完成 IPv4 动态路由协议 OSPF 配置，通过网络终端 PC 测试 OSPF 网络的连通性。

3. 按照图 4.10 描述的案例，组成 IPv6 静态路由实验网拓扑（路由器选 2 台 RSR20-04E，1 台模拟 IPS 的路由器，1 台模拟内网边界路由器）。参照 4.5.2 节内容配置 IPv6 静态路由、缺省协议，使用网络终端 PC，测试边界路由器网络的连通性。

4. 按照图 4.11 描述的案例，组成 IPv6 动态路由实验网拓扑（路由器选 4 台 RSR20-04E）。参照 4.5.3 节内容配置 IPv6 动态路由 OSPF 议，使用网络终端 PC，测试边界路由器网络的连通性。

第 5 章

无线局域网技术与组网管理

本章梳理了无线局域网标准与技术发展，叙述了无线局域网组建技术路线。从无线漫游、MAC 层优化、双频多模物理层优化，以及智能无线技术等方面讨论了无线局域网性能改善的方法与技术。提供了一个有线无线一体化校园网设计案例。通过本章学习，达到以下目标。

（1）了解无线局域网发展过程，理解无线局域网标准。熟悉无线局域网组建与通信技术，会设计简单的无线局域网技术方案。

（2）理解无线局域网性能改善的方法与技术，包括基于 IP 移动的无线漫游、MAC 层优化、双频多模物理层优化，以及智能无线技术。

（3）理解 5.4 节案例内容，能够按照用户组建无线局域网的需求，采用先进技术（如智能无线技术）设计无线局域网解决方案。

5.1　无线局域网技术

无线局域网（Wireless Local Area Network，WLAN）是 20 世纪 90 年代计算机技术与无线通信技术相结合的产物。WLAN 采用无线信道接入网络，为数据移动通信和网络泛在服务提供了便利条件，已成为宽带接入的主要手段之一。现代通信技术的不断发展，使 IEEE802.11 系列标准和技术在无线局域网中得到广泛应用。

5.1.1　无线局域网标准

WLAN 通信标准是由美国电气和电子工程师协会（IEEE）制定的。1997 年 IEEE802.11 标准的制定是无线局域网发展的里程碑。IEEE802.11 标准定义了单一的 MAC 层和多样的物理层，其物理层标准主要有 IEEE802.11b（含 WiFi）、802.11a、802.11g 和 802.11n 等。

1. IEEE802.11b

1999 年 9 月正式通过的 IEEE802.11b 标准是 IEEE802.11 协议标准的扩展。它支持 1Mbit/s、2Mbit/s、5.5Mbit/s、11Mbit/s 的数据速率，运行于 2.4GHz 的工业、科学和医疗（Industrial Scientific and Medical，ISM）频段上，采用的调制技术是补码键控（Complementary Code Keying，CCK）。全球绝大多数国家通用 2.4GHz 的 ISM 频段，由此，802.11b 在全球获得广泛应用。苹果公司把自己开发的 802.11 标准起名叫 AirPort。

1999 年，为了推动 IEEE 802.11b 规格的制定，组成了无线以太网相容性联盟（Wireless Ethernet Compatibility Alliance，WECA）。2000 年，改名为 WiFi（Wireless Fidelity）联盟。WiFi 是无线局域网的

"无线相容性认证"，实质上是一种商业认证，同时也是一种无线连网技术。目前，WiFi 已成为智能手机、平板电脑等设备上的标准配置。在 WLAN 覆盖区域，用户使用智能手机的 WiFi 可连接网络，节省了 2G/3G/4G 数据流量费。2013 年 WiFi 联盟宣布，将与无线吉比特联盟（WiGig）合并，将无线吉比特技术融入 WiFi。

2. IEEE802.11a

802.11a 标准是 802.11b 协议标准的延续。IEEE802.11a 工作于 5GHz 频段，使用正交频分复用（Orthogonal Frequency Division Multiplexing，OFDM）调制技术，支持 54Mbit/s 的传输速率。依据信道传输状态，数据速率可降为 48Mbit/s、36Mbit/s、24Mbit/s、18Mbit/s、12Mbit/s、9Mbit/s 或者 6Mbit/s。由于 ISM 频段的射频频率 2.40~2.48GHz 是一个免费频段，有很多设备都使用该频率，十分拥挤。因此，采用 5GHz 的频带 802.11a 具有低冲突的优点。然而，高载波频率也带来了负面效果，802.11a 几乎被限制在直线范围内使用，这导致必须使用更多的无线访问接入点（Access Point，AP）。另外，802.11a 与 802.11b 工作在不同的频段上，导致 802.11a 与 802.11b 互不兼容。802.11a 具备更高频宽的特性，适用于语音、数据、图像等业务传输，或 20~50 人的公众无线传输服务。对网络带宽要求不高或人数不多公共场合，采用 802.11b 可满足需求。

3. IEEE802.11g

为了解决 802.11a 与 802.11b 互不兼容的问题，提升 802.11b 的传输速率，2003 年 7 月 802.11 工作组批准了 802.11g 标准。该草案与以前的 802.11 协议标准相比有两个特点：第一，在 2.4GHz 频段使用 OFDM 调制技术，使数据传输速率提高到 20Mbit/s 以上，最高速率可达 54Mbit/s；第二，IEEE802.11g 标准能够与 802.11b 的 WiFi 系统互相连通，共存在同一 AP 的网络里，保障了后向兼容性。这样原有的 WLAN 系统可以平滑的向高速无线局域网过渡，延长了 IEEE802.11b 产品的使用寿命，降低用户的投资。

IEEE802.11g 采用直序列扩频调制（Direct Sequence Spread Spectrum，DSSS）及补码键控技术（Complementary Code Keying，CCK），正交频分复用技术（Orthogonal Frequency Division Multiplexing，OFDM），以及分组二进制卷积编码调制（Packet Binary Convolution Code，PBCC）。IEEE802.11g 采用 OFDM 和 CCK 等关键技术，保障较高的传输性能。为了与 IEEE802.11b 兼容，采用了 CCK/OFDM 和 CCK/PBCC 作为可选调制方式。

4. IEEE802.11n

802.11n 工作小组是由高吞吐量研究小组发展而来，其任务是制定一项新的高速无线局域网标准。IEEE802.11n 计划将 WLAN 的传输速率从 802.11a 和 802.11g 的 54Mbit/s 增加至 108Mbit/s 以上，最高速率可达 320Mbit/s。802.11n 协议为双频工作模式，包含 2.4GHz 和 5GHz 两个工作频段。这样 802.11n 保障了与 802.11a、802.11b、802.11g 标准的兼容。常见无线局域网标准如表 5.1 所示。

表 5.1　常用无线局域网标准

标准编号	频率	带宽	距离	业务
IEEE802.11	2.4GHz	1~2Mbit/s	100m，功率增加可扩展	数据
IEEE802.11a	5.0GHz	54Mbit/s	5~10km，功率增加可扩展	数据、语音、图像
IEEE802.11b	2.4GHz	11Mbit/s	100m，功率增加可扩展	数据、图像
IEEE802.11g	2.4GHz	54Mbit/s	100m，功率增加可扩展	数据、语音、图像
IEEE802.11n	2.4GHz，5GHz	108~320Mbit/s	5~10km，功率增加可扩展	数据、语音、图像

IEEE802.11n 采用多输入多输出（Multiple Input Multiple Output,MIMO）与 OFDM 相结合，使传输速率成倍提高。另外，天线技术及传输技术，使得无线局域网的传输距离大大增加，可以达到几公里，

并且能够保障 100Mbit/s 的传输速率。IEEE802.11n 标准全面改进了 802.11 标准，不仅涉及物理层标准，同时也采用新的高性能无线传输技术提升 MAC 层的性能，优化数据帧结构，提高网络的吞吐量性能。

通常，WLAN 是较复杂的电磁环境中，多径效应（移动体往来于建筑群与障碍物之间，其接收信号的强度将由各直射波和反射波叠加合成，多径效应会引起信号衰落）、频率选择性衰落和其他干扰源的存在，使无线信道中的高速数据传输比有线信道困难得多。因此，WLAN 需要采用合适的调制技术。

5.1.2 基于扩频的调制技术

无线局域网络产品依据美国联邦通信委员会（Federal Communications Committee,FCC）规定的 ISM 频率范围采用扩频技术。扩频技术主要有跳频和直接序列扩频，这两种调制技术是在第二次世界大战中军队使用过的技术，其目的是希望在恶劣的战争环境中，依然能保持通信信号的稳定性及保密性。

1. 跳频技术

跳频（Frequency-Hopping Spread Spectrum, FHSS）是最常用的扩频技术之一。其通信方式是收发双方传输信号的载波频率，按照预定规律进行离散变化。也就是说，通信中使用的载波频率受伪随机变化码的控制而随机跳变。从通信技术的实现方式来说，跳频是一种用码序列进行多频频移键控的通信方式，也是一种码控载频跳变的通信系统。从时域上来看，跳频信号是一个多频率的频移键控信号；从频域上来看，跳频信号的频谱是一个在很宽频带上以不等间隔随机跳变的。与定频通信相比，跳频通信比较隐蔽也难以被截获。只要不清楚载频跳变的规律，就很难截获通信内容。同时，跳频通信也具有良好的抗干扰能力，即使有部分频点被干扰，仍能在其他未被干扰的频点上进行正常的通信。跳频通信系统是瞬时窄带系统，它易于与其他的窄带通信系统兼容，即跳频终端可以与常规的窄带终端互通。

跳频系统本身也存在着一些缺点和局限，如信号隐蔽性差，抗多频干扰，以及跟踪式干扰能力有限等。直接序列扩频有较好的隐蔽性和抗多频干扰的能力。将这两种扩频技术整合，就构成了直接序列/跳频扩展频谱技术。该技术在直接序列扩展频谱系统的基础上增加载波频率跳变的功能，直扩系统所用的伪随机序列和跳频系统用的伪随机跳频图案由同一个伪随机码发生器生成，所以它们在时间上是相互关联的，可以使用同一个时钟进行时序控制。

2. 直接序列扩频技术

直接序列扩频技术（Direct Sequence Spread Spectrum, DSSS）是将原来较高功率、较窄频率的载波信号（Data），经与 PRN 序列（Pseudorandom Number Sequence）相异或之后，将原本单个的 1 或 0，以 10 个以上的 Chips（筹码）来代表 1 或 0 位，使载波信号变成具有较宽频的低功率频率。而每个 bit 使用多少个 Chips 称作 Spreading Chips（扩展码），一个较高的 Spreading Chips 可以增加抗噪声干扰，提高安全性；而一个较低 Spreading Chips 可以增加用户的使用人数。FCC 的规定是 Spreading Chips 必须大于 10。在实践中，最佳的 Spreading Chips 大约为 100。而在 IEEE802.11b 的标准，其 Spreading Chips 选为 11。

最初 IEEE802.11 采用差分二相相移键控（Differential Binary Phase Shift Keying, DBPSK），支持 1Mbit/s 数据传输速率。随后，802.11 采用差分正交相移键控（DQPSK, Difference Quarter Phase Shift Keying），支持 2Mbit/s 数据传输速率。这种方法每次处理两个比特码元，称为双比特。802.11b 采用基于 CCK 的 QPSK 数据调制方式，即采用了补码序列与直序列扩频技术，是一种单载波调制技术。通过 PSK 方式传输数据，传输速率最高 11Mbit/s。CCK 通过与接收端的 Rake 接收机配合使用，能够在高效率的传输数据的同时有效的克服多径效应。但是传输速率超过 11Mbit/s，CCK 为了对抗多径干扰，需要更复杂的均衡及调制，实现起来非常困难。因此，802.11 工作组为了推动无线局域网的发展，又引入新的调制技术。

3. CCK64_QPSK 调制

在 IEEE802.11 协议中，CCK 扩频码集是一组具有互补自相关特性的补码集，其码长为 8，码片速率为 11Mchip/s，每 8 个比特数据构成一个字符。CCK64_QPSK 调制选用的 CCK 扩频码字中载有输入数据信息，与一般的 DSSS 系统相比，CCK 调制是一种效率更高的直接序列扩频调制方式。IEEE802.11 中 CCK64_QPSK 调制的基本方框图，如图 5.1 所示。

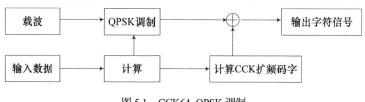

图 5.1　CCK64_QPSK 调制

CCK 扩频补码是多相补码的一种特殊形式，它除了具有较好的互补自相关特性外，还具有较弱的互相关特性，使其具有优良的抗多径性能。在多径的环境（如室内）中得到了广泛的应用。CCK 扩频码字近似直角，可得到较低的误码率。I 和 Q 信号交互耦合时的多信道失真小，处理增益大。CCK 调制技术以其较好的抗多径性能和与低速 WLAN 很好的兼容性，以及实现简单等优势，在高速 WLAN 中得到了成功的应用。不过当数据速率超过 22Mbit/s 时，CCK 调制的误码率和技术实现的难度都要增大，在这种情况下就不宜再采用 CCK 调制。

5.1.3　基于 PBCC 的调制技术

分组二进制卷积码（Packet Binary Convolution Code，PBCC）调制技术是由美国德州仪器公司提出的，已成为 802.11g 的可选项。PBCC 也是单载波调制，但它与 CCK 不同，它使用了更多复杂的信号星座图。PBCC 采用 QPSK/8PSK，而 CCK 使用 BPSK/QPSK；另外 PBCC 使用了卷积码，而 CCK 使用区块码。因此，它们的解调过程十分不同。PBCC 可以完成更高速率的数据传输，其传输速率为 11Mbit/s、22Mbit/s 和 33Mbit/s。

PBCC 组成包括二进制卷积编码、QPSK/8PSK 映射、扰码三大部分，如图 5.2 所示。PBCC 是一种很好的调制技术，它具有传输速率高，抗噪声干扰能力强，抗多径干扰能力强，与其他系统的共存性能好等优点。这使得它在无线局域网中具有良好的应用前景。作为一种调制技术，也可以应用于其他系统中，以提高系统的性能。

图 5.2　PBCC 调制组成

5.1.4　基于 OFDM 的调制技术

正交频分复用（Orthogonal Frequency Division Multiplexing, OFDM）技术是一种无线环境下的高速多载波传输技术。无线信道的频率响应曲线大多是非平坦的，OFDM 是在频域内将给定信道分成许多正交子信道，在每个子信道上使用一个子载波进行调制，并且各子载波并行传输，从而有效的抑制无线信道的时间弥散所带来的码间干扰（ISI，子载波之间的正交性遭到破坏而产生不同子载波之间的干扰）。这样就减少了接收机均衡的复杂度，有时甚至可以不采用均衡器，仅通过插入循环前缀的方式消除 ISI 的不利影响。

高速数据流通过串并变换，分配到速率相对较低的若干子信道中传输，每个子信道中的符号周期相对增加，这样可减少因无线信道多径时延扩展所产生的时间弥散性对系统造成的码间干扰。另外，由于引入保护间隔，在保护间隔大于最大多径时延扩展的情况下，可以最大限度地消除多径带来的符号间干扰。如果，用循环前缀作为保护间隔，还可避免多径带来的信道间干扰。OFDM 的基带传输系统，如图 5.3 所示。

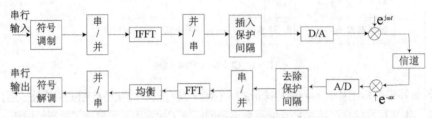

图 5.3　OFDM 基带传输系统结构

在过去的频分复用（FDM）系统中，整个带宽分成 N 个子频带，子频带之间不重叠，为了避免子频带间相互干扰，频间通常加保护带宽，但这会使频谱利用率下降。为了克服此缺点，OFDM 采用 N 个重叠的子频带，子频带间正交，因而在接收端无需分离频谱就可将信号接收下来。OFDM 系统的一个主要优点是正交的子载波可以利用快速傅里叶变换（FFT/IFFT）实现调制和解调。

在 OFDM 系统的发射端加入保护间隔，主要是为了消除多径所造成的 ISI。其方法是在 OFDM 符号保护间隔内填入循环前缀，以保证在 FFT 周期内 OFDM 信号的时延内包含的波形周期个数也是整数。这样，时延小于保护间隔的信号就不会在解调过程中产生 ISI。

OFDM 技术有非常广阔的发展前景，已成为第 4 代移动通信的核心技术。IEEE802.11a，820.11g 标准为了支持高速数据传输，均采用了 OFDM 调制技术。目前，OFDM 结合时空编码、分集、干扰（包括符号间干扰 ISI 和邻道干扰 ICI）抑制，以及智能天线技术，最大限度地提高物理层的可靠性。若采用自适应调制、自适应编码以及动态子载波分配、动态比特分配算法等技术，可以使其性能进一步优化。

5.1.5　MIMO 与宽信道带宽技术

802.11n 协议支持 108Mbit/s 的高数据率传输和高频谱效率，主要依赖于两项关键技术，即多输入多输出（MIMO）技术和宽信道带宽技术。

1. 多输入多输出

MIMO 是一种在发射端和接收端，均采用了多个天线或者天线阵列，建立了多条"空中路径"，增加单信道数据吞吐率的无线传输技术，如图 5.4 所示。MIMO 可以定义发送端和接收端之间存在多个独立信道，也就是说天线单元之间存在充分的间隔。这样，消除了天线间信号的相关性，提高信号的链路性能增加了数据吞吐量。

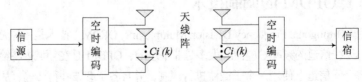

图 5.4　MIMO 系统原理图

多输入多输出实际上是一种无线芯片技术，芯片中的 MIMO 通过两根或多根天线发送信号。无线信号受到物体反射产生多径，就普通无线而言，这种多径效应会产生干扰和信号衰落。而 MIMO 技术则能利用多径传送更多的数据，在接收端借助 MIMO 算法将数据重新组合，增强传输效能。因此，多输入多输出技术是 802.11n 标准制定的基础。

2. 20/40MHz 信道带宽

802.11n 建议规范支持 20/40MHz 信道带宽，从而可在全球范围内实现 500Mbit/s 的高数据率，并增大数据传输容量。40MHz 信道由两个 20MHz 的相邻信道组成，利用两个信道之间未被利用的象限频段，可使每次传输的容量比目前 802.11g 的 54Mbit/s 数据率提高一倍多，约为 125Mbit/s。

同时，数据率的增加与天线的数量成正比。按照 802.11n 建议规范要求，每部发射机和接收机最少用两根天线（2×2 配置），至多用 4 根天线（4×4 配置）。用 2×2 天线配置的 MIMO 与较宽的信道带宽相结合可实现 250Mbit/s 的数据率。用 4×4 天线配置 MIMO 可使数据达到 500Mbit/s，从而优化回程线路。

5.2　无线局域网组建基础

WLAN 与 LAN 相比，具有组网灵活、快捷、可移动通信等优势。随着 IEEE802.11g，802.11n 等标准的推出，无线局域网在传输速率和传输质量得到了很大的提高。然而，WLAN 绝不能取代 LAN，而是弥补 LAN 的不足（如网络用户无固定场所，有线局域网架设受环境限制或成本很高，以及 WLAN 作为 LAN 的备用系统），以达到延伸网络覆盖区域的目的。

5.2.1　无线局域网设备

WLAN 设备包括：无线网卡、无线访问接入点（Access Point，AP）、无线集线器、无线网桥、无线路由器，以及以太网远程供电适配器（POE）和无线局域网天线等，如图 5.5 所示。几乎所有的 AP 都自带无线发射/接收功能，且通常是一机多用。

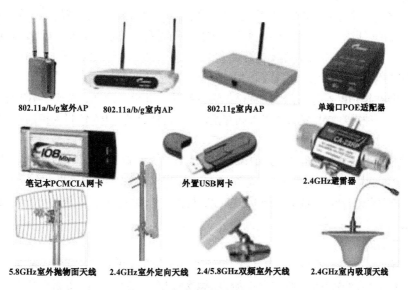

图 5.5　无线局域网设施形状一览图

1．无线网卡

无线网卡有内置、外置两种。通常，笔记本计算机（含平板计算机）内置了 802.11b/802.11g 无线网卡，智能手机内置了 WiFi 模块。如果笔记本计算机没有内置无线网卡，需要移动连网时，就需要配置笔记本无线网卡。如锐捷 RG-WSG108 笔记本网卡，采用第二代 802.11g 多模式高速芯片组，支持 108Mbit/s 高速传输。台式计算机一般没有内置无线网卡，需要无线连网时，可通过一种外置无线网卡，如锐捷 RG-WG54U 是外置 USB 无线网卡。RG-WG54U 采用 802.11g 芯片组，提供 USB2.0 接口，可方便的配合笔记本、台式计算机使用，即插即用。

2．无线访问接入点

无线访问接入点（AP）通常又称为网络桥接器（网桥）。顾名思义，AP 是有线局域网与无线局域网连接的桥梁。任何一台装有无线网卡的计算机均可通过 AP 连接有线网络。AP 本身还兼有网管功能，可对覆盖范围内的无线终端进行管理。AP 有室内、室外两种。

（1）室内 AP。通常，室内 AP 采用高增益设计，即 AP 附加的室内多向天线具有良好的无线发射/接收功能，微波可穿透 30cm 的砖墙。例如，RG-WG54P 是基于 802.11b/g 设计，其内置的高速加密引擎支持临时密钥完整性协议（Temporal Key Integrity Protocol，TKIP）及 128 位分组对称加密算法 AES，并且不会出现性能衰减。RG-WG54P 在提供高速无线通信的同时，支持基于 802.3af 的以太网远程供电技术，可方便用户办公区域、公众环境构建无线接入网络；支持 802.1Q VLAN 划分技术，可快速实现用户分组，完成无线与有线的管理融合；具备快速实现漫游切换、广播风暴抑制、实时带宽管理等多项精细化功能。

（2）室外 AP。通常，室外 AP 采用双路双频高速芯片组设计。较大的发射功率配合内置或外接天线，可完全保障信号在室内和户外的传输，并加强了穿透障碍物的能力。室外 AP 具有较低的噪声指数，提高了接收灵敏度，使覆盖范围增大。例如，RG-P-780 支持 802.11a 和 802.11b/g 标准，提供双路无线信号覆盖与网桥互连。无线覆盖模式和无线网桥模式，均可以达到 108Mbit/s 高速传输，保证了高密度接入用户环境中的访问。同时，内置的高速加密引擎支持所有 TKIP 及 AES 协议且不会出现性能衰减。

3．无线网供电适配器

无线局域网是通过室内、室外 AP 覆盖用户区域，AP 工作需要供电装置。AP 安装时，需要敷设通信线路（如 UTP 线缆）和电源线路。通常，应在无线覆盖区域的几何中心位置安装 AP，该位置敷设电源线不太方便，如将 AP 安装在大型会议室的天花板，或将 AP 安装在露天广场等。这时，需要采用无线以太网供电适配器（PoE），以降低 AP 部署施工难度及保障用电安全。

无线以太网供电适配器有两种。一种是单端口装置，如 RG-E-120，适应于 AP 与以太网交换机之间的连接。另一种是将 PoE 集成在以太网交换机内，这种交换机 RJ-45 口支持远程馈电，提供 PoE 功能。

无线以太网供电适配器按照 IEEE 802.3af 标准设计，RJ-45 口提供远程电力续航功能。RJ-45 端口支持 MDI/MDIX 线缆自识别直连或交叉线缆。RJ-45 端口支持网线传输电力最大有效距离 100m，使远程受电 AP 部署更加灵活。无线以太网供电适配器具备短路保护功能，可避免因线路故障或安装错误引起的设备损坏。

4．无线局域网天线

天线是一种向空间辐射电磁波能量和从空间接收电磁波能量的装置。无线局域网天线按频段分为 2.4GHz 和 5GHz；按微波发射/接收方位分为栅状抛物面天线、板状定向天线及杆状全向天线。天线形状，如图 5.5 所示。

通常，园区楼宇间敷设有线网络困难时，可采用支持双频的 AP 和天线架构无线网络。利用 2.4GHz 天线连接移动用户，利用 5GHz 天线实现 AP 互连及通信中继传输。例如，RG-A-811 工作于 2.4GHz 和 5.8GHz 频段范围，同时可提供无线接入和网桥双重功能，具有高穿透力的信号传输效果。该产品可广泛应用于大型楼宇楼道内覆盖、楼宇建筑墙体信号穿透覆盖、远距离无线网桥信号传输、复杂楼群无线信号中继等无线网络部署环境，可保证在 3～5km 半径（视环境而定）内的无障碍传输。

5. 无线路由器

具有路由器功能的 AP 称为无线局域网路由器，适用于家庭网络、小型办公室网络，如 RG-WSG108R 无线宽带路由器。这类产品一般有 4 个 LAN 端口，1 个 WAN 端口。LAN 端口连接计算机，WAN 端口连接 ADSL Modem（连接 Internet）或楼宇交换机（连接 Internet）。无线路由器的天线连接笔记本计算机及支持 WiFi 的手机。如图 5.6 所示，用户上网时，在 AP 设置 ISP（Internet 服务提供者）账号，AP 通过 PPPoE（Point to Point Protocol over Ethernet）协议连接互联网宽带接入服务器，多台计算机可共享一个账号连接 Internet。AP 路由器还可以用于无线子网互连，将不同网络地址的局域网通过 IP 静态路由连接在一起。

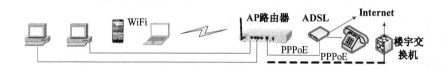

图 5.6　基于 AP 路由的家庭网络

5.2.2　无线局域网结构

1. 无中心网络

无中心网络也称对等网络或 Ad-hoc（点对点）网络。数据通信不需要 AP，所有的移动终端（如笔记本计算机、智能手机等）都能点对点通信。该网络覆盖的区域称为独立基本服务集（Independent Basic Service Set，IBSS），IBSS 符合 IEEE802.11 标准。

对等网络是最简单的无线局域网结构，如图 5.7 所示。在无线对等模式的局域网中，一个终端会自动设置为初始节点，对网络进行初始化，使所有同域（SSID 相同）的终端成为一个局域网，并且设定终端的协作功能，允许有多个终端同时发送信息。这样在 MAC 帧中，就同时有源地址、目的地址和初始节点地址。

图 5.7　无线对等局域网

一个对等无线局域网是由一组有 802.11b/g 的无线接口的计算机组成，这些计算机要有相同的工作组名、ESSID 和密码。对等无线局域网组建灵活，任何时间，只要两个或更多的无线接口都在彼此通信范围内，它们就可以建立一个独立的无线网络。对等网络中的一个节点（计算机、笔记本计算机、智能手机、平板电脑等）必须能同时检测到网络中的其他节点，否则就认为网络中断。因此，对等无线局域网只能用于少数用户的组网环境，如 2~4 个用户，并且他们离得足够近。

2. 有中心网络

有中心无线网络也称无线接入局域网，它以接入点 AP 为中心，所有移动终端（如笔记本计算机、智能手机等）通信要通过 AP 接转，如图 5.8 所示。相应地在 MAC 帧中，同时有源地址、目的地址和接入点地址。通过各终端的响应信号，接入点 AP 能在内部建立一个像路由表那样的"桥连接表"，将各个终端和端口——联系起来。AP 通过查询"桥连接表"进行数据接收与转发。

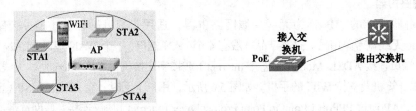

图 5.8   以 AP 为中心的无线网结构

无线接入局域网是目前流行的一种宽带接入方式。例如，采用 802.11n/2.4GHz 频段的 AP（108~300 Mbit/s 接入速率），可满足 30~50 移动用户连网，共享出口带宽访问 Internet。无线宽带接入，非常适合公共场所的无线覆盖，如候车大厅、办事大厅、图书馆、会议室、报告厅、教室、休闲广场、酒店大堂等区域。

3. 无线网中继

无线网中继是以两个无线网桥建立的点对点（Point to Point）连接，如图 5.9 所示。如企业或学校有多个分子机构均有局域网，但地理位置相距数公里，不具备敷设光缆的条件或租用光缆费用较高，可采用无线网中继将多个局域网连接在一起。这种远距离无线中继，需要架设高增益定向天线，天线增益可达 24dB。

无线中继连接模式多种多样，如采用双频（5GHz/2.4GHz）三模（802.11a/b/g/n）高增益天线的 AP，可以组建住宅小区无线网络。用 802.11a/5GHz 实现 AP 之间中继连接，用 2.4GHz/802.11g/n 覆盖用户住所。

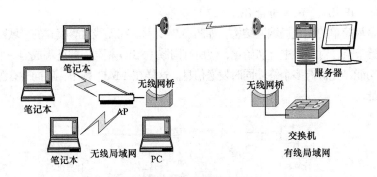

图 5.9   无线网中继连接示意图

5.2.3   CSMA/CA 通信机制

从理论上讲，MAC 层的 CSMA/CD 协议完全能够满足局域网的多用户信道竞争问题。但无线局域网不像有线局域网的广播帧容易控制，来自其他 LAN 中的用户传输会干扰 CSMA/CD 的操作。在无线环境中，因为发送设备的功率通常要比接收设备的功率强得多，检测冲突是困难的。因此，不可能中止互相冲突的传输，在这种情况下，需要一个能够避免冲突的通信机制。

由于 WLAN 存在着隐藏站点，并且大多数无线通信都是半双工的，它们不能在同一频率上发送的同时监听突发噪声。因此，IEEE802.11 采用了 CSMA/CA 技术。CA 表示冲突避免，这种协议实际上是在发送数据帧前需对信道进行预约。

在无线通信中，简单使用 CSMA 协议侦听到没有其他发送者，自己即可发送时，很容易给接收方造成干扰。由于无线终端彼此不相邻，通信竞争时导致的终端不能监测到的情况称为隐藏终端问题。如图 5.10 所示。该图中有 4 个无线终端 A，B，C，D，其中，A 和 B 的无线电波范围互相重合并且可能互相干扰，C 可能干扰 B 和 D，不会干扰 A。

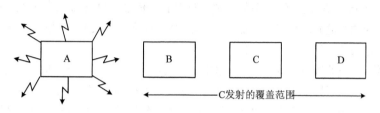

图 5.10　隐藏终端示意图

现假定 A 向 B 发送，C 在侦听。因为 A 在 C 的范围之外，所以 C 听不到 A，会错误地认为它也可以发送。如果 C 在此时开始发送，它就会干扰 B，从而破坏了从 A 传来的数据帧。问题的关键是，在开始传送之前终端想知道在接收方周围是否还有其他数据传输活动。而 CSMA 只告诉在要发送的终端周围是否有数据传送活动的进行。

有线以太网中，发送数据的终端会将数据传播到所有的终端。为了避免冲突，在同一时刻只能有一个终端发送。但在小范围无线通信系统中，如果多个发送者的目标均不相同，并且传送范围互不影响，那么就可同时进行。

利用 CSMA/CA 通信机制可消解隐藏终端问题。其基本思想是：发送方激发接收方，使其发送一短帧，在接收方的周围的终端就会监测到这个短帧，从而使它们在接收方有数据帧到来期间不会发送自己的数据帧。

5.2.4　无线局域网服务区

无线局域网服务区包括基本服务设置（Basic Service Set, BSS）和扩展服务设置（Extended Service Set, ESS），如图 5.11 所示。BSS 由一个无线访问点 AP 及其关联的无线终端（STA）构成，在任何时候，任何无线终端都与该无线访问点 AP 关联。换句话说，一个无线访问点 AP 所覆盖的微蜂窝区域就是基本服务区。无线终端与无线访问点关联采用 AP 的 BSSID，在 802.11 中，BSSID 是 AP 的 MAC 地址。

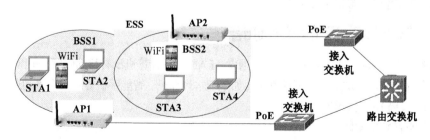

图 5.11　BSS 与 ESS 网络结构

扩展服务区 ESS 是由多个 AP 及连接无线终端（笔记本计算机、智能手机等）组成的无线网络，所有 AP 必须共享同一个 ESSID，也可以说扩展服务区 ESS 中包含多个 BSS，如图 5.11 所示。扩展服务区只包含物理层和数据链路层，网络结构不包含网络层及其以上各层。因此，对网络层 IP 协议来说，一个 ESS 就是一个 IP 子网。

无线局域网通信时，终端加入一个 BSS，终端从一个 BSS 移动到另一个 BSS，实现区间的漫游。一个终端访问现存的 BSS 需要几个阶段。首先，终端加电开机运行，过后进入睡眠模式或者进入 BSS 小区。终端始终需要获得同步信号，该信号一般来自 AP 接入点。终端则通过主动和被动扫频来获得同步。主动扫频是指终端启动或关联成功后扫描所有频道。一次扫描中，终端采用一组频道作为扫描范围；如果发现某个频道空闲，就广播带有 ESSID 的探测信号，AP 根据该信号做响应。被动扫频是指 AP 每 100ms 向外传送灯塔信号，包括用于终端同步的时间戳，支持速率以及其他信息，终端接收到灯塔信号后启动关联过程。

无线局域网为防止非法用户接入，在终端定位了接入点，并取得了同步信息之后，就开始交换验证信息。验证业务提供了控制局域网接入的能力，这一过程被用来建立合法接入的身份标志。终端经过验证后，关联就开始了。关联用于建立无线访问点和无线终端之间的映射关系，实际上是把无线变成有线网的连线。WLAN 将该映射关系分发给扩展服务区中的所有 AP。一个无线终端同时只能与一个 AP 关联。在关联过程中，无线终端与 AP 之间要根据信号的强弱协商速率。例如，采用 802.11g 的 AP 和无线网卡，数据传输速率可降为 48Mbit/s、36Mbit/s、24 Mbit/s、18 Mbit/s、12 Mbit/s、9 Mbit/s 或者 6Mbit/s 等。

终端从一个小区移动到另一个小区需要重新关联。如图 5.11 中的 STA1 从 BSS1 移动到 BSS2，需要将 BSSID1 变成 BSSID2。重关联是指无线终端从一个扩展服务区中的一个基本服务区移动到另外一个基本服务区时，与新的 AP 关联的过程。重关联总是由移动终端发起。

IEEE802.11 无线局域网的每个终端都与一个特定的接入点相关。如果终端从一个小区切换到另一个小区，即处在漫游过程中。漫游是指无线终端在一组无线访问点之间移动，并提供对于用户透明的无缝连接，包括基本漫游和扩展漫游。基本漫游是指无线终端的移动仅局限在一个扩展服务区内部。扩展漫游是指无线终端从一个扩展服务区中的一个 BSS 移动到另一个扩展服务区的一个 BSS，802.11 并不保证这种漫游的上层连接。

5.3　无线局域网性能改善

近年来，无线局域网技术发展迅速，但无线局域网的性能与有线以太网相比还有一定距离。因此，如何提高和优化网络性能显得十分重要。

5.3.1　基于移动 IP 的漫游通信

WLAN 组建与 LAN 一样需要划分子网。通常，LAN 子网计算机没有移动问题，子网 IP 地址与一个物理网络位置相对应。WLAN 子网计算机（如笔记本计算机、智能手机等）具有移动通信的需求，需要解决 WLAN 跨 IP 子网漫游的问题。

1. 移动 IP 的功能实体

移动终端跨 IP 子网漫游，也称移动 IP 通信。也就是说，终端可通过一个 IP 地址进行不间断跨子网漫游，即为移动 IP（RFC2002）。802.11 无线局域网只规定了 MAC 层和物理层，为了保证移动计算机在扩展服务区之间的漫游，需要在其 MAC 层之上引入 Mobile IP 技术。

移动 IP 实现的主要目标是移动终端在改变网络接入点时，不必改变其 IP 地址，能够在移动过程中保持通信的连续性，对上层协议保持透明性，与其他移动终端或不具有移动 IP 功能的终端能够进行正常的通信。移动 IP 定义了三种必须实现的功能实体，如图 5.12 所示。

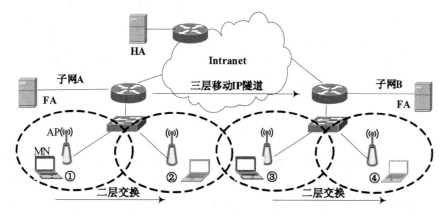

图 5.12　无线局域网移动 IP 的网络结构

（1）移动节点（Mobile Node，MN）。是指从一个网络或子网切换到另一个网络或子网的主机或者路由器。移动节点（终端）可以改变它的网络接入点，但不需要改变 IP 地址，并且可以使用原有的 IP 地址继续与其他终端的通信。

（2）本地代理（Home Agent，HA）。是指有一个端口在本地链路上的路由器。当移动节点离开本地网络时，本地代理负责把发往移动节点的数据包通过隧道转发给移动节点，并且维护移动节点当前位置的信息。

（3）外地代理（Foreign Agent，FA）。是指位于移动节点所访问的外地链路上的路由器，为注册的移动节点提供路由服务。它接收移动节点的通信对端通过隧道发来的报文，进行拆封发给移动节点；对于移动节点发来的报文，外地代理作为连接在外地链路上移动节点的缺省路由器。本地代理和外地代理可以通称为“移动代理”。

2. 移动 IP 通信原理

移动 IP 通信原理，如图 5.12 所示。假设，有一终端（MN）要从子网 A 移动到子网 B，这时子网 A 中的移动终端要在子网 B 的外地（子网 A）通过外地代理（子网 B 的 FA）向目的地的本地代理（子网 B 的 HA）注册，从而使子网 B 的 HA 得知 MN 当前的位置，从而实现了移动性。

有了移动 IP，无线终端可跨越 IP 子网实现漫游。如图 5.12 所示，IP 子网的网关路由器连接一个 FA，FA 负责无线子网用户注册认证。FA 不断地向本地子网发送代理通告，当移动终端由子网 A 进入子网 B 时，接收到 FA 的代理广播，获得当地 FA 的信息。通过当地 FA 向 HA 注册，经过认证后可以被授权接入，访问 Intranet（内部网）。终端在本子网内部移动时，不断监测 AP 和 FA 的信号质量，通过路径算法得出当前所有 FA 的优先级，再根据指定的切换策略适时发起切换。如果是在同一网段的 AP 间切换，因所处 IP 子网未变，不需要重新注册，AP 的功能可支持这种二层的漫游。当终端在跨网段的 AP 间切换时，所处 IP 子网发生改变，此时必须通过新的 FA 向 HA 重新注册，告知当前位置，以后的数据就会被 HA 转发至新的位置。移动 IP 技术大大扩展了 WLAN 的覆盖范围，提供大范围的移动能力，使用户在移动中时刻保持与 Intranet 的连接。

3. 移动 IP 的关键技术

（1）IP 地址分配。移动 IP 通信协议栈，如图 5.13 所示。无线终端从一个子网到另一个子网移动时，将获得唯一的 IP 地址（如同移动电话号码）。终端在移动中，感觉不到移动的影响，这要求无缝移动在 IP 层实现。

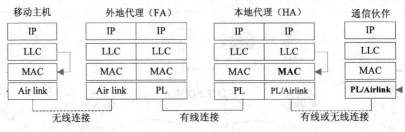

图 5.13　移动 IP 通信协议栈

（2）代理发现。为了随时随地与其他终端进行通信，移动终端必须首先找到一个移动代理。移动 IP 定义了两种发现移动代理的方法。一是被动发现，即移动终端等待移动代理周期性广播代理通告报文；二是主动发现，即移动终端广播一条请求代理的报文。移动 IP 使用 "ICMP Router Discovery" 机制作为代理发现的主要机制，它可使移动节点获得转交地址，移动代理可提供的任何服务，并确定其连至归属网络还是某一外地网络。使用代理发现还可使移动节点检测到它何时从一个 IP 子网漫游（或切换）到另一个 IP 子网。

（3）注册。移动节点使用认证注册程序将它的转交地址告知它的本地代理。即在本地代理处登记当前的转移地址，产生本地代理 IP 地址和转移地址目录，在移动 IP 中允许一个本地代理对应于多个转交地址。移动终端必须将其位置信息向其本地代理进行登记，以便被找到。在移动 IP 技术中，按照不同的网络连接方式，有两种不同的登记规程。一种是通过外地代理进行登记。即移动终端向外地代理发送登记请求报文，外地代理接收并处理该报文，然后将报文中继到移动终端的本地代理。本地代理处理完登记请求报文后再向外地代理发送登记答复报文（接收或拒绝登记请求），外地代理处理该报文，并将其转发到移动终端。另一种是直接向本地代理进行登记，即移动终端向其本地代理发送登记请求报文，本地代理处理后向移动终端发送登记答复报文（接受或拒绝登记请求）。登记请求和登记答复报文使用 UDP 协议进行传送。当移动终端收到来自其本地代理的代理通告报文时，可判断其已返回本地网络。此时移动终端向本地代理撤销登记。在撤销登记之前，移动节点应配置适用于本地网络的路由表。

（4）隧道技术。隧道被用于将 IP 数据包由本地 IP 地址发送至转交地址。隧道技术是本地代理向移动终端转交报文的一种方式，它采用报文封装技术来实现的。将原始 IP 数据包（作为净负荷）封装在转发的 IP 数据包中，从而使原始 IP 数据包原封不动地转发到处于隧道终点的转交地址处。当移动终端使用外地代理转交地址时，隧道的出口是外地代理，当使用本机转交地址时，隧道出口是移动终端。如通过动态主机分配协议（DHCP）在被访问的网络上获得的一个本机临时 IP 地址，该地址属于被访问的外地网络。

5.3.2　基于 802.11e 的 MAC 层优化

随着 WLAN 的带宽增大，多媒体业务，如视频、语音等在 WLAN 中也能流畅传输。这些多媒体业务要求 WLAN 的 MAC 层能够提供可靠的分组传输，传输时延低且抖动小。为此，IEEE 802.11 工作组的媒体访问控制（Medium Access Control，MAC）改进任务组（即 E 任务组）对目前 802.11 MAC 协议进行了改进，提出了 IEEE802.11e 的 EDCF 机制，使其可支持具有通信服务质量（Quality of Service，

QoS）要求的应用。

普通的 802.11 无线局域网 MAC 层有两种通信方式，一种是分布式协同式（DCF），另一种是点协同式（PCF）。分布式协同采用冲突避免的载波侦听多路存取方法（CSMA/CA），无线设备发送数据前，先探测线路的忙闲状态。如果空闲，则立即发送数据，并同时检测有无数据碰撞发生。这一方法能协调多个用户对共享链路的访问，避免出现因争抢线路而谁也无法通信的情况。分布式协同在共享通讯介质时没有任何优先级的规定。

点协同方式是指无线接入点设备周期性地发出信号测试帧，通过该测试帧与各无线设备的网络识别、网络管理参数等进行交互。测试帧之间的时间段被分成竞争时间段和无竞争时间段，无线设备可以在无竞争时间段发送数据。由于这种通讯方式无法预先估计传输时间，因此，与分布式协同相比，目前用得还比较少。

基于 802.11e 的分布式协同标准称为增强型分布式协同（EDCF）。EDCF 将不同流量按设备分成 8 类，即 8 个优先级。当线路空闲时，无线设备在发送数据前必须等待一个约定的时间。这个时间称为"给定帧间时隙（AIFS）"，其长短由流量的优先级决定。优先级越高，这个时间就越短。不难看出，优先级高的流量的传输延迟比优先级低的流量小得多。为了避免冲突，在 8 个优先级之外还有一个额外的控制参数，称为竞争窗口。该窗口实际上也是一个时间段，其长短由一个不断递减的随机数决定。哪个设备的竞争窗口第一个减到零，哪个设备就可以发送数据，其他设备只好等待下一个线路空闲时段，决定竞争窗口大小的随机数接着从上次的剩余值减起。例如，锐捷 RG-P-780 支持 802.11e 标准，采用 EDCA 技术，可支持基于不同的 BSS 提供相应的优先级标记，同时还可以支持在 802.1Q VLAN 中的标准 802.1P 优先级队列，最多可达 8 个优先级队列，更好地保证了语音、视频等关键数据的优先传输。

对点协同的改良称为混和协同（HCF），混和查询控制器在竞争时段探测线路情况，确定发送数据的起始时刻，并争取最大的数据传输时间。

5.3.3　基于双频多模的物理层优化

IEEE802.11 工作组先后推出了 802.11a、802.11b、802.11g 和 802.11n 物理层标准。丰富多样的标准提升了无线局域网的性能，同时带来了网络兼容性问题。例如，802.11a 和 802.11b/g/n 分别工作在不同频段（802.11a 工作在 5GHz，802.11b/g/n 工作在 2.4GHz），采用不同调制方式（802.11a 采用 OFDM，802.11b 采用 CCK 方式，802.11g 采用 OFDM，802.11n 采用 MIMO-OFDM 方式）。一个采用 802.11b 标准的设备终端进入一个 802.11a 标准的小区中（其 AP 节点采用 802.11a 的标准设备），无法与 AP 节点进行联系。因此，必须更换为同标准的网络设备，才能正常工作。

为了解决 WLAN 兼容性问题，使不同标准的网络设备可以自由的移动，出现了一种无线局域网物理层优化方式，即"双频多模"的工作方式。所谓双频多模无线设备，是指可工作在 2.4GHz 和 5GHz 的自适应产品。也就是说，可支持 802.11a 与 802.11b/g/n 多个标准的产品。由于 802.11b/g/n 和 802.11a 标准的设备互不兼容，用户在接入支持 802.11a 和 802.11b/g/n 的公共无线接入网络时，必须随着地点更换无线网卡，这给用户带来很大的不便。

采用支持 802.11b/g/n 和 802.11a/n（同时工作）双频自适应的无线局域网产品就可以很好地解决这一问题。双频产品可以自动辨认 802.11a/n 和 802.11b/g/n 信号并支持漫游连接，使用户在任何一种网络环境下都能保持连接状态。例如，锐捷、H3C 和华为均可同时工作在 2.4GHz 和 5.8Hz 频段，支持 802.11b/g/n 和 802.11a/n 同时工作的无线产品。该产品支持各种无线终端（笔记本计算机、智能手机等）以多种不同速率接入。

5.3.4　WLAN 的问题与智能化改进

1. 蜂窝式 WLAN 存在的问题

传统的 WLAN 架构采用自治型 AP，每个 AP 形成一个"蜂窝"，分配一个信道。每个 AP 都是一个独立的管理与工作单元，可以自主完成无线接入、安全加密、设备配置等多项任务。自治型 AP 安装后即可工作，不需要其他设备协助。对中小型 WLAN 快速部署确实有效，并且节省投资。这种由多个自治型 AP 组成的 WLAN，也称为蜂窝式架构。基于蜂窝的 WLAN 系统在性能和稳定性方面遇到的问题如下。

（1）信道间干扰。在蜂窝式架构的 WLAN 中，当两个无线接入点 AP 工作在同一个信道，并同时尝试传输数据的时候，会发生数据传输冲突，AP 必须等待一段时间之后再次尝试进行数据传输。这将会影响整个 WLAN 系统数据传输性能。

（2）数据传输速率不稳定。距离 AP 的远近，直接影响数据终端的连接速率。在无线覆盖范围内，随着终端逐渐向 AP 靠近，信号强度增强，终端传输速率逐步增加。这就造成无线终端在移动状况，特别是漫游时，连接速率一直在不断变化，影响网络传输。

（3）AP 间漫游造成额外的网络延时。在蜂窝式 WLAN 中，用户从一个 AP 移动到另一个 AP，必须经历重新检索 AP、鉴权、身份验证、重新连接等步骤。这将需要 150~400ms 完成整个移动连接过程，不可避免地会造成网络延时、抖动，降低语音、视频通信质量。

（4）扩展性差。基于蜂窝的 WLAN 设计，为降低相互间的无线干扰，在部署前先进行实地射频（Radio Frequency，RF）详细分析，找到闲置或者干扰最小的无线信道。一旦网络扩容或者调整，所有之前的工作必须全部重做，即重新进行 RF 分析，寻找合适的 AP 部署位置。

为了解决传统蜂窝式 WLAN 在性能和稳定性方面存在的问题，中国台湾合勤科技提出了"信道覆盖"技术。锐捷和 H3C 等数据通信提出了"无线控制器+AP"智能无线网络。如今，"无线控制器+AP"的智能无线网络已成为无线园区网部署的主流产品。

2. WLAN 的信道覆盖技术

信道覆盖技术遵循 IEEE 802.11a/b/g/n 标准。信道覆盖架构消除了信道间干扰问题，不需要进行复杂繁琐的 RF 蜂窝规划。每个 AP 使用相同的 MAC 地址，工作在同一信道，中心无线交换机集中处理所有的数据请求及数据传输。即无线交换机将每个 AP 的覆盖范围整合，统一规划成层状结构。系统中的 AP 称为"瘦 AP"，只是作为信号接发设备，也可以简单认为是无线终端和无线交换机沟通的管道，即用户直接与无线交换机进行通信。

3. 无线局域网的智能技术

WLAN 采用无线交换机集中转发 AP 数据流，虽说有利于无线通信集中管理，但也带来新的问题。如 AP 数量较多时，会使转发 AP 数据流的效率降低，通信延迟增加。这种集中式架构的 WLAN，无法适应 WLAN 的扩展。

智能无线网络由无线控制器（如 RG-WS5708）和 AP（如 RG-AP220-SI）组成。无线控制器部署在任何二层或三层网络结构中，无需改动任何网络架构和硬件设备，可提供无缝的安全无线网络控制。无线控制器支持几百个到上千个移动终端上网管理，可完成终端漫游、数据转发、设备控制、射频监控、流量管理、安全认证、入侵防护、语音传输等高级控制功能。无线控制器可以管理 802.11g、802.11n、802.11ac 等不同类型的终端。智能无线网络不仅能实现基于用户、流量的智能负载均衡，而且还能实现基于频段的负载均衡。

无线控制器通过虚拟无线接入点（Virtual AP）技术，可在全网划分多个 SSID，网管人员可以对使用相同 SSID 的子网或 VLAN 单独实施加密和隔离，并可针对每个 SSID 配置单独的认证方式、加密机制等。无线控制器与无线接入点之间采用国际标准协议 CAPWAP 进行加密隧道通信，既有效实现了与有线网络的隔离，又保证了无线控制器与无线接入点实时通信的保密性。采用 CAPWAP 协议可以支持对任意第三方厂商无线接入点产品的控制，便于用户网络扩容，最大化保护用户投资。

5.4　无线校园网组建案例

A 大学校园有线网经过多年的发展，已建成 1~10Gbit/s 光缆敷设全校所有楼宇，100Mbit/s 到桌面的大中型园区网。虽说校园有线网能方便、快捷地为用户提供信息服务，但美中不足，缺少移动终端随时、随地连接网络的环境，因此，校园移动互连及有线无线一体化已成为园区网建设的重点。

5.4.1　校园无线网需求分析

校园网建设一直是高质量、高效率教学、科研和办公的保障。A 大学校园有线网建设虽已具备相当规模。但随着师生笔记本计算机、智能手机和平板电脑数量增多，移动学习、移动工作等事务急需无线连接校园网的场景，以满足教育信息化的可持续化发展。

1. 校园移动互连需求

（1）有线网的局限性。一般来说，有线园区网中，如教室、图书馆、会议室等地方不可能布设太多信息点。随着学生笔记本计算机、智能手机的增多和信息化教学的需求，这些地方在同一时刻有大量的移动计算机。采用无线方式，在有线交换机端口上连接无线接入点 AP，不需布线就可以轻松地从一个端口扩展到数十个端口，方便移动计算机上网。

（2）移动学习。学校大量开展信息化教学活动，很多课程或课件都要通过访问网络来获取。学生希望在任意时间在学校的任何地点访问课程主页和课件资源，并进行提交作业等活动。同时，师生希望能够使用移动终端方便、快捷地访问校园网及互联网的资源。

（3）移动办公。随着教职工的移动办公计算机增多，移动互联正变成一种新的工作、学习和生活方式，如使用智能手机查看课表、教学日志，查看研究项目有关事宜，通过微信、QQ 等工具和同伴交流，以及和学生讨论学习中的相关问题等。

（4）移动社交。随着学校的办学层次的提高，学校的学术氛围也日益浓厚。对外交流日趋频繁，各种学术活动越来越多地在学校举行。除此之外，学校每年也都会举办一些其他的活动，如运动会、人才交流活动等。公众社交的特殊性和灵活性，也需要移动互连的支持。

2. 校园移动互连区域

校园移动互连是在校园有线网的基础上进行无线网络扩充。校园移动互连区域包括办公楼、科技楼、教学楼、实验楼、图书馆、大礼堂、文化广场、体育场等区域。要求全方位立体式无线覆盖，让师生可以在这些区域随时随地、无障碍地连接校园网。校外来宾授权后也可以随时、随地访问校园网络资源。

3. 校园移动互连技术要求

（1）无线网络管理。A 大学已具备完善的有线网络结构，校园无线网建设要在网络互连、认证计费、安全防御等方面与有线网络进行整合，形成有线无线一体化网络。校园有线主干网络、汇聚网络及接入网络结构不需改变，只需用原有的网管、认证、计费系统就可以对无线网络进行管理和统一认证。同时，要尽可能优化网络结构，提高网络访问速度与效率。进行移动互连部署，不能对校园的装修和墙壁有任何损害。

（2）AP覆盖区域及数量。地域较大或障碍物较多区域，如大型会议厅、图书馆阅览室、室外广场等，室外无线网络设备应具备大范围、多角度的覆盖能力；同时还必须具备抗雷击、防雨、防潮、抗高低温、阻燃等多项指标。室内无线网络设备必须具备较强的抗同频干扰能力、高接收灵敏度和很好的障碍物穿透能力，需要配置全向天线。A大学教学楼、实验楼、办公楼、学生宿舍楼有50余栋，经过测算室内AP约需600个，室外AP约需86个。

（3）无线信道规划。校园移动终端（如笔记本计算机、平板电脑和智能手机等）采用802.11b/g/n协议，支持WiFi协议。移动终端工作在2.4GHz频段，共设11个子信道。由于子信道分布的重叠性，在该频段内最大不会互相重叠的信道只有3个。即在校园的某一个区域，同时接收到的无线信号所占用的子信道将不能超过3个；否则就会产生干扰。干扰会使信道带宽共享杂波增加，以及传输效率降低，该问题在室外环境尤为突出。为了避免信道干扰，应采用两路无线AP产品，在一个覆盖方向上同时规划信道。不必在多台AP设备上反复调制信道，以节省信道规划及设备管理点和维护点数量，提高整个网络的可管理性。

校园无线接入点的信道规划时，一定要预先测定在该接入点所覆盖的区域是否已有无线信号及使用了哪些子信道，以便通过手动设定该无线接入点的子信道序号，规避与其他无线发射设备所产生的干扰。同时，无线接入点产品均要支持DCA（动态信道选择）功能，支持在手动划分信道的同时，可自动协调寻找最佳的信道工作，以避免干扰。

（4）移动互连漫游。校园网无线接入点设备均支持无缝漫游802.11f协议（数据链路层），移动终端在不同的AP之间移动时，支持无中断漫游，保障移动互连中数据传输的稳定性。

（5）移动互连维护。校园无线网络部署，要符合高效、稳定、安全的总目标。易于安装和维护，用户界面统一，易于使用，网络开放性好，便于扩展。有较好的性能价格比，在几年内保持解决方案与技术先进，为用户提供一个灵活、泛在的移动互连环境。

5.4.2　无线局域网产品选型

校园有线无线一体化是一个系统工程，需要统一规划，分步实施。无线局域网产品选型既要满足当前需要，又要适应校园无线网扩展的需求。华为、H3C和锐捷均有满足需要的产品。这里以锐捷的WLAN产品为例，说明WLAN产品选型的方法。

（1）无线控制器。RG-WS5708万兆无线控制器一体机采用了业界最新的MIP64多核处理器架构，可同时管理的AP数达1024个。可对整个无线网络进行集中管理和控制，实现AP的零配置接入。在大中型网络环境中，RG-WS5708无线控制器通常部署于数据中心机房，旁路于核心交换机位置，可以跨三层与所有的AP建立加密通信隧道，并对其实现集中配置与管理。还可配合网络网管平台RG-SNC轻松实现有线无线一体化运维管理。

（2）室内AP。RG-AP220-SI采用单路单频设计，工作在802.11b/g/n模式，射频卡（40MHz频宽）提供300Mbit/s接入速率。支持静态IP地址，支持DHCP获取IP地址。提供一个10/100/1000Base-T以太网端口上联。支持Web认证、PSK认证和802.1X认证。支持本地供电和远程以太网PoE供电模式，适合在大型校园、企业楼宇内部署。

（3）室外AP。RG-AP620-H(C)采用双路双频设计，支持802.11b/g/n和802.11a/n同时工作。每路射频单元提供300Mbit/s的接入速率，单个AP可以提供600Mbit/s的接入速率。支持静态IP地址，支持DHCP获取IP地址，提供一个千兆光电复用端口上联。支持Web认证、PSK认证和802.1X认证。采用全密闭防水、防尘、阻燃外壳设计，适合在极端的室外环境中使用，可有效避免室外恶劣天气和环境影响，该产品提供 4 个 N 型外置天线接口，可选择多种外置天线以保证无线覆盖区域的用户接入效果。具备 500mW 双向功率放大能力，支持远程以太网 PoE 供电模式，特别适合在大型校园、企业等园区的室外环境部署。

5.4.3 有线无线一体化部署与安装

校园无线网是校园有线网覆盖区域的延伸。无线覆盖区域包括校园室内外公共环境和不宜敷设 UTP 线缆的建筑物，如大礼堂、大型会议厅、楼层办公室、阶梯教室、广场、绿地、体育场看台等区域。这些区域的室外部署采用 AP620-H（C），室内部署采用 AP220-SI。AP 与支持 PoE 远程供电交换机（如 S2924GT/8SFP-XS-P）连接。校园网核心交换机连接 RG-WS5708，实现对整个无线网络的集中管理和控制，如图 5.14 所示。

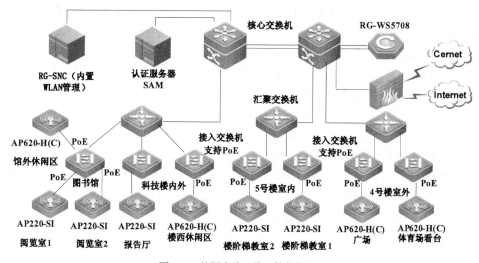

图 5.14 校园有线无线一体化结构

在校园有线网和无线网互连的过程中，有线网络提供 AP620-H(C)、AP220-SI 与 WS5708 的连接隧道。WS5708 可以跨三层与所有的 AP 建立加密通信隧道，并对其实现集中配置与管理。可采用网络网管平台 RG-SNC 实现有线无线一体化运维管理。

校园内多个 AP 部署时需要严格划分独立且互不干扰的信道，以保证无线网络的带宽稳定性。无线网管理 RG-SNC-WLAN，可在无线局域网部署前，简便进行规划和配置。可对无线网络中的无线控制器和无线接入点等设备与有线网络设备进行一体化集中管理，网管人员对全网设备信息和状态可随时全盘掌握。

校园室外公共环境，可能存在大量的外来用户，为了保障学校内部信息和外部用户完全隔离，在具体的部署实施中，启用单独的 SSID、相应的地址分配、WEP 加密、802.1X 认证和 VLAN 隔离等安全措施。认证服务器 SAM 支持 IEEE802.1x、Radius、EAP、CHAP 等多种协议标准，提供无线可信接入管理。实现用户账号、用户 IP、用户 MAC、NAS IP、NAS Port 的静态绑定、动态绑定以及自动绑定，最大程度保证用户入网身份唯一。可控制用户接入区域，实现安全绑定状态下的多区域漫游。

校园室外公共环境面积较大，在此部署无线网络，需要满足对公共环境的完全无盲区覆盖、能够接入较多的笔记本计算机和智能手机等。很多场景下（如休闲广场、体育场等），无线网络设备必须放置在露天环境中。这些露天区域常年可能存在阴雨、打雷、严寒和酷暑等恶劣环境，还要考虑室外消防要求。因此，露天区域安装 AP620-H(C)，必须同时能具备防水、避雷、耐高低温、防火等各种苛刻的物理环境要求，并能够正常的工作。AP620-H(C)安装采用防水胶带，防雷采用 2.4GHz 的避雷器 CA23RP，接地电阻≤4Ω。AP620-H(C)天线采用 N 型接口的 2.4GHz 室外 12dB 全向天线，安装在直立杆上或建筑楼的外墙上。采用超五类 UTP 线缆（长度≤90m）将 AP620-H(C)的以太网端口与接入交换机 UTP 端口（支持 PoE）连接。UTP 线缆穿入 PVC 管中，在地沟中敷设。

校园室内环境，如大型会议厅、图书馆阅览室、阶梯教室、报告厅等场所安装 AP220-SI。天线采用 2.4GHz 室内 3dB 吸顶天线，天花板吊顶安装。AP220-SI 自带 2.4GHz 柱状天线，对没有天花板的室内场所，如阶梯教室等，直接将 AP220-SI 固定在教室墙壁，其位置应直视教室全部座位或绝大部分座位。

5.4.4 校园无线网运维管理

无线校园网运维管理是校园网运维管理的一个重要组成部分。无线校园网运维管理是通过"无线控制器"实现的，主要包括终端智能识别、智能负载均衡、智能射频管理、全网无缝漫游、灵活完备的安全，以及有线无线统一管理等。

（1）终端智能识别。无线控制器（如 RG-WS5708）内置 Portal（单点登录门户站点的入口）服务器，能根据终端特点，智能识别终端类型，自适应弹出不同大小、页面格局的 Portal 认证页面。终端智能识别技术免去了用户多次拖动，调整屏幕的操作，为用户提供智能化的无线体验，支持苹果 iOS、安卓和 Windows 等主流智能终端操作系统。

（2）智能负载均衡。在高密度无线用户的情况下，无线控制器能够实时根据每个关联的 AP 上的用户数及数据流量，调整分配不同 AP 的接入服务，平衡接入负载压力，提高用户的平均带宽、服务质量及高可用性。除此外，无线控制器还能实现基于频段的负载均衡。大多数 WiFi 设备使用 2.4GHz 频段，而 5GHz 频段上（802.11a/n）却能获得更大的吞吐性能。基于频段的负载均衡，使支持双频的用户终端优先接入 5GHz 频段，在不增加成本的前提下，能够增加大约 30%~40%的带宽利用率，保证了用户流畅上网。

（3）智能射频管理。无线控制器可控制 AP 对无线网络进行按需射频扫描，可扫描无线频段与信道，识别非法 AP 和非法无线网络，并向管理员发出警报。同时，无线控制器可实时控制 AP 的射频扫描功能，进行信号强度和干扰的测量，并根据软件工具动态调整流量负载、功率、射频覆盖区域和信道分配，以使覆盖范围和容量最大化。

（4）全网无缝漫游。为了避免网络层漫游时的 IP 地址改变，无线控制器部署在三层网络中，与无线 AP 组成整体交换架构。这样，用户漫游需经过五个步骤：①动态获取 IP 地址；②跨网段移动；③重新请求 IP 地址；④定位原服务器；⑤IP 地址远程还原，如图 5.15 所示。网络层漫游可在毫秒级时间内完成。

图 5.15 网络层漫游原理

无线控制器支持无线控制器集群技术，在多台无线控制器之间可实时同步所有用户在线连接信息和漫游记录。当无线用户漫游时，通过集群内对用户的信息和授权信息的共享，使得用户可以跨越整个无线网络，并保持良好的移动性和安全性，保持 IP 地址与认证状态不变，从而实现快速漫游和语音的支持。

（5）全网统一认证。无线控制器内置本地用户数据库和 Portal 服务器，通过 Web 认证的方式，轻松实现无线用户的本地认证。也可采用有线无线统一认证服务器，用户账号具有唯一性，用户客户端透明，账号可全网漫游。也就是说，用户只需一次注册，可通过固定网络终端登录网络，也可通过移动终端登录网络。

（6）有线无线统一管理。无线控制器可对全网 AP 实施集中、有效、低成本的计划、部署、监视和管理，并且可与有线无线统一管理平台（如 RG-SNC）进行统一管理，完成包括拓扑生成、AP 工作状态、在线用户状态、全网射频规划、用户定位、安全报警、链路负载、设备利用率、漫游记录、报表输出等丰富的无线网络管理功能，使管理员可以在数据中心对整个网络运行状态进行监控和管理。

习题与思考

1. 列表说明常用的无线局域网标准。举例说明无线局域网中，用户笔记本计算机采用的通信标准有哪些，其有效距离是多少。
2. 无线网常用的调制技术有哪些？这些调制技术各有什么特点？
3. 常用的无线局域网设施有哪些？这些设施的主要用途有哪些？
4. 无线局域网拓扑结构有哪些？如何进行无线网络覆盖？
5. 画图描述无线局域网移动 IP 的网络结构，说明无线漫游原理。
6. 什么是无线局域网的双频多模技术？有何作用？
7. 为什么提出智能无线技术？该技术解决了无线网构建中什么问题？
8. A、B 两个学校相距 6000m，均在一年前建构了校园网。两个学校均有相互共享对方教学资源的意愿。面对此问题，可以租用运营商的通信线路，但费用较高（10Mbit/s 年费用 2 万元）。是否还有其他解决办法，请设计技术方案。

网　络　实　训

无线组网模式（无中心、有中心、网桥）

（1）实训目的。理解无线局域网原理与工作模式，会运用 AP 和笔记本计算机、智能手机等移动终端组建无线局域网。

（2）实训资源、工具和准备工作。安装与配置好的 Windows 7 笔记本计算机 2~3 台（配置无线网卡，支持 802.11b/g），以及支持 WiFi 的手机 2~3 部；支持 802.11b/g/n 的 AP 2 个，AP 有 2~4 个 10/100Mbit/s 以太网接口。UTP 网线（两端有 RJ-45 头）2~4 条。

（3）实训内容。安装与配置笔记本计算机无线（Windows 7）网卡，或采用内置 802.11b/g 的笔记本计算机。设置笔记本计算机无线网卡，用 2~3 台笔记本计算机（有条件可增加 2~3 部智能手机）组成 Ad-Hoc 模式。设置 AP 与笔记本计算机无线网卡，用 1 个 AP 和 2~3 台笔记本计算机组成有中心模式。设置 AP 与笔记本计算机无线网卡，用 2 个 AP 组成无线网桥，2~3 台笔记本计算机分别连接组成无线网桥的 2 个 AP。

（4）实训步骤

① 笔记本计算机无线网卡配置同一网段的 IP 地址，子网掩码和网关地址。

② 激活笔记本计算机无线网卡，用 2~3 台笔记本计算机组成 Ad-Hoc 模式。选择其中 1 台笔记本计算机，用 ping 命令，测试到同组中笔记本计算机的连通性，能 ping 通即可。

③ 任选 1 个 AP，配置与笔记本计算机有相同网络号的 IP 地址，子网掩码和网关地址。设置笔记本计算机的网关 IP 为 AP 的 IP 地址。

④ 激活笔记本计算机无线网卡和 AP，用 2~3 台笔记本计算机和 1 个 AP 组成有中心模式。选择其中 1 台笔记本计算机，用 ping 命令，测试到同组中笔记本计算机的连通性，能 ping 通即可。

⑤ 对 2 个 AP，配置与笔记本计算机有相同网络号的 IP 地址，子网掩码和网关地址。设置 1 台笔记本计算机的网关 IP 为 AP1 的 IP 地址，另一台笔记本计算机的网关为 AP2 的 IP 地址。AP1 的网关是 AP2 的 IP 地址，AP2 的网关是 AP1 的 IP 地址，即 AP1 与 AP2 互相指向对方。

⑥ 激活笔记本计算机无线网卡和 AP，用 2 个 AP 组成有网桥模式。将两台笔记本计算机用 UTP 线分别连接 AP1 和 AP2，用 ping 命令，测试到另一笔记本计算机的连通性，能 ping 通即可。

⑦ 写出实训报告。

第6章
服务器安装与配置管理

本章简要介绍服务器功能与分类，服务器结构与技术。按照服务器基本配置与管理的技术要求，重点叙述 Windows Server 2008 的安装、基本配置与管理，DNS 安装与配置和 Web 服务器安装与配置。通过本章的学习，达到以下目标。

（1）了解服务器的概念、功能与分类。理解基于 CISC 和 RISC 处理器的服务器，对称多路处理器技术，ECC 内存技术，SCSI 宽带高性能存储技术。

（2）掌握 Windows Server 2008 安装与配置，DNS 服务器安装与配置，Web 站点安装与配置。能够按照用户信息资源系统需求，选择与配置 PC 服务器及操作系统。

6.1 服务器基本知识

一个完整的局域网主要由数据通信系统和信息资源系统组成。数据通信设备主要有交换机、路由器等，信息资源设施主要有服务器与存储、操作系统和应用系统等。本节重点介绍为局域网客户机提供各种信息资源服务的服务器系统。

6.1.1 服务器功能与分类

服务器是一种高性能计算系统，用于运行特定的程序或不间断运行的程序，极少有人为干扰。服务器采用高性能的硬件（如 CPU、内存器、主板及磁盘机等）组成，以实现最佳可靠性。服务器在网络操作系统的管理与控制下，可以将磁盘文件系统及外设（如打印机）提供给局域网上的客户机共享，更多的用途是为用户提供信息处理、数据库管理和 Web 应用等服务。服务器与 PC 对比，在性能与功能方面均具有明显的优势。

1. 服务器的功能与性能

（1）服务器为多个用户提供服务时更可靠。服务器能够可靠地处理多个用户的多项任务请求。服务器在设计上适合同时执行多项任务、易于性能升级、利于保证业务的正常运作。与一般的 PC 相比，服务器不但具有更快的数据传输和更强大的硬盘驱动器，还可配备多个处理器和大的内存，可同时为多用户提供资源服务。

（2）服务器的可伸缩性和高可用性。服务器比 PC 具有较高的可伸缩性，可以通过升级来获得更大的内存和硬盘容量，以及更高的计算能力。服务器具有可靠的冗余功能，如 RAID 控制器、冗余磁盘阵列、冗余电源、冗余网卡等。服务器的冗余配置，可以保障服务器的可用性达到 99.9%～99.999%，即服务器一年非正常宕机时间为 8.76h～5.26min。

　　网络工程方案设计时，要认真分析用户需求，综合考虑用户在性能、可伸缩性和高可用性方面的要求，帮助用户确定性价比合适的服务器配置。

　　2. 服务器的分类

　　作为最重要的信息资源共享设备，服务器先后经历了文件服务器、数据库服务器、Internet/Intranet 通用服务器、专用功能服务器等多种角色的演进与并存。

　　（1）文件服务器。资源共享服务是计算机网络的一种基本应用模式，其功能集中体现在利用服务器的大容量外存和快速的 I/O 吞吐能力，为网络中的客户机提供文件资源共享服务，包括文档库、程序库、图形库，以及文件型数据库（如 DBase、FoxPro）服务等。文件服务器有完备的磁盘设备管理和用户安全管理体系。常用的操作系统有 Novell NetWare（20 世纪 90 年代流行），UNIX，Windows Server，Redhat Linux，Centos Linux（开源软件）等。

　　（2）数据库服务器。分布式协同计算是计算机网络的一种核心应用模式，其功能集中体现在数据库分布式操作与集中管理控制。数据库既可采用客户机/服务器模式（Client/Server），将事务逻辑处理分布在服务器端和客户端协同进行；也可采用浏览器/服务器模式（Browers/Server），将事务逻辑处理集中在服务器端进行。数据库软件需要大中型数据库系统，如 Oracle、SyBase、SQL Server、MySQL 等。

　　（3）Internet 服务器。异构网络环境下统一简化的客户端和互连互通网络基础上的信息采集、发布、利用和资源共享，是 Internet 的信息服务模式。该模式采用 Web 技术建构信息资源服务器，称为浏览器/服务器模式（Browers/Server），主要包括 WWW、E-mail、FTP、DNS 等 Internet 服务系统。常用的操作系统有 UNIX、Linux 和 Windows Server。

　　（4）功能服务器。按照服务器提供的特定服务，可分为 CAD 服务器、视频点播（VOD）服务器、流式音频（RM）点播服务器、NetMeeting 电视会议服务器、Voice-over-IP（如 IP 电话）服务器、打印服务器、游戏对战服务器等。这些服务器是由 UNIX 或 Linux 或 Windows Server 操作系统和特定功能的应用程序组成。

6.1.2　服务器的 CPU 结构

　　中央微处理器（Central Processing Unit，CPU）是服务器的核心部件，该部件由运算器和控制器组成。服务器 CPU 结构主要有 CISC 和 RISC。

　　1. CISC 处理器

　　从 1964 年 IBM360 系统开始，包括随后的 Intel X86 系列处理器和 IA-32 架构的 Pentium（Pro）、Pentium II、Pentium III（Xeon）等 CPU，均采用 CISC（Complex Instruction Set Computer，复杂指令集计算机）结构。其特点是指令系统复杂，通常有 100 条以上的指令（有的达到 500 条）和多种寻址方式，多数指令是多周期指令。CISC 系统追求的目标是，机器指令设计尽力接近高级语言语句，使程序编写简单化。复杂指令结构和大量的寻址方式使得编译程序每运行一步都面临大量需要选择的指令和寻址方式，编译过程非常复杂。同时大量的指令使指令控制器的设计复杂化，占用芯片的面积增大，不利于大规模集成电路的设计，系统的性能提高受到限制。

　　支持 Intel 架构的 PC 服务器厂商及产品有：HP 公司的 NetServer 系列、IBM 公司的 eServer（Netfinity）系列、DELL 公司的 PowerEdge 系列、联想万全系列和浪潮英信系列等。PC 服务器主要优点是通用性好、配置灵活、性价比高及第三方支持的应用软件丰富。缺点是 CPU 运算处理能力稍差，I/O 吞吐能力稍差，承担密集数据库应用和高并发应用时显得有些吃力。

　　PC 服务器运行的主流操作系统有：Windows Server、Linux、UNIX 和 Novell NetWare，其中 Windows

Server 占的市场份额较大，Red hat Linux 和 Centos Linux 也占有一定的比例。

2．RISC 处理器

RISC（Reduced Instruction Set Computer，精简指令集计算机）概念是 IBM 在 20 世纪 70 年代提出的。RISC 技术采用简单和统一的指令格式、固定的指令长度及优化的寻址方式，使整个计算机体系更加合理。指令系统的简化使得系统指令译码器的设计复杂程度也大大简化了，并使硬件逻辑实现的指令译码成为可能。RISC 处理器比同等的 CISC 处理器性能提高了 50%～75%，因此，各种大、中、小型计算机和超级服务器都采用 RISC 结构的处理器，RISC 处理器已逐渐成为高性能计算机的代名词。

RISC 服务器均采用 UNIX 操作系统，RISC 服务器被统称为 UNIX 服务器。目前 RISC 服务器的核心技术仍然掌握在少数几家公司手中，如 IBM、Sun、FUJITSU（日本）、HP、SGI 和原 Compaq（DEC）等，如表 6.1 所示。

表 6.1　主流 RISC 架构服务器一览表

公　司	CPU	服务器产品	操 作 系 统
IBM	PowerPC	IBM RS/6000 系列	IBM AIX
SUM FUJITSU	SPARC	SUN Enterprise Server 系列	SUN Solaris
HP	PA-RISC	HP 9000 系列	HP-UX
SGI	R10000	SGI Origin 系列	SGI IRIX
Compaq(DEC)	ALPHA	Alpha Server 系列	Tru64 UNIX 或 OpenVMS

随着处理器技术的进步，Pentium 处理器不断采用了一些 RISC 技术来提高处理器的性能。已经发布的 IA-64（64 位处理器）架构的 Itanium（安腾）、EM64T（Extended Memory 64 Tenchnology，扩展 64 位内存技术）至强 CPU 就属于这类处理器。IA-64 和 EM64T 开创了 PC 服务器的新纪元。

3．多核处理器

多核是指在一枚处理器中集成两个或多个完整的计算引擎（内核），多核处理器是单枚芯片（硅核），能够直接插入单一的处理器插槽中。操作系统会利用所有相关资源，将它的每个执行内核作为分立的逻辑处理器。通过在两个或多个执行内核之间划分任务，多核处理器可在特定的时钟周期内执行更多任务。

在处理器频率竞争时代放缓步伐之后，单枚芯片支持多计算引擎的能力随多核时代的到来成为最关键的效能因素。新的多核是处理器架构发展的必然趋势，在以频率竞争的 Moore 定律遭遇能量瓶颈，也就是说 CPU 温度和功耗不可以无限升高，提高效能的最主要因素显然是提高芯片级并行计算能力。

操作系统及应用软件对多核处理器的进一步支持及优化，芯片制造工艺的成熟，Intel 及 AMD 为代表的低功耗技术的发展，芯片级虚拟化技术的成熟等诸多因素，将推动服务器处理器多核化的进一步发展。多核技术将成为服务器技术的重要技术支点，如 Intel Xeon 的 8 核和 12 核、AMD 的 8 核、Sun 的 UltraSPARC 和 Negara 的 8 核 T1 芯片、IBM 的 Cell BE 芯片和 Power5 的多核、HP 的 PA-RISC 多核，使得整个市场充斥着各种多核技术。此外，国内的龙芯 3 也是专门面向服务器系统的 CPU，目前已有多核 CPU 在推广使用。

6.1.3　对称多路处理

对称多路处理（Symmetric Multi-Processing，SMP）是指在一个计算机上汇集了一组处理器（多 CPU），各 CPU 之间共享内存子系统及总线结构。虽然同时使用多个 CPU，但是从管理的角度来看，它们的表现就像一台单机一样。系统将任务队列对称地分布于多个 CPU 之上，从而极大地提高了整个系统的数据处理能力。

PC 服务器中常用的对称多处理系统通常采用 2 路、4 路、8 路及 16 路处理器。与此对应，操作系统也要支持多路处理。如 Windows Server 2008 R2 标准版支持 4 路 SMP，Windows Server 2008 R2 企业版支持 8 路 SMP，Windows Server 2008 R2 数据中心版支持 32 路 SMP。又如 UNIX 服务器可支持最多 64/128 个 SMP 的系统，如 Sun 公司的 Enterprise10000 和 Solaris 10 最多支持 64 个 SMP。

SMP 系统中最关键的技术是优化多个处理器的协同工作问题。目前，企业级 PC 服务器均为多处理器结构，采用多处理器通信和协调技术后，PC 服务器将超过 4 个以上的处理器群分为多个组，每个处理器组都配有一个高速缓存系统。为保证系统间的高速通信，服务器主板采取了高速模块技术，使系统中每组处理器都能够独占一个 1333MHz 及以上的系统总线。有的主板还采用了多个独立的内存板，每个内存板占据一个单独的 1333MHz 及以上系统总线。在这些内存板、多组处理器模块和 I/O 总线之间采用一个高速的交换式总线系统，以保证其中任一组设备之间均可在高速系统总线上通信传输，从而使整个系统的传输带宽达到较高水平。

这些技术措施不仅有效地解决了传统的多处理器系统中的传输带宽瓶颈的问题，而且极大地提高了系统的整体性能，并且为系统集群提供了平稳的升级方案，为企业的关键性计算提供了高性能、高可用性的硬件平台。

6.1.4 内存储器

内存储器是 CPU 与外围设备沟通、存储数据与程序的部件，是程序运行的基础。在主机中，内存所存储的数据或程序有些是永久的，有些是暂时的，内存的结构、容量以及数据读写速度具有差异性。

1. DRAM 内存

FPM DRAM（Fast Page Mode Dynamic Random Access Memory，快速页面模式动态随机存取存储器）是一种改良过的 DRAM，一般是 168 线（SIMM，单列直插）的内存。DRAM 工作时，如果系统中想要存取的数据刚好是在同一列地址或是同一页（Page）内，则内存控制器就不会重复地送出列地址，而只需指定下一个行地址就可以了。

EDO DRAM（Extended Data Out DRAM，扩展数据输出 DRAM）存储器同 FPM DRAM 的结构和运作方式相同，速度比 FPM DRAM 快 15%～30%。不同点是缩短了两个数据传送周期之间等待的时间，使在本周期的数据还未完成时，即可进行下一周期的传送，以加快 CPU 数据的处理。EDO DRAM 目前广泛应用于计算机主板上，几乎完全取代了 FPM DRAM，工作电压一般为 5V，接口方式为 168 线（DIMM，双列直插）。

BEDO DRAM（Burst EDO DRAM，突发式 EDO DRAM）是一种改良式 EDO DRAM。它和 EDO DRAM 不同之处是 EDO DRAM 一次只传输一组数据，而 BEDO DRAM 则采用了突发方式运作，一次可以传输一批数据。一般 BEDO DRAM 能够将 EDO DRAM 的性能提高 40% 左右。由于 SDRAM 的出现和流行，使 BEDO DRAM 的需求量降低。

SDRAM（Synchronous DRAM，同步 DRAM）是目前十分流行的一种内存。工作电压一般为 3.3V，其接口多为 168 线的 DIMM 类型。它最大的特色就是可以与 CPU 的外部工作时钟同步，和 CPU、主板使用相同的工作时钟。如果 CPU 的外部工作时钟是 1333MHz，则送至内存上的频率也是 1333MHz。这样一来将去掉时间上的延迟，可提高内存存取的效率。

2. ECC 内存

ECC（Error Check Correct，错误检查与校正内存）提供了一个强有力的数据纠正系统。ECC 内存不仅能检测某一位错，而且它能定位错误和在传输到 CPU 之前纠正错误，将正确的数据传输给 CPU，允许系统进行不间断正常地工作。ECC 内存能检测到多位错（奇偶校验内存不能达到这一点），并能在检测到多位错时产生报警信息，但它不能同时更正多位错。

ECC 的工作过程是：当数据写到内存时，ECC 给数据的一个附加位加上识别码；当数据被回写时，存储的代码和原始代码相比较，如果代码不一致，数据就被标记为"坏码"，然后纠正坏码，并传输到 CPU 中。如果检测到多位错时，系统就会发出报警信息。

3. Chipkill 技术

Chipkill 技术是 IBM 公司为了解决目前服务器内存中 ECC 技术的不足而开发的，是一种新的 ECC 内存保护标准。ECC 内存只能同时检测和纠正单一比特错误，但如果同时检测出两个以上比特的数据有错误，则一般无能为力。

IBM 的 Chipkill 技术利用内存的子结构方法来解决这一难题。内存子系统的设计原理是，单一芯片，无论数据宽度是多少，只对一个给定的 ECC 识别码，它的影响最多为一比特。如若使用 4 比特宽的 DRAM，4 比特中的每一位的奇偶性将分别组成不同的 ECC 识别码，这个 ECC 识别码是用单独一个数据位来保存的，也就是说保存在不同的内存空间地址。因此，即使整个内存芯片出了故障，每个 ECC 识别码将最多出现一比特坏数据，这种情况完全可以通过 ECC 逻辑修复，从而保证内存子系统的容错性，保证服务器发生故障时有自愈能力。这种内存可以同时检查并修复 4 个错误数据位，保障了服务器的可靠性和稳定性。

4. Register 内存

服务器 24h 不停机工作，首要考虑的问题是稳定性。内存读写（数据）信号的质量和时序是影响机器稳定性的主要因数之一。Register 芯片能够改善输入信号的波形，还能增强信号的驱动能力，从根本上改善了信号的质量。Registered 工作模式能更好地同步信号，改善信号的时序。服务器随时处理大量数据，对内存容量会有较大的需求，Registered 内存能实现较大的容量。Registered 内存上的控制信号，通过 Register 芯片增强了驱动能力，最大能驱动 36 颗 SDRAM 芯片。这样，用相同容量的 SDRAM 芯片，可以实现更大的内存容量。Registered 内存以其优异的稳定性和较大的容量，在服务器、工作站和高端 PC 市场获得了大量的应用。

6.1.5　磁盘接口与 RAID

服务器作为信息资源管理设备，通常配置大容量存储（磁盘）系统。磁盘采用高性能 SCSI 接口或 SAS 接口，多块磁盘连接采用 RAID 技术，以提高数据的 I/O 效率和可靠性。

1. SCSI 接口

硬盘制造技术高速发展，已经制造出平均寻道时间小于 5ms、盘片转速达 15000r/min 的硬盘。硬盘性能大幅度提升，改善了服务器的数据存储性能。服务器存储容量大幅度提高，其 I/O 性能成为评价服务器总体性能的重要指标。支持 2 路 SMP 及以上的服务器，在近 10 年前基本上采用 SCSI（Small Computer Systems Interface，小型计算机机系统接口）总线存储设备，SCSI 技术曾经是服务器 I/O 系统主要标准之一。

SCSI 适配器使用主机 DMA（直接内存取）通道将数据传送到内存，可以降低系统 I/O 操作时的 CPU 占用率。SCSI 接口可以连接硬盘、光驱、磁带机、扫描仪等外设。外设通过专用线缆和终端电阻与 SCSI 适配卡相连，SCSI 线缆把 SCSI 设备串联成菊花链。SCSI 技术缺点是对连接设备有物理距离和设备数目的限制，同时总线式结构也带来了一些问题，如难以实现在多主机情况下的数据交换和共享。

SCSI 总线支持数据的快速传输。前些年主要采用的是 80Mbit/s 和 160Mbit/s 传输率的 Ultra2 和 Ultra3 标准。由于采用了低压差分信号传输技术，使传输线长度从 3m 增加到 10m 以上。近年来，SCSI 总线传输率达到 320Mbit/s（Ultra 4）和 640Mbit/s（Ultra 5），如表 6.2 所示。支持 2/4 路 SMP 以上的服务器多采用 320Mbit/s 的 SCSI 总线。

表 6.2　SCSI 接口类型与传输速率

类　型	Narrow（窄）		Wide（宽）	
	接　口	传 输 速 率	接　口	传 输 速 率
Fast	Fast SCSI	10 Mbit/s	Fast Wide SCSI	20Mbit/s
Ultra	Ultra SCSI	20Mbit/s	Ultra Wide SCSI	40Mbit/s
Ultra2	Ultra2 SCSI	40Mbit/s	Ultra2 Wide SCSI	80Mbit/s
			Ultra 3	160Mbit/s
			Ultra 4	320Mbit/s
			Ultra 5	640Mbit/s

2．SAS 接口

SAS（Serial Attached SCSI，串行 SCSI）是一种新型的磁盘接口，是取代 SCSI 的下一代企业级存储技术。与并行 SCSI 相比，SAS 能为服务器和企业级存储提供更高的 I/O 性能、扩展性和可靠性。SAS 是在 SATA 1.0（Serial Advanced Technology Attachment，串行高级技术附件）标准的基础上发展起来的。SATA 是一种完全不同于并行 ATA 的新型硬盘接口类型，SATA 总线使用嵌入式时钟信号，具备了更强的纠错能力。SATA 的优点是能对传输指令和数据进行检查，若发现错误会自动矫正，这在很大程度上提高了数据传输的可靠性。串行接口还具有结构简单、支持热插拔等优点。

SAS 的数据吞吐能力达到 3～12Gbit/s。SAS 利用扩展器简化了存储的系统配置。这种硬件扩展器实现了灵活的存储拓扑，最大可混接 16 256 块 SAS/SATA 硬盘。SAS 硬件扩展器的功能就像一台用来简化系统配置的交换机。SAS 优异的性能不仅取代了 SCSI，还以其数据高速吞吐能力和极具竞争力的性价比，占领高端光纤存储产品的市场份额，成为下一代硬盘市场的主流。

3．RAID 技术

RAID（Redundant Array of Independent Disks，独立磁盘冗余阵列）技术是将若干硬盘驱动器按照数据存储要求组成一个整体，整个磁盘阵列由阵列控制器管理。磁盘阵列提高了存储容量。多台磁盘驱动器可并行工作，提高了数据传输率。采用校验技术，提高了可靠性。如果阵列中有一台硬磁盘损坏，利用其他盘可以重新恢复损坏盘上的数据，数据恢复过程不影响存储系统正常工作，并可以在运行状态下更换已损坏的硬盘（即热插拔功能）。阵列控制器会自动将恢复数据写入新盘，或写入热备份盘，并将新插入阵列的盘做为热备份盘。另外，磁盘阵列通常配有冗余设备，如电源和风扇，以保证磁盘阵列的散热和系统的可靠性。常用的 RAID 技术系列，如表 6.3 所示。

表 6.3　常用的 RAID 技术系列

级　别	技　术	描　述	速　度	容错能力
RAID 0	磁盘分段	没有校验数据	磁盘并行 I/O，存取速度提高最大	数据无备份
RAID 1	磁盘镜像	没有校验数据	读数据速度有提高	数据 100%备份
RAID 2	磁盘分段+汉明码数据纠错		没有提高	允许单个磁盘错
RAID 3	磁盘分段+奇偶校验	专用校验数据盘	磁盘并行 I/O，速度提高较大	允许单个磁盘错，校验盘除外
RAID 4	磁盘分段+奇偶校验	异步专用校验数据盘	磁盘并行 I/O，速度提高较大	允许单个磁盘错，校验盘除外
RAID 5	磁盘分段+奇偶校验	校验数据分布存放于多盘	磁盘并行 I/O，速度提高较大，比 RAID 0 稍慢	允许单个磁盘错，无论哪个盘
RAID 6	磁盘分段+分层校验+总体校验	扩展 RAID 5 等级，数据冗余性能好	写入效率较 RAID 5 差	允许两个磁盘错，无论哪个盘

通常情况下，为了提高磁盘的存储性能，均采用 RAID 5 技术。磁盘系统设置 RAID 5 后，任意一块磁盘出现故障后，系统仍可运行，故障盘上的数据可通过其他盘上的校验数据恢复出来（此时速度要慢一些）。如果磁盘系统中有备份盘，则数据自动恢复到备份盘中。如果服务器具备热插拔硬盘，则在开机状态下即可换下故障硬盘（在同一时间内，只允许一块硬盘故障；若有两块硬盘同时出现故障，系统数据将无法恢复），数据将自动恢复到新硬盘上。

RAID 6 是在 RAID 5 基础上把校验信息由一位增加到两位的 RAID 级别。RAID 6 和 RAID 5 一样对逻辑盘进行条带化后存储数据和校验位，只是对每一位数据又增加了一位校验位。这样在使用 RAID 6 时会有两块硬盘用来存储校验位，增强了容错功能，同时会减少硬盘的实际使用容量。RAID 5 至少需要 3 块硬盘构成阵列，且只允许一块硬盘故障。RAID 6 可以允许两块硬盘故障，RAID 6 至少需要 4 块硬盘构成阵列。

6.1.6　网络存储与虚拟存储

1. 网络存储技术

网络存储技术是基于网络的磁盘存储技术。网络存储技术有三种：直连存储（Direct Attached Storage, DAS）、网络附加存储（Network Attached Storage, NAS）和区域存储网络（Storage Area Network, SAN）。在三种存储技术中，DAS 是直接与主机系统相连接的磁盘存储设备，也是计算机系统中最常用的数据存储方式。

NAS 是一种采用直接与网络磁盘相连的存储服务器。存储服务器要配置 IP 地址，客户机经过 NAS 授权后，通过网络可以访问 NAS，对 NAS 进行数据存取操作。

SAN 是一种采用服务器管理的大容量存储系统。SAN 中的磁盘系统采用光纤接口与支持磁盘块处理的光纤接口交换机连接，组成存储网络。服务器配置 HBA 卡（光纤存储卡），HBA 卡连接网络存储交换机，对大容量的磁盘存储阵列设备进行集中管理与分布式存取操作。SAN 为海量存储系统的构成提供了技术条件。

网络存储通信中使用到的技术和协议包括 SCSI、RAID、iSCSI 以及光纤信道等。光纤信道是一种提供存储设备相互连接的技术，支持高速通信（可达到 10Gbit/s）。与传统存储技术（如 SCSI）相比，光纤信道也支持较远距离的存储设备相互连接。iSCSI 技术支持通过 IP 网络实现存储设备间双向的数据传输，其实质是使 SCSI 连接中的数据连续化。通过 iSCSI，网络存储器可应用 IP 网络的任何位置。

2. 虚拟存储技术

虚拟存储是把多个存储介质模块（如硬盘、RAID）通过虚拟化技术成为一个整体，所有的存储模块在一个存储池（Storage Pool）中进行统一管理。从服务器和客户机的角度看到的不是多个硬盘，而是一个分区或者卷，就好像是一个超大容量（如 n 个 TB 以上）的硬盘。这种可以将多种、多个存储设备统一管理，为使用者提供大容量、高数据传输性能的存储系统，就称之为虚拟存储。

目前，从虚拟化存储的拓扑结构来看，主要有对称式和非对称式两种。对称式虚拟存储技术是指虚拟存储控制设备与存储软件系统、交换设备集成为一个整体，内嵌在网络数据传输路径中。非对称式虚拟存储技术是指虚拟存储控制设备独立于数据传输路径之外。从虚拟化存储的实现原理来看，也有两种方式，即数据块虚拟与虚拟文件系统。

6.1.7　远程管理与热插拔

1. BMC+IKVM 远程管理模块

目前，服务器均采用集成的 BMC（Baseboard Management Controller, 板管理控制器）+IKVM（集

成的键盘、视频、鼠标模块）远程管理模块。该远程管理模块采用 IPMI 2.0（Intelligent Platform Management Interface，智能平台管理接口）标准，支持 KVM-over-IP。采用 BMC+IKVM 远程管理卡，管理员可以远程连接服务器，使用浏览器可以对服务器进行监控，察看处理器、电源、风扇等关键部件的健康状况，如电压、风扇转速、温度等，及时了解服务器工作状况，对风险进行预估。

2. 热插拔技术

热插拔（Hot Swap）是指允许用户在不关闭系统、不切断电源的情况下取出和更换损坏的服务器硬盘、电源等部件，增强服务器在线解决故障、保障数据安全的功能。例如，局域网内的 WWW、E-mail、VOD、OA 等服务器，采用 RAID 5/6 管理磁盘，服务器应具备磁盘热插拔功能。如果没有热插拔功能，即使磁盘损坏不会造成数据丢失，用户仍需要关机，对更换故障硬盘。若服务器支持热插拔硬盘，只需简单打开连接开关或者转动手柄就可以直接更换故障硬盘，基本不影响服务器正常运行。服务器可以在不停机的情况下更换损坏的磁盘、风扇等，可减少硬件故障造成的停机时间，有效提升服务器的高可用性。

6.2　服务器配置与选型

6.2.1　服务器的性能与配置

通常，服务器的多处理器特性、内存容量、磁盘性能及可扩展性是选择服务器要考虑的主要因素。下面以 PC 服务器为例来说明服务器的性能要求及配置要点。

1. 运算处理能力

配置服务器时，习惯上感知 CPU 主频越高，服务器的性能就越好。然而，事实并非如此简单。通过性能测试结果分析，发现 CPU 运算速度只是影响服务器性能的主要因素之一。除了提升 CPU 的主频之外，还要优化多 CPU 协同处理的逻辑组合。

（1）处理器配置。多个处理器（CPU）组合使用，可以增强服务器整体计算能力。一般来说，服务器计算负载加大时，理论上多个处理器可以分担计算任务，实现负载均衡，从而提高服务器的计算性能。服务器性能受处理器芯片本身架构的影响，还受到数据总线速度、芯片组和控制器的影响。处理器是通过 CPU 的组合逻辑与计算机的其他组件或外部附件（如硬盘和光驱）进行数据通信。数据总线、芯片组及架构可以加速数据传输的速率，从而提高服务器整体计算性能。

处理器性能还受到缓存（Cache）的影响。处理器本身只有少量的存储单元，处理器是高速运算装置，处理器与内存单元或外设接口交换数据时，处理器的缓存单元可适配数据的高速 I/O 操作，加快重复性任务的执行速度，从而提高服务器的性能。

（2）CPU 主频、CPU 数量、L2 Cache 与服务器性能。CPU 主频与性能有这样一种关系，若 CPU1 主频为 $M1$，CPU2 主频为 $M2$，CPU1 和 CPU2 采用的是相同技术，$M2>M1$，且 $M2-M1<200\text{MHz}$，则配置 CPU2 较配置 CPU1 性能提升（$M2-M1$）$/M1×50\%$，通常称之为 CPU 的 50%定律。一般两块 CPU 的主频越接近，越符合此 50%定律。

Xeon（至强）系列 CPU 可支持大于 2 路的 SMP 系统。对于标准的不带 ATC 特点的 Xeon CPU（如 Tanner），扩展 CPU 所带来的性能增长情况为：1 CPU=1；2 CPU=1.74；4 CPU=3.0；8 CPU=5.0。例如，有一款可支持 8 路 SMP Xeon CPU 的高端服务器，假定系统的内存足够大，网络速度足够快，硬盘速度足够快，也就是增加 CPU 时系统不存在瓶颈。从一颗 Xeon CPU 扩展到 2 颗 Xeon CPU 时性能提升

70%；增加到 4 颗 Xeon CPU 时性能提升 200%；当 CPU 扩展到 8 颗时，系统性能是 1 颗 CPU 的 5 倍，即提升了 400%。

服务器采用多颗 CPU，L2 Cache 大小直接影响服务器的性能。例如，一个 4 路的 SMP 服务器，只安装一个 CPU 时，对内存访问几乎没有竞争。安装 2 颗或 4 颗 CPU 时，多个 CPU 同时访问内存时即出现竞争。L2 Cache 可以消解竞争，提升 CPU 并行处理能力。总的来说，CPU 越多，越大的 L2 Cache 给系统带来的性能越明显。例如，配置 2 个 CPU，L2 Cache 容量增加一倍，系统性能提高 3%～5%。配置 4 个 CPU，L2 Cache 容量增加一倍，系统性能提高 6%～12%。配置 8 个 CPU 时，L2 Cache 容量增加一倍，系统性能提高 15%～20%。

（3）IA64 体系结构。提高处理器的性能主要有两种途径：一是不断提高 CPU 的时钟频率和内部并行工作的流水线数量，使 CPU 在单位时间内进行更多的操作；二是开发处理器指令级的并行性，采用支持流水线高效地工作的分支预测、顺序执行等技术。但是这些技术均存在一些缺点，为此 Intel 公司和 HP 公司联合开发了一种称为"清晰并行指令计算（EPIC）"的全新系统架构技术 IA64。

EPIC 技术能在原有的条件下最大限度地获得并行能力，并以明显的方式传达给硬件。同时，在 EPIC 技术的基础上定义了一种新的 64 位指令架构（ISA）。Intel 将此技术融入其 IA64 架构之中。新的 64 位 ISA 采用全新的方式，把清晰并行性能与推理和判断技术结合起来，从而大大跨越了传统架构的局限性。EPIC 技术支持的 IA64 架构，打破了传统架构的顺序执行限制，使并行能力达到了新的水平。预测、判断功能与并行功能的创新应用，使 EPIC 技术打破了传统架构的局限性（如错误预测分支、存储等待等）。

（4）内存/最大内存扩展能力。当内存充满数据时，处理器就需要到硬盘（或虚拟内存）读取或写入新的数据。而内存的速度要比硬盘快约 10 000 倍，所以处理器对硬盘的写入或读取要比内存慢很多。因此，计算机拥有的内存越大，处理器就越少地到硬盘中寻找更新的数据，从而使处理器的速度提高，服务器的计算性能也就越高。升级内存是提高系统性能的一个非常好的方式，成本不高，效果很好。服务器内存一般都采用的是 ECC EDO 内存或 ECC SDRAM 内存。

2．磁盘驱动器的性能指标

目前，PC 服务器硬盘均采用 SAS 接口。硬盘驱动器的性能主要由硬盘主轴转速、单碟容量、内部传输速率及缓存等因素决定。

（1）主轴转速。主轴转速是一个在硬盘的所有指标中除了容量之外，最应该引人注目的性能参数，也是决定硬盘内部传输速度和持续传输速度的第一决定因素。硬盘转速主要有 7 200r/min、10 000r/min 和 15 000r/min。从目前情况看，15 000r/min（传输速率 6Gbit/s）及以上的 SAS 硬盘具有性价比高的优势，是目前服务器硬盘的主流。

（2）内部传输率。内部传输率的高低是评价一个硬盘整体性能的决定性因素。硬盘数据传输率分为内、外部传输率，通常称外部传输率为突发数据传输率或接口传输率（如 SAS 的 6Gbit/s），指从硬盘的缓存中向外输出数据的速度。内部传输率也称最大或最小持续传输率，是指硬盘在盘片上读写数据的速度。由于硬盘内部传输率要小于外部传输率，所以只有内部传输率才可以作为衡量硬盘性能的标准。

（3）单碟容量。单碟容量具有提高硬盘总容量的作用，还有提升硬盘数据传输速度的作用。单碟容量的提高得益于磁道数的增加和磁道内线性磁密度的增加。磁道数的增加对于减少磁头的寻道时间大有好处。因为磁片的半径是固定的，磁道数的增加意味着磁道间距离的缩短，这样磁头从一个磁道转移到另一个磁道所需要的就位时间就会缩短。这将有助于随机数据传输速度的提高。磁道内线性密度的增加使得每个磁道内可以存储更多的数据，从而在碟片的每个圆周运动中有更多的数据被磁头读至硬盘的缓冲区里,提升硬盘的 I/O 效能。

（4）平均寻道时间。平均寻道时间是指磁头移动到数据所在磁道需要的时间，这是衡量硬盘机械性能的重要指标，一般为 3～13ms。

（5）高速缓存。提高硬盘高速缓存的容量，也是提高硬盘整体性能的措施。因为硬盘内部数据传输速度和外部传输速度不同，因此需要缓存空间承担 I/O 速度适配器。缓存的大小对于硬盘的持续数据传输速度有着极大的影响，它的容量有 512KB、2MB、4MB，甚至 8MB 或 16MB。服务器进行视频处理、影像编辑等要求大量磁盘输入/输出的工作，大的硬盘缓存是非常理想的选择。

3. 系统可用性

系统的可用性指标可用两个参数进行简单地描述：一个是平均无故障工作时间（MTBF），另一个是平均修复时间（MTBR）。系统可用性 = MTBF/(MTBF+MTBR)。也就是说，如果系统的可用性达到 99.9%，则每年的停止服务时间将达 8.8h；当系统的可用性达到 99.99% 时，年停止服务时间是 53min；当可用性达到 99.999% 时，每年的停止服务时间只有 5min。

网络时代的企业，信息服务停止带来的损失无疑是巨大的。据国外权威机构对 400 家企业的调查，普通企业一次关键应用的停机平均损失达每小时 1 万美元，金融企业每小时的停机损失高达 100 万美元。通过调查发现，造成系统停止服务的主要原因有 3 个：其一，硬件故障，在整个停机原因中占 30%；其二，操作系统和应用软件故障，占整个停机原因的 35%，其三是由于操作失误、程序错误和环境故障，占整个停机原因的 35%。

提高系统的可用性必须从硬件和软件两个方面入手。硬件产品其故障发生的概率与其投入运行的时间成正比，运行的时间越长，则出现故障的概率越大。提高硬件系统的可用性，必须要在故障出现时能够保证系统继续服务。硬件冗余技术可以很好地解决这一问题，通过对关键部件的冗余设计，可以做到当系统中出现硬件故障时由冗余部件自动接替服务，不会造成系统停机。软件系统故障产生难以有效预测，如何减少软件恢复的时间，是提高系统可用性的一个重要课题。快速恢复软件系统、降低平均修复时间，可达到提高可用性的目的。同时，还要强化用户操作培训和机房供电及制冷管理，使人为造成的故障因数降到最低。

4. 服务器硬件的冗余

系统硬件可用性在很大程度上取决于组成部件的品质。对系统正常运行造成重大影响的部件有硬盘、风扇、电源等。对服务器的关键部件进行冗余设计，可以大大提高服务器的可用性。硬件冗余的基础是合理有效地对系统运行状态进行监控，在及时发现故障的前提下启动冗余部件代替故障部件工作。

（1）磁盘冗余。通过配置热插拔硬盘，并使用 RAID 2 或 RAID 5/6 技术，可以避免磁盘阵列中某块硬盘损坏造成的服务器故障。

（2）电源冗余。热插拔冗余电源正常工作时，两台电源各输出一半功率，从而使每一台电源都工作在轻负载状态，这有利于电源长时间稳定工作。当其中一台电源发生故障时，可短时由另一台电源接替其工作。系统管理员可以在不关闭系统的情况下更换损坏的电源。采用热插拔冗余电源可以避免服务器因电源损坏而造成的停机。

（3）网卡冗余。采用自动控制的冗余网卡，当系统正常工作时多网卡自动分摊网络流量，使系统的网络通信带宽提高。当有网卡损坏或出现线路故障时，其工作自动切换到其他网卡，不会因网络通道故障或网卡故障影响正常服务。

（4）冷却冗余。采用冗余风扇，系统工作正常时，主风扇工作，备用风扇不工作，同时对风扇转速或主机芯片温度进行实时监测。发现机箱内温度过高时自动报警并启动备用风扇，当主风扇出现故障或转速低于规定转速时自动启动备用风扇。这样，可以避免主风扇损坏或者机房温度过高时，导致服务器内部温度升高产生的工作不稳定或停机现象。

（5）双机冗余。双机集群（热备）正常工作时，通过以太网和 RS232 口互相进行监测，并不断完成同步操作，数据保存在共享磁盘阵列中。当任何一台服务器出现故障时，另一台服务器将快速接管服务，其切换时间仅需 1～2min。双机冗余可以有效提升服务器硬件系统的高可用性。

5. 数据吞吐能力

服务器对 I/O 的要求表现在总线带宽、I/O 插槽数量等几个方面。总线带宽是指系统事务处理的快慢，I/O 插槽数量表现在其扩展能力上。前一段时间，PC 服务器的 I/O 标准主要有两种：一种是 Future I/O 技术，另一种是 NGIO 技术，现在两者已统一成 SYSTEM I/O。这种 I/O 技术的宗旨是提高服务器 CPU 向网卡或存储磁盘阵列传输数据的速度和可靠性，一般采用交换结构（Switched Fabric，SF）方法，就像局域网一样交换信息，其最大优点是系统内单一部件失效不会导致整台计算机瘫痪。

6. 可管理性

作为一个关键指标，可管理性直接影响企业使用 PC 服务器的方便程度。良好的可管理性主要包括人性化的管理界面，硬盘、内存、电源、处理器等主要部件便于拆装、维护和升级；具有方便的远程管理和监控功能，具有较强的安全保护措施等。PC 服务器的故障主要来自硬盘、电源、风扇等部件，若这些部件出现故障而造成停机或是数据丢失，那么这样的 PC 服务器的可管理性是非常差的。在正常情况下，系统必须支持这几类部件有可能出现故障时的隐患提示信号，如硬盘故障隐患指示灯、电源故障隐患指示灯等。

7. 可扩展性/可伸缩性

选择 PC 服务器时，首先应考虑系统的可扩展能力，即系统应该留有足够的扩展空间，以便于随业务应用的增加对系统进行扩充和升级。这种可扩展性主要包括处理器和内存的扩展能力。例如，支持几颗 CPU，支持最大内存的数量，支持内存频率从 1333MHz 提升到 1600MHz；SCSI（SAS）卡可支持多少硬盘，这些硬盘接口数量是否满足需求等，以及外部设备的可扩展能力和应用软件的升级能力。

6.2.2　服务器产品选型

选择服务器时，要重视服务器的高可用性、高稳定性和高 I/O 吞吐能力，以及易操作和易维护等方面的性能。服务器的易故障部件，如磁盘、电源的结构冗余和性能尤为重要。除此外，还应关注系统软、硬件的网络监控技术，远程管理技术，系统灾难恢复功能等。

1. 文件服务器和通信服务器

快速的 I/O 是这类应用的关键，硬盘 I/O 吞吐能力是主要瓶颈。因为文件服务器主要用来进行读/写操作。RAM 数量对其性能的影响没有其他因素大，文件不可能长时间待在内存中，也存在着可以驻留在缓存中的文件大小的限制。如果访问服务器的客户机数量较多，且存取文件比较频繁，则增加内存并扩大缓存将可提升系统性能。

2. 数据库服务器

数据库应用包括各种基于关系数据的信息管理、联机事务处理、数据挖掘分析、商业信息管理、科技目录索引、智能计算与决策支持等应用。用户在 PC 上通过数据库管理客户端程序，访问服务器端的事务逻辑处理进程。服务器所起的作用就像一个中心管理者，它通过高速处理器计算和快速的磁盘响应，完成一些列数据操作的请求。

通常，数据库服务器的配置要比文件/打印服务器增加更多的硬件投资，特别是在处理器、内存储器和磁盘等方面。例如，客户机发送订货单数据查询，服务器要及时响应与处理，并将结果返给客户机，该过程一般不超过 3s。当多台客户机并发访问数据库服务器时，势必加重服务器处理器、内存和磁盘子系统的负担。

因此，数据库服务器需要采用对称多路处理器（如 2 路或 4 路 SMP）技术、大容量（如 16~64GB）内存和快速 I/O 吞吐能力（如 15 000r/min 的 SAS 接口）的磁盘。

3. Web 服务器

Web 服务器的典型功能有两个。第一，响应客户机 HTTP 请求的静态 HTML 文件。如果访问 Web 站点的用户量很大，增大服务器内存可以改善服务器响应用户请求的性能。当服务器内存增大后仍不能有效改善响应性能时，可采用双机负载均衡技术。第二，用 JSP 或 ASP 脚本程序、Java 等服务端应用和 ISAPI 库，动态地生成 HTML 代码，或作为数据库中间服务器。该功能要求服务器既要有较大的内存，还要有较高的 CPU 处理能力。如果访问 Web 站点的用户量很大，可采用双路对称处理器的服务器（部门级）。当双 CPU 配置的服务器仍不能有效改善响应性能时，可考虑采用四路对称处理器的服务器（企业级），或者采用双路对称处理器结构的双机或多机负载均衡技术。Web 应用集中在数据交互操作和事务逻辑处理流程中，需要频繁读写硬盘，这时硬盘的 I/O 性能也将直接影响服务器整体的性能。可采用 15000r/min 的 SAS 接口（6Gbit/s 及以上）磁盘系统。

4. 部门办公服务器

部门办公服务器的主要作用是完成文件共享和打印服务。这类应用对硬件要求较低，一般采用单 CPU 即可。为了给打印机提供足够的打印缓冲区需要较大的内存，为了应付频繁和大量的文件存取要求有快速的硬盘子系统，好的性能可以提高服务器的使用效率。部门频繁运行各种网络应用程序，服务器可采用双 CPU 结构。双 CPU 的服务器可以提高应用程序运行的速度，大的内存可以保证在用户数量较多时保持较高的服务性能，快速大容量硬盘子系统同样有利于提高系统整体性能。

5. 按照用户数量选型

中小企业选择服务器考虑的问题有多个方面。中小企业正处在创业和发展的关键时期，有限的资源必须充分和高效地利用，应该从实际出发选择满足目前信息化建设的需要，又不投入太多资源的解决方案。通常一个少于 500 个客户端的中小企业局域网采用高性能部门级服务器就可以满足要求。由于中小企业发展速度较快，快速增长的业务不断对服务器的性能提出新的要求，为了减少更新服务器带来的额外开销和对业务的影响，服务器应当具有较高的可扩展性，可以及时调整配置来适应企业的发展。另外，由于人员紧张，无法保证专业的网络维护人员，这就要求服务器产品具有非常好的易操作性和可管理性，当出现故障时无需专业人员也能将故障排除。

综上所述，中小企业可以选择一些国内品牌的产品。经过多年的努力，国产服务器的质量水平已经非常接近国外著名产品，特别是 PC 服务器产品，国产品牌的性价比具有较大的优势，如浪潮、曙光服务器等。

6.2.3 网络操作系统选型

目前，网络操作系统产品较多，为网络应用提供了良好的可选择性。操作系统对网络建设的成败至关重要，要依据具体的应用选择操作系统。一般情况下，网络系统集成人员应具有网络通信平台和资源平台的建构能力。选择什么操作系统，要根据网络系统集成工程师、网络管理员的技术水平和对网络操作系统的使用经验而定。如果在工程实施中选一些大家都比较生疏的服务器和操作系统，有可能使工期延长，不可预见的费用加大，可能还要请外援，系统培训、维护的难度和费用也要增加。

网络操作系统分为两大类：一类是采用英特尔处理器（Intel Architecture，IA）架构的 PC 服务器的操作系统家族（如 Windows Server，Linux）；另一类是采用 Sun、IBM、HP 等公司的标准 64 位处理器架构的 UNIX 主机操作系统家族。UNIX 主机品质较高，价格昂贵，装机量少而且可选择性也不高。一般根据应用系统平台的实际需求，估计好费用，瞄准某一两家产品去准备即可。与 UNIX 服务器相比，Windows Server 服务器品牌和产品型号可谓 "应有尽有"，一般在中小型网络中普遍采用。

在同一个网络系统中，可采用不同的操作系统。选择时可结合 Windows Server、Linux 和 UNIX 的特点，在网络中混合使用。通常 WWW、FTP、OA 及管理信息系统服务器上可采用 Windows Server 平台。E-mail、DNS、Proxy 等 Internet 应用可使用 Linux/UNIX。这样既有 Windows Server 应用丰富、界面直观、使用方便的优点，又可以享受到 Linux/UNIX 稳定、高效的好处。

除了以上问题外，还要考虑操作系统和应用软件的备份和自动恢复功能。当操作系统或应用软件工作正常且性能良好时，系统管理员只需进入备份程序并在程序验证用户身份后即可进行备份操作。当系统发生软件故障时，通过类似的方法可在短时间内使系统恢复到备份时的状态（包括系统配置，用户信息，应用软件），免去了重装系统的烦恼，降低了系统停止服务的时间和费用。

6.2.4　网络数据库选型

多年来，数据库系统一直是支撑网络信息资源系统的核心。小到企事业内部的人事工资档案管理、财务系统；中到铁路、民航区域性的联机售票系统；大到跨国集团公司的数据仓库、全国人口普查、气象数据分析等，数据库都担当着重要角色。可以这么说：哪里有网络，哪里就有数据库。

目前比较流行的网络数据库有：Oracle 11g、Microsoft SQL Server 2008、MySQL 5.5、IBM DB 2 V7.1 等服务器产品。一般情况下，Oracle 11i 在 UNIX 系统下使用，MySQL 在 Linux 系统下使用，Microsoft SQL Server 在 Windows Server 系统下使用。

6.3　操作系统安装与配置

Windows Server 2008 是目前先进的 Windows Server 操作系统，用于推动下一代网络、应用程序和 Web 服务的发展。使用 Windows Server 2008，可以开发、发布和管理丰富的应用程序，提供安全的网络体系结构，并可以提高组织内部的技术效率和价值。

6.3.1　Windows Server 2008 的功能概述

Windows Server 2008 继承了 Windows Server 以往版本的优点，提供了有价值的新功能，并对基础操作系统提供了强大的功能改进。新的 Web 工具、虚拟化技术、安全增强和管理实用程序可降低成本，为信息技术基础结构提供了坚实的基础。

1. 版本与硬件配置需求

Windows Server 2008 简体中文版分 Web、Standard（标准）、Enterprise（企业）和 Datacenter（数据中心）四个版本。各个版本均提供了 32 位和 64 位（处理器）系统版。

Web 版最大支持 2 个 CPU，只支持 Web 服务，主要用于托管 Web 站点，或者托管面向 Internet 或 Intranet 的 Web 应用。和其他三个版本支持的 Web 功能类似，支持 Internet 信息服务（Internet Information Services，IIS）7.0、ASP.NET 和 Windows.NET Framework，通过组合使用这些技术，可以在 Web 环境中共享应用服务。

Standard 版支持双路或四路对称处理器（SMP）系统，在 32 位版本中最大支持 4GB 内存，在 64 位系统上可支持 32GB 内存。它主要可用于中小型网络的域名服务，如使用 DNS 进行域名解析，使用动态主机分配协议（DHCP）实现 IP 地址自动分配，基于 TCP/IP 的文件管理服务、打印和传真服务。

Enterprise 版的 32 位系统支持 32GB 内存，Enterprise 版的 64 位系统支持 2TB 内存。它们主要用于大中型网络环境，支持最多 8 个节点集群功能。Enterprise 版可作为 Web 服务、数据库应用、流媒体服务、视频会议等服务器的操作系统平台。

Datacenter 版是支持最少 8 个 CPU，最多 64 个 CPU 的服务器系统。该版本不仅包含了 Enterprise 版的所有功能，而且支持大于 8 个节点的集群功能。通过使用超大规模内存技术，32 位系统支持 64GB 内存，64 位系统支持 2TB 内存。

2. 技术优势与特色

（1）优化的 Web 平台。支持 Web 服务器的 IIS7.0 是一个优秀的 Web 服务平台，集成了 IIS 7.0、ASP.NET、Windows 通信、Windows Workflow Foundation 和 Windows SharePoint Services 5.0，简化了 Web 服务器管理。IIS7.0 提供了简化的、基于任务的管理界面，更好的跨站点控制，增强的安全功能，以及集成的 Web 服务运行状态管理。

（2）支持虚拟化。Windows Server 2008 的虚拟化技术，可在一个服务器上虚拟化多种操作系统，如 Windows、Linux 等。服务器操作系统内置的虚拟化技术和更加简单灵活的授权策略，具有良好的易用性优势及降低网站组建成本。

（3）增强的安全性。Windows Server 2008 加强了操作系统安全性，并进行了安全创新，包括 Network Access Protection（网络访问保护）、Federated Rights Management Services（联邦版权管理服务）、Read-Only Domain Controller（"只读"域控制器）。这些用于安全的组件，可为网络、数据和业务提供最高水平的安全保护。

网络访问保护能够隔离不符合组织安全策略的计算机，并提供网络限制、更正和实时符合性检查功能。联邦版权管理服务提供了一个综合性信息保护平台，可对敏感数据提供持续性保护，降低风险及保证符合性。"只读"域控制器可支持部署 Active Directory Domain Services（活动目录域服务），同时限制整个 Active Directory（活动目录）数据库的复制，以便更好地防止服务器的信息泄露或被窃取。

6.3.2　安装 Windows Server 2008 中文版

在安装 Windows Server 2008 之前做好包括检查日志错误、备份文件、断开网络、断开非必要的硬件连接等准备工作，是确保系统能够顺利安装的重要条件，不可忽视。此外，由于 Windows Server 2008 对硬盘的空间要求比较大，所以，系统分区大小设置也是非常重要的，一般至少需要 10GB。为了保证系统更好运行以及为安装更新或是给安装其他软件做准备，建议设置为 40GB 或者更大。

Windows Server 2008 可以采用全新安装、升级安装、通过 Windows 部署服务远程安装以及 Server Core 安装等多种安装方式，用户可根据适用环境的不同选择最佳的安装方式。系统安装主要有以下几个步骤。

（1）设置一般硬件（SCSI、RAID 等），选择安装、修复或快速安装。

（2）选择语言、时区和键盘。

（3）输入产品密钥。

（4）选择安装的版本。

（5）接受许可协议。

（6）选择安装的类型。

（7）对磁盘进行操作，创建分区或格式化磁盘。

（8）开始复制文件、展开文件、安装文件。

（9）第一次运行前的配置、更改 Administrator 的密码。

（10）为用户设置加载配置文件。

（11）安装完毕后进入 Windows Server 2008 登录界面。

安装 Windows Server 2008 的文件至少需要 2GB 的可用磁盘空间，建议要创建或指定的分区大小应大于最小需求，分区的大小为 10~30GB 就可以了。

在"管理员密码"对话框中，输入最多不超过 127 个英文字符的密码。为了具有最高的系统安全性，密码长度至少为 9 个字符，建议采用大写字母、小写字母、数字及其他字符（如*、？、$等）的混合形式。由于，管理员帐户（Adminstrator）在 Windows Server 2008 中的特殊性，考虑到系统的安全性，用户要格外重视这个帐户。

6.3.3　配置 Windows Server 2008 服务器

Windows Server 2008 是一个多任务操作系统，它能够按照需要以集中或分布的方式处理各种服务。这些"服务"包括文件服务器、打印服务器、应用程序服务器、终端服务器、远程访问/VPN 服务器、DNS 服务器、域控制器、WINS 服务器、多媒体服务及 DHCP 服务器等。Windows Server 2008 可以提供一种服务，也可以提供多种服务。

系统重新启动以后，以管理员（Adminstrator）身份登录，屏幕上将出现服务器管理器程序。利用它可以轻松地进行服务器配置。用户也可以通过"开始"→"管理工具"→"服务器管理器"来配置服务器。从"初始配置任务"窗口中或"服务器管理器"中打开添加角色向导之后，可看到下列可用于安装的角色（主要功能）。

（1）Active Directory 证书服务。Active Directory 证书服务提供可自定义的服务，用于创建并管理在采用公钥技术的软件安全系统中使用的公钥证书。可使用 Active Directory 证书服务，将个人、设备或服务的标识与相应的私钥进行绑定来增强安全性。Active Directory 证书服务还包括允许在各种可伸缩环境中管理证书注册及吊销的功能。

（2）Active Directory 域服务。Active Directory 域服务（ADDS）存储有关网络上的用户、计算机和其他设备的信息。ADDS 帮助管理员安全地管理此信息，并促使在用户之间实现资源共享和协作。此外，为了安装启用目录的应用程序（如 Microsoft Exchange Server）并应用其他 Windows Server 技术（如"组策略"），还需要在网络上安装 ADDS。

（3）Active Directory 联合身份验证服务。Active Directory 联合身份验证服务 (AD FS) 提供了单点登录（SSO）技术，可使用单一用户帐户在多个 Web 应用程序上对用户进行身份验证。ADFS 通过在伙伴组织之间，以数字声明的形式、安全联合或共享用户标识和访问权限等形式完成单点登录操作。

（4）应用程序服务器。应用程序服务器提供了完整的解决方案，用于托管和管理高性能分布式业务应用程序。例如，.NET Framework、Web 服务器支持、消息队列、COM+、Windows Communication Foundation 和故障转移群集之类的集成服务，有助于在整个应用程序生命周期（从设计与开发直到部署与操作）中提高工作效率。

（5）动态主机配置协议 (DHCP) 服务器。动态主机配置协议允许服务器将 IP 地址分配给作为

DHCP 客户端启用的计算机和其他设备，也允许服务器租用 IP 地址。通过在网络上部署 DHCP 服务器，可为计算机及其他 TCP/IP 网络设备自动提供有效的 IP 地址及这些设备所需的其他配置参数（称为 DHCP 选项）。这些参数允许它们连接到其他网络资源，如 DNS 服务器、WINS 服务器及路由器。

（6）DNS 服务器。域名系统（DNS）提供了一种将名称与 Internet 数字地址相关联的标准方法。这样，用户可使用容易记住的名称代替一长串数字来访问网络计算机。在 Windows 上，可以将 Windows DNS 服务和动态主机配置协议 (DHCP) 服务集成在一起。这样，在将计算机添加到网络时，就无需添加 DNS 记录了。

（7）文件服务。文件服务提供了实现存储管理、文件复制、分布式命名空间管理、快速文件搜索和简化的客户端文件访问等技术。

（8）网络策略和访问服务。网络策略和访问服务提供了多种方法，可向用户提供本地和远程网络连接及连接网络段，并允许网络管理员集中管理网络访问和客户端健康策略。使用网络访问服务，可以部署 VPN 服务器、路由器和受 802.11 保护的无线访问；还可以部署 RADIUS 服务器和代理，并使用连接管理器管理工具包来创建允许客户端计算机连接到网络的远程访问配置文件。

（9）打印服务。可以使用打印服务管理打印服务器和打印机。打印服务器可通过集中打印机管理任务来减少管理工作负荷。

（10）通用描述、发现和集成 (UDDI) 服务。UDDI 服务提供了通用描述、发现和集成 (UDDI) 功能，用于在组织的 Intranet 内、Intranet 或 Internet 上的业务伙伴之间共享有关 Web 服务的信息。UDDI 服务通过更可靠和可管理的应用程序提高开发人员和 IT 专业人员的工作效率。使用 UDDI 服务，可以促进现有开发成果的重复使用，从而避免重复劳动。

（11）Web 服务器 (IIS)。使用 Web 服务器(IIS)可以共享 Internet、Intranet 或 Extranet 上的信息。它是统一的 Web 平台，集成了 IIS 7.0、ASP.NET。IIS 7.0 还具有安全性增强、诊断简化和委派管理等特点。

（12）Hyper-V 虚拟服务器。Hyper-V 虚拟服务器可创建和管理虚拟机及其资源。每个虚拟机都是一个在独立执行环境中运行的虚拟化计算机系统。这允许一台服务器可以同时运行多个操作系统。

6.4　DNS 服务器安装与配置

域名系统（Domain Name System，DNS）是进行域名解析的服务器。在 Internet 或 Intranet 等 TCP/IP 网络中，DNS 可进行正向解析（域名→IP 地址），也可进行反向解析（IP 地址→域名）。

6.4.1　DNS 服务器安装与配置

在安装了 Windows Server 2008 的计算机上配置 DNS 服务，要确认其已安装了 TCP/IP 协议。先将服务器的 IP 地址设为静态，并设置 TCP/IP 协议的 DNS 配置。如果系统还没有安装 DNS 服务，则需要手工安装 DNS 服务。操作步骤如下。

（1）安装 DNS。在"服务器管理器"控制台中运行"添加角色向导"，当显示"选择服务器角色"对话框时，选中"DNS 服务器"复选框。然后选择"网络服务"，打开详细信息，如图 6.1 所示。选中"域名系统（DNS）。单击"下一步"按钮根据提示完成 DNS 服务安装。

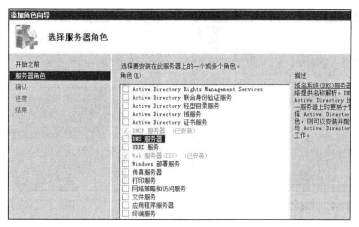

图 6.1　安装 DNS 服务器

（2）启动 DNS 管理器，配置域名服务器。安装好 DNS 服务后，单击"开始"，指向"管理工具"，单击"DNS"。在弹出的域名服务管理器的主窗口中，鼠标右键单击"正向查找区域"，然后单击"新建区域"，启动"新建区域向导"，如图 6.2 所示。

图 6.2　DNS 管理器操作

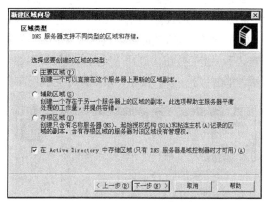

图 6.3　区域类型选择

（3）区域类型选择。"新建区域向导"启动后，单击"下一步"按钮。进入选择区域类型操作，如图 6.3 所示。可选择的区域类型包括如下三种。

主要区域：创建可以直接在此服务器上更新的区域的副本。

辅助区域：标准辅助区域从它的主 DNS 服务器复制所有信息。主 DNS 服务器可以是为区域复制而配置的 Active Directory 区域、主要区域或辅助区域。

存根区域：存根区域只包含标识该区域的权威 DNS 服务器所需的资源记录。

（4）设置区域名称。在"区域名称"对话框中输入需要解析的域名。如果这个域名能够在 Internet 网上解析，则需要向域名注册机构申请，并在此框中写入此域名，如图 6.4 所示。

（5）设置区域文件。单击"下一步"按钮，弹出"区域文件"对话框，系统默认将把域名后再加上一个"DNS"作为文件名，如图 6.5 所示。

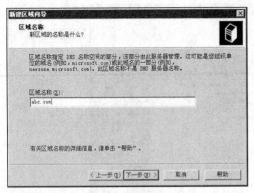

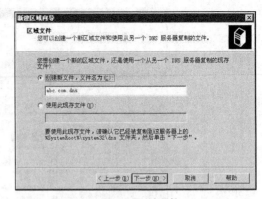

图 6.4　区域名称　　　　　　　　　　　　图 6.5　区域文件

（6）设置动态更新。单击"下一步"按钮，弹出"动态更新"对话框，如图 6.6 所示。动态更新用于指定这个 DNS 区域接受安全、不安全或非动态的更新区域数据。可选择"不允许动态更新"，单击"下一步"按钮完成区域名称的创建。

需要注意的是，如果该计算机是域控制器，新的正向搜索区域选择 Active Directory 集成的区域，则区域名称必须与基于 Active Directory 的域的名称相同。例如，如果基于 Active Directory 的域的名称为"abc.com"，那么有效的区域名称就是"abc.com"。

（7）设置反向查找区域。鼠标右键单击"反向查找区域"对话框，在弹出的"新建区域向导"中单击"下一步"按钮，打开"反向查找区域名称"对话框，在对话框中输入反向域名名称，如图 6.7 所示。单击"下一步"按钮，按照向导完成反向查找区域的配置。

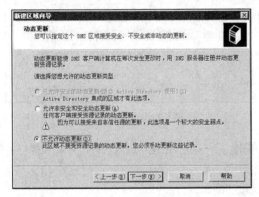

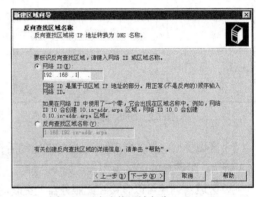

图 6.6　动态更新　　　　　　　　　　　　图 6.7　反向查找区域名称

（8）添加记录。在 DNS 管理控制窗口中选中"abc.com"，鼠标右键单击，在菜单中选择"新建主机"选项，填入主机名称及对应的 IP 地址，如图 6.8 所示。www.abc.com 对应的 IP 地址就是 192.168.0.2。同样的操作，可以添加多台主机名称与 IP 地址相对应的记录。

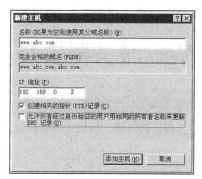

图 6.8 域名对应 IP 地址

6.4.2 客户机 DNS 设置与测试

（1）客户机的 DNS 设置。安装 DNS 服务器后，即可在客户机启用 DNS 服务。例如，客户机为 Windows XP，其 IP 地址为：192.168.0.3，默认网关为：192.165.0.1（该网关为子网路由地址）。需在"Internet 协议 （TCP/IP）"属性中，输入该域名服务器的 IP 地址：192.168.0.2，如图 6.9 所示。如果在 DHCP 服务中设置了 DNS 的信息，则在对话框中选择"自动获得 DNS 服务器地址"选项即可。

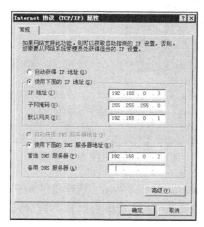

图 6.9 TCP/IP 属性

（2）域名解析验证。为了测试所进行的设置是否成功，通常采用的"ping"命令来测试。格式为："ping www.abc.com"。域名解析测试，如图 6.10 所示。

图 6.10 域名解析测试

6.5　Web 服务器安装与配置

Windows Server 2008 通过 IIS 7.0 实现 Web 服务器。IIS 7.0 采用完全模块化的安装和管理方式，增强了安全性和自定义服务器，减少了攻击的可能，简化了诊断和排错功能。

6.5.1　安装 IIS 7.0

要实现 Web 服务器，必须先安装 IIS。具体操作步骤如下。

（1）打开"服务器管理"窗口，运行"添加角色向导"，显示"选择服务器角色"页面，选中"Web 服务器（IIS）"复选框，如图 6.11 所示。

图 6.11　"选择服务器角色"页面

（2）单击"下一步"按钮，显示如图 6.12 所示"选择角色服务"页面，可以根据实际需要选择欲安装的组件，只需选中相应的复选框即可。连续单击"下一步"按钮，即可完成 Web 服务器的安装。

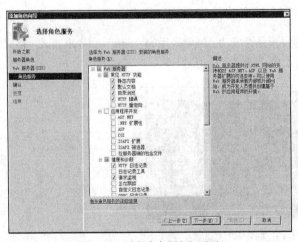

图 6.12　"选择角色服务"页面

图 6.13　测试结果

（3）为了检测 Web 服务器安装是否正常，在局域网中的一台计算机上，通过 IE 浏览器来连接测试该服务器网址。如果测试结果如图 6.13 所示，则证明 Web 服务器安装正常，否则就需要检查服务器或网络以排除故障。

6.5.2　Web 服务器的设置

安装完成 IIS 7.0，并对 Web 站点的相关知识了解之后，就可以建立 Web 站点了。Web 站点的设置步骤如下。

（1）为 Web 站点创建主页。

（2）将主页文件命名为 Default.htm 或 Default.asp。

（3）将主页复制到 IIS 默认或指定的 Web 发布目录中。默认 Web 发布目录也称为主目录，安装程序提供的位置是\Inetpub\wwwroot。

（4）单击"开始"→"管理工具"→"Internet 信息服务（IIS）管理器"命令，打开如图 6.14 所示窗口。

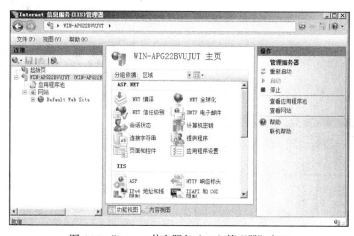

图 6.14　"Internet 信息服务（IIS）管理器"窗口

（5）在"Internet 信息服务（IIS）管理器"窗口中，选择默认站点"Default Web Site"，可设置默认 Web 站点各种配置，对 Web 站点进行操作。鼠标右键单击"Default Web Site"选项，在快捷菜单中选择"编辑绑定"命令，显示如图 6.15 所示的"网站绑定"对话框。默认端口为 80，IP 地址为"*"，表示绑定所有 IP 地址。

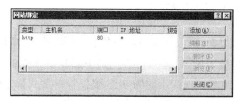

图 6.15　"网络绑定"对话框

（6）选择该网站，单击"编辑"按钮，显示"编辑网站绑定"对话框。在"IP 地址"下拉列表中，选择指定的 IP 地址（如 192.168.0.2）。在"端口"文本框中，设置 Web 站点的端口号（默认 80）。在主机名文本框中输入 IP 地址对应的域名（www.abc.com），如图 6.16 所示。

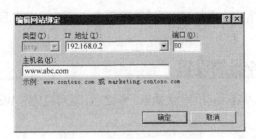

图 6.16　"编辑网络绑定"对话框

（7）在"Internet 信息服务（IIS）管理器"窗口中选择 Web 站点，在右侧的"操作"栏中单击"基本设置"超级链接，显示如图 6.17 所示的"编辑网站"对话框，在"物理路径"文本框中输入网站的新主目录路径即可。单击"编辑权限"超级链接，可编辑 Web 站点的访问权限，如图 6.18 所示。

图 6.17　输入站点主目录的路径

图 6.18　编辑 Web 站点的访问权限

（8）如果网络具有域名解析系统（DNS），那么访问者可以简单地在其浏览器地址栏中输入 Web 服务器域名（如 www.abc.com）访问站点；如果网络没有域名解析系统，则访问者必须输入 Web 服务器的 IP 地址（如 192.168.0.2）。

6.5.3　多域名与 IP 地址指派

IIS 提供了虚拟 Web 网站功能，可以在同一台服务器上创建多个 Web 网站。各个 Web 网站可分别拥有各自独立的 IP 地址、端口或者域名。当需要在网络中部署多个 Web 网站时，虚拟网站功能非常有用。用户在访问这些网站时，就如同访问不同的 Web 服务器一样，不会影响网站的功能。

无论 Intranet 还是 Internet，都可以按以下三种方式在运行 Windows Server 2008 的单台服务器上创建多个 Web 站点。

（1）将 Web 站点的端口号附加到 IP 地址上。

（2）使用多个 IP 地址，每个 IP 地址都有自己的网络适配卡。

（3）使用主机名将多个域名和 IP 地址指派给同一个网络适配卡。

例如，某中学校园网 Web 系统建设，可采用如图 6.19 所示的方案。网络管理员可将 Windows Server

2008 和 IIS 一并安装在学校网络中心的服务器上，这样便产生了一个默认的 Web 站点，如 http://www.lfyz.cn。该学校是由三个分校组成的，每个分校也要有自己"主页"，从 Web 系统建设与管理维护成本考虑，宜采用集中方式进行建构、管理与维护。所以，网管员又创建两个"额外的"Web 站点，分别对应于另外两个分校。

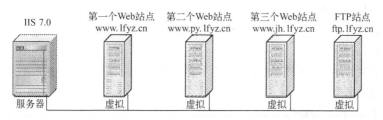

图 6.19　多个域名和 IP 地址指派给同一个网络适配卡

　　虽然这些 Web 站点位于同一服务器上，但 www.lfyz.cn、www.py.lfyz.cn 和 www.jh.lfyz.cn 及 ftp.lfyz.cn 看起来都像是唯一的 Web 站点。这些分校站点具有相同的安全选项，就好像它们存在于独立的服务器上一样。这是因为，每个站点均有自己的访问和管理权限设置。此外，管理任务可以分配给每个分校的成员。在一台服务器上创建多个虚拟站点，使用主机名将多个域名和 IP 地址指派给同一个网络适配卡。当创建大量的虚拟站点时，要考虑服务器的性能，包括 CPU、内存、磁盘 I/O 操作以及网卡性能等的限制，并根据需要进行升级。

习题与思考

　　1. 网络资源系统为什么要用服务器？服务器典型用途可分为哪几类？

　　2. 试比较 CISC 和 RISC 处理器的特点，说明服务器 CPU 的发展趋势。

　　3. 简要叙述对称多处理器技术、ECC 内存技术以及 SCSI 宽带高性能存储技术。

　　4. 某学校校园网需要建立门户网站、教学管理信息系统、身份认证系统、网络教学资源及视频点播（VOD）等服务器系统。请按照实用、好用、够用的原则，设计服务器系统解决方案。方案具体要求如下。

　　（1）配备高性能部门级服务器，在资金有限的情况下，说明教学管理系统、身份认证系统、门户Web 网站，教学资源 FTP，教学视频课程点播（VOD）以及 DNS 服务器硬件配置，包括 CPU 的个数，RAM 的大小，磁盘容量的大小以及是否要采用 RAID 技术。

　　（2）服务器操作系统选型，各类信息服务采用什么组件。

　　（3）教学管理系统、身份认证系统采用双机集群备份，画出服务器系统架构拓扑图。

网　络　实　训

　　1. Windows Server 2008 的安装与配置

　　（1）实训目的。了解安装与配置 Windows Server 2008 服务器的过程，掌握 Windows Server 2008 的正确安装与配置方法。

　　（2）实训资源、工具和准备工作。建议实训用计算机具有 Pentium133Hz 以上的 CPU；至少 2GB 的内存；至少 20GB 的硬盘，并有 5GB 空闲空间。

（3）实训内容。直接用启动软盘或 Windows Server 2008 光盘启动，进行 Windows Server 2008 的安装与基本配置，包括：为 Windows Server 2008 选择或创建一个分区，选择 Windows 2008 组件，安装与设置活动目录域控制器，创建与管理用户账号，创建与管理用户组。

（4）实训步骤。

① 安装 Windows Server 2008 服务器。

② 设置计算机名称（NS1）、IP 地址（192.168.10.2）、子网掩码（255.255.255.0）、网关（192.168.10.1）等参数，测试网卡是否正常。

③ 安装与设置活动目录域控制器，创建与管理用户账号，创建与管理用户组。

④ 写出实训总结报告。

2. DNS 服务的配置与管理

（1）实训目的。了解 DNS 的定义和功能，学习在 Windows Server 2008 下安装 DNS 服务器，在网络上使用 DNS 域名解析。

（2）实训内容。安装 Windows Server 2008 下的 DNS 服务，配置 DNS 服务，测试 DNS 服务，管理 DNS 服务。安装 Windows XP 客户机，配置客户机的 IP 地址、子网掩码、DNS 服务器的地址；在客户端测试 DNS 功能。

（3）实训案例。假设某公司需建立一台域名服务器，该公司使用 C 类私有网络地址 192.168.0.0。公司域名注册为 abc.com；要解析的服务器有：www.abc.com （192.168.0.2）Web 服务器，ftp.abc.com（192.168.0.2）FTP 服务器。

（4）实训环境。安装并配置好的网络通信环境（交换机 1 台、UTP 线若干条）。安装了 Windows Server 2008 的 PC 1 台（服务器），安装了 Windows XP 的 PC 2 台。

（5）实训步骤。① 配置客户机的 IP 地址（192.168.0.10）、子网掩码（255.255.255.0）、DNS 服务器的地址（192.168.0.2）。② 客户端命令行方式下，用 ping 命令测试 DNS 工作是否正常。

（6）写出实训报告。

3. Web（FTP）站点的配置与管理

（1）实训目的：了解 Web 站点的设置过程，掌握 Web 站点的基本属性配置。

（2）实训资源、工具和准备工作。

① 安装并配置好的 Windows Server 2008。

② 该服务器安装并配置好了 DNS 服务。

③ 安装并配置好的 Windows XP 或 Windows 7 客户机。

④ 服务器与客户机均与网络连接（用 ping 命令测试客户机与服务器均为连通状态）。

（3）实训内容。

① 安装 IIS7.0 服务器，启动 Internet 服务。

② 在 Web 站点上发布信息，允许匿名登录。

③ Web 站点目录安全属性配置，允许身份认证登录。

（4）实训步骤。

① 安装 IIS 服务器，启动 Internet 服务。

② 激活 Web 站点，在客户端浏览器地址栏输入 Web 站点的域名（http://www.abc.com）或地址（http://192.168.0.2），测试 Web 站点是否正常。

③ 写出实训报告。

第7章

服务器存储与集群管理

本章简要介绍服务器存储技术、服务器备份与恢复技术以及双机集群工作机制。重点介绍 Windows Server 2008 的数据备份与恢复，Web 服务器双机集群负载平衡与配置。通过两种典型案例，简要说明服务器集群与虚拟化应用以及服务器集中存储应用。通过本章学习，达到以下目标。

（1）理解 NAS、SAN 及 iSCSI 的技术要点和应用范围，会按照服务器存储应用需求，设计 NAS、FC SAN、IP SAN 技术解决方案。

（2）理解数据备份与恢复工作模式及原理，掌握 Windows Server 2008 的数据备份与恢复设置方法，能够设计服务器数据备份与恢复方案，实施数据备份与恢复配置操作。

（3）理解服务器集群工作模式与原理，掌握 Windows Server 2008 集群设置方法，能够设计服务器集群与负载平衡方案，实施双机集群与负载平衡配置操作。

（4）理解服务器虚拟化和集中存储特点，初步掌握服务器虚拟化、数据集中存储技术路线，能够设计中小规模数据中心解决方案。

7.1　服务器的存储技术

目前，服务器存储技术有 DAS、NAS、SAN 和 IP SAN。DAS 是服务器机箱内的硬盘，NAS 是 TCP/IP 网络的专用于存储的服务器，SAN 是采用光纤通道的面向数据块的大容量存储系统，IP SAN 是采用 iSCSI 协议的支持数据块的大容量存储系统。

7.1.1　DAS 技术

服务器的基本存储技术是直接附加存储（Direct Attached Storage，DAS），又称服务器附加存储（Server Attached Storage，SAS）。DAS 将存储设备直接与服务器外设存储接口相连，安装在服务器机箱内，作为服务器的组成部分，如图 7.1 所示。DAS 设备可以是磁盘、磁带、磁盘阵列或磁带库，其中磁盘阵列是服务器的常用设备。

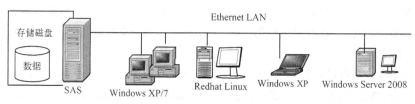

图 7.1　DAS 存储模式

DAS 是服务器的标准配置，是操作系统、应用软件和数据文件的存储设备。客户机访问服务器上的数据，要通过服务器 I/O 总线访问存储设备，服务器实际上起到一种存储转发数据的作用。服务器配置多块硬盘（如3块及以上，采用 RAID5 等）是中小型局域网流行的数据存储模式。该模式的优点是存储容量扩展简单、易管理，投入成本少。由于，DAS 是服务器的组成部分，服务器使用时要注意以下问题。

（1）服务器到存储设备容易形成瓶颈。当连接服务器的客户机增多时，服务器的 I/O 总线将成为一个潜在瓶颈，并且会影响服务器的性能，甚至会导致服务器应用系统崩溃。

（2）影响数据的可用性。一旦服务器出现故障，数据也不能被访问。

（3）存储设备分散，不便于管理监控。由于每台服务器都要配存储设备，因此当网络规模增大时会成倍地增加网络的管理成本，会导致资源利用率低下。

（4）容易造成硬盘空间浪费。服务器配置硬盘，一般情况下，该硬盘使用频度与应用系统有关，若某系统的用户较少，系统产生的数据也少，即造成了存储空间浪费。

（5）多个服务器均要进行数据备份时，备份管理难度加大。

采用网络存储技术可有效地解决以上问题。

7.1.2 NAS 技术

网络附加存储（Network Attached Storage，NAS）是面向文件存储和共享的网络存储技术，NAS 的简便、高效特点，是中小型局域网的文件存储解决方案。

1. NAS 的组成

NAS 是连接在 TCP/IP 网上的专用存储设备，也是一个文件共享服务器。这种专用存储服务器舍弃了通用服务器原有的一些计算功能，仅提供文件存储与共享功能，大大降低了存储设备的成本。为了提高 NAS 设备的数据传输效率，专门优化了服务器软硬件体系结构，采用多线程、多任务的网络操作系统内核，处理来自网络的 I/O 请求，不仅响应速度快，而且数据传输速率也很高。

NAS 采用 1 000Mbit/s 网卡连接局域网，如图 7.2 所示。数据存储操作时，客户机发送数据读/写请求给 NAS 服务器，NAS 服务器先检查缓存，找到目标数据即访问磁盘缓存，然后将数据返回给客户机。检查缓存区未找到目标数据，则访问磁盘将数据返回给客户机，同时在请求的数据完成后发送请求完成消息。

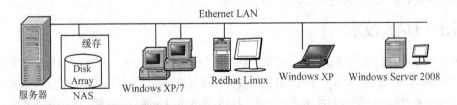

图 7.2　NAS 存储模式

采用 NAS 技术，客户机对存储设备的数据访问不需要由服务器转发，而是直接进行数据存取。NAS 与通用服务器对比，具有更快的数据存取速度，便于实现海量数据共享。

2. NAS 的特点

NAS 由高性能磁盘阵列组成，通过文件系统的集中化管理，实现资源共享，允许一个异构（多协议）环境中的多个客户机和其他服务器共享数据。与传统存储技术相比，NAS 主要有以下使用特点。

（1）易于安装。NAS 设备的安装简单，只需将 NAS 服务器连接到交换机上，分配一个 IP 地址即可，几分钟内就可完成安装并运行。

（2）易于部署。NAS 设备部署位置灵活，可以安装在数据中心机房内；也可安装在其他机房，设置 IP 地址与网络连接。一般情况下，可将 NAS 部署在访问频率高的地方，以便缩短用户访问 NAS 的时间，提高 NAS 的利用率。

（3）易于使用和管理。客户机不需安装任何额外软件，NAS 服务器设置、升级及管理均可通过 Web 浏览器远程实现。网管员可方便地设置用户或用户组访问 NAS 服务器的权限。

（4）跨平台使用。NAS 支持 Windows、UNIX、Mac、Linux 和 Netware 等不同操作系统，如图 7.2 所示，不同操作系统的文件可以共享，具有文件服务器的特点。

（5）数据可用性较高。采用 RAID5 技术，NAS 可保证磁盘数据安全与完整。采用嵌入式操作系统，具有很强的稳定性和可靠性。

NAS 直接和以太网相连，其安全性存在着一定的问题。通常为了确保安全性，需要通过防火墙设置保护 NAS 安全的规则。大量数据存储都通过网络完成，增加了网络的负载，特别不适合于音频、视频数据的存储。灾难恢复比较困难，通常需要一个专门的定制方案。

7.1.3　SAN 技术

存储区域网络（Storage Area Network，SAN）是一种类似于局域网的高速存储网络，SAN 通过光纤通道交换机将多台服务器和光纤磁盘阵列连接在一起，组成存储区域网络。

1. SAN 的组成

SAN 是一个存储网络，主要由光纤磁盘阵列、光纤通道（Fibre Channel，FC）交换机组成，简称 FC SAN，如图 7.3 所示。SAN 支持各个存储子系统，如磁盘阵列、磁带库等协同操作，支持多个磁盘阵列之间远距离光纤连接，支持多个磁盘阵列集约管理，使海量存储成为多台服务器的共享资源。

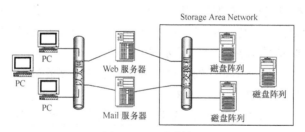

图 7.3　SAN 存储模式

服务器配置主机总线适配卡（Host Bus Adapter，HBA）连接光纤通道交换机。SAN 位于服务器后端，通过光纤通道交换机，将多个磁盘阵列集成为独立于 LAN 的海量存储设备，磁盘存储间数据传输速率为 1 000Mbit/s。SAN 网络与 LAN 网络通过光交换机相隔离，SAN 上的数据传输、备份和恢复不影响 LAN 的性能。服务器可以访问 SAN 上的任何存储设备（如磁盘阵列），客户机的各类 I/O 请求也是直接发送到存储设备。

2. SAN 的特性

SAN 适合数据中心大量与频繁的数据存储处理，与 NAS 相比其具有以下特性。

（1）高可用性。SAN 采用冗余架构（光交换机 2 台及以上，服务器和磁盘阵列与光交换机均为冗余连接），可保障数据存储处理的连续性与稳定性，也可实现数据高效备份。

（2）高性能。SAN 和服务器采用数据块通信，通过光交换技术，SAN 可高速（2.5Gbit/s）传输数据块。数据传输时分成小数据块，SAN 在通信节点（服务器、磁盘阵列等）上的处理时间更少。因而，

SAN 传送大量的数据块时非常有效，适用于存储密集型的数据中心。

（3）易于扩展。SAN 通过光交换机可连接大量的磁盘阵列，其存储扩展能力极强，可以满足企业数据快速增长的需求。存储设备与服务器之间采用多对多连接方式，提高了数据存储处理的灵活性和可扩充性。

（4）支持异构系统。支持异构的服务器系统（服务器硬件异构和操作系统异构），可以确保企业网络的灵活发展。

（5）支持集中管理和远程管理。集中式管理软件使得远程管理和无人值守得以实现。

3. SAN 的应用场合

SAN 作为网络存储设施，旨在提供灵活、高性能和可扩展的存储环境，擅长在服务器和存储设备之间传输数据存储处理频次高、数据流大的应用。特别适于以下应用场合。

（1）数据库应用。响应时间快、高可用性和高可扩展性的关键业务数据库应用。

（2）数据备份与恢复。数据完整性高及高可靠的集中存储备份，保证关键数据的安全。SAN 能显著减少数据备份和恢复的时间，同时减少企业网络上的数据流量。

（3）海量存储。例如，图书馆、企业或组织的数据中心。

（4）远程存储。SAN 内部高速光交换通信，可扩大 SAN 设备间的距离，采用单模光缆可达到 40km。数据中心通过部署关键业务的远程数据复制，可提高容灾能力。

7.1.4 IP SAN 技术

SAN 使用光纤连接，成本相对较高。NAS 为独立设备，数量多时管理繁琐。这样，介于 SAN 和 NAS 间的 iSCSI 存储技术受到关注，该技术也称为 IP SAN 技术。

1. IP SAN 的组成

IP SAN 主要由存储设备（iSCSI 协议的磁盘阵列）和 IP 网络（含服务器、客户机和 iSCSI 网关等）组成。数据存储通过 TCP/IP 网络传送 SCSI 命令（SCSI over IP）访问 iSCSI 设备，如图 7.4 所示。iSCSI 设备在 IP 网络上传输 iSCSI 数据块，需要 3 个步骤。

（1）iClient（初始化程序）代码重新确定 SCSI 指令通过 IP 网络的路径。

（2）iSCSI 目标代码从 IP 网络接收 SCSI 指令。

（3）随后将 SCSI 指令直接发送到嵌入式存储（iSCSI 设备）或 FC SAN（iSCSI 网关）。

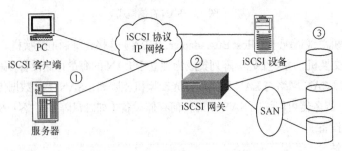

图 7.4 iSCSI（IP 上的 SCSI）设备

iSCSI 也是一种 SAN 技术，是在 FC SAN 上加前级进行数据存储处理。iSCSI 协议模型，如图 7.5 所示。

iSCSI 和 NAS 的根本区别在于 iSCSI 基于数据块传输，而 NAS 基于文件传输；与 FC SAN 的根本区别在于 iSCSI 是通过 IP 网络传输的，而 SAN 是通过光纤通道（FC）网络传输。

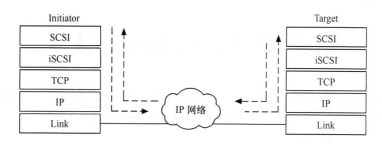

图 7.5　iSCSI 协议模型

2.　IP SAN 实现方式

iSCSI 在实现上有两种不同的方式。一种是在服务器上安装 iSCSI 设备驱动，通过 iSCSI 协议传送 I/O 请求，目标存储设备（磁盘阵列或磁带库）可以直接连接到 iSCSI LAN 上，如图 7.4 所示。采用吉比特 IP 网络搭建 IP SAN，数据传输速率在 80～90Mbit/s，如果是全双工模式的交换机，可以达到 160Mbit/s 左右。相比光纤通道 190Mbit/s（全双工 360Mbit/s）的传输速率还是有明显差距的。

另一种方式采用路由器（如 Cisco 5420 iSCSI 路由器）连接 FC SAN，即通过 iSCSI 路由器整合 FC SAN 和 IP SAN。将 FC SAN 和 iSCSI 网络整合，提供局域网、广域网和 FC SAN 设备之间的互操作。这样，通过 iSCSI 和光纤两种方式都可以访问 IP 网络中通用的存储设备，也可以通过 IP 网络访问 FC SAN 中的存储设备，从而改善存储资源的可管理性及可用性。

一个完整的 iSCSI 网络存储结构是由 iSCSI 服务端和客户端两部分组成的。iSCSI 服务端包括服务器及其连接的 iSCSI 网络。服务器与交换机连接使用 iSCSI 主机总线适配卡（Host Bus Adapter，HBA）。iSCSI HBA 具有网卡功能，需要支持 TCP/IP 协议栈以实现协议转换的功能。

客户端一般是 Windows XP 或 Linux 系统，iSCSI 客户端必须能够通过网络访问到服务端。iSCSI 不必通过文件系统直接存取磁盘系统，特别适合基于 IP 网络的数据库应用环境。

7.1.5　存储技术比较

DAS、NAS、FC SAN 和 IP SAN 的性能特点比较，如表 7.1 所示。NAS 是基于 IP 网络的存储，FC SAN 是基于光纤通道的存储。NAS 支持文件级的数据访问，作为独立的文件服务器，支持异构环境下的文件共享。SAN 支持数据块级的数据访问，更适合海量数据存储。

IP SAN 是一种采用 iSCSI 协议的存储设备，具有即插即用特点。每一个远程用户端对该存储设备的访问效果基本接近于本地直接访问 SCSI 盘。iSCSI 基于 IP，具有 SAN 大容量集中开放式存储优点，这对于众多中小企业来说，无疑具有巨大的吸引力。

表 7.1　DAS、NAS、FC SAN 与 IP SAN 的比较

项　目	DAS 特点	NAS 特点	FC SAN 特点	IP SAN 特点
设计理念	存储设备	存储设备	存储网络	存储网络
适配器	SCSI 或 SAS 适配器	以太网适配器	光纤通道适配器	以太网适配器
传输单位	块 I/O	文件 I/O	块 I/O	块 I/O
数据传输协议	SCSI，SAS	TCP/IP	FC（光纤通道）	TCP/IP
管理方式	在服务器上管理	在存储设备上管理	在服务器上管理	在服务器上管理
性价比	性能适中、成本低	性能适中、成本低	性能高、成本较高	性能较高、成本适中

7.2 数据备份与恢复技术

数据备份与恢复是服务器的基本工作，也是预防数据丢失、损坏等灾难的必要措施。本节在介绍数据备份与恢复的基本知识基础上，重点介绍 Windows Server 2008 中的 Windows Server Backup 功能，以及数据备份与恢复的具体实现方法。

7.2.1 备份与恢复概述

服务器硬件故障、软件错误、病毒和人为误操作等是数据丢失、损坏的最主要原因。据统计，50%以上的数据损坏是磁盘故障或软件错误造成的，40%以上的数据丢失是病毒及人为错误操作造成的，自然灾害造成的数据丢失大约 10%。

1. 备份与恢复的概念

数据备份是保留一套完整的数据副本，做到有备无患。其目的是为了预防事故（如磁盘故障、病毒破坏和人为损坏等）造成的数据损失。数据恢复是将数据恢复到事故之前的状态。数据备份与恢复是相互对应的两种操作，数据恢复是备份操作的逆过程。备份是恢复的前提，恢复是备份的目的，无法恢复的数据备份是没有意义的。

数据备份不是简单的数据复制（拷贝）。数据复制是将数据文件拷贝到存储介质上，妥善保管数据文件副本。当数据遭到意外损坏或者丢失时，再将保存的数据副本恢复到数据系统中。单纯的数据复制无法提供数据文件的历史记录，也无法备份系统状态等信息，不便于系统完全恢复。完善的备份必须在数据复制的基础上，提供对数据复制的管理，整体解决数据备份与恢复技术问题。

2. 存储设备容错

存储设备容错是采用结构冗余（2 个及以上的存储设备组合在一起）保障系统连续运行。如 Raid 5 的多磁盘（3 块以上）冗余阵列，Raid 1 的双磁盘镜像，服务器双机集群容错、双机集群热备份等。如果服务器及存储硬件损坏，备用设备能立即接替主设备的工作。

存储设备容错可有效地防止硬件故障，是高可用的数据保护技术。但是从逻辑视角看，数据实际上只有一份，无法防止逻辑上的错误。如果发生人为误操作（如误删文件）、病毒破坏（数据丢失）和数据传输错误（电磁干扰）等，导致数据发生错误后，这些错误将同时复制到用于容错的存储介质。

存储设备容错的目的是为了保证系统数据的高可用性，以及系统不间断的稳定运行。数据备份则是将整个系统的数据或状态保存下来，以便挽回因事故带来的数据损失。保存的数据副本处于离线状态。备份数据的恢复需要一定的时间，在此期间系统是不可用的。

硬件容错不能作为数据备份的唯一解决方案。硬件容错与数据备份软件结合起来，在硬件级和软件级两个层面上，可以为服务器系统提供更为完善的安全保护。

3. 备份软件及特性

专业的数据备份是软件级备份，即通过备份软件将系统数据保存到其他存储介质上。当系统出错时，可将系统恢复到备份时（出错前）的状态。因为，备份介质和服务器是分开的，错误不会复写到介质上，这种方法可以完全防止逻辑错误。因此，只要保存足够长时间的历史数据，就能够恢复正确的数据。用这种方法进行备份和恢复需要花费一定时间。

基于文件的小型数据库，可以用备份文件的方法备份数据库。网络环境中，大中型数据库服务器要提供 24 小时不间断服务，数据库文件一直处于打开状态，不能用简单的文件备份方法备份数据库。此类数据库服务器本身具有数据备份与恢复功能，专业的数据备份能够将数据从正在运行的数据库文件中提取出来，实现在线备份。

专业的备份系统要使用存储备份设备和备份软件，是一种完整的备份解决方案。具有备份作业集中管理、跨平台备份与恢复、自动化备份与恢复、大型数据库备份与恢复、系统灾难恢复、备份设备与介质管理，以及安全与可靠等特性。

7.2.2　备份类型与方法

1. 备份分类

数据备份，按照位置、介质、时间、对象、状态等，一般可以划分为以下类别。

（1）根据备份设备的相对位置不同，可分为本地备份和远程（异地）备份。

（2）根据备份介质的不同，可分为磁带备份、磁盘备份和光盘备份等。

（3）根据备份时间的不同，可分为即时备份（立刻进行备份）和定时备份。

（4）根据备份的自动化程度，可分为手工备份和自动备份。自动备份包括按照备份时间计划的定时自动备份和满足备份条件的自动备份。

（5）按照备份数据的在线状态和备份的实时性，可分为冷备份（离线备份、非实时备份）和热备份（在线备份、实时备份）。

（6）根据备份对象不同，可分为文件备份和映像备份。映像备份（Image copies）是指不压缩、不打包、直接拷贝的独立文件（数据文件、归档日志、控制文件），类似于操作系统级的文件备份，而且只能拷贝到磁盘中，不能复制到磁带中。

（7）根据数据备份的计算机存储方式不同，可分为单机备份和网络备份。单机备份与 DAS 存储结构相适应，备份设备（如磁盘、磁带和光盘等）直接连接服务器。这种备份系统较简单，备份系统直接将服务器硬盘上的数据保存到备份设备中，如图 7.6 所示。

网络备份是在多台服务器组成的网络中，部署专用备份服务器，在数据服务器上部署备份代理软件，使用专业备份管理软件将网络上任一服务器的数据，通过网络集中备份到备份服务器上，如图 7.7 所示。网络备份是一种流行的备份体系，能满足实时备份、远程数据保护及快速系统恢复等要求。

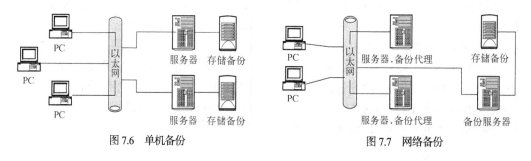

图 7.6　单机备份　　　　　　　　　　　图 7.7　网络备份

2. 备份方法与特点

备份数据方法主要有完全备份（Full Backup）、增量备份（Incremental Backup）和差异备份（Differential Backup，也称为差分备份或差量备份）3 种类型。这 3 种备份方法的含义、优点、不足及应用范围，如表 7.2 所示。

表 7.2　完全备份、增量备份和差异备份的比较

	完全备份	增量备份	差异备份
含义	对服务器上的所有数据进行完全备份，包括系统文件和数据文件	只对上一次备份后增加的和修改过的数据进行备份	对上一次完全备份（而不是上次备份）之后新增加的和修改过的数据进行备份
优点	简单明了，便于恢复，利用整个系统的完整副本，可以一次性恢复数据	没有重复的备份数据，可缩短备份时间，快速完成备份，而且能够节省备份介质存储空间	备份存储空间小于增量备份存储空间。恢复数据时，只需要两份数据，一份是上一次完全备份，另一份是最新的差异备份
不足	如果数据量很大，完全备份需要花费较长时间。如果每天对系统进行完全备份，在备份数据中就有大量是重复的。例如，操作系统与应用程序，这些重复的数据占用了大量的备份介质空间，对用户来说就意味着增加了成本	因数据冗余可能产生备份介质存储空间不足的问题；可靠性较差，备份数据的份数太多；当发生灾难时，恢复数据比较麻烦，需要按顺序恢复每次备份的数据	如果某一次完整备份的资料丢失，所有的备份就全没有了。当发生灾难时，将无法恢复数据
应用范围	适用于数据量小，或者数据小且需要绝对保障数据安全的应用（较常用）	适用于快速备份且备份介质空间有限的应用（不常用）	适用于各种备份场合（常用）

从表 7.2 中可看出，完全备份所需时间最长，但恢复时间最短，操作方便。当系统中的数据量不大时，采用完全备份最可靠。

增量备份只备份上一次备份后新增加的和修改过的数据。优点是没有重复的备份数据，既节省磁盘空间，又缩短了备份时间。但是，一旦发生灾难，恢复数据则比较麻烦，因而实际应用中一般不采用这种方式。

差异备份吸收完全备份和增量备份的优点，克服其不足，无需每天都做系统完全备份。因此，备份所需时间短，并节省空间，灾难恢复方便。系统管理员只需要两份数据（一份是上一次完全备份，另一份是最新的差异备份），就可以完全恢复系统。

7.2.3　网络存储备份技术

目前，流行的网络存储结构是 IP-SAN、FC-SAN 和 NAS。与存储结构适配的网络备份技术有基于 NDMP 的 NAS 备份，SAN 结构的 LAN-free 备份和无服务器备份。

1. 基于 NDMP 的 NAS 备份

NAS 设备为网络存储带来了即插即用的方便性，但是每个 NAS 设备是一个孤岛，要实现多个 NAS 设备的集中备份就成了难题。为了解决此难题，Network Appliance 和 Legato Systems 两个存储厂商共同开发了 NDMP（网络数据管理协议），解决了文件服务器与备份设备的通信问题。支持 NDMP 的 NAS 设备、NDMP 磁带机（磁带库）与备份服务器之间可以建立网络连接，如图 7.8 所示。NAS 设备通过 NDMP 协议将数据直接发送给备份设备，数据备份不经过用户网络，即不影响用户网络带宽。NDMP 突出特性是将控制通道和数据通道分离，NAS 设备与备份服务器之间传递备份操作命令，NAS 设备与备份设备（如磁带机）之间传输数据。

图 7.8　基于 NDMP 的 NAS 备份

例如，Veritas NetBackup 的 NAS 备份解决方法是：NetBackup 服务器通过 NDMP 协议将备份、恢复和控制指令提交到安装有磁带机等设备的 NAS 服务器中；而 NAS 服务器支持 NDMP，配置有 NDMP 备份/恢复工具，负责执行 NetBackup 发出的 NDMP 指令，控制磁盘阵列、磁带机进行数据备份。此外，大型的存储设备可以在 NAS 服务器之间、NetBackup 主服务器/介质服务器与 NAS 服务器之间，通过 NDMP 实现充分共享。不过，NDMP 不是强制性的标准，不可能涵盖所有产品。

2. LAN-free 备份

LAN-free 备份是指释放网络资源的数据备份方式。在 SAN 架构中，LAN free 备份的实现机制如图 7.9 所示。备份数据只简单地从 LAN 中"搬移到"SAN 中，备份服务器向应用服务器发送指令和信息，指挥应用服务器将数据通过 SAN 直接从磁盘阵列中备份到磁带库中。在整个备份过程中，充分体现了 SAN 技术优势，备份数据流不经过用户网络，即不影响用户网络带宽。应用服务器通过 FC 交换机或路由器与磁盘阵列或磁带库等存储设备相连。通常，磁盘阵列作为主存储介质，磁带作为备份用的辅助存储介质。

图 7.9　基于 SAN 的 LAN-free 备份

这种方式也有一些不足，如备份数据处理进程需要服务器协同、会消耗服务器计算资源等。另外，恢复性能难以适应所有应用需求，仅支持映像级恢复而不支持文件级恢复。

3. 无服务器备份

无服务器备份（Server less Backup）是在 LAN-free 备份的基础上的进一步改进，克服了 LAN-free 备份需要服务器协同的问题，从而全面释放网络和服务器计算资源，由 SAN 上独立的备份管理系统将各个服务器的备份工作接管过来，在 SAN 的两种存储设备之间（典型地是磁盘阵列与磁带之间）实现数据的直接传送。

网络存储没有取代传统的主机式备份结构，而是促进了传统备份系统性能的提高。目前，网络备份系统采用虚拟化架构。如采用 VMware Virtual SAN™将 SAN 中的多个磁盘阵列虚拟化成存储与备份资源池，为云计算中的虚拟服务器提供存储与备份介质。

7.3　服务器备份与恢复管理

Windows Server 2008 的备份与恢复工具包括 Windows Server Backup、命令行工具、Windows PowerShell，可以使用 Windows Server Backup 备份整个服务器（所有卷）、选定卷或系统状态，可以恢复卷、文件夹、文件、某些应用程序和系统状态。另外，在出现类似硬盘故障时，可以使用整个服务器备份和 Windows 恢复环境执行系统恢复，这样可将整个系统还原到新的硬盘中。

7.3.1　安装 Windows Server Backup

Windows Server 2008 的 Windows Server Backup 功能由 Microsoft 管理控制台（MMC）管理单元

和命令行工具组成。Windows Server Backup 管理单元不能用于 Windows Server 2008 的"服务器核心"安装选项。若要对装有"服务器核心（特定服务正常运行的最小环境）"的计算机运行备份，需要使用命令行或从另一台计算机远程管理备份。

Windows Server Backup 的安装步骤如下。

（1）单击"开始"→"服务器管理器"选项，打开服务器管理器。在左窗格中单击"功能"选项，然后在右窗格中单击"添加功能"选项，此时会打开添加功能向导。在添加功能向导的"选择功能"页中，展开"Windows Server Backup 功能"选项，然后选中"Windows Server Backup"和"命令行工具"及"Windows PowerShell"对应的复选框，如图 7.10 所示。

图 7.10　选择功能

（2）单击"下一步"按钮，在"确认安装选项"页中，查看所做的选择，然后单击"安装"按钮，如图 7.11 所示。如果在安装过程中出现错误，则会在"安装结果"页面上提示。单击"安装"按钮，开始安装所选功能。安装完成后，会出现"安装结果"对话框。单击"关闭"按钮，即可完成 Windows Server Backup 功能的安装。

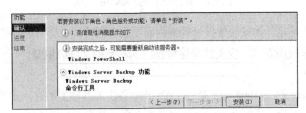

图 7.11　确认安装选项

（3）要使用 Windows Server Backup 管理单元，单击"开始"→"管理工具"→"Windows Server Backup"选项。要使用和查看 Wbadmin 的语法，单击"开始"→"命令提示符"选项，或者在"开始搜索"对话框中，输入"cmd"后回车，然后在 DOS 提示符下，输入：wbadmin /?（图略）。

7.3.2　使用 Windows Server Backup 备份数据

可以使用 Windows Server Backup 保护操作系统、卷、文件和应用程序数据，可以将备份保存到单个或多个磁盘、DVD、可移动介质或远程共享文件夹中，可以设置定时备份和一次性备份，可以将这些备份计划设置为自动或手动运行。

1. 准备工作

标识可专用于存储备份的硬盘，并确保磁盘已连接并处于联机状态。备份目标磁盘可使用服务器直连的磁盘，也可使用 USB 2.0 或 IEEE 1394 外部硬盘。磁盘的大小应该至少是要备份的项目组的存储容量的 2.5 倍。此磁盘应该为空或包含不需要保留的数据。因为 Windows Server Backup 将对此磁盘进行格式化，这是准备磁盘进行备份工作的一部分。

Windows Server Backup 仅支持"完全备份"和"增量备份"。Web 服务器数据包括"静态""动态"两类。静态是用标记语言描述的数据，动态是由数据库提供的数据。在一般情况下，服务器数据每日更新量不是很大，考虑到灾难恢复的便捷性，可采用完全备份方式。

在 Windows Server Backup 控制台中，单击"操作"→"配置性能设置"选项，打开"优化磁盘性能"对话框。单击"自定义"选项，设置 C 盘为"完全备份"（假设 C 盘中存储了全部服务器数据），如图 7.12 所示。

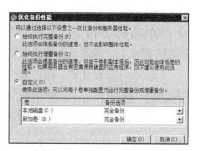

图 7.12　设置完全备份模式

选用两个同容量的 USB 2.0 接口磁盘，交替完全备份服务器数据。一旦其中一块磁盘故障，还有另一块磁盘保存有完整数据，确保容灾性恢复数据的可靠性。

以下备份操作假设服务器数据存储在 C 盘中。服务器构建时，数据应存储在除了 C 盘以外的其他逻辑盘（D 盘、E 盘等）中，将操作系统与应用系统数据分离。一旦服务器磁盘故障，可更换故障盘，重新安装操作系统，将备份盘与服务器连接，即可恢复数据。

2. 自动备份

（1）启动备份计划。单击"开始"→"管理工具"→"Windows Server Backup"选项，打开 Windows Server Backup 管理单元。在默认页的"操作"窗格中，单击"备份计划"选项，打开备份计划向导。在"入门"页中，单击"下一步"按钮，选择备份配置。

（2）选择备份配置。在"选择备份配置"页中，若单击"自定义"选项，则仅备份某些卷，如图 7.13 所示。然后单击"下一步"按钮，选择备份项目。

（3）选择备份项目。在"选择备份项目"页中，选中要备份的卷对应的复选框，并清除要排除的卷对应的复选框，如图 7.14 所示，然后单击"下一步"按钮。在默认情况下，备份中将包括包含操作系统组件的卷，并且无法将其排除。

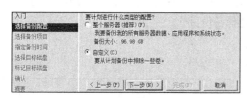

图 7.13　选择备份配置

图 7.14　选择备份项目

（4）指定备份时间。在"指定备份时间"页中，单击"每日一次"或"每日多次"选项，然后输入开始运行每日备份的时间。数据备份要消耗 CPU 和内存资源，会降低服务器的性能，可安排在凌晨 2 点开始备份，如图 7.15 所示。然后单击"下一步"按钮。

（5）选择目标磁盘。在"选择目标磁盘"页中，单击可用磁盘对应的复选框，选择备份目标磁盘。目标磁盘可用空间应是备份项目大小的 1.5 倍以上，如图 7.16 所示。然后单击"下一步"按钮。

图 7.15　指定备份时间

图 7.16　选择目标磁盘

（6）标记目标磁盘。系统对"目标磁盘"进行标记。标记完成后，备份使用"标签"列显示的信息"WIN-YS0 2010_09_13 11:26 DISK_01"标记磁盘。需要将此"标签"记录在标签纸上，并将此标签贴在磁盘上，以便系统能识别该目标，进行数据恢复，如图7.17所示。然后单击"下一步"按钮。

（7）确认备份计划。在"确认"页中，可看到以上创建的"备份计划"。单击"完成"按钮，系统将按照"备份计划"实施数据备份作业。该计划是：每天凌晨2点开始备份，备份项目（本地磁盘C）按照"完全备份"模式进行数据备份，如图7.18所示。

图7.17　标记目标磁盘　　　　　图7.18　确认备份计划

3. 手动备份

服务器每日数据更新量不大时，也可采用每周"一次性备份"，这样，就减少了备份磁盘格式化、写数据的频度。"一次性备份"只能手动设置，需要养成习惯。

（1）启动一次性备份，选择备份配置。单击"开始"→"管理工具"→"Windows Server Backup"选项，打开 Windows Server Backup 管理单元。在默认页的"操作"窗格中，单击"一次性备份"选项，打开备份向导。在"备份选项"页中，单击"下一步"按钮，选择备份配置。

（2）选择备份项目。选中"自定义"复选框，单击"下一步"按钮，选择备份项目，排除（不选中）新加卷（D），如图7.19所示。单击"下一步"按钮，指定目标类型。

（3）指定目标类型。选中"本地驱动器"复选框（假设将数据备份到本地磁盘中），为备份选择存储类型，如图7.20所示。单击"下一步"按钮，选择备份目标。

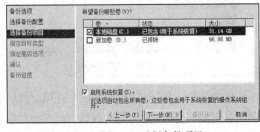

图7.19　选择备份项目　　　　　图7.20　指定目标类型

（4）选择备份目标。选择用于存储备份的卷，服务器将附带的外部磁盘D盘作为卷列出。计划备份的数据大小为31.4GB，备份目标磁盘总空间为237.37GB，备份目标盘远大于待备份数据的字节数，可以实施备份操作，如图7.21所示。单击"下一步"按钮，选择要创建的VSS（卷影复制服务）备份类型（高级选项）。

（5）指定高级选项。通常，数据备份会使用其他备份产品来备份当前备份卷（磁盘）中的应用程序。VSS 副本备份将保留应用程序日志文件。选中"VSS 副本备份"复选框，创建一个 VSS 副本备份，如图7.22所示。单击"下一步"按钮，确认备份。

图 7.21　选择备份目标　　　　　　　　图 7.22　选择卷影复制服务备份类型

（6）确认并进行备份。在"确认"页中，显示将在指定的目标中创建和保存的项目备份。单击"备份"按钮，即开始进行数据备份操作，如图 7.23 所示。单击"关闭"按钮，备份继续在后台进行。

（7）检查备份结果。备份结束后，在 Windows Server Backup 管理单元中可看到数据备份完成的信息，如图 7.24 所示。至此，一次手动备份完成。系统一旦数据损坏或丢失，即可使用最近一次的备份恢复服务器数据。

图 7.23　数据备份进度　　　　　　　　图 7.24　数据备份完成

7.3.3　使用 Windows Server Backup 恢复数据

可以使用 Windows Server Backup 中的恢复向导从备份中恢复文件、文件夹、应用程序和卷。开始恢复之前，应确保正在恢复文件的计算机运行的是 Windows Server 2008，确保外部磁盘或远程共享文件夹中至少存在一个备份（不包括保存到 DVD 或可移动介质的备份中恢复文件和文件夹），确保备份不是系统状态备份（不可能从系统状态备份中恢复文件和文件夹），确保作为备份宿主的外部磁盘或共享文件夹处于联机状态，并且可用于服务器。

下面以"恢复文件或文件夹"为例，说明使用 Windows Server Backup 恢复数据的方法。

（1）打开恢复向导。单击"开始"→"管理工具"→"Windows Server Backup"选项，打开 Windows Server Backup 管理单元。在默认页的"操作"窗格中，单击"恢复"选项。此时将打开恢复向导，如图 7.25 所示。在"入门"页中，指定从此服务器还是从另一个服务器运行备份恢复文件，然后单击"下一步"按钮。

（2）在"选择备份日期"页中，从日历中选择日期，并从要用来还原的备份下拉列表中选择时间。如果从该服务器恢复，并且选择的备份存储在 DVD 或可移动介质驱动器中，则系统会提示插入介质。然后，单击"下一步"按钮，如图 7.26 所示。

（3）在"选择恢复类型"页中，单击"文件和文件夹"选项，然后单击"下一步"按钮，如图 7.27 所示。

图 7.25　确定恢复数据的服务器　　　　图 7.26　选择备份日期

（4）在"选择要恢复的项目"页的"可用项目"列表框中，展开列表，直到显示所需文件夹。单击文件夹以在右侧窗格中显示其内容，选中要还原的每个项目，然后单击"下一步"按钮，如图 7.28 所示。

图 7.27　选择备份类型　　　　　　图 7.28　选择要恢复的项目

（5）在"指定恢复选项"页的"恢复目标"栏中，单击"原始位置"选项，也可以单击"另一个位置"选项，然后，输入指向此位置的路径，或单击"浏览"选择该位置。在"当该向导在恢复目标中查找文件和文件夹时"栏中，可以选择"创建副本，以使我具有两个版本的文件或文件夹"选项，或"使用已恢复的文件覆盖现有文件"选项，或"不恢复这些文件和文件夹"选项，然后单击"下一步"按钮，如图 7.29 所示。

（6）在"确认"页中查看详细信息，然后单击"恢复"按钮，还原指定的项目，如图 7.30 所示。

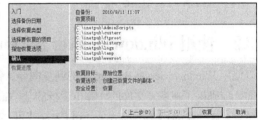

图 7.29　指定恢复选项　　　　　　图 7.30　确认恢复项目

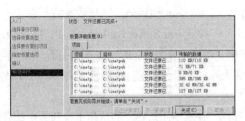

图 7.31　文件还原完成　　　　　　图 7.32　文件恢复成功

（7）在"恢复进度"页中，可以查看恢复操作状态及恢复是否成功完成，如图 7.31 所示。文件还原完成后，单击"关闭"按钮，本次恢复任务结束，文件恢复成功，如图 7.32 所示。

7.4　服务器集群与负载平衡

通常，企业信息化建设初期，应用系统部署在单台服务器上。随着企业网规模扩展，承载业务的单台服务器往往不能及时响应用户访问的要求，此时只能通过增加服务器来解决问题。一个应用部署在两台及以上的服务器上，需要采用服务器集群与负载平衡技术。

7.4.1   Windows Server 2008 集群技术与功能

集群（Cluster）技术是近几年发展的一项高性能计算技术。它将一组相互独立的计算机通过高速的通信网络组成一个单一的计算机系统，并以单一系统的模式实施管理。其出发点是增强服务器系统的高可靠性、可扩充性和抗灾难性。

1. Windows Server 2008 集群技术

Windows Server 2008（企业版和数据中心版）提供两种集群技术：故障转移集群和网络负载平衡（NLB）。故障转移集群主要提供高可用性，网络负载平衡提供可伸缩性，并提高 Web 服务的高可用性。

（1）故障转移集群。该集群是针对具有长期运行的内存中状态或具有大型的、频繁更新的数据状态的应用程序而设计的。这些应用程序称为状态应用程序，它们包括数据库应用程序和消息应用程序。故障转移集群的典型使用包括：文件服务器、打印服务器、数据库服务器和消息服务器。

（2）网络负载平衡。NLB 适用于没有长期运行的内存中状态的应用程序。这些应用程序称为无状态应用程序。无状态应用程序将每个客户端请求视为独立的操作，它可以独立地对每个请求进行负载平衡。无状态应用程序通常具有只读数据或不常更改的数据。前端 Web 服务器、虚拟专用网络（VPN）、FTP 服务器以及防火墙和代理服务器等，常使用网络负载平衡。网络负载平衡还可以支持其他基于 TCP 或 UDP 的服务和应用程序。

2. 服务器集群的功能

（1）高可用性。通过服务器集群，资源（如磁盘驱动器、IP 地址）的所有权会自动从故障服务器转移到可用的服务器。当集群中的某个系统或应用程序发生故障时，集群软件会在可用的服务器上重新启动故障应用程序，或者将工作从故障节点分散到剩下的节点上。

（2）故障恢复。当故障服务器重新回到其预定的首选所有者的联机状态时，集群服务将自动在集群中重新分配工作负荷。

（3）可管理性。可以使用集群管理工具（如 CluAdmin.exe），将集群作为一个单一的系统进行管理，并将应用程序作为单一服务器上的应用程序进行管理。可以将应用程序转移到集群中的其他服务器中。Windows Server 2008 企业版的集群管理器可用于手动平衡服务器的工作负荷，并根据计划维护服务器。还可以从网络中的任何位置监控集群、所有节点及资源的状态。

（4）可伸缩性。可以扩展集群服务以满足需求的增长。当具有集群要求的应用程序的总体负荷超出了集群的能力范围时，可以添加更多的节点。

（5）负载均衡。网络负载均衡允许用户的请求传播到多台服务器上（这些服务器对外只须提供一个 IP 地址或域名），即可以使用群组中的多台服务器共同分担对外的网络请求服务。网络负载均衡技术保障即使在负载很重的情况下它们也能做出快速响应。

7.4.2   双机集群工作模式与原理

服务器集群能够为多数关键任务程序提供足够的可用性。集群服务可以对应用程序和资源进行监控，并能够自动识别和恢复故障状况。双机集群工作模式有主从和双工模式，其工作过程是：实时监测对方运行状态，动态切换服务器工作状态，避免停机故障风险。

1. 双机集群工作模式

（1）主从（Active/Standby）模式。一般为两台服务器同时运行，一台服务器被指定为进行关键性操作的主服务器，另一台服务器作为备用的服务器。当主服务器工作时，从服务器处于监控准备状态

（除了监控主服务器状态，不进行其他操作）。对用户来说，相当于只有一台服务器存在。当主服务器出现异常、不能支持信息系统运行时，从服务器主动接管主服务器的工作，保证信息系统不间断运行。当服务器经过维修恢复正常后，系统自动或手动完成主从服务器切换工作，使修复后的服务器继续担任主服务器的身份。

（2）双工方式（Active/Active）模式。在正常情况下，两台服务器同时运行各自的服务，且相互监测对方的情况。对用户来说，两台服务器仍然是独立的。当其中一台服务器发生故障时，故障服务器上的应用及其他资源就会转移到另一台服务器上，从而保证信息系统能够不间断地运行。但该服务器的负载会有所增加，此时用户仍然能感觉到两台服务器都在运行。当故障服务器修复后，相应的应用及资源又转移回来。

这种模式服务器使用率高，但在应用切换时因数据未同步而产生中断。一般需要采用共享磁盘系统的方式来实现，新技术中也有采用基于软件的非共享方式。

2. Windows Server 2008 的 NLB

将运行 Windows Server 2008 企业版的两台或多台计算机的资源组合到单个虚拟集群中，网络负载平衡（NLB）可以提供 Web 服务器和其他执行关键任务服务器所需的可靠性和性能。每个主机都运行所需的服务器（如 Web、FTP 和 Telnet）应用程序的单个副本。NLB 在集群的多个主机中分发传入的客户端请求，可以根据需要配置每个主机处理的负载权重，还可以向集群中动态地添加主机，以处理增加的负载。此外，NLB 还可以将所有流量引导至指定的单个主机，该主机称为默认主机。

NLB 允许使用相同的集群 IP 地址集指定集群中所有计算机的地址，并且它还为每个主机保留一组唯一专用的 IP 地址。对于负载平衡的应用程序，当主机出现故障或者脱机时，会自动在仍然运行的计算机之间重新分发负载。当计算机意外出现故障或者脱机时，将断开与出现故障或脱机的服务器之间的活动连接。但是，如果有意关闭主机，则可以在计算机脱机之前，使用 drainstop 命令维护所有活动的连接。任何一种情况下都可以在准备好时，将脱机计算机明确地重新加入集群，并重新共享集群负载，以便使集群中的其他计算机处理更少的流量。

3. NLB 的单播与多播模式

NLB 的操作模式分为单播模式（Unicast Mode）与多播模式（Multicast Mode）两种。

（1）单播模式。此模式下，NLB 集群中每一台 Web 服务器网卡的 MAC 地址都会被替换成一个相同的集群 MAC 地址（交换机任意两端口不允许注册同一 MAC 地址）。它们通过此集群 MAC 地址来接收客户机连接 Web 服务器的请求。发送到此集群 MAC 地址的 Web 服务请求，会被送到集群中的每一台 Web 服务器中。然后由虚拟集群 IP 地址指向的真实 IP 地址，确定其提供服务的 Web 服务器，实现负载均衡。

单播模式下，Windows 2008 NLB 利用 MaskSourceMAC 功能，解决二层交换机的每一个端口所注册的 MAC 地址必须唯一的问题。MaskSourceMAC 会根据每一台服务器的主机 ID 来更改外送数据包的 Ethernet Header 中的源 MAC 地址，也就是将集群 MAC 地址中最高第 2 组字符改为主机 ID，然后将此修改过的 MAC 地址作为源 MAC 地址。

NLB 单播模式还有另一个问题是交换机泛洪（Switch Flooding）。虽然交换机每一个端口注册的 MAC 地址是唯一的，但当路由器接收到要送往集群 IP 地址的数据包时，它会通过 ARP 协议来查询其 MAC 地址。由于从 ARP 回复的数据中获得的 MAC 地址是虚拟集群 MAC 地址，因此它会将此数据包送给虚拟集群 MAC 地址。实际上交换机没有任何一个端口注册了虚拟集群的 MAC 地址，所以，当交换机收到此数据时便会将它送到所有的端口，从而造成泛洪现象。解决泛洪的措施是采用 VALN 技术，将集群系统与非集群系统在二层隔离，使客户机访问 Web 服务器的通信只能在虚拟集群系统中进行。

（2）多播模式。多播是指数据包会同时发送给多台计算机，这些计算机属于同一个多播组，它们拥有一个共同的多播 MAC 地址。多播模式下，NLB 集群中每一台服务器网卡仍然会保留原来唯一的 MAC 地址。虚拟集群服务器之间可以正常通信，而且交换机中每一个端口所注册的 MAC 地址即是每台服务器的唯一 MAC 地址。NLB 集群中每一台服务器还会有一个共享的集群 MAC 地址，它是一个多播 MAC 地址。集群中所有服务器都属于同一个多播组，并通过这个多播组 MAC 地址来监听客户机请求的 Web 服务。

多播模式也有缺点。当路由器接收到送往虚拟集群 IP 地址的数据包时，会通过 ARP 协议查询其 MAC 地址，而从 ARP 回复数据包中获取的 MAC 地址是多播 MAC 地址。有的路由器并不接受这样的结果。解决此问题的方法之一，是在路由器中新建动态的 ARP 对应表，以便将虚拟集群 IP 地址对应到多播 IP 地址上。但这样做仍然会有交换机泛洪现象，可采用支持 802.1Q 的 VLAN 和"IGMP 多播"解决。

如果选择了多播，可接着选择"IGMP 多播"。IGMP 多播除继承多播的优点之外，NLB 每隔 60s 发送一次 IGMP 信息，使多播数据包只能发送到这个正确的交换机端口，避免了交换机数据泛洪的产生。

4. NLB 集群工作原理

服务器集群节点用两条物理上独立（双网卡）的传输线进行通信。服务器集群（节点 A、B）之间共享网络存储系统（如 SAN），交换机连接服务器（节点 A、B）与客户机，服务器集群（节点 A、B）内部通信采用共享磁盘（SAN 网络存储系统）实现。每个服务器都有自己的本地硬盘，用来存放操作系统软件及数据库系统的数据。网络存储系统用来存放高共享应用及数据。一个典型的两节点的集群系统配置如图 7.33 所示。

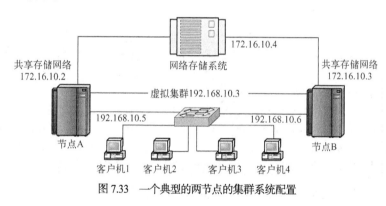

图 7.33　一个典型的两节点的集群系统配置

节点 A 与节点 B 均有一个外部使用的静态 IP 地址，创建 NLB 集群时会产生一个虚拟的 IP 地址（192.168.10.3）。虚拟 IP 地址与节点的 IP 地址在同一个网段内，对外公布的 IP 地址为虚拟集群的 IP 地址，而客户机所访问的实际上为节点 A 或节点 B 的 IP 地址。

在正常情况下，虚拟 IP 地址轮循指向节点 A 和节点 B 的 IP 地址，客户机通过虚拟 IP 地址轮循访问节点 A 和节点 B。即虚拟集群将客户机 1 和客户机 3 访问 Web 服务器的请求解析到节点 A 的 IP 地址，将客户机 2 和客户机 4 访问 Web 服务器的请求解析到节点 B 的 IP 地址。

当双机集群中的任一节点故障时，虚拟集群自动将虚拟 IP 地址解析到双机集群中的正常节点的 IP 地址上，网络服务由集群中的正常主机承担，使服务不停止。这时，网络负载均衡失效。当集群中的故障主机正常后，网络负载均衡恢复。

7.4.3　双机 NLB 设计与配置案例

Windows Server 2008 企业版的网络负载平衡（NLB），支持 TCP/IP 网络服务与应用程序的网络流量负载均衡，增强了 Internet 服务器（如 Web、FTP、防火墙、代理、VPN 以及其他执行关键任务的服务器）应用程序的可用性和可伸缩性。

1. 集群网络设计与配置

某大学实行网上选课以来，教务管理服务器的并发用户量较大，采用单服务器已不能及时响应用户的选课请求。为了改善教务 Web 服务的性能，决定采用 Windows Server 2008 的 NLB 功能完成教务双机集群部署，如图 7.34 所示。

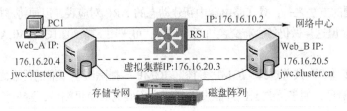

图 7.34　教务管理集群拓扑结构

双机集群网络选用锐捷三层交换机 RG-S5750-24GT/12SFP（配置 Mini-GBIC-LX 千兆光模块）。在该交换机中建立教务集群 VLAN 与教务管理 VLAN，设置 VLAN 间路由和连接网络中心核心路由交换机的路由。具体配置如下。

（1）在 RS1 上划分 VALN。PC1 以"超级终端"方式进入交换机的全局配置模式，建立教务集群 vlan20，将 G0/4、G0/5 口设置为 vlan20。建立教务管理 vlan30，将连接教务管理的计算机端口设置 vlan30。配置脚本如下。

```
RS1(config)# vlan20                                ;建立 vlan20
RS1(config-vlan)# name vlan20                      ;设置 VLAN 的名字为：vlan20
RS1(config-vlan)# exit                             ;退出
//按照以上命令，建立 vlan30//
RS1(config)# int GigabitEthernet 0/4               ;进入 G0/4 接口配置
RS1(config-if)# switchport mode access             ;设置 G0/4 接口为连接 Web_A 的接口
RS1(config-if)# switchport access vlan20           ;设置 G0/4 接口为 vlan20 的接口
//按照以上命令，将 g/05 设置为 vlan20，连接教务管理的计算机端口设置 vlan30//
```

（2）在 RS1 上设置 VLAN 网关 IP 地址，激活 VLAN 之间的路由。

```
SR1(config)# int vlan20                            ;进入 vlan20 配置
SR1(config-if)# ip address 176.16.20.1 255.255.255.0   ;设置 vlan20 的网关
SR1(config-if)# no shutdown                        ;激活 vlan20
SR1(config)# int vlan 30                           ;进入 vlan30 配置
SR1(config-if)# ip address 176.16.30.1 255.255.255.0   ;设置 vlan30 的网关
SR1(config-if)# no shutdown                        ;激活 vlan30
SR1(config-if)# exit                               ;退出
SR1(config)# ip routing                            ;激活 IP 路由（开启三层交换）
SR1(config)# exit                                  ;退出
```

（3）在 RS1 上设置连接校园网核心交换机的路由接口 IP。

```
SR1(config)#int GigabitEthernet0/1              ;进入路由连接口 G0/1
SR1(config-if)#ip address 176.16.10.2 255.255.255.252  ;设置接口 IP 地址
SR1(config-if)#no switch                        ;设置 G0/1 为路由接口
SR1(config)# exit                               ;退出
```

（4）在 RS1 上设置连接校园网的默认路由。

```
SR1(config)#ip route 0.0.0.0 0.0.0.0 172.16.10.1  ;设置默认路由指向 172.16.10.1
SR1(config)# exit                               ;退出
SR1# wr                                         ;保存配置文件 config
```

（5）检查 SR1 上的 IP 路由表。在 SR1 的特权模式下，输入 "show ip route" 命令，该命令的结果如下（第三层交换机和路由器一样也有 IP 路由表）。

```
SR1# show ip route                              ;执行检查 ip 路由表的命令
//此处省略//
C 172.16.20.0 is directly connected,vlan20      ;C 表示直连路由网络
C 172.16.30.0 is directly connected,vlan30
S* 0.0.0.0/0 [1/0] via 172.16.10.1              ;S*表示静态路由，172.16.10.1 表示路由
连接对端接口 IP 地址
```

2. 建立 Windows Server 2008 的 NLB 配置环境

Windows Server 2008 企业版的网络负载平衡（NLB）功能，是由 "服务器管理器" 内置的 "网络负载平衡管理工具" 实施的。NLB 的配置环境如下。

（1）网卡。服务器网卡必须支持 Windows Server 2008，单网卡或多网卡均可配置该服务，推荐使用双网卡。一个网卡（不启用 NLB 功能）连接共享磁盘文件系统的专用网络，另一个网卡（启用 NLB 功能）连接数据通信网络。

（2）网络模式。支持 Windows Server 的工作组和域环境网络均可，在 Windows Server 2008 企业版中最多可以支持 32 个节点。

（3）交换机和路由器。连接集群服务器的交换机必须支持 802.1Q 协议的 VLAN，为集群系统建立 VLAN。将连接集群服务器的交换机端口设置为同一 VLAN，该交换机的其他端口设置为非集群 VLAN，通过不同 VLAN 在二层隔离数据帧。路由器支持 VLAN 路由，可选用三层交换机实现不同 VLAN 间的路由。

（4）通信协议与 IP 地址。绑定到集群的网络适配器只能安装 TCP/IP 协议，必须静态分配 IP 地址，不支持 DHCP。

（5）应用程序或服务。服务器的应用程序或服务必须支持 TCP 或 UDP 通信，而且确定服务器当前应用程序或服务必须支持 NLB。

3. 安装 Windows Server 2008 的 NLB 管理工具

单击 "开始" → "管理工具" 选项，打开 "服务器管理器" 控制台。在控制台左侧列表中选择 "功能" 选项，单击 "添加功能" 选项，在 "选择功能" 页的 "功能" 列表框中，选中 "网络负载平衡" 复选框，单击 "下一步" 按钮，如图 7.35 所示。系统开始安装网络负载平衡管理工具。安装完成后，按照以上步骤，可看到 "网络负载平衡（已安装）" 提示。

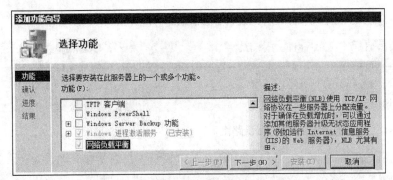

图 7.35　安装网络负载平衡管理工具

4. 服务器网络负载平衡节点配置

（1）新建集群。在"服务器管理器"中，单击"网络负载平衡管理器"→"集群"选项，在弹出的"新建集群"对话框中，输入集群主机的名称"WIN-YSOVBZT0Q2B"，如图 7.36 所示。

图 7.36　建立新集群并输入集群主机名称

（2）选择配置集群的网络接口。单击图 7.36 中的"连接"按钮，选择用于配置集群的网络接口"本地连接"，如图 7.37 所示。单击"下一步"按钮，出现"新集群：主机参数"对话框，如图 7.38 所示。

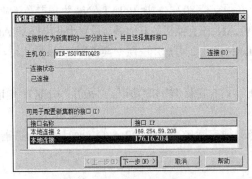

图 7.37　选择配置集群的网络接口

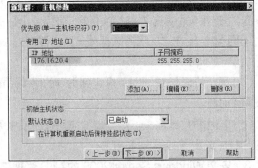

图 7.38　添加新集群主机参数

（3）添加集群虚拟 IP。单击"添加"按钮，弹出"添加 IP 地址"对话框。在"IPv4 地址"框中输入虚拟集群 IP 地址"172.16.20.3"，如图 7.39 所示。单击"确定"按钮，虚拟集群 IP 地址设置完成，如图 7.40 所示。

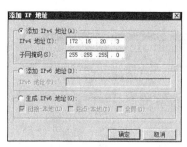

图 7.39　添加虚拟集群 IP 地址

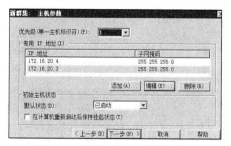

图 7.40　虚拟集群 IP 地址设置完成

（4）设置完全限定的域名（FQDN），选择集群操作模式。单击图 7.40 中"下一步"按钮，出现添加"集群 IP 地址"视窗，单击"添加"按钮，在弹出对话框中输入"172.16.20.3"，如图 7.41 所示。单击"下一步"按钮，出现"集群 IP 配置"对话框，在"完整 Internet 名称"框中输入完全限定的域名"jwc.cluster.cn"，在"集群操作模式"栏中选择"单播"项，如图 7.42 所示。

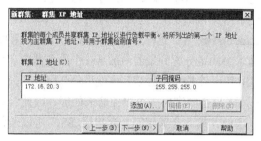

图 7.41　确定集群操作模式的 IP 地址

图 7.42　选择集群操作模式为单播

（5）端口规则配置，等待聚合完成。单击图 7.42 中的"下一步"按钮，进入"添加/编辑端口规则"对话框，如图 7.43 所示。去掉"集群 IP 地址"栏右侧的"全部"复选框的选中状态，在 IP 地址栏内显示"172.16.20.3"，指定规则所针对的集群。端口范围默认为所有，可以指定集群监听的端口范围（如从 80 到 80，表示只针对 Web 服务实现负载均衡；考虑到 Web 系统使用了数据库，可将数据库端口包括在监听端口范围内）。指定集群所服务的协议类型为"两者"，筛选模式为"多个主机"，相似性为"无"。

图 7.43　端口规则配置

单击"确定"按钮，等待聚合完成，如图 7.44 所示。单击"完成"按钮，该服务器被聚合到设置的集群中，如图 7.45 所示。

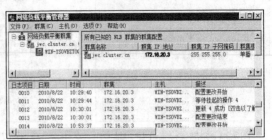

图 7.44　定义的端口规则　　　　　图 7.45　服务器设置在网络负载集群中

集群端口规则筛选模式（见图 7.43）说明如下。

① 多个主机无相似性。客户端的服务请求会平均分配到集群内的每一个服务器中。假设 NLB 集群内有 2 台服务器，当接到客户端的请求时，NLB 会将第 1 个请求交由服务器 1 处理，第 2 个请求交由服务器 2 处理，第 3 个请求交由服务器 1 处理，……，其余类推。由于所有客户端服务请求会平均分配到给每一台服务器响应，因此，可以达到最佳的负载平衡。若需要执行动态网页处理，为了能够共享会话（session）状态，则必须将会话状态集中存储在数据库服务器（Database Server）中，这种方式适用于大部分的应用程序。

② 多个主机单一相似性。客户机的服务请求会固定分配到集群内的某一个服务器中。当接收到客户机请求时，NLB 会根据客户机 IP 决定交由哪一个服务器处理，也就是一个服务器只会处理来自某些客户机的请求。由于一个客户机服务请求只会固定由一个服务器来处理，因此没有会话状态共享的问题，但可能会导致负载不平衡。这种方式适合采用安全套接层 SSL 协议通信，如 HTTPS、PPTP 等。

③ 多个主机网络：根据 IP 的掩码，决定交由哪一个服务器处理，也就是说，一个服务器只会处理来自某些网段的请求。这种方式可确保使用多重 Proxy 的客户端能导向到相同的服务器。

④ 单一主机：选择此选项，该端口范围内的所有请求都将由一个服务器进行处理，此选项将配合后面的服务器优先级进行主机判定。

⑤ 禁用此端口范围：一般这个选项会在端口例外中进行设置。也就是说，当指定了一个比较大的范围端口时，其中有一个或几个端口不希望客户端用户访问，可以利用这个规则来进行设定，防止用户访问此端口请求。

（6）连接到现有集群。在"网络负载平衡管理器"中，单击"集群"→"连接到现存的"选项，在弹出的对话框的"主机"框中输入"172.160.20.4"，单击"连接"按钮，如图 7.46 所示。单击"完成"按钮，在"网络负载平衡管理器"的"日志项目"栏中显示该集群；从集群 172.16.20.3 的主机"WIN-YSOVBZT0Q2B"中加载配置信息，即为添加集群第 2 个节点做好了准备工作。

（7）将第 2 个节点加入到现有集群中。在"网络负载平衡管理器"中，单击"集群"→"添加主机"选项，在弹出的对话框的"主机"框中输入"WIN-8AE8B6AE173"，单击"连接"按钮，如图 7.47 所示。

图 7.46　连接到现有集群——连接　　　图 7.47　将主机添加到集群——连接

　　单击"下一步"按钮，进入设置主机参数对话框。在"优先级（单一主机标识符）"下拉列表中设置为"2"，选择 IP 地址为"172.16.20.5"，如图 7.48 所示。单击"下一步"按钮，定义端口规则。设置协议端口开始为"80"，结束为"80"，指定集群所服务的协议类型为"两者"，筛选模式为"多个主机"，相似性为"无"，如图 7.49 所示。单击"完成"按钮，完成配置，如图 7.50 所示。

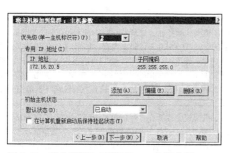

图 7.48　将主机添加到集群——主机参数

图 7.49　将主机添加到集群——端口规则

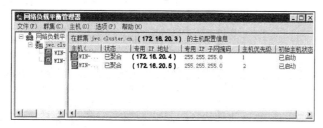

图 7.50　双机集群配置完成

5. 安装并配置集群节点 2 的 NLB 服务

　　按照以上步骤，在第 2 台服务器上安装并配置 NLB 服务。集群节点 2 的 NLB 服务安装与配置完成后，即可进行测试。在客户机浏览器地址栏中输入"172.16.20.3"或"jwc.cluster.cn"（DNS 已配置了域名解析，DNS 工作正常），集群 Web 服务器响应客户机请求。将集群节点 2 断开，客户机能正常显示"jwc.cluster.cn"网页；将集群节点 1 断开，客户机仍能正常显示"jwc.cluster.cn"网页。结果表明，虚拟集群 IP 地址"172.16.20.3"，可以正常在集群节点 1 和集群节点 2 之间自动切换，双机集群工作正常。

7.5　服务器集群与虚拟化案例

　　某企业网规模在不断扩大，服务器数量在不断增多；服务器业务与负载不均衡，消耗电能多；数据更新、交换频繁，存储空间需要有扩充能力；网络任务并发数量大，24 小时不间断服务，易受病毒和黑客的破坏。因此，服务器采用集群与虚拟化架构，保障数据安全，支持资源动态分配以及支持服务器虚拟化节能。

7.5.1　服务器选型与部署

　　通常，服务器和存储应采用机架型设备，设备应具备长时间运行的稳定性、安全性、可管理性和可扩展性。除此外，还要考虑节能问题。

1. 硬件选型与配置

服务器选用浪潮 2U 的 NF5280 服务器和 4U 的 NF8520M2 服务器。FC SAN 采用 AS1000G6，配置 21.6TB 裸容量的磁盘阵列（Raid 6），光交换为 8GB 光纤接口及双控制器，配置链路冗余管理软件。设备用途与配置，如表 7.3 所示。

表 7.3　服务器和存储设备选型与配置

用　途	型　号	数　量	部　署	配置描述
Web 网站	NF5280	2	双机集群	标准 2U 机架式服务器；处理器：2×Intel Xeon E5-2620v3 (2.4GHz/6c)/8GT/15ML3/1866；内存：16GB（4×4GB）Registered ECC DDR3 内存；硬盘：6 块 300GB 3.5" 15Krpm SAS 硬盘；RAID5（512MB 缓存）；网卡：2×1000Mbps 以太网卡；电源：1+1 冗余服务器电源（虚拟化管理服务器配置 1 颗 CPU，1 块独立的单端口 8GB 光纤 HBA 卡）
E-mail/DNS	NF5280	1		
虚拟化管理		1	vCops Server	
ERP 系统	NF8520M2	3	服务器集群虚拟化	标准 4U 机架式服务器；：4×Intel Xeon E7-4820（2.0GHz/八核）/5.86GT/18ML3；内存：16×8GB DDR3 内存，主板集成≥32 个内存插槽；硬盘：3×300GB 热插拔 SAS 15000 转硬盘，高性能 SAS RAID 卡（512M 缓存），支持 RAID0/1/5/6/10/50/60 等 RAID 级别；HBA 卡：2 块独立的单端口 8GB 光纤 HBA 卡；网络：3×Intel 高性能双千兆网口；配置 1+1 冗余电源，电源功率≤1400W
办公自动化				
身份认证				
行为审计				
病毒查杀				
存储系统（ERP 系统、办公自动化、身份认证、内网安全管理等存储与备份）FC-SAN	AS1000G6	1	通过光交换机连接虚拟主机（资金允许可配置 2 台光纤交换机，与 SAN 冗余连接）	阵列规格：8Gb 光纤磁盘阵列，2U 高度 24 盘位；双控制器active-active 架构，Intel 4 核存储专用处理器，整合 XOR 引擎；缓存：配置 24GB 缓存，主机端口：配置 8 个 8Gb FC 主机接口；配置：24 块 900G 10000 转的 SAS 硬盘，系统裸容量 21.6TB，8 块一组设置 RAID 6，可用容量 16.2TB
	光纤交换机	1		光纤通道端口数≥24 个，激活其中 12 个 8Gbit/s SFP 端口，配置 12 个 8Gbit/s SFP 模块，配套相应数量的光纤跳线。端口类型：所有端口自动发现，自适应，支持 Trunking 智能路径选择。级连端口：单机 4 个 20Gbit/s 全双工；集合带宽：每个交换机 544Gbit/s，端到端，无阻塞结构；Frame 大小：2148 bytesSFP 类型：短波/长波（光学）。（或 2 台，每台配置 8 个 8Gbit/s SFP 模块）

2. 软件选型与使用

（1）Windows Server 2008 企业版。Web 网站双机集群采用 Windows Server 2008 企业版，该操作系统支持大多数开发方式和开发语言，包括 HTML、ASP+、XML、JavaScript、VC、WAI 等。利用 Windows Server 2008 的 Web 服务，可以开发出基于 Web 的各种应用。

（2）Red Hat Linux AS 5.2。DNS、E-mail、认证与计费等服务器采用 Red Hat Linux AS 5.2。Linux 具有稳定、高效和易维护的特点，可以减轻网络管理员的负担。

（3）虚拟化软件 VMware vSphere 5.5 企业版。采用 VMware 构建服务器高可用集群系统，将 3 台 NF8520M2 服务器虚拟化集群，划分成大约 24 个虚拟服务器，以及将 3 个光通道盘阵虚拟化成与 24 个虚拟机适配的存储池，按照实际应用需求分配资源，确保虚拟化平台承载的各个应用系统流畅运行，重点保障核心业务的高可用性。

7.5.2　服务器机群整体架构

某钢铁公司数据中心服务器包括：WWW、DNS、E-mail 等网络基本服务和 ERP 系统。ERP 涉及财务管理、成本管理、采购管理、生产计划与设备管理、销售管理等第一期企业资源计划系统。

数据中心是企业信息资源和通信枢纽中心，也就是服务器、核心交换机及安全设备等的安装位置。

服务器整体架构直接关系到服务器系统的安全、可靠、高效运行。为了保护网络内部信息资源的安全，ERP 系统通过两层防火墙与外部网络逻辑隔离，对外服务器（如 WWW、E-mail、DNS 等）也要进行必要的保护。

一般可将对外的服务器放在非军事区（Demilitarized Zone，DMZ）中。防火墙为安全的第一道安全屏障，核心交换机（设置 TCP 访问控制列表）为第二道安全屏障。用户连接外网，要通过支持 RADIUS 协议和 802.1x 认证服务器的认证，通过后方可访问 Internet。非军事区（DMZ）包括交换机、WWW 服务器、E-Mail/DNS 服务器、防火墙和 Internet 专线连接设施。内网包括办公自动化系统、身份认证系统、内网安全管理（支持 802.1x 和网络行为监管及审计）、ERP 管理系统、ERP 存储系统、核心交换机 S8605E、360 企业版等设施。服务器机群整体架构，如图 7.51 所示。

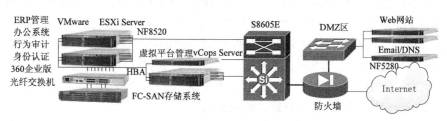

图 7.51　多服务器整体架构

用户访问量很大及数据安全性高的业务，如门户网站、电子邮件等，采用双机（如 NF5280）集群架构，实现负载均衡和高可用性。企业级服务器（如 NF8520）配置 2 块独立的单端口 8GB 光纤 HBA 卡连接光通道交换机，配置 6 个高性能双千兆网口连接核心交换机，采用 VMware 虚拟化方案，将多个负载量适中的业务，如 ERP 系统的财务管理、成本管理、采购管理、生产计划、设备管理、销售管理以及办公自动化系统、身份认证系统和内网安全管理系统等应用，通过虚拟化，运行在性价比更高的 VMware 服务器上。

VMware 具有动态负载均衡功能，使得压力时段不同的多种应用，在各自的峰值时段能够得到足够的处理性能。相比非虚拟化方案，硬件资源的利用率更高，使用的服务器数量更少，有效降低了服务器硬件购置成本和运维成本，也降低了能源消耗。

7.6　数据集中高效存储案例

随着高等院校教育信息化的快速发展，数据存储也在急剧增长。服务器 DAS 存储及小型磁盘阵列已不能满足数据日益增长的存储需求，而且分散的存储不便于管理和维护，无形中增加了设备的维护成本。基于 IP/FC SAN 的服务器存储是解决问题的首选方案。

7.6.1　存储与备份需求分析

某大学数据中心建立了多种资源服务器：Web 门户站群、电子邮件、准入准出（含计费）管理系统、网络行为审计系统、网络安全管理系统、精品资源共享课程、电子校务（教学、教务、科技、行政、后勤、人事、学生、社团，以及校园卡与管理等）管理系统等。服务器操作系统采用 Redhat Linux AS 5.9 和 Windows Server 2008（企业版）等，是一个异构系统。服务器数据量较大，数据安全性很重要（如邮件系统、计费系统、电子校务等），因此，数据统一存储与备份非常重要。

如果采用手工备份大量的关键业务数据，不仅给系统管理员带来巨大的工作量，而且工作人员的情绪化、误操作等都可能引起无效备份或数据丢失。管理员请假、出差还可能导致备份工作中断。对于未做备份的数据，一旦出现计算机硬件损坏，小则系统停止服务，大则数据永远丢失，由此带来的损失不可估量。

面对多服务器存储、备份管理，需要采用安全、可靠、稳定及低成本的 IP/FC SAN 技术方案。利用 IP/FC SAN 备份软件的实时或定时备份功能，能够实现备份工作自动化、制度化和全面化，为系统提供更高层次的安全保障和可靠性。

7.6.2　IP/FC SAN 产品选型

浪潮 AS520G 存储系统是双控制器与 SAS 磁盘通道的 SAN 磁盘阵列。该存储系统内置了海量存储系统软件，支持 IP-SAN（iSCSI）主机接口和 FC-SAN 主机接口。磁盘通道采用 SAS2.0 技术，兼容 SAS 及 SATA 硬盘，可提供 6Gb/s 的磁盘传输速率。该存储系统的关键部件（控制器、电源、硬盘等）采用冗余设计及热插拔技术，有效减少了系统停机时间，提高了产品的可用性。该存储系统支持 128 个服务器和终端设备，具备跨网络平台服务能力，支持 Windows、 Linux、UNIX 等多种操作系统的客户端，可灵活地分配存储资源，进行有效的集中管理。

本案例 AS520G 存储系统标配：2×2 个 8Gbit/s FC 主机接口，1 个 SFF-8088 SAS 扩展接口，1 个 VGA 接口，1 个 COM 口，2 个 USB 接口，16 个硬盘槽位，1200W1+1 冗余电源。扩展配置：2 个 10Gbit/s iSCSI 接口，16 块 3.5 英寸 2TB 7200 转 32MB SAS 企业级硬盘。

7.6.3　数据集中高效存储架构

数据集中存储由 IP SAN 和 FC SAN 两部分组成。其中 IP SAN 由锐捷 RG-S6010-48GT4XS 交换机（固化 48 个千兆接口和 4 个万兆接口）和浪潮 AS520G 存储系统及 2 个 10Gbit/s iSCSI 接口组成，两设备采用双万兆接口连接。RG-S6010 的千兆接口连接 Web 门户站群、电子邮件、准入准出（含计费）管理系统、网络行为审计系统、网络安全管理系统、精品资源共享课程、电子校务等 30 多台服务器。这些服务器通过 iSCSI 驱动程序，将数据集中存储到 IP SAN 系统中。FC SAN 由 AS520G 存储系统与 24 口光纤交换机 FS5824 组成。电子校务中的综合教务管理、办公自动化、师生综合信息查询、校园一卡通的数据服务器，身份认证、业务管理等服务器配置 HBA 卡，服务器通过 HBA 卡连接光纤交换机，AS520G 的 FC 接口连接光纤交换机。多服务器集中存储拓扑结构，如图 7.52 所示。

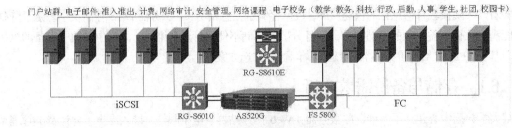

门户站群,电子邮件,准入准出,计费,网络审计,安全管理,网络课程　电子校务（教学,教务,科技,行政,后勤,人事,学生,社团,校园卡）

iSCSI　　　　　　　　　　　RG-S6010　AS520G　FS 5800　　　　FC

RG-S8610E

图 7.52　多服务器集中存储拓扑结构

AS520G 安装就绪后可通过浏览器访问"海量存储系统软件"。登录后按照数据中心预留的 IP 地址更改出厂设置的 IP 地址。按照"海量存储系统软件用户手册"，对磁盘进行"卷组、逻辑卷"分配与管理，设置 IP SAN 主机和 FC SAN 主机及会话管理，设置网络连接，部署数据存储、备份监控和配置管理等工作（限于篇幅，可参考浪潮提供的用户手册）。

IP SAN 存储服务需要在服务器上安装 iSCSI 启动器。Windows 的 iSCSI 客户端可在 http://www.microsoft．com/en-us/download/default.aspx 下载安装，Linux 的 iSCSI 客户端可在 http://www.open-iscsi.org/下载源码包编译安装。服务器上安装 iSCSI 启动器后，服务器通过 iSCSI 协议即可对 IP SAN 设置好的磁盘组和卷进行管理，实施数据存储作业。FC SAN 存储系统通过光纤通道与服务器连接好后，在服务器上可直接对 FC SAN 上的磁盘组和卷进行管理，实施数据存储作业。数据备份可使用操作系统的数据备份程序（如 Windows Server Backup）或数据库系统的数据备份程序（如 SQL Server 内置备份操作）进行数据备份。服务器通过 iSCSI 或 FC 与 AS520G 联动，确保应用系统在每个时间点所创建的快照卷数据保持完整性和一致性，以及处理在线访问数据存储备份等业务。AS520G 的应用，简化了数据中心的数据存储备份管理，提高了工作效率。

习题与思考

7.1 简要叙述 NAS、SAN 及 iSCSI 的技术要点与应用范围。

7.2 简要叙述完全备份、增量备份和差异备份的技术要点与应用范围。

7.3 简要说明 Windows Server Backup 的功能与使用范围。

7.4 简要说明 Windows Server 2008 集群技术要点和网络负载平衡应用特点。

7.5 什么是服务器虚拟化？服务器虚拟化需要哪些技术？

7.6 某企业门户服务器采用单服务器，随着服务器访问量的不断上升，高峰期 Web 服务器不能及时响应用户请求。因此，Web 服务器需要扩展。请设计 Web 服务器双机集群负载平衡技术方案。具体要求如下。

（1）服务器采用 2U 机架服务器，说明用于服务器双机集群及备份与恢复的系统软件。

（2）画出服务器双机集群、负载均衡，备份与恢复网络拓扑结构图，说明网络负载均衡、数据备份与恢复技术路线。

网 络 实 训

1. 使用 Windows Server Backup 备份与恢复数据

（1）实验目的。理解 Windows Server Backup 工作原理，会运用 Windows Server Backup 的数据备份与恢复功能，按照设置对话框，配置数据备份与恢复功能。

（2）实验资源、工具和准备工作。安装与配置好的 Windows Server 2008（企业版）服务器 1~2台，制作好的 UTP 网络连接线（双端均有 RJ-45 头）2 条，交换机 1 台。

（3）实验内容。安装 Windows Server 2008（企业版）Windows Server Backup 组件，进行数据备份及数据恢复配置操作。

（4）实验步骤（有条件时，可考虑自动备份数据实验）。

① 安装 Windows Server Backup。

② 使用 Windows Server Backup，手动备份数据。

③ 使用 Windows Server Backup，手动恢复数据。

④ 写出实验报告。

2. Web 服务器双机负载平衡设计与配置

（1）实验目的。理解 Windows Server 2008 的 NLB 工作原理，会运用 Windows Server 2008 NLB 功能，按照 NLB 集群设置对话框，设置双机集群工作模式。

（2）实验资源、工具和准备工作。安装与配置好的 Windows Server 2008（企业版）服务器 2 台，制作好的 UTP 网络连接线（双端均有 RJ-45 头）2 条，交换机 1 台。

（3）实验内容。安装 Windows Server 2008（企业版）NBL 集群组件，Web 服务器的 NLB 网络设计与配置，Web 服务器负载平衡配置。

（4）实验步骤。

① 设置双机集群专用网络，设置集群域用户账户。

② 安装 Windows Server 2008（企业版）NBL 集群组件。

③ 配置网络负载平衡节点。

④ 安装并配置集群节点 2 的 NLB 服务。

⑤ 写出实验报告。

第8章
局域网络安全与配置管理

本章简要介绍了网络安全威胁与安全措施。重点介绍了网络准入与准出控制技术及应用，Windows Server 2008 的安全配置以及 Web 服务器的安全配置。通过案例，讨论了网络边界安全技术、路由器的标准/扩展访问列表设置、NAT 协议设置以及路由器作为防火墙的应用。通过本章学习，达到以下目标。

（1）了解网络安全威胁与应对措施。理解网络准入/准出控制技术原理，熟悉防止 IP 地址盗用的方法。能够按照网络准入/准出控制需求，设计网络准入/准出控制技术方案。

（2）熟悉 Windows Server 2008 的安全功能，会安装与配置 Windows Server 2008 操作系统的安全机制。理解 IIS 的安全机制，熟悉 Web 服务器安全设置方法，能够充分运用 Windows Server 2008 的安全机制，设置 Web 服务器的安全。

（3）理解防火墙、路由器在网络边界安全中的作用，掌握建立网络 DMZ 的方法。会使用路由器的标准/扩展访问控制列表以及 NAT 协议，进行网络边界安全配置管理。能够根据中小型网络安全需求，设计中小型网络安全解决方案。

8.1　局域网安全概述

网络安全历来是人们关注的首要问题。局域网安全面临病毒破坏、黑客入侵、信息窃取、账号盗用、地址篡改、网络瘫痪以及安全应急机制不良等问题。因此，局域网安全不仅仅是技术问题，同时也是一个管理问题。

8.1.1　局域网安全威胁概述

局域网是由数据通信和信息资源构成的系统。数据通信是通过协议将交换机、路由器等设备集成在一起。信息资源由服务器、操作系统和应用程序组成。因此，局域网安全与网络协议、操作系统和应用软件密切相关，也与管理相关。常见的局域网安全有以下几个方面。

（1）用户身份与账号。交换机、路由器、服务器与应用系统等均存在管理员账号泄密或篡改问题，网络系统存在用户身份确认以及账号泄密或篡改问题，这些身份数据时常遭受黑客攻击的威胁。设备、主机和应用的口令缺少安全（如弱口令、非加密传输等）保护。

（2）网络设备与系统的漏洞。数据通信设备操作系统、服务器操作系统以及网络应用系统均存在安全漏洞。这些软、硬件厂商也在不断地发布漏洞补丁，频于应对病毒、黑客的攻击。从漏洞补丁发布更新到漏洞被攻击的时间越来越短，严重威胁着网络安全，如个人隐私泄露、匿名攻击、账号盗用、地址篡改、散播谣言、泄露机密等，使个人利益、组织利益和国家利益受到损害。

（3）局域网整体性安全。网络整体安全包括用户入网与出网可信控制、服务器安全访问、客户机安全联网、局域网到广域网的边界安全等。有限的广域网连接带宽，常被 P2P 软件、游戏软件（滥用）、蠕虫病毒、垃圾邮件等严重消耗，影响正常网络业务，甚至威胁信息系统的安全。面对这些安全问题，需要一个整体的网络安全解决方案。

8.1.2　局域网安全措施概述

以上概要梳理了常见的网络安全威胁，化解这些安全威胁的主要对策是全面应用网络安全技术措施，建立局域网整体安全保障体系。网络安全技术措施主要包括基础设施安全保障技术和网络应用安全保障技术，如图 8.1 所示。

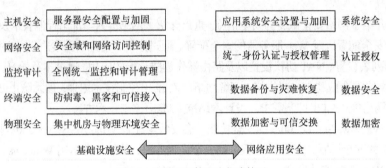

图 8.1　局域网整体安全保障体系

（1）身份验证。身份是对网络用户、主机、应用、服务以及资源的准确而肯定的识别。可用来进行识别的标准技术包括诸如 RADIUS、TACACS+和 Kerberos 之类的认证协议以及一次性密码工具，诸如数字证书、智能卡以及目录服务等新的技术也逐渐在身份解决方案中扮演着越来越重要的角色。

（2）边界安全。边界是指网络连接广域网的位置，网络边界主要有路由器、防火墙等设备。网络边界提供了对重要网络数据、应用和服务的访问控制，以便只允许合法用户和信息通过网络。具有访问控制列表（ACL）功能的路由器、三层交换机，以及防火墙等设备都提供了这样的控制策略。通过 ACL 禁用不使用的协议和不必要的端口，可以阻止非法入侵和病毒传播。病毒扫描工具和内容过滤器等辅助性工具也可以对网络边界安全进行控制。

（3）数据私密性。当信息必须被保护以防止被窃听的时候，能够按照需要提供可靠的机密通信是至关重要的。使用路由选择封装（GRE）、第二层隧道协议（L2TP）和第三层隧道协议（MPLS VPN）之类的技术和数据分离可以保护一般数据的私密性。重要数据私密性要使用数字加密技术、SSL（Security Socket Layer，加密套接字协议层）和 IPSec（Internet 协议安全性）协议。在实现 VPN 的时候，这种附加的保护特别重要。

（4）安全监控。为了确保网络是安全的，定期测试和监控安全措施的状态是非常重要的。网络漏洞扫描工具能够有效地识别出易受攻击的区域，而入侵检测系统（IDS）能够在安全事件发生的时候对其进行监控和响应。网络嗅探器可以分析、解释以及监控网络设施的安全状态。通过使用这些安全监控技术，企业或组织能够获得对网络数据流和网络安全情况从未有过的深入了解。

（5）防止 DoS 攻击。安装最新的系统软件服务包，通过应用适当的注册表设置强化 TCP/IP 堆栈，以增大 TCP 连接队列的大小，缩短建立连接的周期，并利用动态储备机制来确保连接队列永远不会耗尽。使用网络入侵检测系统（IDS），可以自动检测与回应联机请求溢满攻击（SYN

Floods）。

（6）病毒及木马防御。保持当前采用最新的操作系统服务包和软件补丁，是用来对付病毒、特洛伊木马和蠕虫的最佳措施。封锁路由器、防火墙和服务器的所有多余端口；禁用不使用的功能，包括协议和服务；强化脆弱的默认配置。

例如，360 安全卫士（领航版）拥有木马查杀、恶意软件清理、漏洞补丁修复、计算机全面体检、垃圾和痕迹清理等多种功能，可以优化系统，加快计算机运行速度，还可以下载、升级和管理各种应用软件。

（7）账号保护。所有的账户类型都使用强密码，密码为 9 位以上、不易猜测且大小写字母混用。对最终用户账户采用锁定策略，限制猜测密码而重试的次数。不要使用默认的账户名称，重新命名标准账户。例如，管理员的账户和许多 Web 应用程序使用的匿名 Internet 用户账户。审核失败的登录，获取密码劫持尝试的模式。

（8）禁止未授权操作。配置 IIS 的安全，拒绝带有 "../" 的 URL，防止遍历路径的发生。利用严格的 ACL，锁定系统命令和实用工具。保持使用最新的补丁和更新，确保新近发现的缓冲区溢出尽快打上补丁。利用受限制的 NTFS 权限锁定文件和文件夹。使用 ASP.NET 应用程序中的.NET Framework 访问控制机制，包括 URL 授权和主要权限声明。

（9）建立安全事件响应小组。安全事件响应小组由事件响应主管、信息安全专家、安全操作人员以及合适的 IT 支持工程师组成。安全事件响应小组成员应具备足够的技术、应用和组织等方面的知识，以使它能够适应网络安全环境，提供有效的网络安全建议，及时解决网络安全问题。

8.2　网络准入与准出控制

通常，通过身份确认用户 PC 是否可接入局域网（校园网、企业网等），称为网络准入控制。合法用户接入局域网后，又通过身份认证连接外网（Internet），称为网络准出控制。统一的网络准入、准出控制可实现 "你是谁（身份认证），你能干什么（行为监管），你干了什么（行为审计）" 等网络安全管理的基本工作。

8.2.1　基于 802.1x 的准入与认证

20 世纪 90 年代后期，IEEE802 委员会为解决无线网络网络安全问题，提出了 802.1x 协议。802.1x 协议称为基于端口的访问控制协议（Port Based Network Access Control Protocol）。以太网采用 802.1x 协议实施接入控制，主要解决局域网安全接入和认证方面的问题。

认证系统由支持 802.1x 协议的交换机和 RADIUS 认证服务器组成，如图 8.2 所示。靠近用户一侧的以太网交换机上放置一个可扩展的认证协议（Extensible Authentication Protocol，EAP）代理，用户 PC 运行 EAPoE（EAP over Ethernet）的客户端软件与交换机通信。交换机 UTP 端口与认证服务器之间运行 EAP。

初始状态下，交换机上的所有端口处于关闭状态，只允许 802.1x 数据流通过。网络应用数据流，如动态主机配置协议（DHCP）、超文本传输协议（HTTP）、文件传输协议（FTP）、简单邮件传输协议（SMTP）和邮局协议（POP3）都被禁止传输。当用户通过 EAPoE 登录交换机时，交换机将用户提供的 "用户名、口令" 传送到后台的 RADIUS 认证服务器上。如果用户名及口令通过了验证，则交换机连接 PC 机的端口打开，允许用户访问网络。

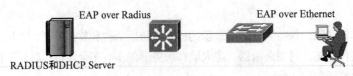

图 8.2　802.1x 协议的核心内容

　　802.1x 协议包括客户端请求系统（Supplicant System）、认证系统（Authenticator System）和认证服务器（Authentication Server System）3 个重要部分。图 8.3 所示描述了三者之间的关系及互相之间的通信。客户机安装 EAPoE 客户端软件（如 Windows XP/7 支持 802.1x 认证），该软件支持交换机端口的接入控制，用户通过启动客户端程序发起 802.1x 协议的认证过程。

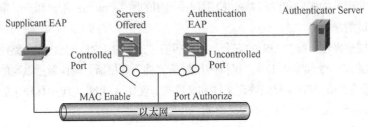

图 8.3　802.1x 协议的工作机制

　　以太网交换机的每个 UTP 口由受控和非受控逻辑端口组成。非受控端口始终处于双向连通状态，主要用来传递 EAPoE 协议帧，保证客户端始终可以发出或接收认证。受控端口只有在认证通过之后才导通，用于传递网络信息。如果用户未通过认证，受控端口处于非导通状态，则用户无法访问网络信息。受控端口可配置为双向受控和仅输入受控两种方式，以适应不同的应用环境。

　　认证服务器通常为 RADIUS 服务器。该服务器可以存储用户登录信息，如用户账号、密码，用户的 IP 地址及所属的 VLAN 和交换机的端口号，以及用户网卡的 MAC 地址等。当用户通过认证后，认证服务器会把用户的相关信息传递给认证系统，由认证系统构建动态的访问控制列表，用户的后续流量将接受上述参数的监管。

8.2.2　RADIUS 认证组成与机制

　　最初的 RADIUS（Remote Authentication Dial-In User Service）是用于拨号用户认证管理的协议。随后，经过多次改进，形成了一个通用的身份认证协议，成为局域网身份认证中的一个标准。读者可连接 http://www.freeRADIUS.org/getting.html 下载 RADIUS 免费软件。该软件在 Linux 操作系统上安装、运行。

1. RADIUS 的功能与组成

　　RADIUS 系统能处理并发认证请求的数量，是衡量 RADIUS 服务器性能的重要指标之一。同时，还要考虑 RADIUS 管理安全性，以及支持强制时间配额等。这种功能使网络管理员可以限制用户或用户组，通过 RADIUS 服务器接入网络的时间。RADIUS 服务器应支持 ODBC 或 JDBC，利用 SQL Server 数据库保存和访问用户配置文件。

　　RADIUS 是一种 C/S 结构的协议，其组成如图 8.4 所示。RADIUS Client 一般是指与 NAS（网络认证系统）通信的、处理用户上网验证的软件，RADIUS Server 一般是指认证服务器上的计费和用户验证软件。Server 与 Client 通信进行认证处理，这两个软件是遵循 RFC 相关 RADIUS 协议设计的。

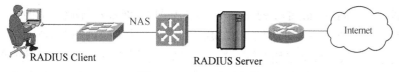

图 8.4　RADIUS 组成结构

2. RADIUS 的工作原理

用户接入 NAS，NAS 向 RADIUS 服务器使用 Access-Require 数据包提交用户信息，包括用户名、口令等相关信息。其中用户口令是经过 MD5 加密的，双方使用共享密钥，这个密钥不经过网络传播。RADIUS 服务器对用户名和密码的合法性进行检验，必要时可以提出一个 Challenge，要求进一步对用户认证，也可以对 NAS 进行类似的认证。如果合法，给 NAS 返回 Access-Accept 数据包，允许用户进行下一步工作，否则返回 Access-Reject 数据包，拒绝用户访问。如果允许访问，NAS 向 RADIUS 服务器提出计费请求 Account-Require，RADIUS 服务器响应 Account-Accept，对用户的计费开始，同时用户可以进行自己的相关操作。

RADIUS 服务器和 NAS 通过 UDP 进行通信，RADIUS 服务器的 1812 端口负责认证工作，1813 端口负责计费工作。采用 UDP 的基本考虑是因为 NAS 服务器和 RADIUS 服务器大多在同一个网络中，使用 UDP 更加快捷方便。

RADIUS 协议还规定了重传机制。如果 NAS 向某个 RADIUS 服务器提交请求没有收到返回信息，那么可以要求备份 RADIUS 服务器重传。由于有多个备份 RADIUS 服务器，因此 NAS 进行重传的时候，可以采用轮询的方法。如果备份 RADIUS 服务器的密钥和以前 RADIUS 服务器的密钥不同，则需要重新进行认证。

8.2.3　网络准入与准出认证比较

目前，网络准入认证技术有 802.1x+ RADIUS，网络准出认证技术有 PPPoE+ RADIUS、Web + RADIUS 等。下面将这几种认证技术作一比较。

1. PPPoE+RADIUS

PPPoE+RADIUS 技术是在网络 MAC 数据帧之上，打通一条由局域网通向广域网的隧道，将隧道协议封装在 MAC 数据帧中。这样，极大地简化了协议转换过程，提高了效率，如图 8.5 所示，RADIUS 服务器"串联"在内、外网之间，用户认证数据流和用户访问外网数据流均要通过 RADIUS 服务器。当流经 RADIUS 服务器的数据超过允许的上限时，RADIUS 服务器即成为内、外网的瓶颈。

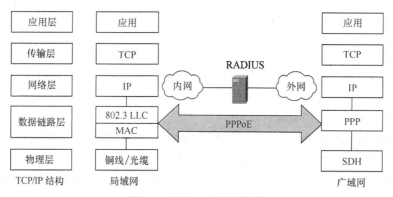

图 8.5　PPPoE+RADIUS 认证

PPPoE（Point to Point Pvotocol over Ethernet）的实质是以太网和拨号网络之间的一个中继协议，它继承了以太网的快速和 PPP 拨号的简捷、用户验证、IP 分配等优势。PPPoE 协议可以把数据帧报文按照 PPP 的格式定义封装，如数据链路控制协议报文、网络层控制协议报文、认证报文等。这种功能需要在两个对等的端到端网络之间建立一种点到点的传输，而不是像以太网或其他多点访问网络中定义的点到多点的传输。

2. Web+ RADIUS

Web + RADIUS 认证是网络用户连接 Internet 时常采用的一种技术方案，如图 8.6 所示。这种认证方式是通过 IE 浏览器访问 RADIUS 服务器，用户在登录界面输入"用户名+口令"。RADIUS 服务器检查用户名、口令是否正确，若认证通过，用户即可访问外网。该技术方案的优点是客户机无需配置认证协议，用户账号可以在局域网内漫游。其缺点是账号可能被盗用，也不能防止 IP 地址盗用。与 PPPoE 一样，用户连接外网的性能受制于 RADIUS 服务器的性能。

Web 终端　　接入交换机　　核心交换机　　RADIUS

图 8.6　Web + RADIUS 认证

3. 802.1x+ RADIUS

802.1x+RADIUS 技术方案与前两种不同。RADIUS 服务器连接在核心交换机，通过支持 802.1x 协议的交换机，在 PC 连接网络时进行认证，如图 8.7 所示。这种认证方式也称为安全可信接入认证。

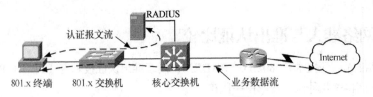

801.x 终端　　801.x 交换机　　核心交换机　　业务数据流

图 8.7　802.1x+ RADIUS 认证

802.1x 协议为二层协议，不需要到达三层，而且接入交换机无须支持 802.1q 的 VLAN，对设备的整体性能要求不高，可以有效降低建网成本。业务报文直接承载在正常的二层报文上，用户通过认证后，业务流和认证流实现分离，对后续的数据包处理没有特殊要求。在认证过程中，802.1x 不用封装帧到以太网中，效率相对较高。

8.2.4　防止 IP 地址盗用

由于 IP 地址是逻辑地址，是一个需要用户设置的值，因此无法限制用户对于 IP 地址的静态修改，除非使用 DHCP 服务器分配 IP 地址，但又会带来其他管理问题。对于一个庞大用户群的网络（如高校），可采用以下方法防止 IP 地址的盗用。

1. 使用 ARP 命令防止 IP 盗用

（1）使用操作系统的 ARP 命令。进入"MS-DOS 方式"或"命令提示符"，在命令提示符下输入命令：ARP -s 202.208.176.3 00-10-5C-AD-72-E3，即可把 MAC 地址 00-10-5C-AD-72- E3 和 IP 地址 202.208.176.3 捆绑在一起。这样，就不会出现客户机 IP 地址被盗用而不能正常使用网络的情况发生。

ARP 命令仅对网络服务器、客户机的静态 IP 地址有效。当被绑定 IP 地址的机器关机后，地址绑定关系解除。ARP 命令对 Modem 拨号上网，或动态获取 IP 地址不起作用。

ARP 命令参数：ARP -s -d -a

-s：将相应的 IP 地址与物理地址的捆绑，如以上所举的例子。

-d：删除相应的 IP 地址与物理地址的捆绑。

-a：通过查询 ARP 表显示 IP 地址和对应物理地址的情况。

（2）使用交换机的 ARP 命令。二层交换机只能绑定与该交换机 IP 地址具有相同网络地址的 IP 地址，三层交换机可以绑定该设备所有 VLAN 的 IP 地址。交换机支持静态绑定和动态绑定，一般采用静态绑定。其绑定操作过程是：采用 Telnet 命令或 Console 口连接交换机，进入特权模式；输入 config，进入全局配置模式；输入绑定命令：arp 202.208.176.3 0010.5CAD.72E3 arpa；至此，即可完成绑定。绑定的解除，在全局配置模式下输入：no arp 202.208.176.3 即可。

使用 ARP 命令防止 IP 盗用具有局限性。当 IP 地址和 MAC 地址（使用工具更改）同时被盗用时，则该方法失效。要想彻底防止 IP 盗用，可使用 802.1x 安全接入防止 IP 盗用。

2. 使用 802.1x 安全接入防止 IP 盗用

（1）IP 地址和账号绑定，防止静态 IP 冲突。用户进行 802.1x 认证时，用户还没有通过认证，该用户与网络是隔离的，其指定的 IP 不会与别的用户 IP 冲突。当用户使用非正确的账号密码试图通过认证时，因认证服务器对该用户账号和其 IP 做了绑定，认证服务器对其请求不通过，同样不会造成 IP 冲突。当用户使用正确的账号、IP 地址通过认证后更改 IP 时，RADIUS 客户端软件能够检测到 IP 的更改，即刻剔除用户下线，从而不会造成 IP 冲突。

（2）客户 IP 属性校验，防止动态 IP 冲突。用户进行 802.1x 认证前不用动态获得 IP，而是静态指定。认证前用户还没有通过认证，该用户与网络是隔离的，其指定的 IP 不会与别的用户 IP 冲突。当用户使用非正确账号密码试图通过认证，因认证服务器对该用户账号的 IP 属性设置是动态 IP，认证报文中该用户的 IP 属性确是静态 IP，则认证服务器对认证请求不通过，同样不会造成 IP 冲突。当用户使用正确的账号，动态 IP 设置通过认证后再更改 IP 时，RADIUS 同样能够检测到 IP 的更改，剔除用户下线，从而不会造成 IP 冲突。

8.3　操作系统安全配置

操作系统是服务器资源管理平台，虽然操作系统在不断完善，抵御攻击的能力日益提高，但是要提供完整的安全保障，仍然有许多安全配置和管理工作要做。下面以 Windows Server 2008 为例，按照服务器的安全需要，介绍操作系统的安全配置。

8.3.1　系统服务包和安全补丁

操作系统的漏洞和缺陷往往给攻击者大开方便之门。堵塞漏洞的办法是及时查询、下载和安装安全补丁。微软提供的安全补丁有两类：服务包（Service Pack）和热补丁（Hot fixes）。

服务包已经通过回归测试，能够保证安全安装。每一个 Windows 的服务包都包含着在此之前所有的安全补丁。微软建议用户及时安装服务包的最新版。安装服务包时，应仔细阅读其自带的 Readme 文件并查找已经发现的问题，最好先安装一个测试系统，进行试验性安装。

安全热补丁的发布更及时，只是没有经过回归测试。微软通过其安全公告服务来发布安全公告，访问站点 http://www.microsoft.com/china/security/bulletins/notify.asp 可以获得关于修补安全漏洞的最新信息，及时下载并安装安全补丁。在安装之前，应仔细评价每一个补丁，以确定是否应立即安装还是等待更完整的测试之后再使用。在 Web 服务器上正式使用热补丁之前，最好在测试系统上对其进行测试。

微软提供的 MBSA（Microsoft Baseline Security Analyzer，微软基准安全分析器）2.1 支持 Windows Server 2008 R2、Windows 7、Windows Server 2008、Windows Server 2003、Windows Vista、Windows XP 操作系统和组件的漏洞评估检查。改进了对 SQL Server 2005 漏洞评估检查的支持。

这些服务包和补丁可以消除系统中的一些弱点。但是，不应当假定使用这些补丁就足以让自己的系统处于安全状态。这些更新是对已经发现的漏洞的反应性修复。网络世界的动态性，随时都有大量的网络高手在钻研已经打上补丁的系统，以便找到新的弱点和漏洞。因此，在维护服务器时，应当采取附加的安全措施，避免成为攻击者的牺牲品。

在服务器安装应用系统之前，服务器操作系统应进行安全加固。加固过程除了运用服务包和安全补丁来修复已知的弱点，还要遵循最优的安全规程，确保服务器操作系统配置尽可能安全。

8.3.2 系统账户安全配置

Windows Server 2008 系统中的账户策略包括密码策略和账户锁定策略两部分。本地策略包括审核策略、用户权限分配及安全选项三部分。单击"开始"→"管理工具"→"本地安全策略"控制台。在该控制台中展开"账户策略"和"本地策略"，即可设置系统账户的安全。

1. 设置增强的密码策略

系统账户密码是黑客攻击的重点，账户密码一旦被攻破，系统也就没有了安全性。据测试，仅字母加数字的 5 位密码在几分钟之内就会被攻破。最好使用本地安全策略（或域安全策略）管理器来增强系统账户的密码安全。微软建议用户进行如下修改。

- 密码长度至少 9 个字符。采用英文大小写字母、数字和非字母字符混合编码。
- 设置一个与系统或网络相适应的最短密码存留期（典型的为 1~7 天）。
- 设置一个与系统或网络相适应的最长密码存留期（典型的不超过 42 天）。
- 设置密码历史至少 6 个。这样可强制系统记录最近使用过的几个密码。

按照以上策略设置密码可以使账号安全得多，如图 8.8 所示。如果再启用"密码必须符合复杂性要求"，系统会强制用户配置密码属性，避免使用过于简单的密码。

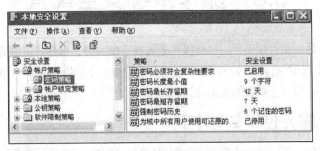

图 8.8 设置账号密码策略

2. 设置账户锁定策略

Windows Server 2008 具有账户锁定的特性。通过设置账户锁定策略，当用户账户若干次登录尝试失败后将被锁定，以防止攻击者使用暴力法破解用户账户和密码。如图 8.9 所示，可使用本地安全策略（或域安全策略）管理器来设置账户锁定策略。

（1）复位账户锁定计数器。用来设置连续尝试的时限。例如，该值设置为 30min，则在 30min 内尝试登录的操作都被作为连续尝试登录的记录。

图 8.9　设置账号锁定策略

（2）账户锁定时间。用于定义账户被锁定之后，保持锁定状态的时间。如果将账户锁定时间设置为 0，账户将一直被锁定直到管理员明确解除对它的锁定。

（3）账户锁定阈值。用于设置允许用户连续尝试登录的次数。例如，一般设置为 5 次，当使用某账户连续尝试登录失败达到 5 次之后，该账户就被锁定。如果该值设为 0 次，则表示没有启动账户锁定功能。

3. 设置审核策略

审核策略包括"审核策略更改""审核登录事件""审核对象访问""审核进程跟踪""审核目录服务访问""审核特权使用""审核系统事件""审核账户登录事件"和"审核账户管理"等内容。操作系统默认各项审核策略的安全设置均为"无审核"状态。使用"本地安全策略"控制台设置服务器审核策略，对各项"审核策略"的"成功"或"失败"事件进行审核，具体步骤如下。

（1）打开"本地安全策略"控制台，在控制台中展开"本地策略"节点，单击"审核策略"，在控制台详细信息窗格中双击"审核登录事件"，打开"审核登录事件"对话框。

（2）选择"本地安全设置"选项卡，对该事件的"成功"和"失败"情况进行审核（复选框打√），单击"确定"按钮后，即将该项的"无审核"更改为"成功"，如图 8.10 所示。

图 8.10　设置审核策略项目

4. 严格控制账户特权

遵循最少特权原则，赋予系统中每个用户账户尽可能少的权力。所有账号权限需严格控制，轻易不要给账号以特殊权限，不要授予一般用户本机登录权限。可根据用户的使用权限和职责，删除该用户的某些特权。如图 8.11 所示，可使用本地安全策略（或域安全策略）管理器来设置用户权限指派、检查、授予或删除用户账户特权、组成员以及组特权。

图 8.11　设置用户权利指派

5. 禁止或删除不必要的账户

应该禁止或删除不必要的用户账户。默认情况下，Guest 账户是被禁止的，如果该账户被启用了，应该禁止掉它。可将 Guest 账户重命名为一个复杂的名字，增加密码，再将它从 Guest 组删除。有的黑客工具正是利用了 Guest 的弱点，将账号从一般用户提升到管理员组。

服务器的用户账户应尽可能少，且尽可能少地登录。因为，多一个账户就会多一分危险；所以，除了用于系统维护的账户外，多余的账户一个也不要。

6. 加强管理员账户的安全性

Administrator 账户是 Windows Server 2008 系统中内置的。对于攻击者来说，它是一个众所周知的目标，应该对域管理员账户（Domain Administrator）和本地管理员账户做如下设置。

（1）将 Administrator 重命名，改为一个不易猜测的名字。不要使用 admin、root 之类的名字。为 Administrator 账户设置一个复杂密码，由多种字符类型（字母、数字和标点符号等）构成，密码长度不能少于 9 个字符。此外，应对不同的服务器设置不同的管理员账户密码。

（2）建立一个伪账户，其名字虽然是 Administrator，但是没有任何权限。定期审查事件日志，查找对该账户的攻击企图。

（3）除管理员账户外，有必要再增加一个属于管理员组（Administrators）的账户，作为备用账户。这样，既可防止管理员忘记某个管理员账户密码，又可在遭到攻击者破解之后，能够重新在短期内取得控制权。

8.3.3 文件系统安全设置

1. 确保使用 NTFS 文件系统

与传统的 FAT、FAT32 或 FAT32X 文件系统相比，NTFS 文件系统具有更多的安全控制功能，可以对不同的文件夹设置不同的访问权限，提供访问控制及文件保护。

安装 Windows Server 2008 服务器时，将硬盘的所有分区设置为 NTFS 分区。不要先设置 FAT32 分区，再转换为 NTFS 分区。服务器应用软件应安装在 NTFS 分区上。

如果服务器已经安装运行，应确保服务器上所有的硬盘分区均为 NTFS 格式。可以用内置的实用工具 CONVERT 将非 NTFS 格式的分区无损地转换成 NTFS 格式。

命令行方式下的命令：CONVERT volume /FS:NTFS。（volume 表示驱动器新加卷）

也可用磁盘管理工具来转换文件系统格式，这种方式是通过格式化来实现转换的，将导致数据丢失。将非 NTFS 格式转换为 NTFS，所有的访问控制列表都将设置成为：Everyone→完成控制，管理员还应该根据需要修改权限设置。只有在格式化为 NTFS 文件系统的磁盘驱动器上，才能设置安全权限、压缩、加密以及磁盘配额。

2. 设置 NTFS 权限保护文件和目录

默认情况下，NTFS 分区的所有文件对所有人（Everyone）授予完全控制权限，这使攻击者有可能使用一般用户身份对目录和文件进行增加、删除、执行等操作。

（1）NTFS 权限的基本级别有 7 种，各种权限功能如下。

① 完全控制。可以修改、添加、移动和删除文件和目录，以及与文件相关的属性，还可更改对其所有文件和子目录的权限设置。

② 修改。对于文件，可查看并修改文件和文件属性；对于目录，可在其中增删文件或修改文件属性。

③ 读取及运行。可运行可执行文件，包括脚本。

④ 列出文件夹目录。仅对目录而言，可查看文件夹内容的列表。

⑤ 读取。可以查看文件和文件属性。

⑥ 写入。可以将内容写入文件。

⑦ 无法访问。无法访问任何资源，即使用户拥有对更高级别父目录的权限。

（2）要使用 NTFS 权限来保护目录或文件，必须具备两个条件。

① 要设置权限的目录或文件必须位于 NTFS 分区中。

② 对于要授予权限的用户或用户组，应设立有效的 Windows 账户。

这种权限也称为访问控制列表（ACL）。组权限和用户权限的关系是：用户获得所在组的全部权限，如果用户又定义了其他权限，则将累计用户和组的权限；对于一个属于多个组的用户，其权限就是各组权限与该用户权限的累加。

（3）无论服务器本身的权限多大，都要受制于 NTFS 权限。这里针对服务器文件系统的安全，给出几条具体建议，供网络管理员参考。

① 对一般用户赋予读取权限，只有管理员和 System 账户才能赋予完全控制权限。这样有可能使某些正常的脚本程序不能执行，或者某些需要写的操作不能完成，这就需要对这些文件所在的文件夹权限进行更改。建议在进行更改前先在测试机器上作测试，然后慎重更改。

② 对操作系统文件和文件夹、服务器文件和文件夹分别设置访问权限。

③ 如果是 Web 服务器，可以对"IIS_计算机名"（IIS_计算机名表示 Internet 来宾账号，其中计算机名表示 Web 服务器的机器名）账户赋予读取权限。

④ 不能允许 Everyone 组对任一目录具有写入和执行权限。

⑤ 限制浏览目录，即一般不要赋予"列出文件夹目录"的权限。

⑥ 默认情况下，IIS FTP 和 SMTP 两个默认的目录 c:\inetpub\ftproot 和 c:\inetpub\mailroot 对 Everyone 组赋予完全控制权限，应进行更改。只给管理员和 System 账户赋予完全控制权限，对 Everyone 组赋予执行权限。

8.3.4　安全模板创建与使用

Windows Server 2008 的安全模板是一种用文件形式定义安全策略的方法。安全模板能够配置账户策略、本地策略、事件日志、受限制的组、文件系统、注册表和系统服务等项目的安全设置。安全模板采用.inf 格式的文件，将操作系统安全属性集合成文档。管理员可以方便地复制、粘贴、导入和导出安全模板，以及快速批量修改安全选项。

1. 添加安全配置管理单元

单击"开始"→"运行"→"打开"→"MMC"选项，进入操作系统管理控制台（MMC）视窗。单击 MMC 菜单栏中的"文件"→"添加/删除管理单元"选项，打开"添加/删除管理单元"对话框。选择"可用的管理单元"列表中的"安全配置"选项，单击"添加"按钮，将"安全配置"添加到"所选管理单元"列表中，接着单击"确定"按钮，返回控制台界面，可看到在 MMC 中已经添加了"安全配置"管理单元，如图 8.12 所示。

图 8.12　安全模板管理单元控制台

2. 创建与保存安全模板

在 MMC 中展开"安全模板"节点，鼠标右键单击准备创建安全模板的路径"C:\Users\Administrator\Documents\Security\Templantes"，在弹出的菜单中选择"新添模板"选项，打开"创建模板"对话框，在对话框内输入模板名称（如 anquan_1）和描述，单击"确定"按钮，完成安全模板创建，如图 8.13 所示。

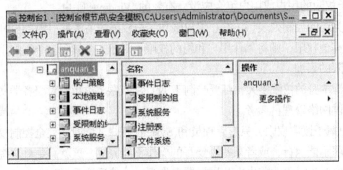

图 8.13　安全模板创建完成

关闭具有"安全模板"管理单元的控制台时，操作进入"保存安全模板"对话框。选择相应的安全模板后，单击"是"按钮，即可保存该安全模板。

8.3.5　使用安全配置和分析

"安全配置和分析"是配置与分析本地计算机系统安全性的一个工具。该工具可以将"安全模板"应用效果与本地计算机定义的安全设置进行比较。该工具允许管理员进行快速的安全分析。在安全分析过程中，其视窗中会显示当前配置与建议，包括不安全区域。也可以使用该工具配置本地计算机系统的安全。

1. 添加安全配置和分析管理单元

单击"开始"→"运行"→"打开"→"MMC"选项，进入操作系统管理控制台（MMC）视窗。单击 MMC 菜单栏中的"文件"→"添加/删除管理单元"选项，打开"添加/删除管理单元"对话框。选择"可用的管理单元"列表中的"安全配置和分析"选项，单击"添加"按钮，将"安全配置"添加到"所选管理单元"列表中，接着单击"确定"按钮，返回控制台界面，可看到在 MMC 中已经添加了"安全配置和分析"管理单元，如图 8.14 所示。

图 8.14　安全配置和分析管理单元控制台

2. 安全分析与配置计算机

（1）打开数据库，导入安全模板。在 MMC 中，鼠标右键单击"安全配置与分析"节点，在弹出的菜单中选择"打开数据库"后，出现"打开数据库"对话框。在默认路径"C:\Users\Administrator\Documents\

Security\Database"下创建数据库"aqsjk_1"。单击"打开"按钮，出现"导入模板"对话框。再次选择安全模板文件"anquan_1"，单击"打开"按钮，导入模板，如图 8.15 所示。

图 8.15　导入安全模板

（2）安全分析，查看结果。在 MMC 中，鼠标右键单击"安全配置与分析"节点，在弹出的菜单中选择"立即分析计算机"选项。打开"进行分析"对话框，指定错误文件保存位置。单击"确定"按钮，开始分析计算机系统的安全配置。分析内容包括用户权限配置、受限的组、注册表、文件系统、系统服务及安全策略等。

分析完毕返回控制台，展开"安全配置与分析"节点，在控制台中部窗口可查看"数据库设置"栏和"计算机设置"栏的差异，如图 8.16 所示。

图 8.16　计算机系统安全分析结果

（3）配置计算机。鼠标右键单击"安全配置和分析"选项，在弹出的菜单中选择"立即配置计算机"选项。打开"配置系统"对话框，指定错误日志文件保存位置。单击"确定"按钮，开始配置计算机系统的安全。该配置内容包括用户权限配置、受限制的组、文件系统、系统服务及安全策略等。

8.3.6　使用安全配置向导

安全配置向导（SCW）可以创建、编辑、应用安全策略。安全策略是一个.xml 文件，该文件内容包括配置服务器、网络安全、特定注册表值和审核策略。

1.　使用安全配置向导应注意的问题

使用 SCW 可禁用不需要的服务，支持高安全性的 Windows 防火墙。SCW 创建的安全策略与安全模板不同，SCW 不会安装或卸载服务器执行角色需要的组件。运行 SCW 时，所有使用 IP 协议和端口的应用程序必须在服务器上运行。使用安全配置向导（SCW）可以创建、编辑、应用安全策略，如果安全策略无法正常工作，可以回滚上一次应用的安全策略。

2.　启动安全配置向导

（1）配置操作。单击"开始"→"管理工具"→"安全配置向导"选项，出现"欢迎使用安全配置向导"界面，单击"下一步"，进入"配置操作"对话框。在对话框中选择"新建安全策略"单选框，在计算机上创建新的安全策略，如图 8.17 所示。

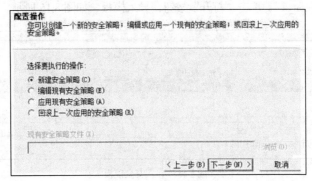

图 8.17　新建安全策略

（2）选择服务器。单击"下一步"按钮，出现"选择服务器"对话框，在对话框中指定一台服务器作为安全策略的基准。在服务器文本框中输入服务器主机名，如图 8.18 所示。

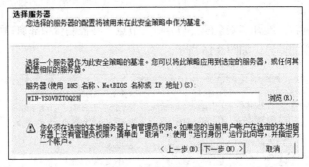

图 8.18　选择服务器

（3）处理安全配置数据库。单击"下一步"按钮，开始处理安全配置数据库。对服务器进行扫描，确定服务器上已经安装的角色、服务器正在执行的角色以及服务器配置的 IP 地址和子网掩码等内容，如图 8.19 所示。

处理安全配置数据库完成后，单击"查看配置数据库"按钮，打开 SCW 查看器，查看安全配置数据库，可以查看服务器角色、客户端功能、管理选型、服务及 Windows 防火墙设置信息等内容，如图 8.20 所示。

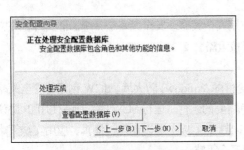

图 8.19　处理安全配置数据库

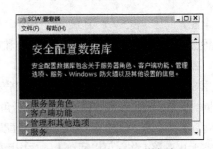

图 8.20　查看安全配置数据库

3. 基于角色的服务配置

基于角色的服务配置功能项，可以依据所选服务器的角色和功能配置服务器。配置内容包括选择服务器角色、选择客户端功能、选择管理选项和其他选项、选择其他服务器、处理未指定的服务器及确认服务更改等。

（1）选择服务器角色。关闭 SCW 查看器，单击"下一步"按钮，进入"基于角色的服务器配置"对话框。接着单击"下一步"按钮，进入"选择服务器角色"对话框，如图 8.21 所示。服务器角色描述服务器所执行的主要功能，服务器角色必须启用角色特定的服务。安全配置向导启用所选服务器执行该对话框上选择的服务器角色时所需的服务。

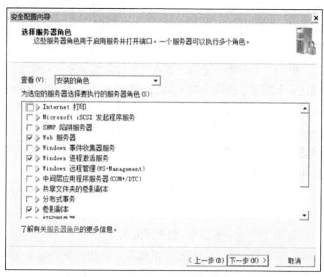

图 8.21　选择服务器角色

（2）选择客户端功能。单击"下一步"按钮，进入"选择客户端功能"对话框，如图 8.22 所示。该服务器可以是其他服务器的客户端，客户端功能必须启用角色特定服务。安全配置向导启用所选服务器，执行在此页上选择的客户端功能时所需的服务，将禁用不需要的服务。默认情况下，只显示所选服务器，不必安装其他组件即可执行客户端功能。可以通过将视图更改为"所有功能"，查看安全配置数据库中的所有客户端功能。若要查看特定角色所需的服务和端口，单击客户端功能旁边的三角形。安全配置向导列出该角色、所需服务以及防火墙规则的说明。

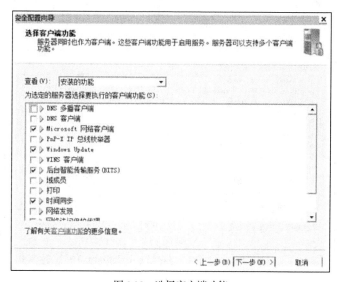

图 8.22　选择客户端功能

　　若要启用所选服务器执行其已安装的客户端功能时所需的服务，在列表中选择相应的客户端功能。如果计划在所选服务器上安装其他客户端功能，或将此安全策略应用于角色配置略有不同的其他计算机，在"查看"中，单击"所有功能"选项，然后选择相应的客户端功能。

　　（3）选择管理项和其他选项。单击"下一步"按钮，进入"选择管理项和其他选项"对话框。在此页上，可以选择管理选项（如远程管理和备份）及使用服务和端口的其他应用程序选项和 Windows 功能。安全配置向导根据管理员在"选择服务器角色"页中选择的角色启用服务器所需的服务，将禁用不需要的服务。如果在安全配置向导的"网络安全"部分配置了设置，将删除不需要的防火墙规则。任何依赖于以前未选择的角色的选项将自动从列表中排除，并且不会出现。

　　（4）选择其他服务。单击"下一步"按钮，进入"选择其他服务"对话框，如图 8.23 所示。所选服务器执行的角色可能在安全配置数据库中找不到已安装服务。如果出现这种情况，安全配置向导将在"选择其他服务"页上提供已安装服务的列表。与前面几页不同，此页只有一个视图。

　　单击复选框与服务名称之间的三角形，可以了解该服务的详细信息（图 8.23 中的"主动防御"选项）。可以检查每项其他服务，决定是否需要运行该服务，所选服务器才能执行所需功能。如果不需要该服务，则确认已清除相应的复选框。

　　（5）处理未指定的服务。单击"下一步"按钮，进入"处理未指定的服务"对话框。如果希望执行"将安全策略应用于所选服务器以外的其他服务器"或"在更改了所选服务器的配置（如安装了新软件）之后，将安全策略应用于所选服务器"，则使用此页。

　　未指定的服务是指未出现在安全配置数据库中的服务，这些服务当前未安装在所选服务器上，但是可能已安装在要应用安全策略的其他服务器上。这些服务也可能在以后安装在所选服务器上。任何未知服务均将出现在安全配置向导的"处理未指定的服务"页上。在继续操作之前，必须决定如何处理这些服务。可用选项如下。

　　① 不更改此服务的启动模式。如果选择此选项，要应用此安全策略的服务器上已启用的未指定服务仍会启用，已禁用的未指定服务仍会禁用。

　　② 禁用此服务。如果选择此选项，未在安全配置数据库中或未安装在所选服务器上的所有服务均将禁用。

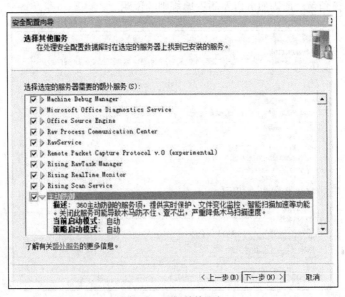

图 8.23　选择其他服务

（6）确认服务更改。单击"下一步"按钮，进入"确认服务更改"对话框，如图 8.24 所示。

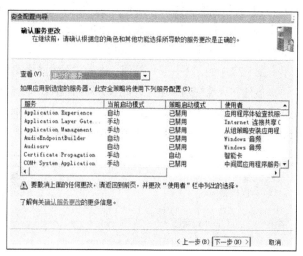

图 8.24　确认服务变更

在"确认服务更改"页上，可以看到此安全策略将对所选服务器上的服务进行的所有更改的列表。该列表将所选服务器上的服务的当前启动模式与策略中定义的启动模式进行比较。启动模式可以是"禁用""手动"或"自动"。在应用安全策略之前，不会对所选服务器进行任何更改。

如果一个或多个服务更改不正确，可以通过在前面几页更改管理员的选择，来修改这些设置。若要确定必须修改哪个选择以获得所需的结果，查看"使用者"列，该列指示需要该服务的角色。返回配置该角色的页，进行相应的更改。还可以通过单击要排序的列标题，对服务列表进行排序。

4. 设置网络安全

在安全配置向导的"网络安全"部分，可以添加、删除或编辑与具有高级安全性的 Windows 防火墙有关的规则。具有高级安全性的 Windows 防火墙将主机防火墙和 Internet 协议安全性（IPsec）组合在一起，运行于 Windows Server 2008 服务器上，并对可能穿越外围网络或源于组织内部的网络攻击提供本地保护。它还可要求对通信进行身份验证和数据保护，从而帮助保护计算机到计算机的连接。

（1）网络安全。单击图 8.24 中的"下一步"按钮，进入"设置网络安全"对话框，如图 8.25 所示。具有高级安全性的 Windows 防火墙是一种有状态的防火墙，检查并筛选 IPv4 和 IPv6 通信的所有数据包。

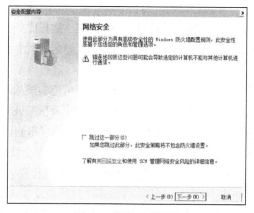

图 8.25　网络安全设置

默认情况下阻止传入通信，除非是对主机请求通信的响应，或者得到特别允许（即创建了允许该通信的防火墙规则）。通过配置具有高级安全性的 Windows 防火墙设置（指定端口号、应用程序名称、服务名称或其他条件），可以显示允许通信。安全配置向导不能配置 IPsec。如果 Windows 防火墙配置不当，可能会阻止服务器的入站通信，从而影响服务的功能。

（2）网络安全规则。单击图 8.25 中的"下一步"按钮，进入"设置网络安全"对话框，如图 8.26 所示。使用安全配置向导，可以创建防火墙规则，以允许此服务器向程序、系统服务、服务器或用户发送通信；或者从程序、系统服务、服务器或用户接收通信。可以创建防火墙规则，匹配规则条件的执行允许连接、只允许使用 Internet 协议安全（IPSec）保护的连接或者明确阻止连接三种情况之一。

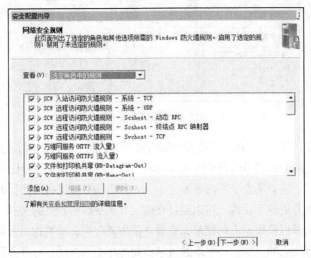

图 8.26　网络安全规则

5. 注册表设置

单击图 8.26 中的"下一步"按钮，进入"注册表设置"对话框。在安全配置向导的"注册表设置"部分，可以配置用于与其他计算机进行通信的协议。按照"注册表设置"视图（限于篇幅，图略），即可依次进行下列操作。

（1）要求 SMB 安全签名。在此页提供有关所选服务器以及与其进行通信的客户端的信息。SMB 协议为 Microsoft 文件和打印共享以及许多其他网络操作（如远程 Windows 管理）提供基础。为了避免受到修改传输中的 SMB 数据包的攻击，SMB 协议支持 SMB 数据包的数字签名。此策略设置确定在允许与 SMB 客户端进行进一步通信之前，是否必须协商 SMB 数据包签名。

（2）要求 LDAP 签名。LDAP 是轻量目录访问协议。在"选择服务器角色"页上选择"域控制器（Active Directory）"角色时，将出现此页。在"要求 LDAP 签名"页上，收集域控制器的域中其他计算机的有关信息。

（3）出站/入站身份验证方法。在此页上，收集有关用户可能尝试从其所选服务器进行身份验证的计算机的信息。这些安全设置将确定用于网络登录的质询/响应身份验证协议。此选择将影响客户端使用的身份验证协议级别、协商的会话安全级别以及服务器接受的身份验证级别。

（4）注册表设置摘要。通过"注册表设置摘要"页可以查看此安全策略应用于所选服务器时，对特定注册表设置进行的所有更改。SCW 显示每个注册表值的当前设置及策略定义的设置值。在应用安全策略之前，不会对所选服务器进行任何更改。如果一个或多个注册表设置更改不正确，可以通过在此部分的前面几页更改选择，修改这些设置。若要确定需要修改哪个选择以获得所需的结果，可查看"注册表值"列，通过选择修改的注册表值将列在此部分的各页中，返回配置该设置的页，并进行相应的更改。

6. 设置审核策略

单击"注册表设置"视图中的"下一步"按钮，进入"设置审核策略"对话框。在安全配置向导的"审核策略"部分，可以为所选服务器配置审核策略。按照"设置审核策略"视图（限于篇幅，图略），即可依次进行下列操作。

（1）系统审核策略。可以使用此页为组织中的服务器创建审核策略。审核是跟踪用户活动并在安全日志中记录所选类型的事件的过程。审核策略定义要收集的事件类型。

（2）审核策略摘要。此页提供在应用策略后，对所选服务器上的审核策略进行的所有更改的列表。其中显示每个审核策略的当前设置以及策略定义的设置。在应用安全策略之前，不会对所选服务器进行任何更改。

7. 保存并应用安全策略

单击"审核策略摘要"视图中的"下一步"按钮，进入"保存并应用安全策略"对话框。在安全配置向导的"保存安全策略"部分，可以保存并应用使用其创建或编辑的安全策略。按照"保存并应用安全策略"对话框（限于篇幅，图略），即可依次进行下列操作。

（1）安全策略文件名。为保存安全策略选择位置以及扩展名为.xml 的文件名。应将安全策略保存在通过运行安全配置向导，应用该策略的管理员可以访问的位置。

（2）查看安全策略。可以单击"查看安全策略"打开 SCW 查看器。通过 SCW 查看器可以在保存之前浏览策略的详细信息。

（3）包括安全模板。除了使用安全配置向导创建的策略设置之外，还可以在安全策略中（包括其他策略）设置。单击"包括安全模板"可以包含其他策略设置的安全模板。如果任何模板设置与安全配置向导中创建的策略设置发生冲突，则安全配置向导优先。

（4）应用安全策略。可以在创建或编辑策略之后，通过单击此页上的"现在应用"立即应用安全策略。如果希望更改策略，或不希望将安全策略应用于所选服务器，则单击"稍后应用"。如果选择稍后应用策略，不会对所选服务器进行任何更改。如果希望应用安全策略，运行安全配置向导，可在"配置操作"页上单击"应用现有安全策略"。

8.4　Web 服务器安全配置

Web 服务器为 Internet 信息共享提供了极大的方便，但也存在着很大的安全隐患，容易被未授权用户非法截获信息或被黑客攻击。为了使 Web 服务器在某些应用中具有安全性（如电子商务），可以采用 IIS 的安全机制，保护 Web 服务器的安全。

8.4.1　IIS 的安全机制

IIS 7.0 是一种应用级的安全机制，它以 Windows Server 2008 和 NTFS 文件系统安全性为基础，通过与 Windows Server 系统安全性的紧密集成，提供了强大的安全管理和控制功能。访问控制可以说是 IIS 安全机制中最主要的内容，从用户和资源（站点、目录、文件）两个方面来限制访问。当用户访问 Web 服务器时，IIS 利用其本身和 Windows 操作系统的多层安全检查和控制，来实现有效的访问控制。Web 服务器访问控制过程，如图 8.27 所示。

（1）客户端 Web 服务器提出请求。

（2）如果服务器需要进行身份验证，则向客户端提出身份验证请求信息。浏览器既可以提示用户输入用户名和密码，又可以自动提供这些信息。

（3）服务器将接收的客户IP地址同限制访问的IP地址进行比较，如果IP地址是禁止访问的，则请求失败，同时用户收到"403禁止访问"消息，否则继续下面的审查。

（4）IIS检查用户是否拥有有效的Windows用户账户。如果用户没有，则请求失败，同时用户收到"403访问禁止"消息，否则继续下面的审查。

（5）IIS检查用户是否具有请求资源的Web权限。如果用户没有，则请求失败，同时用户收到"403访问禁止"消息，否则继续下面的审查。

（6）IIS检查资源的NTFS权限。如果用户不具备资源的NTFS权限，则请求失败，同时用户收到"401访问被拒绝"消息。

（7）如果用户具有NTFS权限，则可完成该请求。

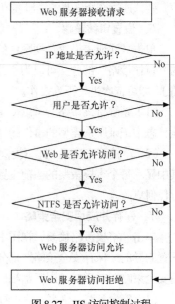

图 8.27　IIS 访问控制过程

从上述步骤可看出，IIS逐级审查用户和资源的权限。前四步主要是确认用户身份或IP地址，以决定能否连接到服务器。第五步涉及资源的一般性访问权限，第六、七步决定特定用户对资源的访问权限。除了完整的访问控制功能之外，还可结合Windows审核功能和IIS本身的日志记录功能，来跟踪安全记录，排除潜在的安全隐患。

8.4.2　设置 IP 地址限制

通常，Web服务器允许匿名访问时，IIS 7.0设置为允许所有IP地址、计算机和域均可访问该网站。为了增强网站的安全性，有些Web服务器不允许匿名，如基于Web的身份认证、工作流计划系统等。这时，使用"IPv4地址和域限制"功能页，可以为特定IP地址、IP地址范围或域名设置允许或拒绝访问内容的规则。

以域管理员身份登录Web服务器，单击"管理工具"→"Internet信息服务（IIS）管理器"选项。从"Internet信息服务（IIS）管理器"中选择要设置访问限制的Web站点，在"功能视图"中选择"IPv4地址和域限制"选项。切换到"操作"窗格，单击"添加允许条目"选项，可设置允许访问的"特定IPv4地址"或"IPv4地址范围"。单击"添加拒绝条目"选项，可设置拒绝访问的"特定IPv4地址"或"IPv4地址范围"，如图8.28所示。

图 8.28　IPv4 地址及域限制

单击"编辑功能设置"后，打开"编辑 IP 和域限制设置"对话框，从该对话框中，可以配置未指定客户端的访问权为"允许"或"拒绝"。"恢复为继承项"是从父配置中继承设置，此操作将为此功能删除本地配置（包括列表中的项目）。"查看经过排序的列表"可以选择经过排序的列表格式，可将"功能视图"中的规则在列表中上移或下移，改变规则执行优先级。

8.4.3　设置用户身份验证

用户身份验证是通过判断用户的身份，确认是否允许用户访问 Web 服务器。通常，用户访问 Internet 的 Web 服务器时，不需要身份验证，即匿名账号访问。Web 服务器为可信访问时，则要对用户进行身份验证，根据验明的用户身份来决定是否允许访问。

IIS 7.0 支持匿名访问、基本验证、摘要式验证以及 Windows 验证等多种身份验证方法，除此之外还支持证书验证。单击"管理工具"→"Internet 信息服务（IIS）管理器"选项，从"Internet 信息服务（IIS）管理器"中选择要设置访问限制的 Web 站点，在"功能视图"中选择"身份验证"，如图 8.29所示。选择"基本身份验证"选项，单击"启用"后，可设置为基本身份验证方式。

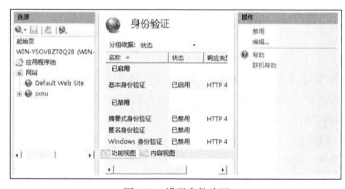

图 8.29　设置身份验证

（1）匿名身份验证。使用匿名身份验证，Web 服务器不要求客户端浏览器提供用户身份认证凭据（用户名和密码）。当需要让大家公开访问那些没有安全要求的信息时，使用此选项最合适。默认情况下，匿名身份验证在 IIS 7.0 中处于启用状态。一般在禁止匿名访问时，才使用其他验证方法。

如果某些内容只应由选定用户查看，而且准备使用匿名身份验证，则必须配置相应的 NTFS 文件系统权限来防止匿名用户访问这些内容。如果希望只允许注册用户查看选定的内容，可为这些内容配置一种要求提供用户名和密码的身份验证方法，如基本身份验证或摘要式身份验证。

（2）基本身份验证。使用基本身份验证可要求用户在访问内容时提供有效的用户名和密码。浏览器支持该身份验证方法，它可以跨防火墙和代理服务器工作。该验证的缺点是用了弱加密方式在网络中传输密码。只有客户端与服务器之间的连接是安全连接时，才能使用基本身份验证。如果使用基本身份验证，请禁用匿名身份验证。所有浏览器向服务器发送的第一个请求都是要匿名访问服务器的内容。如果不禁用匿名身份验证，则用户可以匿名方式访问服务器上的所有内容，包括受限制的内容。

（3）Windows 身份验证。仅在 Intranet 环境中使用 Windows 身份验证。此身份验证使用户能够在 Windows 域上使用身份验证来对客户端连接进行身份验证。打开"高级设置"对话框，可以在其中启用或禁用内核模式身份验证。只有在从功能页上的列表中启用了"Windows 身份验证"时，才能执行此操作。

默认情况下，IIS 启用内核模式身份验证，这可以提高身份验证性能，并防止配置为使用自定义标识的应用程序池所产生的身份验证问题。如果在环境中使用 Kerberos 身份验证，并且应用程序池配置为使用自定义标识，最佳做法是不禁用此设置。

（4）摘要式验证。摘要式验证要求 Web 服务器加入某个域方可使用。使用摘要式身份验证比使用基本身份验证安全得多。所有浏览器都支持摘要式身份验证，摘要式身份验证通过代理服务器和防火墙服务器来工作。要成功使用摘要式身份验证，必须先禁用匿名身份验证。

8.4.4　设置授权规则

使用 Web 服务器"授权规则"页，可以管理"允许"或"拒绝"规则列表，这些规则用于控制对内容的访问。通过单击某个功能页列标题，可对该列表进行排序，如图 8.30 所示。功能页元素说明如下。

图 8.30　设置授权规则

（1）模式。表示规则的类型。值可以是"允许"和"拒绝"，"模式"值表明该规则是允许对内容的访问，还是拒绝对内容的访问。如果某个角色、用户或组已经被某条规则明确拒绝了访问权限，则它不能由另一条规则授予访问权限。

（2）用户。表示规则应用于的用户类型（可选择所有用户、所有匿名用户、指定用户或角色三种类型其中之一），用户名或用户组。

（3）角色。表示规则应用于的 Microsoft Windows 角色，如管理员角色、用户角色。

（4）谓词。表示该规则应用于的 HTTP 谓词，如 GET 或 POST。

（5）条目类型。表示项目是本地项目还是继承的项目。本地项目是从当前配置文件中读取的，继承的项目是从父配置文件中读取的。

8.4.5　设置 SSL 证书验证

证书验证是一种基于安全加密套接字协议层（Security Socket Layer，SSL）的应用，可以使用"客户证书"来验证 Web 站点上的用户请求信息。使用"SSL 设置"页可以管理服务器与客户端之间的传输数据加密。

使用 Web 服务器"SSL 设置"页，先设置"要求 SSL"，通过选择"忽略""接受"或"必需"证书，可以要求在获得内容访问权限之前先识别客户端，如图 8.31 所示。

选择"要求 SSL"，以启用 40 位数据加密法，以保护服务器与客户端之间传输的安全性。与 40 位数据加密法相比，选择"要求 128 位 SSL"数据加密法，可提高数据加密级别。使用 128 位 SSL，能够确保 Intranet 或 Internet 环境下服务器与客户端之间传输的安全性。

SSL 设置的前提条件是执行"添加网站"选项，将安全网站协议类型设置为"https"、端口设置为"443"，以确定 SSL 证书。鼠标右键单击"网站"选项，在弹出的菜单上单击"添加网站"选项，进入添加网站设置页。在该属性框输入安全网站名称，设置物理路径，绑定 https、IP 地址和端口，设置主机名和选择 SSL 证书，即可完成使用 SSL 协议的 Web 服务器。

（a）　　　　　　　　　　　　　　　（b）

图 8.31　设置 SSL 证书验证

8.4.6　设置文件的 NTFS 权限

IIS 利用 NTFS 文件系统的安全特性来为特定用户设置 Web 服务器目录和文件的访问权限，以确保特定的目录或文件不被未经授权的用户访问。NTFS 权限与 Web 服务器权限之间的差别如表 8.1 所示。如果两种权限之间出现冲突，则使用最严格的设置，也可以说，明确拒绝访问的权限，其优先级总是高于允许访问的权限。

表 8.1　NTFS 权限与 Web 服务器权限的比较

NTFS 权限	Web 服务器权限
用于拥有 Windows 账户的特定用户或用户组	面向所有用户，用于所有访问 Web 站点的用户
控制对服务器物理目录的访问	控制对 Web 站点虚拟目录的访问
由 Windows 操作系统设置	由 Internet 服务管理器设置

按照最小特权原则设置 Web 站点目录和文件的 NTFS 访问权限，可进一步隔离和保护文件。例如，将某目录的访问权限限制为"读取"和"写入"、拒绝"执行"，就可防止病毒或特洛伊木马文件的执行。下面针对 Web 安全给出 NTFS 文件访问权限设置的建议。

（1）根目录应拒绝匿名用户账户的访问，并选中"允许将来自父系的可继承权限传播给该对象"选项，将此访问权限覆盖子目录中的设置。然后再根据不同子目录中数据的类型为其设置访问权限，这样可进一步保障 Web 站点的安全。

（2）最好将不同类型的文件存放在不同的目录中，授予不同的 NTFS 权限。例如，将可执行程序和脚本文件分离。

（3）包含可执行程序（如 ASP 或 ASP.NET 程序）的目录，只授予"运行"权限，不要授予"读取"权限，并拒绝匿名用户访问。

（4）包含脚本文件（如 ASP 或 ASP.NET 页面）的目录，只授予"运行"权限，不要授予"读取"权限，并拒绝匿名用户访问。

（5）服务器端包含指令文件（如 INC、SHTM 和 SHTML 等）的目录，只授予"运行"权限，并拒绝匿名用户访问。SHTML 是一种用于服务端包含（Server Side Include，SSI）技术的文件。一些 Web

Server 若有 SSI 功能，则会对 SHTML 文件特殊处理。先扫描一次 SHTML 文件看有没有特殊的 SSI 指令存在，若有就按 Web Server 设定规则解释 SSI 指令，解释完后与一般 HTML 一起调去客户端。

（6）包含静态页面文件（如 HTML、JPG 和 GIF 等）的目录，只允许匿名用户有"读取"权限。

（7）最好为每个文件类型创建一个新目录，在每个目录上设置 NTFS 权限，并允许权限传递给各个文件。例如，静态页面单独一个目录，图形、像单独一个目录，脚本文件单独一个目录。

Web 服务器的 NTFS 权限设置不当，可能会拒绝有效用户访问需要的文件和目录。如果对某一资源的"IUSR_计算机名"账户设置"无法访问"权限，将拒绝匿名用户对该资源的访问。在设置目录或文件权限时，如果简单地删除"Everyone"组，而不作进一步的修改，即使非匿名访问也将失败。要确保非匿名访问能正常工作，必须确保管理员、创建者/所有者和 SYSTEM 这三类用户或组拥有完全控制权限。

8.4.7　审核 IIS 日志记录

IIS 日志可以记录 IIS 所特有的事件，包括 WWW、SMTP 和 FTP 等日志。使用"日志"功能页，可以配置 IIS 记录向 Web 服务器发出请求的方式以及创建新日志文件的时间。定期检查日志文件，可以检测 Web 服务器可能受到攻击或存在的其他安全问题。

1.　日志设置

打开 Internet 服务管理器，单击选中的站点，在"功能视图"选择"日志"选项，进入日志设置页。日志格式默认"W3C"，单击"选择字段"选项，打开"W3C 日志记录字段"选项，如图 8.32 所示。图中打勾复选框为默认选项，添加记录字段时，可在该字段复选框打勾。

在"目录"框中设置日志的文件路径。为安全起见，最好不要使用缺省的目录。应更换默认的日志路径，并设置日志文件目录的访问权限。只允许管理员和 System 账号具有完全控制权限，只允许对 Everyone 组账户授予读写权限。

图 8.32　日志格式和字段设置

2.　日志审核

日志文件摘录，如图 8.33 所示。#Software 开始的一行是 IIS 版本，#Version 表示日志使用的是 W3C 日志文件格式，#Date 是日志创建日期。s-ip 表示服务器 IP 地址，cs-method 表示客户端要求通过 HTTP 协议连接到服务器上，cs-uri-stem 表示访问的资源，其他字段内容参见图 8.32 中的“W3C 日志记录字段”。

Web 服务器管理员，一定会很关心谁在访问网站，从哪里来，如何来，来干什么，不同地区、不同时间段、不同内容访问情况，服务器发生过什么错误，为什么发生错误，在什么情况下发生错误，不同 Page（ASP、ASP.NET、PHP、JSP 等动态 Page）服务器的处理时间等。如此太多的问题需要了解。可以采用 Web 日志分析工具，也可自己编程分析。

u_ex100711 - 记事本
文件(F) 编辑(E) 格式(O) 查看(V) 帮助(H)
```
#Software: Microsoft Internet Information Services 7.0
#Version: 1.0
#Date: 2010-07-11 00:00:02
#Fields: date time s-ip cs-method cs-uri-stem cs-uri-query s-port cs-username c-i
2010-07-11 00:00:02 202.207.160.253 GET /bucket/30/manifest - 80 - 202.207.160.25
2010-07-11 00:00:18 202.207.160.253 GET /bucket/30/manifest - 80 - 202.207.160.25
2010-07-11 00:00:34 202.207.160.253 GET /bucket/30/manifest - 80 - 202.207.160.25
2010-07-11 00:00:50 202.207.160.253 GET /bucket/30/manifest - 80 - 202.207.160.25
2010-07-11 00:01:06 202.207.160.253 GET /bucket/30/manifest - 80 - 202.207.160.25
```

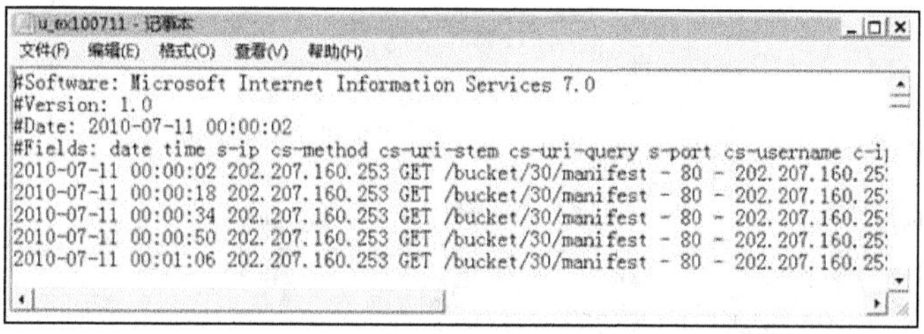

图 8.33　IIS 日志示例

8.5　局域网边界安全配置

在企业网络系统外围，建立起的安全防护屏障称为网络边界的安全。网络边界是企业网络系统安全屏障的起点，在这个网络边界的内部，一定要保证不会存在任何东西能够损害到企业或组织的网络系统。

8.5.1　防火墙和路由器

网络边界防御需要添加一些安全设备来保护进入网络的每个访问。这些安全设备要么阻塞、要么筛选网络流量来限制网络活动，或者仅仅允许一些固定的网络地址在固定的端口上可以通过网管员的网络边界。

边界安全设备叫做防火墙。防火墙可以阻止黑客对用户内部网络扫描，可以阻止黑客对用户服务器或网络的拒绝服务（Denial of Service，DoS）攻击，禁止一定范围内黑客利用 Internet 攻击用户内部网络的行为。阻塞和筛选规则由网络管理员所在机构的安全策略来决定。防火墙可保护在 Intranet 中的资源不会受到攻击。不管在网络中每一段用的是什么类型的网络（公共的或私有的）或系统，防火墙都能把网络中的各个段隔离开并进行保护。双防火墙体系结构如图 8.34 所示。

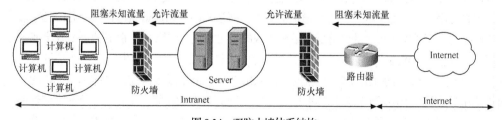

图 8.34　双防火墙体系结构

最好的防火墙提供的安全服务范围包括报文筛选、网络地址转换（Network Address Translation，NAT）及状态报文检查。防火墙的报文筛选能够阻止 Internet 消息控制协议（ICMP）的 ping 报文，网络地址转换将会隐藏Web服务器的真实IP地址，状态检查会对流过网络的数据报文中的内容进行检查。对那些试图进入网络的报文，如果它们来自不属于当前网络对其开放的Internet系统，那么就会被拒于网络之外。当这些安全策略同时使用后，就能够为企业或组织的网络提供可靠的系统安全保护了。

防火墙通常与连接两个围绕着防火墙网络中的边界路由器一起协同工作（见图8.35），边界路由器是安全的第一道屏障。很多时候，防火墙提供的服务要取决于路由器的功能。通常的做法是，将路由器设置为执报文筛选和NAT，而让防火墙来完成特定的端口阻塞和报文检查，这样的配置将整体上提高网络的安全性能。

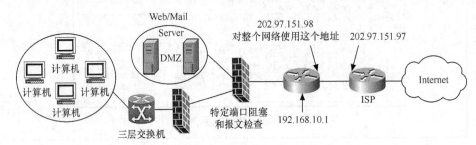

图8.35　防火墙和路由器协同工作

根据网络结构设置防火墙，最安全也是最简单的方法是：首先阻塞所有的端口号并且检查所有的报文，然后对需要提供的服务有选择地开放其端口号。通常来说，要想让一台 Web 服务器在 Internet 上仅能够被匿名访问，只开放 80 端口（http 协议）或 443 端口（https–SSL 协议）即可。

8.5.2　使用网络 DMZ

如果网络边界只安装了一个防火墙，开放一些端口就会不可避免地降低边界的安全。虽然说这种做法比没有安装防火墙的系统安全一些，但并不是最理想的办法。如果安装了边界防火墙的话，则应采用非军事区（Demilitarized Zone，DMZ）网络配置方案来建立一种实际的安全保障体系。DMZ 的做法就是允许用防火墙从 Intranet 网络隔离出一个网段，然后把对外网的 Web/Mail 服务器置于这个网段中，如图 8.35 所示。

如果网络中的流量没有经过路由，是不可能将攻击数据包传送到两个子网的。将服务器放在 DMZ 中，必须保证服务器与内网（Intranet）处于不同的子网，这样当网络流量进入路由器时，连接到 Internet 上的路由器和防火墙就能对网络流量进行筛选和检查了。

在这种设计中，安放在 DMZ 和内网之间的防火墙和放置于 DMZ 前的防火墙需要设置不同的规则。第一个防火墙只允许通过内部指定的应用服务调用才能到达指定的系统；同时对使用 80 端口的 Web 网络流量，防火墙要阻止那些主动产生的想要进入内部网络的通信。换句话说，防火墙应当只让从 DMZ 中的（需要与用户的内部系统之一进行通信的）服务器过来的入站流量通过，这种通信是通过来自该服务所连接的桌面或应用程序的浏览器会话来实现的。比如说，如果 Web 服务器需要收集或者显示某一个用户的数据时，Web 服务器可能需要通过 SQL 去访问数据库。这种情况下，需要开放防火墙的 TCP 端口才能通过 SQL 的查询和响应。通过一台 SQL Server 2005 服务器，进入数据库的端口号是 1433，而出去的端口号是从 1024 到 65535 之间的一个端口号（每一个的网络应用程序会分配不同的端口号）。

在 DMZ 的两端建立不同的防火墙，会更好地提高网络的安全性。每一种类型的防火墙都会有自己的优点和缺点，应使用两种不同类型的防火墙，至少不会让黑客利用同一种方法就能攻破两个防火墙，而且一个防火墙中的 bug 也许不会存在于另一个防火墙中。利用两种不同的防火墙建立起来的安全屏障，使黑客攻击内网的概率大大减小。

8.5.3　ACL 的作用与分类

访问控制列表（Access Control List，ACL）是路由器接口的指令列表，用来控制端口进出的数据包。ACL 适用于所有的被路由协议，如 IP、IPX、AppleTalk 等。

1. ACL 的作用

ACL 的定义是基于协议的。如果路由器接口配置成支持 3 种协议（IP、AppleTalk 及 IPX），那么，用户必须定义 3 种 ACL 来分别控制这 3 种协议的数据包。

ACL 可以限制网络流量，提高网络性能。例如，ACL 可以根据数据包的协议，指定数据包的优先级。ACL 提供对通信流量的控制手段。例如，可以限定或简化路由更新信息的长度，从而限制通过路由器某一网段的通信流量。ACL 是提供网络安全访问的基本手段。例如，ACL 允许主机 A 访问人力资源网络，而拒绝主机 B 访问。ACL 可以在路由器端口处决定哪种类型的通信流量被转发或被阻塞。例如，用户可以允许 E-mail 通信流量被路由，拒绝所有的 Telnet 通信流量。

2. ACL 的分类

目前有两种主要的 ACL，即标准 ACL（表号取值范围为 1~99）和扩展 ACL（表号取值范围为 100~199）。标准 ACL 只检查数据包的源地址，扩展 ACL 既检查数据包的源地址，也检查数据包的目的地址，同时还可以检查数据包的特定协议类型、端口号等。在路由器配置中，标准 ACL 和扩展 ACL 的区别是由 ACL 的表号来体现的。可以使用标准 ACL 阻止来自某一网络的所有通信流量，或者允许来自某一特定网络的所有通信流量，或者拒绝某一协议簇（如 IP）的所有通信流量。

扩展 ACL 比标准 ACL 提供了更广泛的控制范围。例如，如果希望做到"允许外来的 Web 通信流量通过，拒绝外来的 FTP 和 Telnet 等通信流量"，那么，可以使用扩展 ACL 来达到目的，标准 ACL 不能控制这么精确。

8.5.4　ACL 的配置方法

ACL 的配置分为如下两个步骤。

（1）在全局配置模式下，使用下列命令创建 ACL：

```
Router (config)# access-list access-list-number {permit | deny } {test-conditions};
```

其中，access-list-number 为 ACL 的表号。

在路由器的运行脚本中，如果使用 ACL 的表号进行配置，则列表不能插入或删除行。如果列表要插入或删除一行，必须先去掉所有 ACL，然后重新配置。当 ACL 中条数很多时，这种改变非常烦琐。一个比较有效的办法是在全局配置模式下，先将路由器配置文件"复制"到文本编辑器中，利用文本编辑器修改 ACL 表，然后将修改好的配置文件"粘贴"回路由器中。

这里需要特别注意的是，在 ACL 的配置中，如果删掉一条表项，其结果是删掉全部 ACL，所以在配置时一定要小心。在 Cisco IOS11.2 以后的版本中，网络可以使用文字命名的 ACL 表。这种方式可以删除某一行 ACL，但不能插入一行或重新排序。所以，可与使用 TFTP 服务器进行配置修改或采用文本编辑器修改。

（2）在接口配置模式下，使用 access-group 命令 ACL 应用到某一接口上：

```
Router (config-if)# {protocol} access-group access-list-number {in | out } ;
```

其中，in 和 out 参数可以控制接口中不同方向的数据包，如果不配置该参数，默认为 out。

ACL 在一个接口可以进行双向控制，即配置两条命令，一条为 in，另一条为 out。两条命令执行的 ACL 表号可以相同，也可以不同。但是，在一个接口的一个方向上，只能有一个 ACL 控制。

值得注意的是，在进行 ACL 配置时，一定要先在全局状态配置 ACL 表，再在具体接口上进行应用（配置），否则会造成网络的安全隐患。

（3）ACL 配置示例。

下面是标准 ACL 的全局配置语句的示例（R(config)#：表示路由器 R 的全局配置模式）：

```
R(config)# access-list 10 deny 10.20.30.40 0.0.0.0          /*deny 表示拒绝
R(config)# access-list 10 permit 10.20.30.0 0.0.0.255       /*permit 表示允许
R(config)# access-list 10 deny any
R(config)# interface serial 0/0                             /*应用于接口 s0/0
R(config-if)# ip access-group 10 in                         /*在 S0/0 口允许 ACL-10 进入
```

其中 "0.0.0.255" 是反掩码（dest_mask），即子网掩码的取反。反掩码的逻辑与子网掩码的逻辑正好相反。在尝试匹配地址时，反掩码中的 0 表示 "匹配此位"，而 1 则表示 "忽略此位"。对于 255.255.255.0 按位取反即得反掩码 0.0.0.255。

8.5.5 设置 ACL 的位置

一个端口执行哪条 ACL，需要按照列表中的条件语句执行顺序来判断。如果一个数据包的报头与表中某个条件判断语句相匹配，那么后面的语句就将被忽略，不再进行检查。数据包只有在与第一个判断条件不匹配时，它才被交给 ACL 中的下一个条件判断语句进行比较。如果匹配（假设为允许发送），则不管是第一条还是最后一条语句，数据都会立即发送到目的接口。如果所有的 ACL 判断语句都检测完毕，仍没有匹配的语句出口，则该数据包将视为被拒绝而被丢弃。这里需要注意，ACL 不能对本路由器产生的数据包进行控制。

ACL 通过过滤数据包并且丢弃不希望抵达目的地的数据包来控制通信流量。然而，网络能否有效地减少不必要的通信流量，这还要取决于 ACL 设置的位置。例如，在图 8.36 所示的网络环境中，网络只想拒绝从 RouterA 的 S0/0 接口连接的网络到 RouterD 的 f0/0 接口连接的网络的访问，即禁止从网络 1 到网络 4 的访问。

根据减少不必要通信流量的通行准则，应尽可能地把 ACL 放置在靠近被拒绝的通信流量的来源处，即 RouterA 上。如果使用标准 ACL 来进行网络流量限制（标准 ACL 只能检查源 IP 地址），则实际执行情况是：凡是检查到源 IP 地址和网络 1 匹配的数据包将会被丢掉，即网络 1 到网络 2、网络 3 和网络 4 的访问都将被禁止。由此可见，这个 ACL 控制方法不能达到访问控制的目的。同理，将 ACL 放在 RouterB 和 RouterC 上也存在同样的问题。只有将 ACL 放在连接目标网络的 RouterD 上（f0/0 接口），网络才能准确地实现网管目标。由此可以得出一个结论：标准 ACL 要尽量靠近目的端。

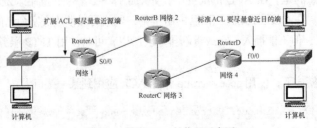

图 8.36 设置 ACL 的位置示意图

如果使用扩展 ACL 来进行上述控制，则完全可以把 ACL 放在 RouterA 上。因为扩展 ACL 能控制源地址（网络 1），也能控制目的地址（网络 2），这样从网络 1 到网络 4 访问的数据包在 RouterA 上就被丢弃，不会传到 RouterB、RouterC 和 RouterD 上，从而减少不必要的网络流量。由此可以得出另一个结论：扩展 ACL 要尽量靠近源端。

8.5.6　扩展 ACL 应用案例

某企业数据中心拓扑结构，如图 8.37 所示。DMZ 包括交换机、企业 WWW 服务器、E-mail 服务器、防火墙、路由器（RSR20-14）和 Internet 专线连接设施。企业内网包括认证和计费系统（RADIUS）、网络 OA 系统、ERP 系统、核心交换机（RG-S8606）、汇聚交换机（RG-S2628G）等设施。

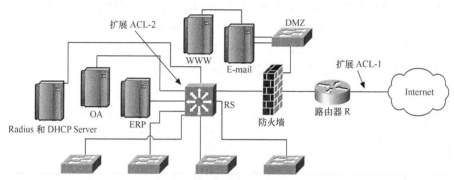

图 8.37　企业数据中心拓扑结构图

1. 外网扩展访问控制列表

为了防止黑客或网络病毒攻击位于 DMZ 的服务器和内网主机的敏感端口，在边界路由器设置第一道安全屏障。假设外网 WWW 服务器的 IP 地址为 218.208.160.3，E-mail 服务器的 IP 地址为 218.208.160.2。边界路由器连接外网接口的扩展访问控制列表配置如下。

```
/*仅允许 DMZ 区服务器的匿名端口开放，R(config)#表示路由器 R 的全局配置模式*/
R(config)#access-list 101 permit tcp any host 218.208.160.2 eq pop3
R(config)#access-list 101 permit tcp any host 218.208.160.2 eq smtp
R(config)#access-list 101 permit tcp any host 218.208.160.2 eq www
R(config)#access-list 101 permit tcp any host 218.208.160.3 eq www
R(config)#access-list 101 deny   ip any host 218.208.160.2
R(config)#access-list 101 deny   ip any host 218.208.160.3
/*禁止外网病毒、特洛伊木马和蠕虫等，对内网主机敏感端口的攻击*/
R(config)#access-list 101 deny   icmp any any echo
R(config)#access-list 101 deny   tcp any any eq 4444
R(config)#access-list 101 deny   udp any any eq tftp
R(config)#access-list 101 deny   udp any any eq 1434
R(config)#access-list 101 deny   tcp any any eq 445
R(config)#access-list 101 deny   tcp any any eq 139
R(config)#access-list 101 deny   udp any any eq netbios-ss
R(config)#access-list 101 deny   tcp any any eq 135
R(config)#access-list 101 deny   udp any any eq 135
R(config)#access-list 101 deny   udp any any eq netbios-ns
R(config)#access-list 101 deny   udp any any eq netbios-dgm
R(config)#access-list 101 deny   udp any any eq 445
R(config)#access-list 101 deny   tcp any any eq 593
R(config)#access-list 101 deny   udp any any eq 593
```

```
R(config)#access-list 101 deny   tcp any any eq 5800
R(config)#access-list 101 deny   tcp any any eq 5900
R(config)#access-list 101 deny   udp any any eq 6667
R(config)#access-list 101 deny   255 any any
R(config)#access-list 101 deny   0 any any
R(config)#access-list 101 permit ip any any
/*将此访问控制列表应用于边界路由器的外网接口*/
R(config)#interface s0/0
R(config-if)#ip access-group 110 in
```

2. 内网扩展访问控制列表

为了防止内网用户攻击或网络病毒攻击内网服务器和主机的敏感端口，在三层交换机设置第二道安全屏障。假设内网 OA 服务器（Web 服务）的 IP 地址为 192.168.1.4，ERP 服务器（Web 服务）的 IP 地址为 192.168.1.5。Vlan10 的 IP 地址为 192.168.1.0 ~ 192.168.1.127，掩码为 255.255.255.128，网关为 192.168.1.1；Vlan20 的 IP 地址为 192.168.2.0 ~ 192.168.2.127，掩码为 255.255.255.128，网关为 192.168.2.1……

内网三层交换机 RS 的路由模块的扩展访问控制列表配置如下。

```
/*仅允许内网服务器的匿名端口开放，RS(config)#表示三层交换机RS的全局配置模式*/
RS(config)# access-list 102 permit tcp any host 192.168.1.4 eq www
RS(config)#access-list 102 permit tcp any host 192.168.1.5 eq www
RS(config)#access-list 102 deny   ip any host 192.168.1.4
access-list 102 deny   ip any host 192.168.1.5
/*禁止内网病毒、特洛伊木马和蠕虫等，对服务器、主机敏感端口的攻击*/
RS(config)#access-list 102 deny   icmp any any echo
RS(config)#access-list 102 deny   tcp any any eq 4444
RS(config)#access-list 102 deny   udp any any eq tftp
RS(config)#access-list 102 deny   udp any any eq 1434
RS(config)#access-list 102 deny   tcp any any eq 445
RS(config)#access-list 102 deny   tcp any any eq 139
RS(config)#access-list 102 deny   udp any any eq netbios-ss
RS(config)#access-list 102 deny   tcp any any eq 135
RS(config)#access-list 102 deny   udp any any eq 135
RS(config)#access-list 102 deny   udp any any eq netbios-ns
RS(config)#access-list 102 deny   udp any any eq netbios-dgm
RS(config)#access-list 102 deny   udp any any eq 445
RS(config)#access-list 102 deny   tcp any any eq 593
RS(config)#access-list 102 deny   udp any any eq 593
RS(config)#access-list 102 deny   tcp any any eq 5800
RS(config)#access-list 102 deny   tcp any any eq 5900
RS(config)#access-list 102 deny   udp any any eq 6667
RS(config)#access-list 102 deny   255 any any
RS(config)#access-list 102 deny   0 any any
RS(config)#access-list 102 permit ip any any
/*将此访问控制列表应用于三层交换机的各个VLAN接口*/
RS(config)#interface Vlan10
RS(config-if)#description vlan10
RS(config-if)#ip address 192.168.1.1 255.255.255.128
RS(config-if)#ip access-group 102 in
RS(config)#interface Vlan20
RS(config-if)#description vlan20
RS(config-if)#ip address 192.168.2.1 255.255.255.128
RS(config-if)#ip access-group 102 in
……
```

8.5.7　NAT 协议应用案例

网络地址转换（Network Address Translation，NAT）协议，是一种在 IP 数据包通过路由器或防火墙时重写源 IP 地址或目的 IP 地址的技术。这种技术被普遍使用在有多台主机只能通过一个或几个公有 IP 地址访问 Internet 的私有网络中。这样，既可以有效地缓解 IPv4 地址不足，又能保护内网不被外网黑客攻击。

1. NAT 应用方式

在路由器上，NAT 有 3 种应用方式，分别适用于不同的需求。

（1）静态地址转换。适用于企业内部服务器向企业网外部提供服务（如 Web、E-mail 等），需要建立服务器内部地址到固定合法 IPv4 地址的静态映射。

（2）动态地址转换。建立一种内外部 IPv4 地址的动态转换机制，常适用于租用的 IPv4 地址数量较多的情况。企业可以根据访问需求，建立多个 IPv4 地址池，绑定到不同的部门。这样既增强了管理的力度，又简化了排错的过程。

（3）端口地址复用。适用于 IPv4 地址数很少，多个用户需要同时访问 Internet 的情况，如网吧、网络机房和分支机构的办公室等。

2. NAT 配置方法与步骤

某企业从当地数据通信服务商获得 16 个 IPv4 公网地址：218.26.174.112～218.26.174.127，掩码为 255.255.255.240（可表示为/28）。其中 218.26.174.112 和 218.26.174.127 为网络地址和广播地址，不可用。通过一台 RSR20-14（或 Cisco2851）路由器接入 Internet，该路由器 S0 端口地址设置为 218.26.174.114/28。企业内部网络根据职能分成若干子网，通过服务器子网对外提供 WWW 和 E-mail 服务，如图 8.38 所示。企业数据中心使用独立的地址池接入 Internet，其他部门共用剩余的地址池。地址具体分配如表 8.2 所示，具体配置步骤如下。

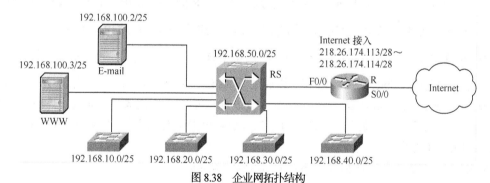

图 8.38　企业网拓扑结构

表 8.2　企业内、外网地址分配表

地址对象	地址空间	地址转换	IP 地址分配	地址数量
路由器 S0/0 口	218.26.174.114/28		218.26.174.114/28	1
接入服务对端	218.26.174.113/28		218.26.174.113/28	1
WWW	192.168.100.3/25	静态	218.26.174.116/28	1
E-mail	192.168.100.2/25	静态	218.26.174.115/28	1
网络中心	192.168.50.0/25	端口复用	218.26.174.117/28	1
其他部门	192.168.10.0/25～ 192.168.40.0/25	动态	218.26.174.118/28～ 218.26.174.126	9

（1）选择边界路由器 FE0/0 作为内网接口，S0/0 作为外网接口。

```
R(config)# interface f0/0
R(config-if)# ip address 192.168.50.1 255.255.255.128
R(config-if)# ip nat inside   /*配置f0/0为内部接口*/
R(config)# interface s0/0
R(config-if)# ip address 218.26.174.114 255.255.255.240
R(config-if)# ip nat outside  /*配置s0/0为外部接口*/
```

（2）为各部门配置地址池（network 为网络中心，other 为其他部门）。

```
R(config)# ip nat pool network 218.26.174.117 218.26.174.117 netmask 255.255.255.240
R(config)# ip nat pool other 218.26.174.118 218.26.174.126 netmask 255.255.255.240
```

（3）用访问控制列表检查数据包的源地址并映射到不同的地址池。

```
R(config)# ip nat inside source list 1 pool network overload   /*overload-启用端口复用*/
R(config)# ip nat inside source list 2 pool other   /*动态地址转换*/
```

（4）定义访问控制列表。

```
R(config)# access-list 1 permit 192.168.50.0 0.0.0.128
R(config)# access-list 2 permit 192.168.10.0 0.0.0.128
R(config)# access-list 2 permit 192.168.20.0 0.0.0.128
R(config)# access-list 2 permit 192.168.30.0 0.0.0.128
R(config)# access-list 2 permit 192.168.40.0 0.0.0.128
```

（5）建立静态地址转换，并开放 WWW（TCP 80）和 E-mail（TCP 25/110）端口。

```
R(config)# ip nat inside source static tcp 192.168.50.3 80 218.26.174.116 80
R(config)# ip nat inside source static tcp 192.168.50.2 80 218.26.174.115 25
R(config)# ip nat inside source static tcp 192.168.50.2 80 218.26.174.115 110
```

（6）设置默认路由，218.26.174.113 是网络接入服务商端路由器接口的 IP 地址。

```
R(config)# ip route 0.0.0.0 0.0.0.0 218.26.174.113
```

经过上述配置后，Internet 上的主机可以通过 218.26.174.116:80 访问到企业内部 WWW 服务器 192.168.50.3；通过 218.26.174.115:25、218.26.174.115:110 访问到企业内部 E-mail 服务器 192.168.50.2。网络中心的接入请求将映射到 218.26.174.117，其他部门的接入请求被映射到 218.26.174.118 ~ 218.26.174.126 地址段。

至此，一个企业基于 NAT 协议的 Internet 安全接入就完成了。

习题与思考

1. 网络安全威胁有哪些？常采用的安全技术措施有哪些？

2. 如何防御计算机病毒和木马？在 Windows XP/7 上安装 360 安全卫士，体验 360 安全卫士进行木马查杀、恶意软件清理、漏洞补丁修复、计算机全面体检、垃圾和痕迹清理的过程。

3. 画图描述 802.1x 协议及工作机制，画图描述基于 RADIUS 的认证计费。

4. 某学校最近一段时间，常发生 IP 地址盗用事件，用户非常抱怨。为此，网管员小军十分郁闷。假如你是网管员，应如何防止 IP 地址盗用？

5．某企业新建了网络，大部分用户防网络病毒意识不强，导致许多新投入使用的 Windows XP/7 计算机连接外网后，发生病毒感染事件。为了处理这些"中毒"的计算机，网管员小王和小张忙得不可开交。请设计企业网络防御病毒技术方案，将事后被动处理变为事前主动预防。

6．网管员发现某企业网门户网站 WWW 服务器首页被别人篡改了，检查日志文件也没有找出黑客的痕迹。为此，网管员决定使用路由器保护网络边界的安全。假如你就是该网管员，请设计网络边界安全技术方案，并说明如何保护 WWW 服务器的安全。

网 络 实 训

1. 加固操作系统的安全

（1）实验目的：了解 Windows Server 系统的弱点和漏洞，掌握加固操作系统安全的技术。

（2）实验资源、工具和准备工作：安装与配置好的 Windows Server 2008 服务器。

（3）实验内容：系统账户安全配置，文件系统安全设置，安全模板创建与使用，使用安全配置和分析系统安全性，使用安全配置向导。

（4）实验步骤：参照 8.3 节进行，实验结束，写出实验总结报告。

2. 设置 Web 服务器的安全

（1）实验目的。了解 IIS 系统漏洞及 IIS 的安全机制，掌握 Web 服务器的安全设置技术。

（2）实验资源、工具和准备工作。安装与配置好的 Windows Server2008 服务器，该服务器安装与配置好了 IIS 服务。

（3）实验内容：设置 IP 地址限制，设置用户身份验证，设置授权规则，设置文件的 NTFS 权限，审核 IIS 日志记录，设置入站规则保护 Web 站点。

（4）实训步骤：参照 8.4 节内容进行，实训结束后写出实训总结报告。

3. 使用访问控制列表建立防火墙

（1）实训目的：了解路由器的访问控制列表配置与使用过程，会运用标准、扩展访问控制列表建立基于路由器的防火墙，保护网络边界。

（2）实训资源、工具和准备工作：路由器 2 台，Windows XP 客户机 2 台，Windows Server IIS 服务器 2 台，集线器或交换机 2 台。制作好的 UTP 网络连接（双端均有 RJ-45 头）平行线若干条，交叉线（一端 568A，另一端 568B）1 条。网络连接参考和子网地址分配，可参考图 8.39。

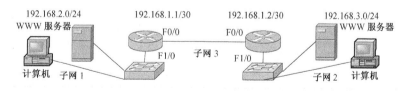

图 8.39　实训 3 拓扑图

（3）实训内容：设置图 8.39 中各台路由器名称、IP 地址、一般用户口令、特权用户口令、静态路由，保存配置文件。安装与配置 IIS 服务器，设置 WWW 服务器的 IP 地址。安装和配置客户机，设置客户机的 IP 地址。分别对两台路由器设置扩展访问控制列表，调试网络，使子网 1 的客户机只能访问子网 2 的 Web 服务 80 端口，使子网 2 的客户机只能访问子网 1 的 Web 服务 80 端口。

（4）实训步骤：①配置路由器名称、IP 地址、一般用户口令、特权用户口令、静态路由，保存配置文件。②安装与配置 IIS 服务器，设置 WWW 服务器的 IP 地址。安装与配置客户机，设置客户机的 IP 地址。③路由器设置扩展访问控制列表，调试网络。使子网 1 的客户机只能访问子网 2 的 Web 服务 80 端口。④使子网 2 的客户机只能访问子网 1 的 Web 服务 80 端口。⑤写出实训报告。

第9章
云计算技术与组网管理

本章概要介绍了云计算的概念、分类及特点。简要梳理了网络虚拟化过程，重点介绍了基于 VSU 的网络虚拟化技术、环形拓扑 VSU 配置、双核心拓扑 VSU 配置以及交换机 VSD 配置。提供了一个大学校园混合云网络整体架构的案例。通过本章学习，达到以下目标。

（1）了解云计算的概念、分类和特点以及流行的网络虚拟化技术。熟悉基于 VSU 的局域网虚拟化技术，基本掌握 VSU 的构建方法。

（2）通过案例学习，理解与掌握环形拓扑 VSU 配置、交换机 VSD 配置方法。理解与熟练掌握双核心 VSU 与汇聚层互连配置方法。

（3）了解计算与存储资源虚拟化技术（VMware）。会使用 VMware 与 VSU 技术，按照企事业单位混合云建设需求，设计中小型混合云网络整体解决方案。

9.1　云计算概述

近十年来，随着高速互联网和移动互联网技术的飞速发展，Web 2.0 的流行，虚拟化技术的成熟以及面向服务的体系结构（SOA）的广泛应用，云计算横空出世，并且已成为信息社会的"中坚力量"。云计算的应用，让人们感知到了工作、学习和生活信息如影随形。

9.1.1　云计算的概念

20 世纪 90 年代中期，在网络拓扑图中，人们习惯用一朵云来表示 Internet。21 世纪初期，业界提出了基于互联网的网格计算模式，该模式是分布式计算的演进。网格计算是利用互联网上计算机 CPU 的闲置处理能力，解决大型计算问题的一种计算科学。在网格计算的引领下，相继出现了"信息网格"和"数据网格"，随着"信息网格"和"数据网格"的工程实践，一种基于互联网的新一代计算模式应运而生，人们将这种计算模式称为"云计算"。

云计算是个技术概念，也是一种商业模式。实际上，随着互联网技术的发展，人们接入互联网的方式也变得多种多样，获取网络服务的类型也五花八门，如网上购物、网上订票、网上预约、微信沟通、浏览网页、收发电邮、收听音乐和广播、观看影视剧等。当人们采用智能终端（计算机、手机等）连接互联网享受生活的各种服务时，智能终端与资源提供者（数据中心）之间，要经过多次数据交换和路由转发，涉及通信、计算、存储等多种设备。这些设备的大小不一，组成网络的形态不一，犹如天空中的云朵，因此人们将通过互联网为用户提供服务的 IT 资源、数据、应用等设施抽象成一朵云。

9.1.2 云计算的分类与特点

20世纪90年代以来，经过了20多年的发展，互联网这朵云蕴含着深刻的变革，形成了基于互联网的云计算模式。该模式可分为以下两种类别。

1. 按服务类型分类

云计算服务类型由IT基础设施、应用平台和应用软件三部分组成，如图9.1所示。IT基础设施主要由网络交换机、服务器和存储（FC-SAN、IP-SAN）等设备组成，这些设备通过虚拟化和集群管理，构成信息服务基础设施（Infrastructure as a Service，IaaS）。应用平台包括服务器操作系统、工具软件、提供应用服务的引擎（如网络程序接口）等软件，这些软件（含程序）构成了信息服务平台（Platform as a Service，PaaS）。应用软件是指用户通过互联网（如计算机浏览器、智能手机APP等）可直接使用的软件服务（Software as a Service，SaaS）。用户不必购买软件，只需按需租用软件或者免费使用软件。因此，云计算就是通过虚拟化和云计算服务管理等核心技术，对物理资源进行优化整合，以较低的成本为用户提供敏捷、流畅的信息服务。

面向用户的应用、流程和信息服务的各种软件				SaaS
应用服务器、数据库服务器、Web网站，以及中间件等平台				PaaS
云计算基础设施服务自动化管理系统 （资源服务目录、资源配置使用与计费、资源按需动态调配等）				IaaS
跨平台虚拟化管理（System Director VMControl）				
虚拟 资源 聚合	虚拟服务器　　虚拟存储　　虚拟网络			
	虚拟化操作系统	VMwar Windows Vsphere Hyper-V　Citrix Redhat Xen RHEV	H3C RuiJie IRF2 VSU	
物理 资源	服务器 小型机	FC/IP SAN	网络	

图9.1　云计算概念模型

2. 按服务对象分类

云计算服务对象由公共云、私有云和混合云组成，如图9.2所示。公共云是面向公众（组织外部的用户）需求，通过开放网络（Internet）提供的云计算服务。例如，阿里云（www.aliyun.com），为用户提供的海量计算、存储资源和大数据处理等服务；腾讯云（www.qcloud.com）为用户

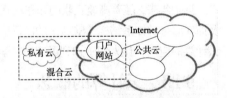

图9.2　云计算的服务对象

提供云服务器、云数据库、云存储和内容分发网络等基础云计算服务；360安全云（cloud.360.cn）为用户提供云主机、云安全、云监控等服务；百度云（yun.baidu.com）为用户提供免费存储空间，可将视频、照片、文档、通信录数据在移动设备和PC端之间跨平台同步、备份等服务。

私有云是组织（企业、政府、学校等）按照云计算模型构建的数据中心，面向组织内部需求提供的云计算服务。私有云采用虚拟化操作系统（如VMware Vsphere 5.5或Windows Server 2008 R2 Hyper-V）统一管理服务器和存储资源，采用网络虚拟化技术（如锐捷VSU或H3C IRF2等）统一管理网络核心和汇聚交换机。服务器、存储、网络等设备通过虚拟化部署与服务管理，成为一种具有敏捷、动态、弹性等特征的信息化基础平台，又称为云数据中心。私有云在强化的网络安全约束下，集中管理与控制内部IT资源，将IT资源共享给各个部门，提高信息化服务效能。

混合云是兼顾以上两种情况的云计算服务，如学校建立的公共教育资源平台（门户网站、网络课程、大型仪器共享等），既为校园用户又为校外用户提供信息服务。

3. 云计算的特点

云计算既是虚拟化、效用计算（Utility Computing，一种提供服务的模型，通过互联网资源，解决企业用户的数据处理、存储和应用等问题）、IaaS、PaaS、SaaS 等技术融合的结果，也是分布式计算和网格计算的发展。同时，也是这些计算机科学概念的商业实现。云计算的特点如下。

（1）虚拟性。计算资源的物理位置及底层的基础架构对于用户来说是透明和不相关的。

（2）动态性。能够监控计算资源，并根据已定义的规则自动地平衡资源的分配。

（3）扩展性。可以将复杂的工作负载分解成小块的工作，并将工作分配到可逐渐扩展的架构中。

（4）有效性。基于服务为导向的架构，动态地分配和部署共享的计算资源。

（5）灵活性。可以支持多种计算机应用类型，且同时支持消费者应用和商业应用。即资源可以按照使用情况付费，也可以免费使用。

（6）经济性。简化 IT 管理工作，减少灾难恢复时间约 85%，提高 IT 管理效率；节约服务器、存储等设备重复购置成本，减少空间占用约 70%；减少二氧化碳排放约 60%，有效保护生态环境。

9.2　局域网虚拟化技术

众所周知，虚拟局域网是一种采用 VLAN 协议（802.1Q）实现的逻辑子网络。VLAN 可以抑制网络广播风暴，提高网络通信的安全性。如今，一种新的局域网系统虚拟化技术应运而生。该技术可将多个交换机集成为一个设备，或将一个设备分成多个虚拟交换机，解决云计算中的网络虚拟化与资源（计算、存储）虚拟化适配问题。

9.2.1　网络虚拟化概述

在 2012 年 SDN（软件定义网络）和 OpenFlow（一种新型网络交换模型）大潮的推动下，网络虚拟化已成为新一代局域网构建的热点。各大网络设备厂商相继推出了局域网系统虚拟化解决方案，如思科的虚拟交换系统（Virtual Switching System，VSS）、H3C 的智能弹性架构（Intelligent Resilient Framework，IRF2）、锐捷的虚拟交换单元（Virtual Switching Unit，VSU）以及华为的集群交换机系统（Cluster Switch System，CSS）等。这些新技术均为网络虚拟化的一种形态，其目的是将多台支持集群的交换机整合成为一台单一逻辑上的虚拟交换机。下面以锐捷 VSU2.0 为例，说明局域网系统虚拟化过程的原理与方法。

9.2.2　虚拟交换单元概述

虚拟交换单元（VSU）是一种将多台网络交换机虚拟成一台交换机的技术，采用 VSU 可以扩展交换机端口数量或扩展交换机带宽，也可以用 VSU 取代 MSTP+VRRP 双核心冗余结构，简化网络拓扑结构，提高链路切换性能，又能充分利用所有带宽。

采用 MSTP+VRRP 协议支持链路冗余、路由网关冗余的网络拓扑，如图 9.3（a）所示。该网络采用 VSU 后，核心层的两台交换机变成了一个虚拟交换单元（VSU），汇聚层交换机直连核心层的虚拟交换单元，如图 9.3（b）所示。虚拟交换单元（VSU）由主设备（Active）和从设备（Standby）组成。主设备负责控制管理整个 VSU，从设备作为主设备的备用设备运行。当主设备故障时，从设备自动升级为主设备接替原主设备的工作。

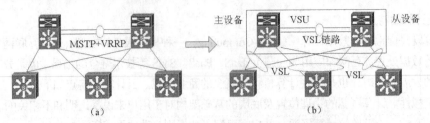

图 9.3　VSU 取代 MSTP+VRRP 双核心冗余结构示意图

交换机有单机和 VSU 两种工作模式，缺省工作模式是单机模式。组建 VSU 时，必须将交换机的工作模式从单机模式切换到 VSU 模式。如果 VSU 使用堆叠口作为 VSL 成员端口，在交换机启机时识别到堆叠口，则自动激活到 VSU 模式，而不需要手工激活 VSU 模式。

9.2.3　VSU 的属性参数

为了方便网络虚拟化管理，VSU 建立了域、域内设备编号及优先级等属性参数。每一个 VSU 均有一个域编号(Domain ID)，也称标识符。两台交换机的域编号相同，才能组成 VSU。取值范围是 1~255，缺省值为 100。

每个 VSU 域中的设备采用编号（Switch ID）区分，该编号表示 VSU 中的成员，取值是 1~8，缺省值=1。单机模式，接口编号采用二维格式（如 GigabitEthernet 2/3）。VSU 模式中，接口编号采用三维格式（如 GigabitEthernet 1/2/3），第一维（数字 1）表示机箱成员编号，后面两维（数字 2 和 3）分别表示槽位号和该槽位上的接口编号。这样便可保证 VSU 中所有成员的设备编号具有唯一性。

如果建立 VSU 成员设备编号不唯一，系统会通过 VSU 自动编号机制为所有成员设备重新设定编号，以保障设备编号的唯一性。建立 VSU 时，还要设置设备的优先级，在角色（Active=主、Standby=备、Candidate=候选）选举过程中，优先级高的设备会被选举为 Active 主设备。设备优先级取值范围是 1~255，缺省优先级为 100。

Active 角色的选举规则为：当前设备优先级高的优先，或者 MAC 地址小的优先。Standby 角色的选举规则为：最靠近主机的优先，设备优先级大的优先，MAC 地址小的优先。在角色选举阶段，所有的设备根据 Active 角色的选举规则从拓扑中推举出 Active。被选为 Active 的设备从剩下设备中选出 Standby。

9.2.4　VSU 的虚拟交换链路

VSU 中连接交换机的链路，称为虚拟交换链路（Virtual Switching Link，VSL）。VSL 是交换机之间传输控制信息和数据流的特殊聚合链路。VSL 端口以聚合端口组的形式存在，根据流量平衡算法，VSL 的数据流在聚合端口的各个成员之间进行负载均衡。设备上用于 VSL 端口连接的物理端口，称为 VSL 成员端口。VSL 成员端口可以是堆叠端口，也可以是以太网电口或者光口。交换机上哪些端口可用作 VSL 成员端口，与交换机的型号有关。

VSL 端口连接可以采用堆叠专用线缆、UTP 线缆和光缆。堆叠专用线缆能够为成员设备（交换机）间报文的传输提供很高的可靠性和性能。使用 UTP（交叉）网线连接 VSL 端口成本较低，不需要购置堆叠专用接口卡或者光模块。使用光纤连接 VSL 端口，可以将距离很远的交换机连接组成 VSU，使虚拟化组网更加灵活。

组建 VSU 时，要注意 VSL 端口连接问题。如果，VSL 端口以聚合口的形式存在，则一个 VSL 聚合口只能连接一个 VSL 聚合口。如果，VSL 成员端口和普通端口相连，或者一个 VSL 聚合口连接多个 VSL 聚合口，则会影响 VSU 拓扑的可靠性。如果，一个 VSL 聚合口连接到多个 VSL 聚合口，将导致 VSL 聚合口的部分成员端口被禁用。如果，VSL 成员端口连接到非 VSL 成员端口，也会导致 VSL 成员端口被禁用。组网时要确保正确的连接 VSL 端口，否则会影响 VSU 拓扑的可靠性。因连接错误而被禁用的 VSL 成员端口，将其重新正确连接后即可恢复可用。

9.2.5　VSU 的拓扑发现及变化

VSU 的成员设备加电（交换机）启动后，根据 VSL 配置参数，将交换机物理端口识别为 VSL 口，并开始检测直连交换机的 VSL 连接关系。当交换机端口 VSL 状态变为 UP 之后，VSU 即开始拓扑发现。

1. 拓扑发现过程

VSU 中的每台交换机，通过和拓扑中的其他交换机之间交互 VSU Hello 报文，收集整个 VSU 的拓扑关系。VSU Hello 报文会携带拓扑信息，包括本机成员编号、设备优先级、MAC 地址、VSU 端口连接关系等内容。每个交换机会在状态为 UP 的 VSL 口上，向拓扑成员洪泛 Hello 报文，其他成员收到 Hello 报文后，会将报文从非入口的状态为 UP 的 VSL 口转发出去。通过 Hello 报文的洪泛，每个交换机可以逐一学习到整个拓扑信息。当设备收集完拓扑信息后，开始进行角色选举。角色选举完成后，Active 的设备向整个拓扑发送收敛（Convergence）报文，通知拓扑中的所有设备一起进行拓扑收敛。随后，VSU 进入管理与维护阶段。

2. 拓扑分裂与合并

VSU 拓扑连接有两种，一种是线形拓扑，如图 9.4 所示；另一种是环形拓扑，如图 9.5 所示。线形拓扑中出现 VSL 链路故障时，会引起 VSU 分裂。环形拓扑中某个 VSL 链路出现故障时，只是导致环形拓扑变为线形拓扑，而 VSU 的业务不会受到影响。因此，环形拓扑比线形拓扑具有更高的可用性。

图 9.4　VSU 线形拓扑结构

图 9.5　VSU 环形拓扑结构

无论线形拓扑，还是环形拓扑，VSU 拓扑变化存在两种情况。一种是 VSU 分裂，当 VSL 链路故障时，VSU 中两相邻交换机通信中断，造成一个 VSU 变成两个小的 VSU（或 VSU 不存在），这个过程称为 VSU 分裂。另一种是 VSU 合并，当两个各自稳定运行 VSU 的 Domain ID 相同时，则可以在两个 VSU 之间增加 VSL 链接，使其合并成为一个 VSU，这个过程称为 VSU 合并。

9.2.6　VSU 的双主机检测

双主机建立 VSU 后，当 VSL 断开导致 Active 设备和 Standby 设备分到不同的 VSU 时，就造成了 VSU 分裂。发生 VSU 分裂时，网络上会出现两个配置相同的 VSU。从设备认为主设备丢失，从设备切换成主设备。此时，网络中将出现两台主设备。两台设备配置完全相同，包括两台设备的任何一个虚接口（VLAN 接口和环回接口等）配置都相同，网络中将会出现 IP 地址冲突，导致网络不可用。

1. BFD 检测双主机

目前，双主机检测有两种方法，一种是 BFD 检测，另一种是聚合口检测。BFD 检测需要在两台交换机之间建立一条双主机检测链路，如图 9.4 所示。当 VSL 断开时，两台交换机开始通过双主机检测链路发送检测报文，收到对端来的双主机检测报文，就说明对端仍在正常运行，存在两台主机。

　　BFD（Bidirectional Forwarding Detection）是一种网络互连节点的双向转发检测机制，可以提供毫秒级的检测，可以实现链路的快速检测。基于 BFD 的双主机检测端口必须是三层路由口，二层口、三层聚合（Aggregation Port, AP）口或 VSI 口都不能作为 BFD 检测端口。如果将双主机检测端口从三层路由口转换为其他类型的端口模式时，BFD 的双主机检测配置将自动清除，并给出提示。

　　一般情况下，线形 VSU 防止双主机产生，BFD 链路连接首尾两台交换机，如图 9.4 所示。环形 VSU 防止双主机产生，BFD 链路连接任意两台交换机，如图 9.5 所示。

2. 聚合口检测双主机

　　聚合端口检测双主机拓扑结构，如图 9.6 所示。当 VSL 链路断开产生双主机时，两个主机之间相互发送聚合口私有报文来检测多主机。聚合端口检测与 BFD 检测不同，基于聚合口的检测需要配置在跨设备 RS3 的业务聚合端口上（不是 RS1 和 RS2 的 VSL 聚合端口），而且需要 VSU 周边设备（如 RS3）转发私有检测报文。

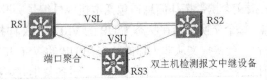

图 9.6　端口聚合检测双主机拓扑结构

　　在多台交换机组成的 VSU 中，要完全防止双主机，最好的方法是聚合端口检测。该方法需要多条 BFD 链路两两互联，聚合端口检测只需要 n 条链路即可。例如，4 台交换机组成 VSU，需要 4 条链路。该方法使用的前提是 VSU 下连的接入交换机是统一品牌设备，这样保证该品牌交换机的私有报文可以正常转发。

3. VSU 的 Recovery 模式

　　检测出双主机后，系统将根据双主机检测规则选出最优 VSU 和非最优 VSU。最优 VSU 一方没有受到影响，非最优 VSU 一方进入恢复（Recovery）模式，系统将会关闭除 VSL 端口和管理员指定的例外端口（管理员可以用 config-vs-domain 模式下的命令"dual-active exclude interface"指定哪些端口不被关闭）以外的所有物理端口。

　　当 VSU 进入 Recovery 模式后，不要直接重启设备。简单有效的处理方法是重新连接 VSL。排除 VSL 故障后，Recovery 模式的 VSU 会自动重启，并加入到最优 VSU 中。如果不能在解决 VSL 故障之前将设备直接复位，可能导致复位重启的设备没有加入到最优 VSU 中，再次出现双主机冲突。

9.3　局域网虚拟化配置管理

　　目前，局域网虚拟化组建有两种。一种是将多个设备虚拟化成一个逻辑设备，解决多设备冗余架构配置的复杂性及增强逻辑设备的高可用性问题。其典型的 VSU 有环形拓扑组网、核心层与汇聚层拓扑组网。另一种是将一个设备虚拟化成多个逻辑设备，解决简化网络结构及提高设备利用率问题。

9.3.1　环形拓扑 VSU 配置

　　局域网采用环形拓扑是一种常见的组网类型。环形结构既可以实现网络负载均衡，又可以增强网络的高可用性。

1. 环网拓扑与组网准备

假设，某单位采用三台 RG-S5750-24GT/8SFP-E 彼此互连组成 VSU，三台交换机分别标记为 RS1、RS2 和 RS3，交换机之间相互连接构成 VSL 链路，如图 9.7 所示。

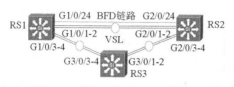

图 9.7　三设备互连的 VSU 拓扑结构

设置 VSU 域编号（Domain ID）1，RS1 的优先级是 200，RS2 的优先级是 150，RS3 的优先级是 100，优先级高的设备为管理主机。为了提高网络互连的稳定性，两台交换机的 VSL 至少为两条。如果条件限制，一条也可以构建 VSU。VSU 域中的交换机采用三维格式编号（Switch ID）区分，RS1 的编号为 G1/0/X，RS2 的编号为 G2/0/X，RS3 编号为 G3/0/X，X 表示 10/100/1000Mbit/s 自适应电端口号 1~24。

交换机相互连接组成 VSL 链路，相邻交换机之间的 VSL 链路可以是一条，也可以是多条。如果相邻交换机之间的 VSL 链路是多条，则多条 VSL 链路通过端口聚合（Aggregateport）形成聚合 VSL。交换机的 VSL 聚合链路可以添加多个接口。本案例中，RS1 的 G1/0/1-2 聚合与 RS2 的 G2/0/1-2 聚合连接，RS1 的 G1/0/3-4 聚合与 RS3 的 G2/0/3-4 聚合连接，RS2 的 G1/0/3-4 聚合与 RS3 的 G2/0/1-2 聚合连接。

RG-S5750-24GT/8SFP-E 支持千兆口与万兆口作为 VSL。依据聚合原理，不同速率的端口和不同介质的端口不能加入一个聚合组，该交换机的千兆口和万兆口、光口和电口均不能设置在同一个 VSL-aggregateport 中。

为了测试 VSL 链路连接状态，防止双主机产生，RS1 和 RS2 通过心跳接口（G1/0/24 和 G2/0/24）建立 BFD 链路。

2. 配置 VSU 属性参数及 VSL 聚合端口

（1）RS1 交换机配置，";" 后为配置说明。

```
RS1# configure terminal                          ;进入全局配置模式
RS1(config)# switch virtual domain 1             ;设置VSU Domain id=1
RS1(config-vs-domain)# switch 1                  ;设置RS1 Switch id= 1
RS1(config-vs-domain)# switch 1 priority 200     ;配置RS1优先级=200，指定RS1为主设备
RS1(config-vs-domain)# switch 1 description RS1  ;设备名=RS1
RS1(config-vs-domain)# exit                      ;退出VSU域配置
RS1(config)# vsl-aggregateport 1                 ;进入VSL聚合端口1配置，只能选择1或者2，为
了提升VSU的可靠性，可至少采用2条VSL链路。VSL编号本地有效
RS1(config-vsu-ap)# port-member interface GigabitEthernet 0/1 copper ;设置Gi 0/1加入VSL
组1。若是光口则将copper更改为fibber，以下类同，不再赘述
RS1(config-vsu-ap)# port-member interface GigabitEthernet 0/2 copper ;设置Gi 0/2加入VSL组1
RS1(config)# vsl-aggregateport 2                 ;进入VSL聚合端口2配置，一个vsl-aggregateport
对应一台交换机，不能将不同交换机的接口都放到同一个vsl-aggregateport内
RS1(config-vsu-ap)# port-member interface gigabitEthernet 0/3 copper ;设置Gi 0/4加入VSL组2
RS1(config-vsu-ap)# port-member interface gigabitEthernet 0/4 copper ;设置Gi 0/3加入VSL组2
RS1(config-vsu-ap)# exit                         ;退出VSL端口聚合配置
RS1(config)# exit
```

（2）RS2 交换机配置。

```
RS2# configure terminal                                    ;进入全局配置模式
RS2(config)# switch virtual domain 1                       ;设置 VSU Domain id=1
RS2(config-vs-domain)# switch 2                            ;设置 Switch id=2
RS2(config-vs-domain)# switch 2 priority 150              ;配置 RS2 优先级=150，指定 RS2 为从设备
RS2(config-vs-domain)# switch 2 description RS2           ;配置 Switch id 的描述信息=RS2
RS2(config-vs-domain)# exit                               ;退出 VSU 域配置
RS2(config)# vsl-aggregateport 1                          ;进入 VSL 聚合端口 1 配置
RS2(config-vsu-ap)# port-member interface gigabitEthernet 0/1 copper  ;设置 Gi 0/1 加入 VSL 组 1
RS2(config-vsu-ap)# port-member interface gigabitEthernet 0/2 copper  ;设置 Gi 0/2 加入 VSL 组 1
RS2(config)# vsl-aggregateport 2                          ;进入 VSL 聚合端口 2 配置
RS2(config-vsu-ap)# port-member interface gigabitEthernet 0/3 copper  ;设置 Gi 0/3 加入 VSL 组 2
RS2(config-vsu-ap)# port-member interface gigabitEthernet 0/4 copper  ;设置 Gi 0/4 加入 VSL 组 2
RS2(config-vsu-ap)# exit                                  ;退出 VSL 聚合端口配置
RS2(config)# exit
```

（3）RS3 交换机配置。

```
RS3# configure terminal                                    ;进入全局配置模式
RS3(config)# switch virtual domain 1                       ;设置 VSU Domain id=1
RS3(config-vs-domain)# switch 3                            ;设置 Switch id=3
RS3(config-vs-domain)# switch 3 priority 100              ;配置 RS3 优先级=100，指定 RS3 为候选设备
RS3(config-vs-domain)# switch 3 description RS3           ;配置 switch id 的描述信息=RS3
RS3(config-vs-domain)# exit                               ;退出 VSU 域配置
RS3(config)# vsl-aggregateport 1                          ;进入 VSL 聚合端口 1 配置
RS3(config-vsu-ap)# port-member interface gigabitEthernet 0/1 copper  ;设置 Gi 0/1 加入 VSL 组 1
RS3(config-vsu-ap)# port-member interface gigabitEthernet 0/2 copper  ;设置 Gi 0/2 加入 VSL 组 1
RS3(config)# vsl-aggregateport 2                          ;进入 VSL 聚合端口 2 配置
RS3(config-vsu-ap)# port-member interface gigabitEthernet 0/3 copper  ;设置 Gi 0/3 加入 VSL 组 2
RS3(config-vsu-ap)# port-member interface gigabitEthernet 0/4 copper  ;设置 Gi 0/1 加入 VSL 组 2
RS3(config-vsu-ap)# exit                                  ;退出 VSL 聚合端口配置
RS3(config)# exit
```

3. 交换机转换为 VSU 模式

```
RS1#switch convert mode virtual                            ;将 RS1 交换机转换为 VSU 模式
Convert switch mode will automatically backup the "config.text" file and then delete it, and reload
the switch. Do you want to convert switch to virtual mode? [no/yes] y        ;输入 y
RS2#switch convert mode virtual                            ;将 RS2 交换机转换为 VSU 模式
Convert switch mode will automatically backup the "config.text" file and then delete it, and reload
the switch. Do you want to convert switch to virtual mode? [no/yes] y        ;输入 y
RS3#switch convert mode virtual                            ;将 RS3 交换机转换为 VSU 模式
Convert switch mode will automatically backup the "config.text" file and then delete it, and reload
the switch. Do you want to convert switch to virtual mode? [no/yes] y        ;输入 y
```

以上操作进行时，交换机复位重启，并且进行 VSU 选举。该时间可能比较长，需等待。VSU 建立成功后，可进行 BFD 配置。

4. 配置 BFD 及心跳接口

```
RS1#configure terminal                                      ;RS1 进入全局配置模式
RS1(config)#interface GigabitEthernet 1/0/24                ;选择 RS1 的第 24 口为 BFD 接口
RS1(config-if-GigabitEthernet 1/0/24)#no switchport         ;设置 RS1 的 BFD 接口为路由接口
RS1(config-if-GigabitEthernet 1/0/24)#exit                  ;退出 BFD 接口配置
RS2#configure terminal                                      ;RS2 进入全局配置模式
RS2(config)#interface GigabitEthernet 2/0/24                ;选择 RS2 的第 24 口为 BFD 接口
RS2(config-if-GigabitEthernet 2/0/24)#no switchport         ;设置 RS2 的 BFD 接口为路由接口
RS2(config-if-GigabitEthernet 2/0/24)#exit                  ;退出 BFD 接口配置
RS1(config)#switch virtual domain 1                         ;RS1 进入虚拟交换域 1 模式
RS1(config-vs-domain)#dual-active detection bfd             ;设置 BFD 的双活性检测
RS1(config-vs-domain)#dual-active bfd interface GigabitEthernet 1/0/24   ;设置 RS1 心跳端口
RS2(config-vs-domain)#dual-active bfd interface GigabitEthernet 2/0/24   ;设置 RS2 心跳端口
```

5. 使用 show 命令检查 VSU 功能

通过以上步骤，一个环形 VSU 配置完成。可以采用以下命令，检查 VSU 的功能。

（1）show switch virtual。该命令查看 VSU 域内交换机的设备编号、域编号、优先级、工作状态及角色（Active：主设备，Standby：从设备，Candidate：候选设备）。

（2）show switch virtual config。该命令查看 VSU 的配置信息，包括域编号、设备编号、优先级、设备名称以及 VSL 聚合端口号和端口信息。

（3）show switch virtual dual-active summary。该命令查看 VSU 的 BFD 检测信息。

（4）show switch virtual link。该命令查看 VSL 信息。

（5）show switch virtual topology。该命令查看环形 VSU 拓扑信息。也可将 RS1 和 RS2、或者 RS1 和 RS3、或者 RS2 和 RS3 之间的 VSL 断开，查看线形 VSU 拓扑信息。

9.3.2　双核心拓扑 VSU 配置

局域网采用双核心设备互连汇聚设备，是一种常见的典型结构。双核心设备组成 VSU 与汇聚层设备互连，可以消除 MSTP+VRRP 协议配置的复杂性，简化网络结构以及增强网络的高可用性。

1. 网络拓扑与组网准备

假设，某局域网由 2 台 RG-S8605E 组成核心层，由 4 台 RG-S3760E 交换机组成汇聚层。6 台交换机分别标记为 VSS1、VSS2、VSS3、VSS4、VSS5、VSS6。2 台 RG-S8605E 组成 VSU，VSL 由 2 端口聚合形成，VSU 与汇聚层采用跨交换机的端口聚合连接，如图 9.8 所示。

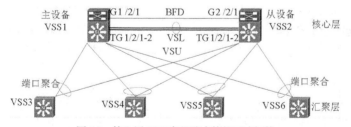

图 9.8　核心层 VSU 与汇聚交换机互连拓扑

S8605E 采用 VSU3.0 技术，最大可将 4 台物理设备虚拟化为一台逻辑设备，统一运行管理。S8605E 为 5 槽机箱交换机，配置 M8600E-CM 主控引擎、M8600E-24GT20SFP4XS-ED 线卡和万兆光模块

XG-SFP-CU3M 以及 RG-PA1600I（1600W/16A）通用交流电源模块。M8600E-24GT20SFP4XS-ED 插入 RG-S8605E 第 2 槽位，提供 24 个千兆以太网电接口+20 个千兆以太网光口+4 个万兆以太网光口以及 2 个万兆 SFP 模块+3 米连接光纤。配置 4 个千兆 Mini-GBIC-LX 光模块，千兆光口聚合连接 VSS3、VSS4、VSS5、VSS5 交换机。

设置 VSU 域编号（Domain ID）1，VSS1 的优先级是 210，VSS2 的优先级是 110，优先级高的 VSS1 为管理主机。为了提高网络互连的稳定性，两台交换机的 VSL 至少为两条。VSU 域中的交换机采用三维格式编号（Switch ID）区分，VSS1 的编号为 TG1/2/X，VSS2 的编号为 TG2/2/X，X 表示万兆以太网光口 1~4。

选用 VSS1 的 GigabitEthernet 1/2/1 和 VSS2 的 GigabitEthernet 2/2/1 为 VSU 的双主机 BFD 检测接口。BFD 专用链路会根据双主机报文的收发检测出存在双主设备。VSU 将根据双设备检测规则选择一设备（低优先级设备）进入恢复（Recovery）模式。双主机检测可以阻止核心交换机 IP 地址冲突，保障网络可用（前提是其他设备连接到双核心都具备冗余链路条件）。

除 VSL 端口、MGMT 口（MGMT 是网络管理端口，可以单独设置一个 IP 地址，直接用网线连接，Telnet 登录以网页模式管理设备）和管理员指定的例外端口（保留作为设备其他端口 shutdown 时可以 Telnet）以外，其他端口都被强制关闭。

S3760E 采用 RG-S3760E-24 交换机，24 口 10/100Mbit/s 自适应电口，2 个 SFP/GT 光电复用口，配置 2 个千兆 Mini-GBIC-LX 光模块，光口聚合连接 VSS1、VSS2 的光端口。

2. 交换机虚拟化配置

（1）核心交换机 VSS1 初始化配置。

```
VSS1# configure terminal                                          ;进入全局配置模式
VSS1 (config)# switch virtual domain 1                            ;设置 VSU Domain id=1
VSS1 (config-vs-domain)# switch 1                                 ;设置 VSS1 Switch id=1
VSS1 (config-vs-domain)# switch 1 priority 210                    ;配置 VSS1 优先级=210，指定 VSS1 为主设备
VSS1 (config-vs-domain)# switch 1 description VSS1                ;配置设备的描述信息= VSS1
VSS1 (config-vs-domain)# exit                                     ;退出 VSU 域配置
VSS1 (config)# vsl-aggregateport 1                                ;进入 VSL 聚合端口 1 配置
VSS1 (config-vsu-ap)# port-member interface TenGigabitEthernet 2/1 fibber   ;设置 TG2/1 为 VSL 组 1
VSS1 (config-vsu-ap)# port-member interface TenGigabitEthernet 2/2 fibber   ;设置 TG2/2 为 VSL 组 1
VSS1 (config-vsu-ap)# exit                                        ;退出 VSL 聚合端口配置
VSS1 (config)# exit
```

（2）核心交换机 VSS2 初始化配置。

```
VSS2# configure terminal                                          ;进入全局配置模式
VSS2 (config)# switch virtual domain 1                            ;设置 VSU Domain id=1，与 VSS1 同域
VSS2 (config-vs-domain)# switch 2                                 ;设置 VSS1 Switch id=2，同域中的第 2 台设备
VSS2 (config-vs-domain)# switch 2 priority 110                    ;配置 VSS1 优先级=110，指定 VSS2 为从设备
VSS2 (config-vs-domain)# switch 2 description VSS2                ;配置设备的描述信息= VSS2
VSS2 (config-vs-domain)# exit                                     ;退出 VSU 域配置
VSS2 (config)# vsl-aggregateport 1                                ;进入 VSL 聚合端口 1 配置
VSS2 (config-vsu-ap)# port-member interface TenGigabitEthernet 2/1 fibber   ;设置 TG2/1 为 VSL 组 1
VSS2 (config-vsu-ap)# port-member interface TenGigabitEthernet 2/2 fibber   ;设置 TG2/2 为 VSL 组 1
VSS2 (config-vsu-ap)# exit                                        ;退出 VSL 聚合端口配置
VSS2 (config)# exit
```

（3）设置 VSS1 和 VSS2 交换机的 BFD 及心跳接口。

```
VSS1#configure terminal                                          ;VSS1 进入全局配置模式
VSS1 (config)#interface GigabitEthernet 1/2/1                    ;选择 VSS1 线卡第 1 口为 BFD 接口
VSS1 (config-if-GigabitEthernet 1/2/1)#no switchport            ;设置 BFD 接口为路由接口
VSS1 (config-if-GigabitEthernet 1/2/1)#exit                     ;退出 BFD 接口配置
VSS2#configure terminal                                          ;VSS2 进入全局配置模式
VSS2(config)#interface GigabitEthernet 2/2/1                     ;选择 VSS2 线卡第 1 口为 BFD 接口
VSS2(config-if-GigabitEthernet 2/2/1)#no switchport            ;设置 BFD 接口为路由接口
VSS2(config-if-GigabitEthernet 2/2/1)#exit                     ;退出 BFD 接口配置
VSS1(config)#switch virtual domain 1                            ;VSS1 进入虚拟交换域 1 模式
VSS1(config-vs-domain)#dual-active detection bfd               ;打开 BFD 双活性检测开关，缺省关闭
VSS1(config-vs-domain)#dual-active bfd interface GigabitEthernet 1/2/1   ;设置 VSS1 心跳端口
VSS2(config-vs-domain)#dual-active bfd interface GigabitEthernet 2/2/1   ;设置 VSS2 心跳端口*
```

（4）指定 VSS1 和 VSS2 的例外接口。VSU 的 VSL 链路故障时，BFD 链路将根据双主机报文的收发，检测出双主机存在。此时，VSU 将根据双主机检测规则选择一台交换机（低优先级设备）进入恢复（Recovery）模式。除 VSL 端口、MGMT 端口（MGMT 是网络管理端口，可以单独设置一个 IP 地址，直接用网线连接，Telnet 登录以网页模式管理设备）和管理员指定的例外端口（保留作为设备其他端口 shutdown 时可以 Telnet）以外，其他端口都被强制关闭。为了能够管理交换机，要设置例外接口。

```
VSS1(config-vs-domain)# dual-active exclude interface ten1/1/2 ;指定 VSS1 例外口，上连路由口
保留，出现双主机时可以 telnet
VSS2(config-vs-domain)# dual-active exclude interface ten2/1/2 ;指定 VSS2 例外口，上连路由口
保留，出现双主机时可以 telnet
```

（5）连接好 VSL 链路，并确定接口已经 UP。

（6）保存两台设备的配置，并一起切换为 VSU 模式。

```
VSS1# wr                                                         ;保存核心交换机 1 的配置
VSS1# switch convert mode virtual                              ;VSS1 转换为 VSU 模式
Are you sure to convert switch to virtual mode[yes/no]: yes    ;输入 yes
Do you want to recovery"config.text"from"virtual_switch.text" [yes/no]: no  ;输入 no
VSS2# wr                                                         ;保存核心交换机 2 的配置
VSS2# switch convert mode virtual                              ;VSS1 转换为 VSU 模式
Are you sure to convert switch to virtual mode[yes/no]: yes    ;输入 yes
Do you want to recovery"config.text"from"virtual_switch.text" [yes/no]: no  ;输入 no
```

选择转换模式后，设备重新启动，并组建 VSU。VSU 建立时间通常需要 10min 左右，需耐心等待。如果，VSL 链路此时尚没有连接，或对端交换机还未重启，则交换机默认会在 10min 内一直等待对端启动并持续打印 log 提示"June 6 15:17:18: %VSU-5-RRP_TOPO_INIT: Topology initializing, please wait for a moment"。

（7）确认 VSU 建立成功。①通过主机（本例主机为 VSS1）管理 VSU；②VSU 主机（VSS1）的引擎 Primary 灯绿色常亮，VSU 从机（本例从机为 VSS2）的 Primary 灯灭，可以用来判断主从机关系（高优先级的设备会成为主机）；③VSU 建立后，从机 Console 口默认不能进行管理，可连续执行 4 次 Esc 键加 C 键，打开输出开关。建议使用 session device 2 slot （m1,m2 ,线卡槽位）登录其他

设备查看信息；④全局模式下使用上节"show"命令，检查 VSU 功能，通过检查，可判断主从设备配置是否正确。

（8）使用 show switch virtual role 命令检查主设备是否符合预期，如图 9.9 所示。

```
VSS1# show switch virtual role
Switch_id Domain_id Priority Position  Status Role      Description

1(1)      100(100)  210(210) LOCAL   OK   ACTIVE    VSS1 ----->ACTIVE表示主机
2(2)      100(100)  110(110) REMOTE  OK   STANDBY   VSS2 ----->STANDBY表示从机
```

图 9.9　VSU 设备工作状态检查

3. VSU 端口聚合配置

通过以上步骤，两台 RG-S8605E 组成了 VSU。由于核心层与汇聚层采用 OSPF 协议互连，因此 VSU 与 RG-S3760E 采用三层口（路由接口）聚合连接。在主设备（VSS1）建立聚合口，配置为路由口（no switchport）；分别将 VSS1 和 VSS2 千兆光口配置为路由口（no switchport），将该口设置为聚合口；配置与汇聚设备 RG-S3760E 互连 IP 地址。VSU 与汇聚设备互连参数设置，如表 9.1 所示。

表 9.1　VSU 与汇聚设备互连参数设置表

VSU	端口	聚合口	互联地址	汇聚设备	端口	聚合口	互联地址
VSS1	G1/2/2	2	176.16.1.1	VSS3	G1	1	176.16.1.2
VSS2	G2/2/2				G2		
VSS1	G1/2/3	3	176.16.1.5	VSS4	G1	1	176.16.1.6
VSS2	G2/2/3				G2		
VSS1	G1/2/4	4	176.16.1.9	VSS5	G1	1	176.16.1.10
VSS2	G2/2/4				G2		
VSS1	G1/2/5	5	176.16.1.13	VSS6	G1	1	176.16.1.14
VSS2	G2/2/5				G2		

（1）VSU 与汇聚交换机 VSS3 端口聚合互连配置。

```
VSS1(config)#interface aggregateport 2                          ;配置VSS1聚合口2
VSS1(config-if-AggregatePort 2)#no switchport                   ;路由接口
VSS1(config-if-AggregatePort 2)#description linktoVSS3          ;连接VSS3
VSS1(config-if-AggregatePort 2)#exit                           ;退出
VSS1(config)#interface Gig 1/2/2                                ;配置VSS1的光口Gig 1/2/2
VSS1(config-if-GiggabitEthernet 1/2/2)#no switchport           ; Gig 1/2/2为路由口
VSS1(config-if-GiggabitEthernet 1/2/2)#description linkto VSS3  ;连接VSS3
VSS1(config-if-GiggabitEthernet 1/2/2)#port-group 2            ; Gig 1/2/2植入聚合口2
VSS1(config-if-GiggabitEthernet 1/2/2)#exit                    ;退出
VSS2(config)#interface Gig 2/2/2                                ;配置VSS2的光口Gig 2/2/2
VSS2(config-if-GiggabitEthernet 2/2/2)#no switchport           ; Gig 2/2/2为路由口
VSS2(config-if-GiggabitEthernet 2/2/2)#description linktoVSS3   ;连接VSS3
VSS2(config-if-GiggabitEthernet 2/2/2)#port-group 2           ; Gig 1/2/2植入聚合口2
VSS2(config-if-GiggabitEthernet 2/2/2)#exit                    ;退出
VSS1(config)#interface aggregateport 2                          ;进入VSU聚合口2
VSS1(config-if-AggregatePort 2)#ip add 172.16.1.5 255.255.255.252 ;配置接口互连地址和掩码
VSS1(config-if-AggregatePort 2)#exit                           ;退出
```

（2）汇聚交换机 VSS3 端口聚合与 VSU 互连配置。

```
VSS3(config)#interface aggregateport 2                    ;配置 VSS3 聚合口 1
VSS3(config-if-AggregatePort 1)#no switchport             ;路由接口
VSS3(config-if-AggregatePort 1)#description linktoVSU     ;连接 VSU
VSS3(config-if-AggregatePort 1)#exit                      ;退出
VSS3(config)#interface Gig 1/1                            ;配置 VSS3 的光口 Gig 1/1
VSS3(config-if-GiggabitEthernet 1/1)#no switchport        ; Gig 1/1 为路由口
VSS3(config-if-GiggabitEthernet 1/1)#description linkto VSU   ;连接 VSU
VSS3(config-if-GiggabitEthernet 1/1)#port-group 1         ; Gig 1/1 植入聚合口 1
VSS3(config)#interface Gig 1/2                            ;配置 VSS3 的光口 Gig 1/2
VSS3(config-if-GiggabitEthernet 1/2)#no switchport        ; Gig 1/2 为路由口
VSS3(config-if-GiggabitEthernet 1/2)#description linkto VSU   ;连接 VSU
VSS3(config-if-GiggabitEthernet 1/2)#port-group 1         ; Gig 1/2 植入聚合口 1
VSS3(config-if-GiggabitEthernet 1/1)#exit                 ;退出
```

通过以上步骤，核心层 VSU 端口聚合与汇聚层 VSS3 交换机互连配置完成。按照以上配置方法可完成 VSU 与 VSS4、VSS5 和 VSS6 的端口聚合互连配置。

4. OSPF 互连接口与 GR 配置

园区网核心层与汇聚层可采用静态路由协议互连（参见本书 3.5 节），也可采用 OSPF 动态路由协议互连（参见本书 4.3 节）。通常，园区网汇聚层路由交换机较多时，网络互连采用 OSPF 协议。

（1）IP 地址分配。VSU 设备 VSS1、VSS2 与 VSS3~VSS6 组成 OSPF 网络，网络互连地址 172.16.1.0~172.16.1.255，掩码 255.255.255.252（最小子网掩码）。VSS3 ~ VSS6 接入网络地址 172.16.1.0 ~ 172.16.5.0，子网掩码为 255.255.255.0。IP 地址分配，如表 9.2 所示。

表 9.2 IP 地址分配

VSU 设备与汇聚设备名称	子网 IP 地址范围	子网掩码
VSS1,VSS2;VSS3 ~ VSS6,OSPF 网络	172.16.1.0 ~ 172.16.1.255	255.255.255.252
VSS3 接入网络	172.16.2.0 ~ 172.16.2.255	255.255.255.0
VSS4 接入网络	172.16.3.0 ~ 172.16.3.255	255.255.255.0
VSS5 接入网络	172.16.4.0 ~ 172.16.4.255	255.255.255.0
VSS6 接入网络	172.16.5.0 ~ 172.16.5.255	255.255.255.0

（2）配置 OSPF 接口。VSU 聚合口和汇聚设备互连的三层接口修改为 OSPF 接口，其类型为 point-to-point，对端需要同样修改。VSU 聚合口 2 连接 VSS3、聚合口 3 连接 VSS4、聚合口 4 连接 VSS5、聚合口 5 连接 VSS6。

```
VSS1 (config)#interface aggregateport 2                  ;进入 VSU 聚合口 2 配置
VSS1 (config-if-AggregatePort 2)#ip ospf network point-to-point ;设置为 OSPF 接口 point-to-point
VSS1 (config-if-AggregatePort 2)#exit                    ;退出
VSS3 (config)#interface aggregateport 1                  ;进入 VSU 聚合口 2 配置
VSS3 (config-if-AggregatePort 1)#ip ospf network point-to-point ;设置为 OSPF 接口 point-to-point
VSS3 (config-if-AggregatePort 1)#exit                    ;退出
```

按照以上方法，分别配置 VSU-VSS4、VSU-VSS5、VSU-VSS6 互联聚合口为 OSPF 接口。

（3）配置 OSPF GR。核心层两设备构建 VSU 后，双引擎主、备交换机切换时，OSPF 动态路由协议邻居会重新建立，将导致网络中断或数据流路径切换。为了解决此问题，交换机需要配置平滑重起（Graceful Restart，GR）协议。该协议的作用是在 OSPF 路由协议重起时，能够保持路由器间的 OSPF 邻居关系不中断，保障按照原有路径转发，保障关键业务不中断。OSPF GR 功能需要邻居设备支持并开启 GR Helper（如锐捷设备支持 GR Helper，默认开启，无需配置），邻居不具备 GR Helper 功能时，VSU 主从设备异常切换时，OSPF 邻居关系依然会中断，造成网络短暂中断。

```
VSS1(config)#router ospf 100              ;设置 VSS1 OSPF 路由进程 ID=100
VSS1(config-router)#graceful-restart      ;开启 VSS1 GR 功能
VSS2(config)#router ospf 100              ;设置 VSS2 OSPF 路由进程 ID=100
VSS2(config-router)#graceful-restart      ;开启 VSS2 GR 功能
```

9.3.3 交换机 VSD 配置

虚拟交换设备（Virtual Switch Device，VSD）是将一台物理设备虚拟成多个逻辑设备，每台逻辑设备是一个 VSD。每个 VSD 拥有独立的硬件及软件资源，包括独立的接口、CPU、独立路由维护表和转发表以及配置文件。对于用户来说，每个 VSD 就是一台独立的设备。

1. 组网准备

通常一栋写字楼内分布了各种业务的用户。为了保障用户数据安全隔离以及简化网络运维管理，可采用一台性能较好的路由交换机组网，如 RG-S8605E。该设备支持 VSD 技术，可将一台设备虚拟化为多台虚拟设备，每台虚拟设备具有独立的配置管理界面、独立的硬件资源分配，可以独立重启而不影响其他的虚拟交换机。

假设该写字楼入住了三种业务的用户群。RG-S8605E 配置 M8600E-48GT-ED 线卡（48 端口千兆以太网 RJ45 接口板）3 个。在 RG-S8605E 设置三个区域 VSDA、VSDB 和 VSDC，每个区域分配一个 M8600E-48GT-ED 线卡，分别插入 1~3 槽，如图 9.10 所示。RG-S8605E 安装 VSD 功能 license，创建 VSDA，为 VSDA 分配物理端口 1/1-48；创建 VSDB，为 VSDB 分配物理端口 2/1-48；创建 VSDC，为 VSDC 分配物理端口 3/1-48。

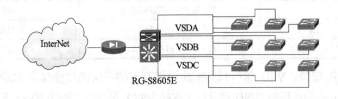

图 9.10 交换机 VSD 组网示意图

2. 配置 VSD

（1）安装 VSD 功能 license，RG-S8605E 名称为 S86E。

```
S86E# configure terminal                                          ;进入全局配置模式
S86E (config)# license install usb0:/LIC-VSD00000002328406.lic    ;设置 VSD license
Success to install license file, service name: LIC-N18000-VSD.
```

（2）创建 VSDA。

```
S86E #configure terminal                          ;进入全局配置模式
```

```
S86E (config)#vsd VSDA                          ;配置 VSDA
S86E (config-vsd)#allocate int gi 1/1           ;将 Gi1/1 所在端口组划入 VSDA,端口组基于芯片划分,
多芯片线卡可将不同芯片端口划入不同 VSD。同芯片端口不能拆封至不同 VSD
Moving ports will cause all config associated to them in source vsd to be removed. Are you
sure to move the ports? [yes] yes                ;输入 yes,端口划入 VSD,端口原有配置丢失
S86E (config-vsd)#exit                          ;退出 VSDA 配置
```

（3）创建 VSDB。

```
S86E # configure terminal                       ;进入全局配置模式
Ruijie(config)# vsd VSDB                         ;配置 VSDB
S86E (config-vsd)# allocate int gi 2/1           ;将 Gi2/1 所在端口组划入 VSDB
Moving ports will cause all config associated to them in source vsd to be removed. Are you
sure to move the ports? [yes] yes                ;输入 yes,端口划入 VSD,端口原有配置丢失
S86E (config-vsd)#                              ;退出 VSDB 配置
```

（4）创建 VSDC。

```
S86E # configure terminal                       ;进入全局配置模式
S86E (config)# vsd VSDC                          ;配置 VSDC
S86E (config-vsd)# allocate int gi 3/1           ;将 Gi3/1 所在端口组划入 VSDC
Moving ports will cause all config associated to them in source vsd to be removed. Are you
sure to move the ports? [yes] yes                ;输入 yes,端口划入 VSD,端口原有配置丢失
S86E (config-vsd)#                              ;退出 VSDC 配置
```

（5）查看 VSD 端口线卡划分。

```
S86E-N18K #show vsd all              ; show vsd all 命令可以查看所有 VSD 端口线卡详细划分情况
```

例如，VSDA 端口线卡划分如下：

```
vsd_id: 1                           ;VSD 编号
vsd_name: VSDA                      ;VSD 名称
vsd mac address: 00d0.f876.988a     ;VSD 物理地址
interface: GigabitEthernet 1/1      GigabitEthernet 1/2      ;VSD 的端口
…….
```

3. VSD 管理配置

```
S86E (config)# switchto vsd VSDA                ;进入 VSD 配置模式,进行 VSDA 配置
S86E-VSDA> enable                               ;普通用户模式下,输入 enable,进入特权用户模式
S86E-VSDA# configure terminal                   ;进入 VSD 全局配置模式
S86E-VSDA (config)#int mgmt 0                    ;配置 mgmt 0 端口
S86E-VSDA (config-if-Mgmt 0)#ip address 10.1.1.10 255.255.255.0      ;设置 Mgmt 0 的 IP 地址
```

VSDA 可看作是一台独立设备，配置 VSDA 的静态路由、动态路由 OSPF、VALN 等协议，可按照实际组网需求完成，参考单机进行。

```
S86E-VSDA (config-if-Mgmt 0)#end                ;结束 Mgmt 0 配置
S86E-VSDA #switchback                           ;退出 VSD 配置模式
```

VSDB 配置方法与 VSDA 一样，其中 Mgmt 0 的 IP 地址可设置为 10.1.1.20 255.255.255.0。VSDC

配置方法与 VSDA 一样，其中 Mgmt 0 的 IP 地址可设置为 10.1.1.30 255.255.255.0。

通过 VSD 技术，可以将一台物理设备虚拟成多台逻辑设备。一台物理设备可以承担逻辑拓扑中的多个网络节点的数据通信任务。VSD 技术可以最大限度地利用现有资源，降低网络运维成本。同时，不同的 VSD 可以部署不同的业务，实现业务隔离及故障隔离，提高网络的安全性和可靠性。

9.4 大学混合云组建案例

教育云（Education Cloud）是一种采用云计算技术，对教育管理和服务职能进行精简、整合及优化的信息化再造工程。其目的是提高教育信息化基础架构和数字化服务的高可用性、可扩展性以及资源与需求的动态适配性，从而以较低的成本为教育部门（无论大小）提供理想的信息技术基础架构和流畅的信息化服务。

9.4.1 需求分析

经过多年发展，某大学采用"有线+无线"网络技术，构建了覆盖全校的高速网络。校园用户使用各种数据终端，可随时随地访问校内资源和互联网资源。校园网资源主要有 Web 门户站点、师生邮件系统、各职能部门的管理信息系统（MIS）、多媒体视听教学、网络课程、教学资源库、图书文献资源系统、网络办公等。这些应用系统基本上是孤岛，分布在数十台物理服务器和存储设备上。应用高峰期时，一些服务器响应不及时，不能满足用户需求。还有一些应用频度不高，但独享物理设备，造成资源利用率低、消耗电能多等问题。

解决以上问题的最佳途径就是采用云计算技术，对原有的校园信息服务基础设施（服务器、存储设备等）进行技术改进。通过资源虚拟化和集群管理等技术，将校园原有的服务器、存储、网络核心交换等设备和新添的服务器、存储、网络核心交换等设备，整合成统一标准的校园信息服务基础设施。

在此基础上加快云应用是大学云建设的核心。云应用的重点有六个方面：第一，优化整合学校各种管理信息系统和协同办公系统，建立统一基础数据库、数据交换系统、统一信息门户及统一身份认证等，消除信息孤岛。第二，完善高校决策支持系统的模型库、数据库和知识库建设，通过大数据分析，实现学校发展的智能决策。第三，优化整合网络课程、精品资源共享课和视频公开课及微课程等资源，构建"互联网+课堂"的智慧学习环境。第四，建立与完善校校园一卡通功能，统计分析校园一卡通数据，为改善师生校园学习、生活提供决策依据。第五，完善图书馆资源数字化管理，支持师生泛在数字化阅读与在线讨论。第六，优化整合多媒体视听教学与微格教学设施，支持 SPOC 的开发与应用。

大学云架构采用统一标准，不仅利于各种业务网络与应用系统互连互通，避免产生"信息孤岛"，也利于避免计算、存储及网络资源重复建设，节约资金及提高收益，还利于大数据处理，改善办学绩效及增强高校创新能力。

9.4.2 大学云计算体系结构

大学云架构的关键问题是全面整合资源，优化教育云模型。云计算与教育信息化深度融合是大学云架构的理念。这种深度融合，一方面体现了云高层划分及各部分间的交互与协同，另一方面决定了大学云应用实施能力和发展空间。大学云计算体系结构主要由基础设施、资源平台、应用平台和服务门户四部分构成，如图 9.11 所示。

基础设施包括各种服务器、存储器、网络设备（交换、路由、安全等）和操作系统及工具软件等设施。通过虚拟化操作系统，对基础设施进行集群管理，将服务器、储存和网络虚拟化成资源池，形成资源平台。

资源平台部署校园应用软件，包括教务管理系统、学生管理系统、科研管理系统、教工管理系统、资产设备管理系统、财务管理系统、后勤服务管理系统、图书文献管理系统、教学信息化与网络学习系统、协同办公系统、平安校园监管系统、校园一卡通系统、统一身份认证系统、上网行为管理系统、网络运维管理系统等。这些校园应用系统构成了应用平台。

应用平台通过数据交换系统（多个虚拟主机）接口，将数据库与应用系统适配连接，实现资源集约、信息共享及应用协同。云应用一方面通过面向师生的信息服务接口，建立了一站式校园信息服务门户。师生可通过该门户，依据本人权限进行各种功能操作。另一方面通过面向大数据分析与智能决策服务接口，建立了一站式校园决策支持门户。学校各级领导（或相关责任人），依据本人权限进行各种大数据分析操作。通过大数据分析，实施教学、科研与后勤服务等事务处理的决策支持。

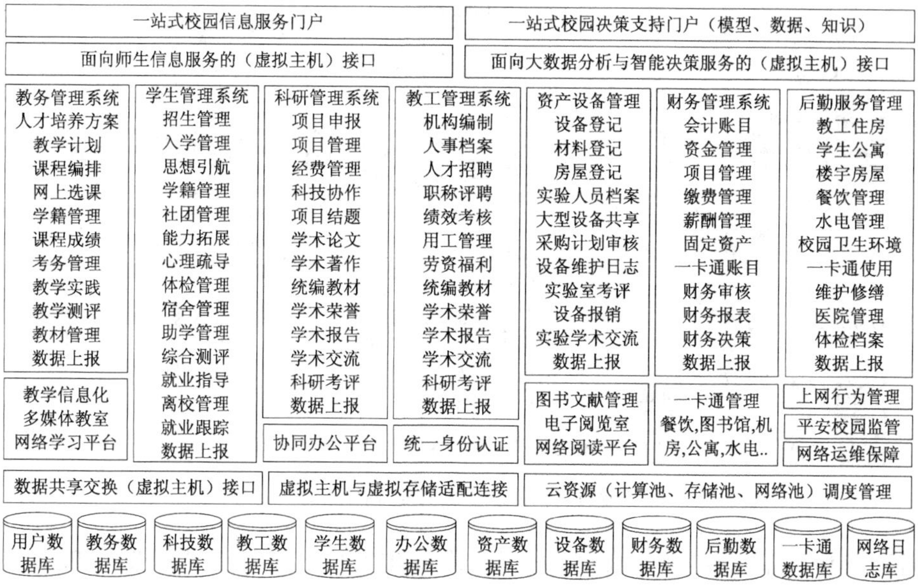

一站式校园信息服务门户				一站式校园决策支持门户（模型、数据、知识）		
面向师生信息服务的（虚拟主机）接口				面向大数据分析与智能决策服务的（虚拟主机）接口		
教务管理系统 人才培养方案 教学计划 课程编排 网上选课 学籍管理 课程成绩 考务管理 教学实践 教学测评 教材管理 数据上报	学生管理系统 招生管理 入学管理 思想引航 学籍管理 社团管理 能力拓展 心理疏导 体检管理 宿舍管理 助学管理 综合测评 就业指导 离校管理 就业跟踪 数据上报	科研管理系统 项目申报 项目管理 经费管理 科技协作 项目结题 学术论文 学术著作 统编教材 学术荣誉 学术报告 学术交流 科研考评 数据上报	教工管理系统 机构编制 人事档案 人才招聘 职称评聘 绩效考核 用工管理 劳资福利 统编教材 学术荣誉 学术报告 学术交流 科研考评 数据上报	资产设备管理 设备登记 材料登记 房屋登记 实验人员档案 大型设备共享 采购计划审核 设备维护日志 实验室考评 设备报销 实验学术交流 数据上报	财务管理系统 会计账目 资金管理 项目管理 缴费管理 薪酬管理 固定资产 一卡通账目 财务审核 财务报表 财务决策 数据上报	后勤服务管理 教工住房 学生公寓 楼宇房屋 餐饮管理 水电管理 校园卫生环境 一卡通使用 维护修缮 医院管理 体检档案 数据上报
教学信息化 多媒体教室 网络学习平台		协同办公平台	统一身份认证	图书文献管理 电子阅览室 网络阅读平台	一卡通管理 餐饮,图书馆,房,公寓,水电..	上网行为管理 平安校园监管 网络运维保障
数据共享交换（虚拟主机）接口		虚拟主机与虚拟存储适配连接		云资源（计算池、存储池、网络池）调度管理		

用户数据库　教务数据库　科技数据库　教工数据库　学生数据库　办公数据库　资产数据库　设备数据库　财务数据库　后勤数据库　一卡通数据库　网络日志库

图 9.11　大学云计算体系结构与功能

9.4.3　混合云网络整体架构

某大学校园为三层（核心、汇聚、接入）架构。为了提高校园网的高可用性，核心交换机和汇聚交换机采用双链路连接，校园主干网为环路结构。为了处理主干网交换机之间多路径冗余，避免形成环路，交换机需要设置 VRRP 和 MSTP 等协议，使网络管理复杂性加大，网络维护成本加大。采用网络虚拟化技术，可以有效解决这些问题。

1. 统一交换的校园网络

校园网是学校各种应用的统一通信平台，主干网要求具有安全、可靠、高带宽等特性。目前，锐捷推出的 VSU 2.0 网络虚拟化技术，具备了云计算的"超大规模、超高性能、灵活架构、高可扩展及智能管理"的基本特征和要求。该技术采用统一交换架构，支持多种业务融合。可将 2~4 台网络设备虚拟化成一台设备，并将这些设备看作单一设备进行管理与使用。采用 VSU2.0 技术架构的校园混合云网络，如图 9.12 所示。

　　校园混合云网络总体分成三大区域：校园互连区、网络出口区和云数据中心区。其中校园互连区又分为核心交换区、汇聚交换区和用户接入区。校园云网络支持 IPv4/IPv6 双栈路由协议，核心区设备与汇聚区设备采用 OSPF 协议互连。核心交换区位于主校区的云数据中心，通过 VSU2.0 技术将 2 台 S8610E（配置 2 个管理引擎模块、2 个交换网板）横向虚拟化成核心交换设备。用户密集区楼宇汇聚层部署多台 S5750E，用户较少区楼宇部署 S3760E 路由交换机。

　　云数据中心由教育公共服务云网站（DMZ 区）和校内数据资源区组成。在 DMZ 区部署 1 台 S8605E（配置 2 个管理引擎模块和 1 个防火墙板卡），校内数据区部署 1 台 S8607E（配置 2 个管理引擎模块和 1 个防火墙板卡）。DMZ 区通过防火墙卡与内网逻辑隔离，外网、内网均可访问。内网数据区通过防火墙卡保护，仅内网可访问。由 2 台 S8610E 组成的 VSU 分别与 S8607E、S8605E 和 S5750E 及 3760E 路由交换机，采用跨机箱的端口聚合链路连接。

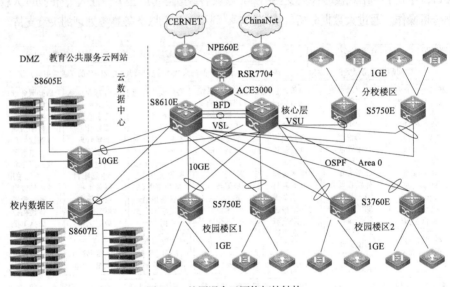

图 9.12　校园混合云网络拓扑结构

　　校园网出口区，部署流控设备 ACE3000、路由器 RSR7704 和 2 台出口网关 NPE60E。2 台 NPE60E 分别连接 CERNET 和 ChinaNet。RSR7704 采用双链路上连 NPE60E，下连 ACE3000，ACE3000 下连 VSU 中的 S8610E。

　　从图 9.12 可看出，服务器区域 S8605E/S8607E、汇聚区域 S5750E/S3760E 均通过路由口上连核心 VSU。服务器网关和用户网关均分布在汇聚设备上，汇聚与核心设备运行 OSPF 协议，均在 Area 0 中。出口区域，RSR7704 通过双链路串接 ACE 的双桥，连接到核心 VSU。由于路由器不支持聚合，所以和核心 VSU 的互连采用双链路，配置 OSPF，通过负载均衡或调整链路 OSPF COST 来实现主备路径。

2. 网络虚拟化的优势

　　核心层采用 VSU 配置后成为一个单一的逻辑设备。这样，核心层交换机与汇聚层交换机连接，演变为核心逻辑交换机与汇聚交换机的连接。交换机冗余互连链路减少了，网络拓扑结构简化了。这种简化的组网模式，不再需要配置 MSTP、VRRP 协议，也就简化了网络配置。同时通过核心层 VSU 成员设备与汇聚层设备之间的双链路聚合，增加了核心层与汇聚层的带宽，提高了网络可靠性。

　　S8610E 交互容量=21.33Tbit/s、包转发速率=6240Mpps。两台 S8610E 交换机组成 VSU，提升了核心层设备的性能，即交互容量=42.66Tbit/s、包转发速率=12480Mpps，以及逻辑交换机端口数量增加 1 倍。

3. 网络互连配置说明

网络互连配置参考 9.3.2 节，将 2 台 S8610E 配置成 VSU。VSU 与数据区 S8605E/S8607E 以及汇聚层 S5750E 连接，均采用 2 个万兆光口聚合实现。VSU 与汇聚层 S3760E 连接，采用 2 个千兆光口聚合实现。校园云网络互连采用 OSPF 协议，参考 4.3 节和 9.3.2 节中有关 OSPF 内容，完成 OSPF 协议配置。限于篇幅，不再赘述。

9.4.4　计算与存储资源虚拟化

传统的大学教育信息化是以部门或业务为单元建立数据机房，将每一种信息化业务部署在服务器及存储设备上。随着信息化业务不断增多，每台服务器有效使用率在下降，资源运维成本在上升。如今，基于云计算的资源虚拟化技术能够有效解决这些问题。

1. 资源虚拟化功效

数据中心的核心是建立强大的数据采集、存储、计算、处理和服务系统。随着云计算技术的发展，新一代数据中心已具备了计算与存储资源的大规模集群、弹性架构、高性能与高可扩展以及智能管理的基本要求。基于云计算的资源虚拟化技术可以整合大规模、可扩展的计算、存储等资源，以网络为载体按需为用户提供各种信息化应用服务。目前，常用的资源虚拟化操作系统有 VMware vSphere 5.5、Windows Server 2008/2012 R2 – Hyper-V 等。

数据中心采用 VMware（或 Hyper-V）对服务器及存储设备进行虚拟化配置管理时，可以将若干台服务器与存储设备集成为一个整体，并按照各种信息化业务对计算与存储资源的需求，也就是计算各种业务需要的 CPU 计算能力、内存及存储容量，将整个资源划分成若干个虚拟机，或者称为逻辑服务器。然后，按照资源与需求适配原则，将业务系统部署在虚拟机上。通常，并发用户较少的业务系统分配 1 台虚拟机，并发用户多的业务系统分配 2~4 台虚拟机。对于一些周期性并发用户增多的业务系统，可在用户增多时（如综合教务管理中的学生集中选课时段）增加虚拟机的数量，过了用户访问业务系统的高峰期后，再将多余的虚拟机回收至资源池。这种动态、弹性、智能的资源分配，可以有效实现资源负载均衡及高效能使用。数据中心资源虚拟化带来的高效、灵活和及时响应能力，很好地降低了学校教育信息化的费用。

2. 资源虚拟化基本需求

数据中心的资源虚拟化平台应具备良好的弹性和扩展能力，能够依据应用需求为业务系统提供适配的网络、计算和存储资源池。该资源池能满足新业务系统快速上线的要求，并能降低信息系统基础架构管理的复杂性。同时通过有效的备份方式，保证数据的安全性和可恢复性。采用业界领先的 VMware，构建虚拟化平台的基本要求如下。

（1）数据交换网络。考虑到构建集中式虚拟机的高可用集群环境，需要配置足够的冗余交换网络。这包括管理和 VMware Vmkernel 网络及集群心跳网络、在线迁移网络及虚拟机应用对外连接的服务网络。

（2）服务器虚拟化。采用 VMware 构建服务器高可用集群系统，将该集群系统划分成若干个计算池和储存池，按照实际应用需求分配资源，确保虚拟化平台承载的各个应用系统流畅运行，重点保障核心业务的高可用性。

（3）共享的存储架构。数据中心的共享存储采用 IPSAN/FCSAN 存储系统，配置相应的 IPSAN/FCSAN 存储阵列，并配置冗余交换机及为每台 VMware ESX（虚拟主机平台）物理服务器配置冗余的 SAN 主机适配卡。通过 VMware 虚拟化，将 IPSAN/FCSAN 存储系统划分为若干个存储池（虚拟机的封装文件存放在 IPSAN/FCSAN 存储阵列上），按照业务处理需求，将存储池的资源与虚拟服务器适配。这样通过共享的存储架构，可以最大化地发挥存储资源虚拟架构的整体优势。

（4）高可用的虚拟化管理平台。数据中心的虚拟化平台，通过 VMware 分布式资源调度（Distributed Resource Scheduler，DRS）功能进行资源池动态负载均衡、计算资源在线自动管理以及数据中心基础架构的弹性扩展。通过 vMotion 功能可在线迁移工作虚拟机的业务到不同的物理服务器。通过 VMware vCops 对虚拟机集群平台实施集中统一管理和监控。

9.4.5 数据中心资源虚拟化估算

按照某大学云应用系统数量（图 9.11），目前大约需要 300 个中型负载的虚拟服务器。初步估算每个中型负载虚拟服务器需要 CPU（2.0GHz，8Cores）为 30%、Memory 为 8GB、直连硬盘为 80GB，存储空间 160GB。为了保障虚拟化平台能够适配业务系统流畅运行需求以及虚拟化平台可靠性和可扩展性要求，计算与存储资源虚拟化配置如下。

（1）计算池。计算池是为业务处理提供虚拟服务器。虚拟服务器 CPU 主频=0.33×2.0×300=198GHz，CPU 核数=0.33×8×300=792cores。即采用主频 2.0GHz，核数 8 的 CPU，需要 99 颗；服务器内存=8GB×300=2400GB；服务器硬盘=80GB×300=24000GB。考虑到冗余及操作系统对服务器 CPU、内存及硬盘的消耗，建议物理服务器配置 CPU（2.0GHz，8Cores）100 颗、内存 3072GB、硬盘 28800 GB。

按照以上估算，可选用 4 路 SMP 服务器（如浪潮 NF8560M2）25 台，每台服务器虚拟化为 12 个中型负载虚拟服务器，即 25×12=300 满足服务器虚拟化数量要求。每台 NF8560M2 配置 4 颗 Intel Xeon E7-4820（2.0GHz，8Cores）处理器，16 条×8GB=128GB 的 DDR3 内存，5 块 300GB 热插拔 SAS 15000 转硬盘。配置独立 8 通道 512MB 缓存高性能 SAS RAID 卡，采用 RAID 5，每台物理机可用磁盘空间 1200GB。配置 Intel 高性能千兆网口 6 个，用于虚拟机连接交换网络。

（2）存储池。存储池是虚拟机（服务器）的数据存储空间，该数据空间要支持较大流量的数据库读写操作。数据库读写操作次数取决于磁盘每秒输入/输出次数（Input/Output Operations Per Second，IOPS），即存储池每秒可接收多少次主机发出的访问请求。存储池 IOPS 性能优劣取决于磁盘阵列构架。磁盘阵列构架主要有 FCSAN 和 IPSAN，FCSAN 采用光纤通道，其 IOPS 的性能优于 IPSAN。FCSAN 的性能又取决于光纤通道的大小及硬盘的个数。例如，一块 8Gbit/s 的光纤卡能支撑的最大流量是 800MB/s。10000 转硬盘的 I/O 流量是 10MB/s，15000 转硬盘的 I/O 流量是 13MB/s。

300 个虚拟机约需存储空间 160GB×300=48TB。考虑存储系统的性价比，选用 24 块 600G 15000 转 SAS 硬盘和 48 块 900G 10000 转的 SAS 硬盘，系统裸容量 57.6TB（RAID5 的可用容量是 53.1TB）。磁盘阵列最大可支撑流量=（24×13+48×10）=792MB/s。用 1 块 8Gb 光纤卡能达到 800MB/s 的流量，考虑冗余结构的高可用性，服务器配置 2 块 8Gbit/s 的光纤卡。

（3）网络池。网络池是虚拟机（服务器）的数据通信网络。按照物理服务器数量和每台服务器配置千兆网口的数量，该网络需要提供 25×6=150 个千兆网口（DMZ 区 30 个千兆口，校内数据区 120 个千兆口）。考虑高带宽及高吞吐性，采用 S8605E（包转发速率=2160Mpps）和 S8607E（包转发速率=3600Mpps）机箱交换机。S8605E 配置 48 端口千兆以太网电接口板 1 个和 8 端口万兆以太网光口(SFP+LC)板 1 个，满足 DMZ 区服务器组网要求。S8607E 配置 48 端口千兆以太网电接口板 3 个（144 千兆口）和 8 端口万兆以太网光口(SFP+LC)板 1 个，满足校内数据区服务器组网要求。

9.4.6 混合云数据中心整体架构

大学混合云数据中心由大学门户站群、公众教育资源系统（公共云）和数字校园应用系统（私有云）组成。采用 VMware vSphere 5.5 和锐捷 VSU2.0 等技术，将服务器、存储设备和交换机等资源整合，构建成集中与统一管理控制的虚拟化平台。

1. 数据中心组成结构

混合云网络分别由校园云网络 VSU、公共云数据区和私有云数据区组成，如图 9.13 所示。公共云数据区由 1 台 S8605E（内置防火墙卡）和服务器集群及 FCSAN 存储系统组成，私有云数据区由 1 台 S8607E（内置防火墙卡）和服务器集群及 FCSAN 存储系统组成。公共云设置在 DMZ 区，通过防火墙与私有云（校内数据区）逻辑隔离。连接公共云和私有云数据区的 VSU 由 2 台 S8610E（内置防火墙卡）组成。S8610E 是校园网核心路由交换设备，承担全校统一交换与多业务融合任务。S8610E 与 S8607E采用万兆光口聚合连接。

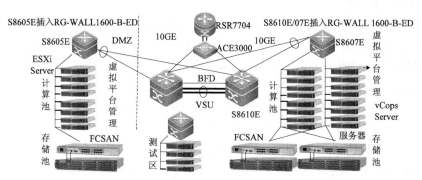

图 9.13　校园混合云数据中心整体架构

2. 资源虚拟化部署

通常大学门户站群面向社会公众服务，用户群虽大，但同时密集访问资源频度较低。数字校园应用系统面向师生员工提供非涉密教学、科研、后勤等事务处理以及数字图书文献阅读和网络课程学习，用户群较大，需要资源类别较多，同时密集访问资源频度较高。因此，资源按照 1：4 分配，即门户站群约需 60 个中型负载虚拟服务器，数字校园应用（含数字图书文献和网络课程）系统约需 240 个中型负载虚拟服务器。

60 个中型负载虚拟服务器需要 4 路 SMP 服务器（如浪潮 NF8560M2，其配置如上所述）5 台。服务器安装 vSphere5.5，配置 6 个千兆以太网端口，分别用于虚拟服务器的业务网络（配置网卡绑定）、vSphere5.5 的虚拟平台管理网络（1 个千兆端口）以及虚拟服务器在线迁移的心跳网络（1 个千兆端口）。vCenter 管理服务器可利用现有服务器资源搭建。采用 8Gb 光纤磁盘阵列/12 盘位主机（安装 6 块 600GB 15000 转 SAS 盘）1 台和 24 盘位的存储扩展柜（安装 12 块 900GB 10000 转 SAS 盘）1 台，组成与该计算池适配的存储池。8Gb 光纤磁盘阵列/12 盘位主机配置 8 个 8Gbit/s FC 主机接口，用于连接服务器 HBA 通道卡（8Gbit/s 光纤卡），实现高可用的存储系统。5 台服务器共 30 个千兆网卡连接到 S8605E 的 48 口千兆以太网电口板上，服务器与交换机采用 6 类 UTP（支持千兆）机制跳线连接。

240 个中型负载虚拟服务器需要 4 路 SMP 服务器（如浪潮 NF8560M2，其配置如上所述）20 台。服务器安装 vSphere5.5，配置 6 个千兆以太网端口，用途同上。采用 8Gb 光纤磁盘阵列/24 盘位主机（安装 18 块 600GB 15000 转 SAS 盘）1 台和 36 盘位的存储扩展柜（安装 36 块 900GB 10000 转 SAS 盘）1 台，组成与该计算池适配的存储池。存储池中 8Gb 光纤磁盘阵列/24 盘位主机配置与作用同上。20 台服务器共 120 个千兆网卡连接到 S8607E 的 3 个 48 口千兆以太网电接口板上，服务器与交换机采用 6 类 UTP（支持千兆）机制跳线连接。

3. 资源虚拟化优势

虚拟化平台中的服务器、存储设备和网络设备，按照单个业务系统所需的资源标准，虚拟化为资源池（计算、存储等）。资源池中虚拟服务器及存储器，可以按照信息化业务实际需求动态分配与调整，有效提升资源利用率，降低设备重复购置成本及资源管理与维护成本。

9.4.7　混合云安全及基本配置

传统数据中心的安全、流量控制及负载均衡部署，采用多种设备（防火墙、流量控制、负载均衡）串联后与核心交换机连接。这种部署方式存在单点故障及带宽瓶颈等问题，如今，可采用在数据中心交换机插入业务模块的方式解决此类问题。

1. 混合云安全管理

数据中心交换机 S8610E、S8607E 和 S8605E 均插入防火墙（FW）模块（RG-WALL 1600-B-ED），通过 License 授权支持 LIC-AC 应用控制、LIC-LB 负载均衡、LIC-IPS 入侵防御以及 LIC-IPFIX 流量分析和 LIC-SSLVPN 等功能。核心交换机和服务器连接交换机均插入防火墙功能板以及设置流量控制、负载均衡等功能，能提供外部攻击防范、内网安全、流量监控、URL 过滤、应用层过滤等功能。完善了校园混合云安全、流量控制与负载均衡机制。使校园混合云整体安全、流量控制及负载均衡实现了分级、分层的精细化管理。有效消除了传统的安全控制、流量控制及负载均衡等设备串联部署的弊端。

除了部署以上网络安全与管控技术措施外，还要建立安全事件响应小组，加强网管人员的责任，注重系统管理员账号、口令及用户账号、口令管理。加强网络安全管理技术学习与工程应用研究，提高网管人员的技术水平。

2. VSU 中防火墙卡基本配置

校园网两台核心交换机 S8610E 通过 VSU 虚拟化为一台逻辑设备进行管理，对关键业务的数据保护采用将软件版本与板卡型号一致的防火墙板卡 FW 插入 2 台 S8610E 的方式实现。VSU 中的双 FW 板卡可以选择 AS（Active-Standby）主备模式或 AA（Active-Active）双主模式，从而实现高可用性。当任意交换机或 FW 板卡故障时，都能保障切换到运行正常的设备及链路，保障业务操作的持续性。

交换机配置防火墙卡后，其防火墙功能设置要在交换机的管理板上进行。交换机与防火墙卡是通过设备内部的 5 个万兆口互连，交换机插入防火墙卡后，在防火墙卡 FW 所在槽位生成 7 个万兆端口，其中两个是防火墙卡面板的交换机端口，另 5 个是交换机和防火墙的内联口，这 5 个万兆内联口要组成一个聚合口。

VSU 中双机默认是 AA 模式，但故障转移 failover vlan 无法做到默认配置，要手动配置，否则会引发各种异常。假设组成 VSU 的两机箱均在 5 槽插入防火墙卡，默认是 AA 模式。假设 Vlan 99 是关键业务数据，在交换机上进行防火墙卡基本配置的步骤如下。

（1）配置防火墙引流的引流聚合口、故障转移 failover vlan。

```
S8610E# config terminal                    ;S8610E是设备名，进入VSS1全局配置模式
S8610E (config)# firewall-group group-id 1 Aggregateport 22        ;配置防火墙引流的聚合口22
S8610E (config)# firewall-group group-id 1 failover vlan 4094      ;配置防火墙卡通信的
failover vlan
S8610E # config terminal                   ;设置VSS2全局配置模式
S8610E (config)# firewall-group group-id 1 Aggregateport 22        ;配置防火墙卡引流的聚合口22
S8610E (config)# firewall-group group-id 1 failover vlan 4094      ;配置防火墙卡通信的
failover vlan
```

配置完成后，使用 show 显示防火墙卡信息如下。

```
S8610E(config)#show firewall-group              ;显示 2 个防火墙卡信息
Group ID:1                                      ;防火墙卡组编号 1
Group Member:                                   ;防火墙卡组成员
FW-Module:dev/slot 1/5; Status:Active           ;设备 1 的 5 槽卡是 Active 状态
FW-Module:dev/slot 2/5; Status:Active           ;设备 2 的 5 槽卡是 Active 状态
Aggregateport ID:22          ;处于 active 状态的前 4 个内联口会自动加入到 AP 口 22
Failover Vlan ID:4094        ;故障转移 vlan 号 4094
Mode:Active-Active           ;双机模式为 AA
Bypass:traffic-in-firewall   ;流量经过防火墙卡
```

（2）假设虚拟防火墙标记为 vfw1，vlan 99 是关键业务子网，保护 vlan 99 的子网为 vlan 1099。在交换机上配置 protect 口，将流量引入防火墙进行转发的配置如下。

```
S8610E (config)#firewall-config vfw1            ;创建虚拟防火墙 vfw1
S8610E (config-vfw)#protect interface vlan 99 use vlan 1099    ;用 vlan 1099 保护 vlan 99
Auto migrate interface vlan 99 configuration to interface vlan 1099?[Y/N] Y  ;输入 Y,
svi 99 下的接口配置自动迁移到 svi1099 上
Migrating interface VLAN 99 configuration to vlan 1099, please wait for a moment.
Migrate interface VLAN 99 configuration to vlan 1099 successfully!
*Oct 8 16:28:02: %LINEPROTO-5-UPDOWN: Line protocol on Interface VLAN 1099, changed state
to up.
S8610E (config-vfw)#loose-inner-zone-access     ;开启安全域内互访
```

（3）测试 FW 配置完成后经过 FW 卡 VLAN 转换的报文连通性。假设汇聚交换机 S3760E 连接 VSU 的第三层接口地址是 172.16.10.17。测试 S3760E 与核心交换机 S8610E 的 SVI 1099 的连通性，并观察 OSPF 邻居是否可正常建立。

```
S8610E#ping 172.16.10.17                 ;检查报文经过防火墙卡转换后，IP 通信是否正常
Sending 5, 100-byte ICMP Echoes to 172.16.10.17, timeout is 2 seconds:
  < press Ctrl+C to break >
!!!!!                                    ;IP 通信正常
```

3. 防火墙卡工作模式与安全要求

按照防火墙既能保护校园内网安全，又能使用户访问 Internet 的基本要求，防火墙卡采用混合模式工作。防火墙卡要实现三种基本要求，第一，内网用户通过防火墙透明桥组处理和 NAT 处理后访问外网；第二，内网用户访问内网服务器经过防火墙透明桥组处理；第三，外网用户通过防火墙 NAT 处理和透明桥组处理后访问内网服务器。

防火墙卡安全功能包括"全局防攻击域""协议类防攻击"和"自定义防攻击域"三种类型。全局防攻击主要保护防火墙流表，协议类防攻击主要保护各种通信协议正常会话，自定义防攻击域制定关键业务的防御策略。防御策略构成参数为："策略类型"＋"流量特征"＋"监控对象"＋"阈值"＋"最小生效时长"＋"行动"。也就是当针对某个"监控对象"的某种"流量特征"超过设定"阈值"时，必须采取相应的"行动"，该行动执行的时间不小于"小生效时长"

以上内容，可参考锐捷提供的防火墙卡使用手册。限于篇幅，不再赘述。

习题与思考

1. 图描述云计算的概念模型，说明云计算有哪些特点。

2. 画图描述云计算的服务对象，说明每种对象有哪些特征。

3. 目前流行的局域网虚拟化技术有哪些？画图描述 VSU 的概念模型，说明 VSU 组网技术要点有哪些。

4. 画图描述 VSU 环形拓扑结构，在图中标注 VSU 组网元素，说明环形 VSU 有哪些优点及应用场景。

5. 画图描述 VSU 双核心拓扑结构，在图中标注 VSU 组网元素，说明双核心 VSU 有哪些优点及应用场景。

6. 画图描述交换机 VSD 拓扑结构，说明 VSD 有哪些优点及应用场景。

7. 比较机箱式防火墙和卡式防火墙在网络中的特点，在 VSU 中部署防火墙卡的基本配置有哪些？

8. 某大学新校区计划建设校园混合云网络，该校园云由网络互连区、网络出口区和云数据中心区组成。网络互连区计划采用双核心 VSU 架构，云数据中心大约需要 100 个中型负载的虚拟服务器。初步估算每个中型负载虚拟服务器需要 CPU（2.0GHz，8Cores）为 30%、Memory 为 8GB、直连硬盘为 70GB，存储空间 150GB。

（1）估算校园云平台所需要的计算、网络及存储资源，说明这些资源虚拟化的方法。

（2）画图描述混合云网络拓扑结构，图中标注 VSU 网络、计算及存储资源。

（3）简要说明校园云网络组建技术路线。

网 络 实 训

1. 双核心 VSU 组网

（1）实训目的。了解 VSU 原理与工作模式，会使用双核心 VSU 组建简化网络。

（2）实训资源、工具和准备工作。安装与配置好的 PC（Windows XP）1～2 台；制作好的 UTP 网络连接线（双端均有 RJ-45 头）若干条，S5750E（支持 VSU2.0）交换机 2 台，S3760E（不支持 VSU）交换机 2～3 台，或者 S2600E 交换机（二层）2～3 台。

（3）实训内容。①参考图 9.8 画出双核心 VSU 拓扑，在图中标注 VSU 相关元素，用 UTP 跳线连接各交换机。②设计 VSU 组网 IP 地址及互连 IP 地址表单。③参考 9.3.2 节，写出各交换机互连配置文档以及 OSPF 配置文档。④按照配置文档、设备互连 IP 地址表单及网络拓扑图，采用 PC（Windows XP/7）的"超级终端"（Windows 7 需要安装超级终端）通过串口线缆连接交换机的 Console 口，完成 S5750E 交换机 VSU 配置、S5750E 聚合口（路由口）与 S3760E 聚合口（路由口）连接配置，或者 S5750E 聚合口（交换口）与 S2600E 聚合口（交换口）连接配置。⑤在 PC（Windows XP/7）的"超级终端"界面，使用 ping 检查 VSU 网络连通性，使用 VSU 相关检查命令，查看网络运行情况，观测交换机工作指示灯状态。

（4）实训步骤。

① 按照实训内容，进行 VSU 组网实训；② 写出实训报告。

2. 交换机 VSD 组网

（1）实训目的。了解 VSD 原理和工作模式，会使用交换机 VSD 组建简化网络。

（2）实训资源、工具和准备工作。安装与配置好的 PC（Windows XP）1~2 台；制作好的 UTP 网络连接线（双端均有 RJ-45 头）若干条，S5750E（支持 VSU2.0）交换机 1 台，多口集线器 2~3 台。

（3）实训内容。①参考图 9.10 画出交换机 VSD 拓扑，在图中标注 VSD 相关元素，用 UTP 跳线连接各交换机。②设计 VSD 组网 IP 地址及互连 IP 地址表单。③参考 9.3.3 节，写出 VSD 虚拟交换机配置文档。④按照配置文档、设备互连 IP 地址表单及网络拓扑图，采用 PC（Windows XP/7）的"超级终端"（Windows 7 需要安装超级终端）通过串口线缆连接交换机的 Console 口，完成 S5750E 交换机 VSD 配置。⑤在 PC（Windows XP/7）的"超级终端"界面，使用 ping 检查 VSD 网络连通性，使用 VSD 相关检查命令，查看各虚拟交换机运行情况。

（4）实训步骤。

① 按照实训内容，进行 VSD 组网实训；② 写出实训报告。

第10章
局域网运行维护

本章概要分析局域网性能及指标，说明网络性能改善措施。按照故障管理方法，重点叙述常见局域网故障检测技术与故障排除措施。简要说明局域网性能和安全性评估方法。通过本章学习，达到以下目标。

（1）了解局域网性能的概念、标准，测试目的、类型以及与测试相关的配置，了解局域网性能改进技术。理解局域网性能测试方法，理解调整和优化服务器内存、操作系统组件优化方法。掌握局域网吞吐率测试和可靠性测试方法。

（2）了解网络故障管理内容与途径，掌握网络连通性故障、接口故障、路由故障检测与排除方法以及网络整体状态统计方法。能够使用 Sniffer Pro 诊断网络，利用网络日志排除故障。

（3）了解网络评估的作用，能够按照网络评估原则、内容和流程，对局域网性能和安全性进行评估，并提出整改技术措施。

10.1　局域网性能测试

局域网运行维护（运维）是网络生存周期的最后一个阶段，也是持续时间最长、工作量最大的一项不可避免的工作。网络维护的基本目标和任务是性能检测、改正错误、故障管理、性能优化、延长网络寿命、提高网络质量与价值。

10.1.1　局域网性能及指标概述

随着局域网规模不断扩展，局域网性能面临着新的挑战。从基础电缆的连通性测试到网络应用的统计分析，从共享型网络到统一交换环境的数据采集，从局域网到宽带网接入的监视与控制，从分支链路到主干链路的流量和协议分析，包括的范围越来越广泛。

1. 局域网性能概述

网络测试是局域网运维中的一项基本工作。网络运行中，只有通过频繁测试，才能深入了解网络响应时间、资源利用率及可用性等状态，为网络性能改善做好准备工作。

局域网性能可以从两个方面描述：一方面，网络终端连接服务器的响应时间是判断网络性能质量好坏的一个基本手段；另一方面，要关注网络资源利用率，包括服务器、存储和数据通信设备等的资源利用率。

通常，响应时间是随着用户数量的增加而增加，主要是由服务器和数据通信网络利用的程度较高造成的。响应时间的影响因素，不仅仅与用户负载（数据库规模和应用系统等）有关，也与交换机的帧转发率、路由器的报文交换率有关。一般来说，网络系统的最终用户所认为的响应时间，是从单击鼠标左键的那一刻开始，到新的网页在屏幕上完全显示为止所花费的全部时间。根据 Web 页面感知的时间，用户可以判断网络系统性能的好坏。

随着局域网并发用户增多，交换机需要更高的包转发速率，服务器需要更快的 CPU、输入/输出（I/O）和更大内存来处理这些负载。最终，这些资源中的一部分将会达到使用极限。这就意味着，系统将不能有效地处理所有请求，迫使其中的一些请求暂缓处理。在多数情况下，网络设备的 CPU 将是第一个使用极限的部件。例如，当交换机的 CPU 利用率≥70%时，用户会明显感觉到网速慢；当交换机的 CPU 利用率≥90%时，用户会抱怨网络不通。当交换设备、服务器资源达到使用极限时，其后果就是延长了响应时间。

网络设备升级，可增加网络软、硬件资源。在特定的负载（同一时间内访问网络的用户数目）条件下，可以获得可接受的响应时间、稳定性和数据吞吐量。网络性能扩展需要提高设备的资源配置，通过提供更多的资源处理请求，从而处理额外的负载。

2. 网络性能属性

网络性能指标反映了被测评的 IP 网络系统内的某一物理和逻辑组件的特定属性。局域网络中的所有指标的集合称为指标体系。指标反映了网络性能属性，其内容描述如表 10.1 所示。按照网络性能属性划分指标是基础性能指标体系，它反映了局域网的基本测试内容。

表 10.1　网络性能属性描述

指标项	指标描述
连通性	网络组件间的互连通性
吞吐量	单位时间内传送通过网络中给定点的数据量
带宽	单位时间内所能传送的比特数
包转发率	单位时间内转发的数据包的数量
信道利用率	一段时间内信道为占用状态的时间与总时间的比值
信道容量	信道的极限带宽
带宽利用率	实际使用的带宽与信道容量的比率
包损失	在一段时间内网络传输及处理中丢失或出错的数据包的数量
包损失率	包损失与总包数的比率
传输延时	数据分组在网络传输中的延时时间
延时抖动	连续的数据分组传输延时的变化

3. 网络性能指标

局域网性能需求可用来判断在不同的负载条件下，网络运行是否正常。这些需求通常作为确定网络是否有能力满足用户期望的标准，还用于网络设备升级和成本分析。网络性能的常用指标如下。

（1）响应时间。响应时间是判定网络性能的重要标准。有许多因素都会影响网络响应时间，其中有些因素是网络所不能控制的，如用户连接 Internet 的速度。因为许多 Internet 用户使用共享信道连接网络，所以响应时间需要根据信道可容纳用户的数量和用户所需带宽进行调整。例如，用户使用 2Mbit/s 带宽访问 Internet 的响应时间大约是 2s。用户通过网络，采用虚拟拨号连接 Internet，一般采取限制带宽（≤2~4Mbit/s）的策略。

（2）并行用户数量。是指网络支持大量并行用户访问，不增加或者只略微增加响应时间的能力。确定适当的用户数量是非常困难的，可以通过比较相似的网络系统、进行市场调查得到有关数据等活动，估算局域网系统支持的最大并发用户数。一个局域网系统运行一个周期后（一个月或一个季度），可以通过查看服务器日志获得有关的统计数据，采用数理统计算法确定网络系统承载的最佳用户数量。

（3）IT 成本。IT 成本与网络设备（交换机、服务器等）和组合结构（非冗余、冗余、集群与虚拟化等）以及设备运维有关。当这些 IT 成本非常高时，就应当考虑改变体系结构或者优化结构（含单元设备）。

（4）标准与峰值。这两个特性对前面介绍的 3 个因素产生影响。例如，一个局域网系统的标准用户量是 500 个并行用户，但有时这个用户量可能会达到 1 000。在这种负载情况下，网络系统出现少量的响应时间降级也是可以接受的。

（5）压力造成的降级。局域网系统超出了负载极限时，就会出现降级。例如，当出现降级时，有许多用户只能得到部分或者是零碎的页面。结果表明，当有 500 名并发用户时，大约 5%的用户看不到完整的页面；当并发用户增加到 750 名时，大约有 10%的用户看不到完整的页面。此外，还需要评估系统的稳定性，以确保在不同的压力情况下，交换机、路由器和服务器的运行不会发生崩溃或者造成数据的毁坏。

（6）可靠性。是指局域网系统长时间运行性能与最初 24h 运行性能的比较。这类要求定义了一个时间期限，在这个时间期限内，局域网系统必须在某一特定的响应时间级别上正常运行，用户才能认为它在实际使用中是可靠的。通常将这个期限定义为一个星期，在这个期限内，性能数字和稳定性测试应当相对稳定。对稳定性要求的定义应当考虑到这样一些因素，如造成网络设备重新启动的常规维护周期等。

10.1.2 局域网性能测试类型与方法

局域网性能测试是在不同的负载条件下监视和报告网络的行为。这些数据将用来分析网络的运行状态，并根据对额外负载的期望值安排设备更新。根据所需要的容量和网络目前的性能，还可以用这些数据计算"网络升级改造"的成本。

1. 测试类型

为了确保测试精确和结果收集，需要使用自动测试工具来完成性能测试。测试工具可以帮助创建测试脚本，监视最终用户的响应时间。负载测试工具一般有很多选项，包括响应时间、连接速度，以便更精确地模拟最终用户与系统之间的交互。与性能有关的不同测试类型，如图 10.1 所示。

（1）基准性能测试。基准性能测试用于确定网络在最优系统条件下的响应时间，以及网络每个交换设备和服务器资源的使用情况。这种类型的测试只对一个用户执行，可以发现被测网络通信设备与通信链路有直接关联的性能问题，或服务器中与组件有直接关联的性能问题。如果在基准性能测试过程中记录了被测设备或系统的不良结果，在负载测试中就一定会出现问题。在基准性能测试中发现的性能问题，网络通信设备的集成人员和服务器的应用组件开发人员通常都需要研究，并在使用这些硬件和软件进行负载测试之前改正。

（2）负载测试。负载测试的目的是要模拟实际的使用，以确定网络响应时间和网络设备资源使用率，计算网络中每台设备的最大并发用户数量。为了模拟真实的用户，所创建的程序脚本会将普通用户的操作汇集在一起，成为一个虚拟会话。

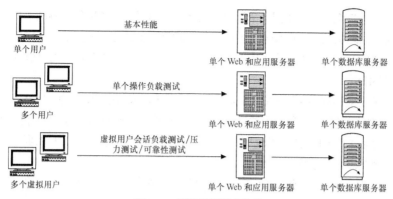

图 10.1 网络性能测试类型

使用这种类型的测试，一般来说很容易发现系统中的瓶颈。负载测试通常也用于测试单个操作或者网络系统的整体操作，这样有助于在有负载的情况下定位出现性能问题的网络单元或组件。在新加入了一定数量的用户时，负载测试次数也应相应地增加。随着用户的加入，响应时间和网络系统资源的使用率也会增加。因为网络目前所支持的并发用户最大数量可能无法满足将来的需要，所以有了这些性能测试结果，就便于安排今后的网络建设计划。同时，测试结果也表明，为了适应所定义的性能要求，网络软、硬件需要进行升级改造。

（3）压力测试。多用户对网络系统模拟访问，是常见的压力测试方法。通过压力测试，使网络系统达到负载极限，可了解网络软、硬件无法处理负载时的配置状况。当网络负载达到极限时，可能拒绝用户，或者返回不完整页面，甚至可能使网络程序脚本、组件或服务出现故障。在过载情况下，多数网管员都会努力寻找一种适当的方法来降级，只要能使整个网络不瘫痪，即便是拒绝用户也可以。压力测试有助于决定何时应当采取正确的行动。

（4）可靠性测试。可靠性测试用于确认网络是否存在任何失败的问题。通常，网络长期运行后会出现硬盘文件访问缓慢、Web 系统访问日志或者数据库访问日志容量超限等问题。

（5）吞吐量测试。验证网络带宽最常用的技术是吞吐量测试。在典型的吞吐量测试中，以选定的速率和持续时间从一个网络设备向另一个网络设备发送数据流。接收设备计算在测试周期内接收到的包数量，然后计算接收率，也就是吞吐率。吞吐量测试示意图如图 10.2 所示。

图 10.2 吞吐量测试示意图

如果没有数据包丢失，吞吐率=传输速率。如果两点之间存在瓶颈，数据包将会被丢失，从而使吞吐率小于传输速率。如果希望知道链路的最大吞吐率或带宽，先要从最大的理论传输速率开始，然后逐步降低速率，直到在接收设备端不再发生丢包。

2. 测试方法

网络性能测试时，通常要对所有的交换机、路由器、服务器等网络服务设备进行连接测试。收集这些测试数据对获得正确的结果及分析网络性能是至关重要的。下面列举了一些较为重要的性能测试方法，这些方法只能在进行性能测试的过程中才可实现。

（1）客户机。客户机运行"模拟多个用户访问网络"的程序，通过负载测试工具进行网络性能测试，得到响应时间的测试结果（最少/最多/平均）。负载测试工具可以模拟处于不同层的用户，从而有效地跟踪和报告响应时间。此外，为了确保客户机没有过载，而且服务器上有足够的负载，应当监视网络设备 CPU 利用率。

（2）服务器。网络应用程序和数据库服务器应使用某个工具来监视网络性能，如 Windows Server 2008 Monitor（性能监视器）。有一些负载测试工具为了完成这个任务还内置了监视程序。对全部服务器进行性能测试的重点是了解 CPU 占全部处理器时间的百分比，内存使用率，读写数据占硬盘时间的百分比，网络每秒吞吐的总字节数等几个方面。

（3）Web 服务器。Web 服务器除了进行服务器通用测试外，还应当包含"文件字节/秒""最大的同时连接数目""误差测量"等性能测试项目。

（4）数据库服务器。数据库服务器都应包含"访问记录/秒"和"缓存命中率"这两种性能测试项目。

（5）网络通信。为了确保网络没有成为数据传输的瓶颈，监视网络通信设备及其中任何子网的带宽是非常重要的。可以使用各种软件包或者硬件设备（如 LAN 分析器）来监视网络。在交换式以太网中，由于每两个连接彼此之间相对独立，所以必须监视每个单独服务器连接的带宽。

10.1.3　局域网可靠性测试

局域网可靠性测试要多进行一段时间，这样才能确保网络长时间工作后不出现任何错误，并且能够在可接受的响应时间内继续运行。下面是一些重要的测试项目。

（1）可用的千字节。在测试过程中"网络吞吐率"应保持相对稳定。该数值一旦降低，就表明网络系统正在消耗服务器内存或网络带宽，并将产生故障。

（2）页面故障率。这是评估网络性能的另一个标准。当页面故障不断增加，或者保持较高的数目时，则表明网络耗费了太多的服务器内存或网络带宽。通过将服务器内存换出到磁盘，可解决内存不足的问题。通过将交换机大量转发广播帧的端口关闭（Shut Down），可以解决广播风暴问题。

（3）错误。为了诊断网络可靠性问题，应当检查在网络测试过程中出现的错误。错误数量非常少，则说明可靠性良好。错误数量不断增加，则表明网络可靠性出现了问题。

（4）数据库访问日志和表大小。数据库访问日志经过长时间地使用将会增加。要确保访问日志的维护正确，这意味着访问日志的截取时间间隔是有规律的，数据库表的大小将不会超过预期的极限。

10.1.4　局域网吞吐率测试

在局域网维护过程中，经常会遇到一些问题。例如，如何确认新安装的网络链路是否达到预期的性能。对于一个正在使用的网络，如果它的性能比正常情况慢了许多，如何来查找网络中的瓶颈。企业要增加某种网络应用时，如何知道现有带宽是否满足要求等。

面对这些问题，一些网管员使用 ping 和类似软件的方式进行验证，但经常会发现 ping 报告结果很好，而性能依旧很差。其原因是 ICMP 有很多局限性。ping 是 ICMP 报文，这种单一形式的数据与网络中的真实流量有很大差异。ICMP 工作方式虽然可以定制尺寸，但是报文的逐一发送和确认（每隔一秒发送一个 ICMP 报文），不能形成易于评估的高速流量。ICMP 会报告可达性和网络环回时间，不易计算反映链路上、下行传输能力的吞吐量。

吞吐量测试常常需跨越局域网、广域网或 VPN 网络。网管员使用吞吐量测试和加压测试来检查链路的性能，通过吞吐量测试可以解决下列问题。

（1）测试端与广域网或局域网间的吞吐量。

（2）测试跨越广域网连接的 IP 性能，并用于对照服务等级协议（SLA），将目前使用的广域网链路的能力和承诺的信息速率（CIR）进行比较。

（3）在安装 VPN 时进行基准测试和拥塞测试。

（4）测试网络设备不同配置下的性能，从而优化和评估相关设置。

（5）在网络故障诊断过程中，帮助判断网络的问题是局域网的问题还是广域网的问题，从而快速定位故障。

（6）在日常维护中，定期检测宽带接入网的带宽。

（7）在增加网络设备、站点和应用时，检测其对广域网链路的影响。

吞吐量测试需要在链路两端进行，测试时需要两部仪表，一部充当本地单元，另一部充当远端单元。测试单元可以是运行测试程序的笔记本计算机，也可以是 FLUCK 的 ES 网络通、OptiView WGA V4.0 或者 OptiView INA V4.0 分析仪。如图 10.3 所示，在测试期间，主端测试设备发送数据流，远端测试设备接收并计算数据量，两部仪表在指定的持续时间内按用户可配置的比特率同时相互传输包。当测试完成后，本地仪表显示本地和远端单元的结果。

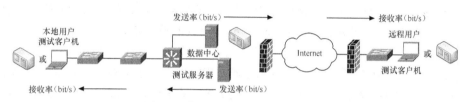

图 10.3　典型的 LAN 和 WAN 测试配置

在测试吞吐量时，测试的是由几种网元组成的网络链路，包括客户机、服务器和它们之间的网络设备集线器、交换机、路由器、防火墙等。每一种网元都由不同的部件组成，如网络接口卡或端口、主板和操作系统。改变任何部件或网元都会影响吞吐率。

10.2　局域网性能改善

在以上测试中，收集到了与网络性能有关的测试结果，经过分析发现问题，就需要改进整体网络的某些组成部分，以便能够满足用户对响应时间的要求，或者让网络能够进行可接受的改进。本节中将提供一些指导，帮助读者了解怎样解决常见的网络性能问题。

10.2.1　局域网性能改善措施

网络性能改善的主要目的是提升网络（服务器）的最大并发用户数量。网络性能改善涉及网络整体架构和关键设备配置及相关技术措施。

1. 服务器负载平衡

在网络系统配置中使用多台服务器时，需要使用负载平衡或者负载分配机制，将客户引到其中一台服务器上。解决这个问题有多种方法，既有简单方法，也有复杂方案。

（1）域名服务器（Domain Name Server，DNS）循环法是平衡负载的最简单方法，也是目前最流行的服务器负载平衡的一项功能。服务器的一个域名（如 www.yoursite.com）可使用多个 IP 地址进行配置。每当用户访问 www.yoursite.com 时，DNS 服务器就用清单中下一个 IP 地址进行响应。当到达清单的末尾时，DNS 服务器将会从 IP 地址清单开始处重新分配。人们把这种方法叫做"IP 地址轮循"法。这种方法类似于数据结构的环形队列。

（2）硬件负载平衡方法比简单的循环方法更有效。这主要是由于负载平衡算法更复杂，能够有效地将负载分配到服务器上。

（3）Windows Server 2008 企业版的"网络负载平衡"，可解决 Web 服务器的双机负载平衡问题，还可以从网站中的任何位置监控集群、所有节点及资源的状态。

2. 数据库服务器

数据库服务器性能与数据库产品及支撑数据库的服务器相关。可选择支持多台服务器群集来增加最大用户数量的数据库产品，如 Oracle11g、SQL Server 2012 等。例如，采用 SQL Server 2012 构建高性能任务关键数据库，通过集成 in-memory 技术、使用 AlwaysOn 技术可获得安全性及对负荷的高性能，获得任务关键联机事务处理（OLTP）的性能。Windows Server 2012 R2 可实现计算、网络和存储的扩展性。

3. TCP/IP 卸载引擎

TCP/IP 卸载引擎（TOE）技术把网络协议的处理从服务器转到专用的为 TCP/IP 处理优化的网卡，解决了 TCP/IP 处理问题。网络加速卡（Adaptec NAC）把 TOE 技术集成在一片经过性能提升过的专用集成电路（ASIC）上。Adaptec NAC 用于服务器，防止网络数据处理消耗 CPU 资源，可以较好地提升应用程序效率。例如，TOE 可以减少用于封包处理的 CPU 中断及通过内存与 PCI 总线的数据传送，这些操作都很耗费 CPU 资源。没有处理网络协议的需求，系统可以比以前更快地处理应用程序。

4. 网络通信

网络通信要避免出现带宽瓶颈。出现带宽瓶颈问题的主要原因是在同一时间内，数量过多的设备同时发送数据，造成通信链路拥塞。使用下面的方法可以改善网络通信性能。

（1）使用交换机。以太网物理层是一个冲突域，可使用交换机隔离冲突域，提高数据链路层的传输性能。中小型、大中型网络，采用核心层+接入层构建；大型网络，采用核心层+汇聚层+接入层构建。环境条件允许，网络要尽可能减少交换机的级连数量。

（2）划分子网。为服务器、网络业务创建虚拟子网，将客户机与服务器、不同业务彼此分隔开，这样可以减少网络广播风暴，提高数据链路层帧传输效率。

（3）使用 VSU。采用 VSU 取代 MSTP+VRRP 双核心冗余结构，可以简化网络拓扑结构、降低配置的复杂性，可以扩展交换机端口数量和扩展交换机带宽，实现负载均衡。

（4）增大 Internet 连接的带宽。当大量 Web 客户访问 Web 系统时，可能会使服务器的 Internet 连接达到饱和，造成更多延时。采用 MPLS VPN（运营成本较低）对 Internet 连接带宽进行升级，提高其速度，是解决该问题的一种方法。

（5）附加的 Internet 连接。可以使用附加的 Internet 连接增加 Web 系统的带宽。在某个连接失效的情况下，附加连接可以提供额外的多重连接，提高了网络的可用性。

（6）UTP 线缆连接。双绞线是由 4 对线严格、合理地紧密绞和在一起的，可减少串扰和背景噪声的影响。T568A 和 T568B 定义的 100Mbit/s 铜线，使用双绞线中 4 芯线（1-2 和 3-6），其中，1-2 引脚发送，3-6 引脚接收。T568A 和 T568B 定义的 1Gbit/s 铜线也分直通线和交叉线，1Gbit/s 铜线采用 8 芯双绞线（1-2，3-6，4-5，7-8）传输。1Gbit/s 直通线与 100Mbit/s 直通线没有差别，1Gbit/s 交叉线与 100Mbit/s 交叉线制作不同，组成的绞对是 1-3、2-6、3-1、4-7、5-8、6-2、7-4、8-5。100Mbit/s 和 1Gbit/s 铜线的每一个两芯组合自一个固定绞对。

（7）防止回路。网络规模较小时，网络节点数不多、结构也不复杂，回路现象很少发生。在一些结构较复杂的网络中，由于一些原因经常有多余的备用线路，则会构成回路。数据包会不断发送和校验数据，从而影响网络传输性能，并且查找比较困难。为避免这种情况发生，要求综合布线施工时，一定要严格、规范操作，在网线连接处设置明显标签，在配线间设置线缆路由图，有备用线路的地方要做好记载。

（8）隔离故障点。作为发现未知设备的主要手段，广播在网络中起着非常重要的作用。当广播包的数量达到 30%时，网络传输效率将会明显下降。通常采用 802.1Q 协议的 VLAN，可以有效地防止广播风暴。然而，当网卡或网络设备损坏后，或者公共机房的计算机利用还原技术恢复硬盘数据时，会不停地发送广播包，从而导致广播风暴，使网络通信陷于瘫痪。当怀疑有此类故障时，首先采用 Sniffer Pro 软件查找发广播包的计算机，然后确定广播源所在的交换机，检查交换机的所有端口，找到有故障网卡的计算机或广播"还原数据"的计算机，将广播源所在交换机端口关闭（Shutdown），即可隔离故障点。

（9）防止端口瓶颈。网络中的路由器端口、交换机端口、服务器网卡等都有可能成为网络瓶颈。网络运行高峰时段，利用网管软件查看路由器、交换机和服务器端口的数据流量（用 netstat 命令也可统计各个端口的数据流量），确认网络数据流瓶颈的位置，设法增加其带宽。采用端口聚合、增加带宽等方法可以有效地缓解网络瓶颈，最大限度地提高数据传输速度。如交换机的 2 个或 4 个端口聚合、服务器双网卡聚合等，均可提高数据吞吐量。

5. 会话状态

与服务器连接的每个用户都可能要求保存会话状态数据，以保持访问。例如，当用户在商务网站的购物车中添加了某一物品时，与这个物品有关的数据，如品名、数量或者其他内容，都必须与用户有关。数据可以通过下面的方法与用户建立联系。

（1）Web 服务器会话。将用户会话数据保存在会话对象中，会话对象将自动与当前用户建立联系。如果用户没有在指定的时间内返回站点，将删除会话数据。

（2）数据库会话。将会话数据保存在数据库表中，需要时使用相应的用户 ID 查询数据。

（3）Cookie。如果会话数据容量很小，并且安全要求不高，即可将这些数据保存在客户机中。当用户访问某个页面时，Cookie 可以自动发送回服务器。购物车通常都作为典型的客户端 Cookie 来实现。Cookie 不会占用与数据库或者 Web 服务器有关的服务器资源，并且可使用多种方法将其设备设置成到期清除。

根据以上所采用的方法，会话状态数据存储将会对服务器响应性能产生显著的影响。保存 Web 服务器会话状态，可能会在很大程度上将用户绑定到这台服务器上，从而使负载平衡工作更加困难。对于随后的请求，用户将不得不直接返回那台服务器，以便能够使用会话状态数据。有时硬件负载平衡器可以自动完成这个工作，否则必须进行 HTTP 重定向，从而在客户与服务器最初连接时，客户可以重新返回服务器。

6. 使用 SSL 的问题

与会话状态相似的是，SSL 也禁止服务器的负载平衡。SSL 连接有其本身的状态类型，即会话密钥，它们在安全连接开始时进行交换。客户机和服务器必须知道这个密钥的值，以便加入到安全会话中。当用户在 SSL 会话进行中将被定向到另一台服务器时，如果这台新的服务器不知道会话密钥的话，就不能读取客户机所传输的数据。一般来说，使用硬件负载平衡器，可以将 SSL 客户自动限制在各自的服务器中，或者使用 HTTP 重定向，由人工建立 SSL 客户与其各自的服务器之间的联系。

7. 后台处理

在一些情况下，对于 Web 服务器或者应用程序服务器来说，客户正在等待响应时是不可能执行操作的。一些任务将花费相当长的时间，还会潜在地占用 Web 服务器的资源。为等待任务完成，做毫无必要的空闲浪费。在这种情况下，使用后台处理服务器将有效减少 Web 服务器资源的使用。后台处理服务器从 Web 服务器处接管负载的处理任务，并迅速将响应返回至客户机，告知请求已被提交。一般来说，可以使用排队机制（如 MSMQ、BEA 的 Tuxedo 或者 IBM 的 MQ Series 等）先将请求存放在队列中，然后迅速将控制返回给调用程序。当任务完成后，会通过另一种机制通知客户。

10.2.2　服务器资源优化方法

服务器资源可以按 CPU、I/O（基本磁盘及网络访问）和内存来分类。服务器内存（RAM）的优化包括两个方面的内容，一方面是使用好物理内存，另一方面是合理地使用虚拟内存。

1. 物理内存的调整和优化

（1）减少显示系统的颜色数，这能使系统占用的内存大大减少，如显示颜色数一直使用，则这部分内存将长期占用。

（2）降低显示系统的分辨率，这与显示颜色数是一样的道理。

（3）不要使用"墙纸"或大型的屏幕保护程序。

（4）关闭服务器没有使用的或者不必要的服务，以便让出更多的内存供应用程序使用，同时也为网络和处理器的工作减少了许多负担。

（5）删除一些不必要的协议。

（6）在硬件方面，内存应当使用完全一致的芯片。混用不同厂家甚至不同速度的芯片是非常危险的，这不仅能使系统性能下降，还会产生一些不可预料的后果，直到系统不能工作。

2. 程序组件优化方法

服务器的 CPU 和 I/O 使用效率，通常对处理时间有最直接的影响。只有在空闲内存的数量接近零时，内存消耗才会产生显著的影响。当内存无法再使用时，就会换页，也就是与磁盘（在磁盘建立的虚拟内存）交换内存，从而进一步加剧了磁盘 I/O 的使用。下面介绍一些程序组件优化方法，以减少组件对服务器资源的使用。

（1）优化代码算法。导致过度使用 CPU 的原因，通常是算法性能设计比较低效。低效算法（尤其是在循环计算时）通常占用大量的 CPU 资源。重新构建代码，并对其优化，可以减少算法占用的 CPU 资源。

（2）消除内存泄漏。当系统组件分配了内存，但随后没有释放内存时，就会产生内存泄漏。内存泄漏一般不会消耗大量的内存资源。但在一些情况下，由于换页或者为留出足够的空间来完成其他工作，将所浪费的内存页交换到磁盘中时，内存泄漏会显著降低服务器的性能。有许多工具可用于确定在源代码级别上发生内存泄漏的位置。

（3）降低磁盘的使用率。物理磁盘，包括 RAID 盘阵（冗余独立磁盘阵列）的访问速度与物理 RAM 的访问速度比较起来，磁盘的速度相当慢。当读磁盘数据时间比较长时，就应当考虑将数据载入到内存中，从内存访问它，而不是访问磁盘。从性能的角度考虑，如果设备有足够多的内存可以保存数据，而不会出现换页现象，那么，最好是从内存中读取数据，而不是从硬盘中读取数据。

日志记录可以作为一个粗略的标准，用来确定系统组件在哪里占用了处理时间。可以使用应用程序日志确定某个组件进行每步操作的运行时间，这样可以大大加快确定性能问题发生位置的速度。例如，由测试得知，某个服务器的响应时间是 3s，对于平均响应时间来说，3s 太长了。在基准性能单个用户测试中发现，某个组件占用了大约 90%的 CPU 资源。为了找出问题的原因，就会启动日志程序，重新进行测试。在测试完成后检查应用程序日志，结果表明，在运行 C++类方法的某个负载算法时，这个组件花费了大部分的时间。对源代码进一步检查，揭示出这个算法存在着严重的设计问题，就应对它进行优化来缩短响应时间。

在实现性能的日志记录机制时，应当确保这种机制能够将至少是毫秒级别的时间戳放在每个条目上。经常进行日志记录，至少在执行代码时记录日志是十分重要的，这样可以保证跟踪所执行的程序。表 10.2 所示为一个日志文件的节选。

表 10.2　日志文件节选

日　　期	时　　间	消　　息
06/01/2015	20：26：54：721	COM Entrypoint:SearchCatalogByKeyword
06/01/2015	20：26：54：751	Querying database
06/01/2015	20：26：54：891	successfully retrieved book list from database
06/01/2015	20：26：54：910	sorting book list
06/01/2015	20：26：56：105	finished sorting book list
06/01/2015	20：26：56：253	SearchCatalogByKeyword ending

跟踪文件表明，组件从数据库中检索书目清单的速度是足够的，但它需要花费 1s 以上的时间来排序所得到的结果。在这种情况下，不仅需要优化排序算法，以提高它的运行速度，而且应当使用数据库（而不是使用应用程序代码）排序结果。由于日志记录方法将占用服务器资源，并对响应时间产生影响，因此在进行任何性能测试之前，应当禁用日志。

10.2.3　建立与完善网络配置文档

局域网工程建设，需要建立完整的、一致性的文档，包括网络配置记录，以便网络升级有一个参考依据。有了网络配置文档，网管员可以很方便地确定网络升级后发生错误的可能原因。一旦升级后网络无法正常工作，网管员就可以根据配置记录命令，使网络恢复到原来的配置。用户所建立的网络配置记录将直接影响恢复网络需要花费的时间和人力。局域网络建设中，需要建立多种相应的配置文档，以保持局域网建设与发展规划。

（1）交换机和路由器的配置。包括处理器、内存、接口模块的类型，安装的板卡、端口及它们的设置，其他硬件情况。系统软件的版本、运行配置文件及更改说明文档。

（2）网络物理拓扑和逻辑拓扑。包括网络整体物理拓扑结构图、逻辑结构图、综合布线施工图表以及网络施工和验收的技术文档。

（3）服务器配置。包括处理器、内存、软盘和硬盘的类型，安装的板卡及它们的设置，其他硬件情况。服务器操作系统版本，一些重要的配置文件的打印结果和备份拷贝，如 CONFIG.SYS、SHELL.CFG、WIN.INI、SYSTEM.INI、Windows Server 2008 系统注册表、目录结构的打印结果、应用程序的清单，包括版本和注册号及其他所有的特殊软件，如设备驱动程序。

（4）备份规划。确定备份系统在何种备份介质中，该备份是在何时进行的，备份存放在什么位置等。采取备份措施之后，下一个最为重要的工作就是全面建立文档，并脱机地保存好一套文档和备份的拷贝，这样就能够帮助系统从某个灾难中顺利恢复。

10.3　局域网故障检测与排除

　　故障管理是网络管理的重点之一。网络故障是多形态的，可能是长时的，也可能是暂时的，可能是软件故障，也可能是硬件故障。故障将其自身表现为网络系统操作中的特殊事件（如差错、阻塞等）。检测提供了识别故障的能力，排除提供了维护网络性能的能力。

10.3.1　网络故障管理方法

　　网络故障管理包括保持与检查差错录入，接收差错检测通知并对其采取动作，跟踪并标识故障，完成诊断测试序列，校正与排除故障。网络容易受设备和传输媒介故障的影响，故障包括硬件失效和程序、数据差错。不仅如此，由于网络系统是一个有机整体，某些故障会在网络中传染，并在一定程度上引起网络的阻塞及其传染现象。

　　网络性能优化的第一步是进行准确的网络分析。网络分析包括两方面的内容，一是常规网络运行状况分析，二是非计划宕机时的网络分析。常规网络运行状况分析是在网络正常运行状态下，对拓扑结构与性能进行的分析，也是保留网络日常运营历史数据的重要工作。网络系统集成人员可以利用多种技术手段和工具帮助用户明确网络管理的问题；帮助用户明确现有网络运行的拓扑结构；帮助用户了解现有网络中运行的各类机器；帮助用户测试网络线缆的质量与存在的问题；帮助用户分析网络流量。

　　非计划宕机的网络分析是当网络出现故障时，对网络所进行的有效分析，力求迅速快捷地找出问题根源，快速排除故障。在这方面，网络系统集成人员可以利用已有的技术资料中和已掌握的成熟网络分析技术，为用户提供紧急响应支持与技术培训。在技术积累的同时，网络系统集成人员可以采用一条切实可行的网络分析排错的流程，即方式上采取从外到内，方法上采取客户机→网络连接→服务器检查顺序，以及先软件后硬件的处理顺序。此类分析的有效性是建立在用户平时做好数据备份及流量统计工作的基础上的。网络故障诊断与排除是建立在解决问题的调查研究之上，它包括以下 6 个步骤。

　　（1）发现问题。与用户在他们的网络技术水平上交谈，通过交谈要了解网络故障征兆，网络软件系统的版本和是否及时升级（打补丁），网络硬件是否存在问题等。

　　（2）划定界限。了解自从网络系统最后一次正常到现在，都做了哪些变动；故障发生时，还在运行何种服务及软件，故障是否可以重现。

　　（3）追踪可能的途径。如果平时建立了故障库，则检查故障库和支持厂商的技术服务中心库，使用有效的方法排除故障。

　　（4）执行一种方法。同时要做这种方法无效的最坏打算。是否要备份关键系统或应用文件。

　　（5）检验成功。如果所采用的方法是成功的，那么这种故障能否重新出现；如果是，帮助用户了解该如何处理。

　　（6）做好收尾工作。一旦确定该故障与用户关系密切时，将其反映在经验中。

10.3.2　建立故障管理系统

　　山西师范大学校园网建设经过多年发展，网络规模不断扩大、网络结构变得复杂。故障管理面临病毒泛滥、地址盗用及网络设备全天候运行（夏季温度 38℃以上时，楼宇设备运行极不稳定）易发故障等问题。

该校网络中心针对网络故障相关问题,采用 Web Services 技术、数据库和知识管理技术开发了用于网络故障管理的 EPSS,如图 10.4 所示。

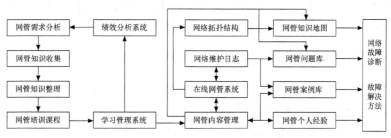

图 10.4 故障管理 EPSS 功能结构

基于电子绩效支持系统(Electronic Performance Support Systems,EPSS)的故障管理系统,依据知识管理方法,在工作中学习,在学习中实践。在校园网运行管理与维护过程中,网络管理员需要得到 EPSS 间断或不间断的学习支持。在学习过程中,网络管理员采取同伴协作、小组讨论以及案例学习,分析故障问题及解决故障问题。

从图 10.4 中可看出,当网络故障发生时,网络管理员在 EPSS 辅助下,通过问题库了解网络故障类别,通过案例库找出可以借鉴的技术方法,通过知识地图确定故障点的网络关联数据,还可通过与其他网管员沟通,进一步明确故障排除措施。通过这一系列网络故障分析活动,提高了网络故障解决能力,使校园网所有设备运行可靠性、稳定性达到 99.9%。

10.3.3　连通性故障检测与排除

ping 命令在检查网络连通性故障中使用广泛。网管员经常会接听用户反映网络故障的电话,如不能连接网站、不能接收电子邮件或不能下载文件等。这时 ping 命令就是一个很有用的工具。该命令的包长小,网上传递速度非常快,可快速地检测远端站点是否可达。

ping 命令的使用格式为

ping 目的地址 [/参数 1][/参数 2]…

"目的地址"是指被测试目标计算机的 IP 地址或域名,后面带的参数有以下几个选项。

(1)a:解析目标主机的地址。

(2)n:发出的测试包的个数,默认值为 4。

(3)l:所发送的缓冲区的大小。

(4)t:继续执行 ping 命令,直到用户按 Ctrl+C 组合键终止。

ping 命令可以在"运行"对话框中执行,也可以在 MS-DOS 或 Windows XP 中的命令提示符下执行。例如,在客户机上输入(下划线部分):C:\>ping -a　202.207.163.32,回车后命令视窗显示:

```
Pinging ns.sxtu.edu.cn [202.207.163.32] with 32 bytes of data:
Reply from 202.207.163.32: bytes=32 time<10ms TTL=255
Reply from 202.207.163.32: bytes=32 time<10ms TTL=255
Reply from 202.207.163.32: bytes=32 time<10ms TTL=255
Reply from 202.207.163.32: bytes=32 time<10ms TTL=255
Ping statistics for 202.207.163.32:
Packets: Sent = 4, Received = 4, Lost = 0 (0% loss),
Approximate round trip times in milli-seconds:
Minimum = 0ms, Maximum = 0ms, Average = 0ms
```

以上信息表明 ping 成功解析出主机名 ns.sxnu.edu.cn，但这只说明当前主机与目的主机间存在一条连通的物理路径。如果执行 ping 成功，而 Web 网站仍无法访问，则问题很可能出在 Web 网站配置或 IIS 服务故障。用户不能收发电子邮件，则可能邮件协议（SMTP、POP3）配置故障，也可能是网络病毒造成服务器应用协议故障。若执行 ping 网络超时，则故障可能是网线不通、网络适配器配置不正确或 IP 地址不可用等。

10.3.4　接口故障检测与排除

Ipconfig 命令可以检查网络接口配置。如果用户不能到达远程主机，而同一系统的其他用户可以到达远程主机，那么用该命令检测该故障很有必要。当客户机能到达远程主机，但不能到达本地子网中的其他主机时，则表示子网掩码设置有问题，进行修改后故障便不会再出现。键入 Ipconfig/? 可获得 Ipconfig 的使用帮助，键入 Ipconfig/all 可获得 IP 配置的所有属性。

如果已经对网络连接进行了初始化，则 Ipconfig 实用程序将显示 IP 地址和子网掩码。如果已经分配了默认网关，那么默认网关也将被显示。如果存在重复的 IP 地址，则 Ipconfig 实用程序将指出该 IP 地址已经配置了，且子网掩码为 0.0.0.0。

例如，在客户机上输入（下划线部分）：C:\>Ipconfig /all，回车后命令视窗显示：

```
Windows IP Configuration
        Host Name . . . . . . . . . . . : sxtu-6a0y5931q2
        Primary DNS Suffix . . . . . . . :
        Node Type . . . . . . . . . . . : Broadcast
        IP Routing Enabled. . . . . . . : No
        WINS Proxy Enabled. . . . . . . : No
Ethernet adapter 本地连接:
        Connection-specific DNS Suffix  . :
        Description . . . . . . . . .: Realtek RTL8139(A) PCI Fast Ethernet Adapter
        Physical Address. . . . . . . . . : 00-0C-76-A0-B1-AF
        DHCP Enabled. . . . . . . . . . : No
        IP Address. . . . . . . . . . . : 202.207.163.206
        Subnet Mask . . . . . . . . . . : 255.255.255.0
        Default Gateway . . . . . . . . : 202.207.163.1
        DNS Servers . . . . . . . . . . : 202.207.160.2
```

窗口中显示了主机名、DNS、节点类型以及主机的相关信息如网卡类型、MAC 地址、IP 地址、子网掩码、默认网关等。其中网络适配器的 MAC 地址在检测网络错误时非常有用。配置不正确的 IP 地址或子网掩码是接口配置的常见故障，其中配置不正确的 IP 地址有两种情况。

（1）网络地址不正确。此时执行每一条 Ipconfig 命令都会显示"no answer"，这样，执行该命令后错误的 IP 地址就能被发现，修改即可。

（2）主机地址不正确。例如，两主机配置的地址相同引起冲突。这种故障是当两台主机同时工作时才会出现的间歇性的通信问题。建议更换 IP 地址中的主机号，该问题即能排除。

10.3.5　网络整体状态统计

Netstat 程序有助于用户了解网络的整体使用情况。它可以显示当前正在活动的网络连接的详细信息，如显示网络连接、路由表和网络接口信息，得知目前总共有哪些网络连接正在运行。用 Netstat/? 命令可查看该命令的使用格式及详细的参数说明。

在 DOS 命令提示符下或在运行对话框中键入如下命令：Netstat［参数］，即显示以太网的统计信息、所有协议的使用状态（包括 TCP、UDP 以及 IP 等），另外，还可以选择特定的协议并查看其具体使用信息、主机的端口号以及当前主机的详细路由信息等。

Netstat 主要参数有以下几项。

（1）a：显示所有与该主机建立连接的端口信息。

（2）e：显示以太网的统计信息，一般与 s 参数共同使用。

（3）n：以数字格式显示地址和端口信息。

（4）s：显示每个协议的统计情况，这些协议主要有 TCP、UDP、ICMP 和 IP，它们在进行网络性能评测时是很有用的。

例如，在客户机上输入下划线部分：C:\>netstat -e，回车后命令视窗显示：

```
Interface Statistics

                           Received            Sent
Bytes                      2264731           212156
Unicast packets               1758              1730
Non-unicast packets          17116               177
Discards                         0                 0
Errors                           0                 0
Unknown protocols               14
```

若接收错和发送错接近为零或全为零，网络的接口无问题。但当这两个字段有 100 个以上的出错分组时，即可认为是高出错率了。发送误码率高表示本地网络信道饱和或在主机与网络之间有不良的物理连接。接收误码率高表示整体网络通道饱和、本地主机过载或物理连接有问题，可以用 Ping 命令统计误码率，进一步确定故障的程度。

10.3.6　本机路由表检查及更改

Route 命令用于检查网络路由表。该命令只有在安装了 TCP/IP 后才可以使用。例如，在客户机上输入（下划线部分）：C:\>route print，回车后命令视窗显示本机的路由表信息：

```
Active Routes:
Network Destination        Netmask          Gateway        Interface  Metric
        0.0.0.0            0.0.0.0      202.207.163.1   202.207.163.206      1
      127.0.0.0          255.0.0.0        127.0.0.1         127.0.0.1      1
  202.207.163.0      255.255.255.0   202.207.163.206   202.207.163.206      1
202.207.163.206    255.255.255.255        127.0.0.1         127.0.0.1      1
202.207.163.255    255.255.255.255   202.207.163.206   202.207.163.206      1
      224.0.0.0          224.0.0.0   202.207.163.206   202.207.163.206      1
255.255.255.255    255.255.255.255   202.207.163.206   202.207.163.206      1
Default Gateway:       202.207.163.1
Persistent Routes:  None
```

根据上述信息可知本机的网关、子网类型、广播地址、环回测试地址等。当然也可以按需要增加或删除路由信息。

10.3.7　路由故障检测与排除

Tracert 是路由跟踪实用程序，用于确定 IP 数据包访问目标所经过的路径。Tracert 命令用 IP 生存时间（TTL）字段和 ICMP 错误消息，确定从一个主机到网络上其他主机的路由。Tracert 命令通过向目标发送不同 IP 生存时间（TTL）值的"Internet 控制消息协议（ICMP）"回应数据包，来确定到目标所经过的路由。它要求路径上的每个路由器在转发数据包之前至少将数据包上的 TTL 递减 1，当数据包上的 TTL 减为 0 时，路由器将"ICMP 已超时"的消息发回源端。

Tracert 命令支持多种选项，其格式如下：

```
tracert [-d] [-h maximum_hops] [-j host-list] [-w timeout] target_name
各选项含义如下。
-d：指定不对 IP 地址作域名解析。
-h maximum_hops：指定跃点数以跟踪到称为 target_name 主机的路由。
-j host-list：指定 Tracert 实用程序数据包所采用路径中的路由器接口列表。
-w timeout：等待 timeout 为每次回复所指定的毫秒数。
target_name：目标主机的名称或 IP 地址。
```

例如，主机 1 路由跟踪主机 2，如图 10.5 所示。主机 1 的数据包必须通过两个路由器，才能到达主机 2。主机 1 在命令行输入：tracert 172.16.0.99 -d，命令执行信息如下。

```
C:\>tracert 172.16.0.99 -d
Tracing route to 172.16.0.99 over a maximum of 30 hops
1  2s    3s    2s    211.82.52.1
2  75 ms 83 ms 88 ms 202.910.131.1
3  73 ms 79 ms 93 ms 172.16.0.99
Trace complete.
```

以上信息显示出所经每一站路由器的反应时间、站点名称、IP 地址等重要信息，从中可以判断哪个路由器最影响网络访问速度。Tracert 命令最多可以显示 30 个 hops（跃点）。

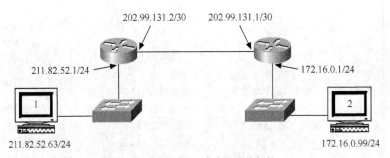

图 10.5　使用 Tracert 命令的网络拓扑

10.3.8　使用 Sniffer Pro 诊断网络

Sniffer Pro 是在 Windows 平台上运行的软件。在以太网中，利用 Sniffer Pro 工具可以对网络中的所有流量一览无余。如图 10.6 所示，用鼠标单击"网络连接图标"可生成信源、信宿流量统计表。

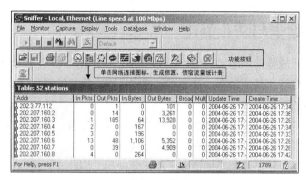

图 10.6　网络信源、信宿流量统计

　　Sniffer Pro 工具实际上是一种网络抓包工具，并可对抓到的数据包进行分析。由于在以太网网中，数据包会广播到网络中所有主机的网络接口，只不过在没有使用 Sniffer Pro 工具之前，主机的网络设备会判断该信息包是否应该接收，这样它就会抛弃不应该接收的数据包。Sniffer Pro 工具可以使主机的网卡接收所有到达的数据包，这样就达到了网络监听的效果。

　　Sniffer Pro 工具也可以理解为一个安装在计算机上的窃听设备，它可以用来窃听计算机在网络上所产生的众多的数据。换句话说，Sniffer Pro 工具好比一部电话的窃听装置，可用来窃听双方通话的内容。计算机直接所传送的数据，事实上是大量的二进制数据，因此，一个网络窃听程序必须使用特定的网络协议来分解嗅探到的数据。嗅探器也就必须能够识别出哪个协议对应于这个数据片断（图 10.6 所示为 IP 对应的通信流量），只有这样才能够正确地解码。

　　计算机的嗅探器比起电话窃听器，有它独特的优势。以太网采用"共享信道"，因而网络不必中断通信和配置特别的线路再安装嗅探器。用户可以在任何连接着的网络上，直接窃听到用户同一子网范围内的计算机网络数据。通常，称这种窃听方式为"基于混杂模式的嗅探"（Promiscuous Mode）。

　　以太网的数据传输是基于"共享"原理的，同一子网范围内的计算机共同接收到相同的数据包，这意味着计算机直接的通信都是透明可见的。因此，以太网卡都构造了硬件的"过滤器"，这个过滤器会忽略掉一切和自己无关的网络数据。事实上，忽略了与自身 MAC 地址不符合的数据。嗅探程序利用该特点，Sniffer Pro 主动地关闭了该嗅探器，也就是前面提到的网卡的"混杂模式"。因此，嗅探程序就能够接收到整个以太网络内的传输数据。

　　实际上，Sniffer Pro 工具不仅网络管理员可以使用，网络程序员也可以使用。网络管理员使用嗅探器可以随时掌握网络的实际通信情况。在网络性能急剧下降的时候，可以通过 Sniffer Pro 工具来分析原因。利用图 10.7 所示的网络通信 Map，可以观察到某个信源、信宿在某个时间段内流量持续增大，找出造成网络阻塞的来源。网络程序员使用 Sniffer Pro 工具可以调试程序。

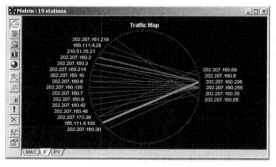

图 10.7　网络传输 Map

10.3.9　设备除尘与防止静电

除了以上常见的网络故障外，恶劣的运行环境和静电也是造成网络设备故障的原因之一。因此，网络设备运行中要驱除尘埃和其他污染，检查机器连线和防止静电损害。

1.　驱除尘埃和其他污染

如果无法阻止尘埃进入设备中，过多的尘埃会对设备造成损害。为了减少尘埃，应保证当从服务器中取走板卡后，插槽要封上，而且设备外罩要完全盖好。

尘埃和许多其他形式的污染物都会使键盘无法正常使用，因此经常清洁设备是防止产生故障的简单易行的方法。保持监视器屏幕清洁，并不能延长其使用寿命，但肯定会减少用户眼睛的疲劳程度。多数显示器都存在静电，它吸附尘埃和空气中的漂浮颗粒，如小磁性颗粒。

2.　检查机器连接

每一台计算机都可能存在有连接不正常的问题。较好的做法是每隔一段时间检查一下连在一个网络上的所有计算机间的连接是否松动。检查电源线、显示器、网络、并/串电缆，以及板卡是否松动等。

电源插座上电源线的松动会产生电火花，它不仅导致电源供电的最终破坏，而且在计算机中产生电磁干扰。与此相似，若网络连接不够结实，并不是简单地使网络断掉，而是产生令人难以追查的间歇性问题。网站服务器与交换机之间的连接最好采用超 5 类 UTP 线直连，这样可以防止信息模块连接造成的信号衰减。

3.　防止静电

静电也是计算机的一大危险之源。一个人仅仅在铺了地毯的房间内走动，体内将积累 50kV 的电荷。把这么大的电压放电到设计成最大能处理 12V 电压的电子设备上，则会立即摧毁这台设备。所以最好将电气部件放置在抗静电袋子里，或在接触它之前，与接地导通一下，以防损坏部件。

服务器机柜、通信设备机柜均要采用地线将机柜与接地导通，然后再使用。然而，由于在接触任何部件之前，设备的插头插在插座中，并接触供电电源或机架，所以这样并不能保证为设备的各个部件提供充足的保护。在处于工作状态下的系统中仍然存在另一类"电击"危险，而且已关闭的系统仍可能电击人，甚至在从电源上拔下插头的系统上也能发生，这是因为在机器的主板上仍存在电荷。为了保证系统的真正安全，在插拔板卡之前，用户应当将插头从电源插座上取下，并等待放电结束。

从网络设备中取走部件时，应将部件放入防静电包中再运送。不可采用普通塑料袋，因为普通的塑料袋自身就会产生足量的静电损坏板卡。防静电包是有银质涂层的抗静电袋，购买的多数板卡都包有防静电袋，要保管好包装袋，以便以后在移动部件时使用。

10.4　局域网性能与安全评估

从网络工程的角度说，局域网投入运行，即进入维护期。在网络维护期，除了日常运行维护外，还要定期评估网络性能与安全状态。因为，网络运行期会面临各种干扰网络生存的因素，如网络负载增加、网络应用环境变化以及病毒和黑客攻击等。面对这些负面效应，网络仍在不断进化以适应变更的需求。所以，网络评估是一个不可避免的过程。

10.4.1　局域网性能评估

网络性能评估是对进入运行维护期的网络系统进行全面整体评价，获取网络整体状态信息，发现存在的性能问题；提出改善网络性能建议，提供降低风险、改善网络运行效率建议；提供全面的网络性能评估报告，为完善与改进网络性能的投资提供科学依据。

1. 评估基本原则

（1）整体性原则。从评估内容、业界标准、应用需求分析、服务规范等多个角度保证评估测试的整体性和全面性。

（2）规范性原则。严格遵循业界项目管理和服务质量标准和规范。

（3）有效性原则。从成功经验、人员水平、工具、项目过程等多个方面保证整个过程和结果的有效性。

（4）最小影响原则。在项目管理和工具技术方面，使评估对系统造成的影响降低到最低限度。

（5）保密性原则。保证政务网络应用系统和业务系统数据的安全性，避免政务数据的泄露和系统受到侵害。

2. 评估内容划分

（1）按照网络资源划分。评估内容包括对网络结构、网络传输、网络交换、业务应用、数据交换、数据库运行、应用程序运行、安全措施（包含设备软件和制度）、备份措施（包含设备软件和制度）、管理措施（包含设备软件、制度和人员）、主机/服务器处理能力、客户端处理能力等方面的评估。

（2）按照评估项目划分。评估内容包括网络协议分析、系统稳定评估、网络流量评估、网络瓶颈分析、网络业务应用评估、安全漏洞评估、安全弱点评估等方面。

（3）按照网络故障划分。评估内容包括网络接口层（物理、数据链路）故障、网络层故障、网络应用（协议）层故障等方面的评估。

网络接口层故障包括传输介质、通信接口、信号接地等问题。网络层故障包括网络协议的配置、IP 地址的配置、子网掩码和网关的配置，以及各种系统参数的配置问题。这些都是排除故障时要查的主要内容。

网络应用层包括支持应用的网络操作系统（如 UNIX、Windows Server 2008/2012、Windows XP/7、Linux 等）和网络应用系统（如 DNS 服务器、邮件服务器、Web 服务器等）。主要的故障原因一般是各种操作系统存在的系统安全漏洞和许多应用软件之间的冲突。可以利用各种网络监测与管理工具，如任务管理器、性能监视器、各种硬件检测工具等检查故障。还有一个问题就是病毒破坏和被人非法访问篡改的问题。

3. 评估策略与流程

网络性能和安全性评估，在技术上采用的是从网络信息系统的底层到高层、实测和预测相结合的综合评估；在资源划分上采用的是由大到小、逐步细化、纵横关联的模型。要充分考虑网络系统运行维度和网络信息资源的关系。

在网络性能评估过程中，要根据用户网站信息系统的实际情况，灵活地使用本地测试法、分布测试法、远端测试法、协同测试法、并发测试法，或者几种方法相结合的方式进行测试规划。网络系统评估流程，如图 10.8 所示。

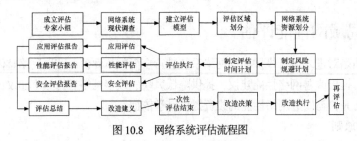

图 10.8   网络系统评估流程图

10.4.2   局域网安全性评估

1. 安全风险分析

周密的网络安全评估与分析是制定可靠、有效的安全防护措施的必要前提。网络风险分析应该在网络系统、应用程序或信息数据库的设计阶段进行，这样可以从设计开始就明确安全需求，确认潜在的损失。因为在设计阶段实现安全控制要远比在网络系统运行后采取同样的控制，可节约更多的费用和时间。即使认为当前的网络系统分析建立得十分完善，在建立安全防护时，风险分析还是会发现一些潜在的安全问题。

网络系统的安全性取决于网络系统最薄弱的环节，任何疏忽的地方都可能成为黑客攻击点，导致网络系统受到很大的威胁。最有效的方法是定期对网络系统进行安全性分析，及时发现并修正存在的弱点和漏洞，保证网络系统的安全性。

一个全面的风险分析包括：物理层安全风险分析、链路层安全风险分析、网络层（包含传输层）安全风险分析、操作系统安全风险分析、应用层安全风险分析、管理的安全风险分析、典型的黑客攻击手段。

2. 安全评估方法

网络系统风险分析的方式包括问卷调查、访谈、文档审查、黑盒测试、操作系统的漏洞检查和分析、网络服务的安全漏洞和隐患的检查和分析、抗攻击测试和综合审计报告。其中最主要的就是利用漏洞扫描软件对网络系统进行扫描分析。

可采用先进的（如 360 安全卫士）漏洞扫描软件对网络系统扫描。扫描分析功能主要包括：弱点漏洞检测、运行服务检测、用户信息检测、口令安全性检测、文件系统安全性检测等。网络安全性分析系统是以一个网络安全性评估分析软件为基础，通过实践性的扫描分析网络系统，检查报告系统存在的弱点和漏洞，提出安全建议补救措施和策略。

3. 安全评估步骤

（1）找出漏洞。评估网站结构，并审视网络使用政策及安全性方案，如单点防护的防火墙、加密系统或扫描系统的入侵侦测软件、电子邮件过滤软件和防毒软件。

（2）分析漏洞。这方面的分析涉及漏洞所造成风险的本利分析。要进行此项分析，必须要非常了解政府部门的信息资产。

（3）降低风险。因为网站系统的功能日趋复杂，评估必须是为了降低风险，从安全性解决方案和政策方面，重新检视政府网站的安全。例如，网站是否针对某个漏洞或数个小漏洞，提供了一整套安全性解决方案，安全性政策是否鼓励所有使用者参与维护网络安全的任务。

4. 安全评估进一步的工作

（1）做好万一遭安全性入侵的准备。评估系统安全性的一项重要元素，就是紧急事件应变措施。网络管理者应制订一份紧急事件应变措施，以防在事件发生时，安全性系统却未发生效用的状况发生；

同时必须确认所有员工充分了解这份紧急事件应变措施内容。紧急事件应变措施应说明当紧急事件发生时，应报告给谁知道，谁负责回应，谁做决策；而在准备计划时应包括情境模拟。此外，当网络环境或威胁有所改变时，也应立即检视计划，决定是否需要修正。

（2）测试弱点。测试系统整体的频率，应是整个评估安全性方案的一部分。在监督阶段中，安全性系统会定期扫描某些重要信息系统。这些扫瞄结果的记录也就可以用来比对侦测入侵结果及判断信息是否被窜改。此过程可以用来深入分析网络安全的优势与弱势各是什么，根据其结果，完善网络安全测评方案。

（3）评估与再评估。即使网站的安全性基础建设在某一个阶段被评定为非常优良的，但也不能认为下一个阶段仍是安全的。正常的情况是，在一段时间后仍然必须再做一次评估。网络上的威胁，如黑客和病毒，只会随着网络的逐渐发展成为网络安全的首要问题，而更加复杂。长期而言，有效的安全性方案必须要持续不断地评估网站安全性。

习题与思考

1. 什么是网络的性能？画图描述性能测试类型。
2. 什么是网络的基准性能测试？什么是网络吞吐率测试？
3. 简述网络性能改进技术及思路。如何保持网络系统的规划？
4. 故障管理包括的功能有哪些？简述故障诊断与排除的步骤。
5. 按照自己的理解，画图描述网络故障管理支持系统。
6. 如何利用网络日志排除故障？
7. 某大学校园网工程日前竣工。校园网结构如图 3.34 所示。参考 3.5 节大学校园网系统集成内容，写出校园网工程验收评估内容和技术方法。

网 络 实 训

1. 网络故障检测命令的使用

（1）实验目的。了解操作系统命令诊断网络故障过程，会运用 ping、Ipconfig、Netstat、Route、Tracert 等命令诊断网络故障。

（2）实验资源、工具和准备工作。安装与配置好的 Windows XP/7 客户机 3 ~ 6 台；制作好的 UTP 网络连接线（双端均有 RJ-45 头）若干条，交换机 2 ~ 3 台，路由器 2 ~ 3 台，路由器有两个 10/100Mbit/s 接口。实验网拓扑结构，如图 10.9 所示。

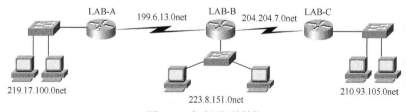

图 10.9　实验网拓扑结构

（3）实验内容。人为地设置一些故障，如网卡设置不当、网关设置不当、网络链路不通、服务器高负载（多客户端并发下载文件）运行等。用网络故障诊断命令查找网络问题。

（4）实验步骤。

① 按照图 10.9 所示的网络拓扑结构，用网线连接路由器、交换机和 PC，建立实验网。

② 按照图 10.9 所示网络拓扑划分的子网，参考本书第 5 章路由器配置内容配置路由器，使网络连通。

③ 对于人为设置的故障，按照 10.3.2 ~ 10.3.6 节给出的命令操作示例，进行网络故障诊断。

④ 写出实验报告。

2. 用操作系统命令和 Sniffer Pro 检测故障

（1）实验目的。了解 Sniffer Pro 软件的功能，会安装 Sniffer Pro 软件，会使用 Sniffer Pro 诊断网络状态。

（2）实验资源、工具和准备工作。安装与配置好的 Windows XP/7 客户机 3 ~ 6 台；制作好的 UTP 网络连接线（双端均有 RJ-45 头）若干条，集线器或交换机 2 ~ 3 台，路由器 2 ~ 3 台，路由器有两个 10/100Mbit/s 接口。实验网拓扑结构如图 10.9 所示。连接 http://down.hhstu.edu. cn/SoftView.asp?SoftID=93，下载 Sniffer Pro 4.7.5。使用 Sniffer Pro 诊断网络状态。

（3）实验内容。人为地设置一些故障，如网卡设置不当、网关设置不当、网络链路不通、服务器高负载（多客户端并发下载文件）运行等。用 Sniffer Pro 诊断网络的性能或状态。

（4）实验步骤。

① 按照图 10.9 网络拓扑，用网线连接路由器、交换机和 PC，建立实验网。

② 按照图 10.9 所示网络拓扑划分的子网，参考本书第 5 章路由器配置内容配置路由器，使网络连通。

③ 按照 10.3.8 节安装 Sniffer Pro 4.7.5，使用 Sniffer Pro 诊断网络状态。

④ 写出实验报告。

参 考 文 献

［1］杨陟卓,杨威, 王赛.网络工程设计与系统集成 [M].3 版.北京:人民邮电出版社.2010.

［2］杨威,高立同,刘彦宏等.绿色节能与安全的高校数据中心建设[J].北京:中国教育信息化2013（1）.

［3］杨威，王杏元，杨陟卓. 网络工程设计与安装[M]. 3 版.北京：电子工业出版社，2012.

［4］福建星网锐捷网络有限公司.锐捷 VSU 2.0 技术白皮书，2013.

［5］福建星网锐捷网络有限公司.锐捷 11X 交换机产品实施一本通，2014.

［6］杨威，刘彦宏.高校智慧校园建设中的关键问题与对策[J]. 北京：中国教育信息化，2013（12）

［7］杨威，赵鑫，高立同等. 山西师大校园网 IPv6 技术升级与应用[J].北京：中国教育信息化，2011（12）.

［8］杨威，高立同，杨陟卓等. 网站组建、管理与维护[M].2 版.北京：电子工业出版社.2011.

［9］杨威，贾祥福，杨陟卓. 局域网组建、管理与维护[M]. 北京：人民邮电出版社，2009.

［10］杨威，刘彦宏.山西师大校园网安全构建与评估[J].北京：教育信息化，2006（12）.

［11］William R.stanek .精通 Windows Server 2008.[M].刘晖，欧阳译.北京：清华大学出版社，2009.

［12］刘晓辉，李书满.Windows Server 2008 服务器架设与配置实战指南[M].北京：清华大学出版社，2010.

［13］IT 同路人.完全掌握 Windows Server 2008 系统管理、活动目录、服务器架设（修订版）[M].北京：人民邮电出版社，2010.

［14］杨威，苑戎.面向知识管理的 EPSS 建构研究与应用[J].兰州：电化教育研究，20080（11）.

［15］杨威，杨陟卓. 大学云架构与大数据处理建模研究[J]. 北京：中国教育信息化，2015(1).